钢结构工程施工

（第2版）

主　编　韩古月　张　凯
副主编　朱　锋　刘凡荣

北京理工大学出版社
BEIJING INSTITUTE OF TECHNOLOGY PRESS

内容提要

本书按照高等院校人才培养目标以及专业教学改革的需要，依据钢结构工程新标准规范进行编写。全书共七章，主要内容包括钢结构认知、钢结构施工原材料、钢结构施工图、钢结构连接工程、钢结构加工制作、钢结构安装、钢结构涂装工程等。

本书可作为高等院校土木工程类相关专业的教材，也可作为函授和自考辅导用书，还可供钢结构工程施工安装现场相关技术和管理人员工作时参考使用。

版权专有　侵权必究

图书在版编目（CIP）数据

钢结构工程施工 / 韩古月，张凯主编. —2版. —北京：北京理工大学出版社，2020.11
ISBN 978-7-5682-9222-1

Ⅰ.①钢…　Ⅱ.①韩…②张…　Ⅲ.①钢结构－工程施工－高等学校－教材　Ⅳ.①TU758.11

中国版本图书馆CIP数据核字（2020）第219764号

出版发行 /	北京理工大学出版社有限责任公司
社　　址 /	北京市海淀区中关村南大街5号
邮　　编 /	100081
电　　话 /	（010）68914775（总编室）
	（010）82562903（教材售后服务热线）
	（010）68948351（其他图书服务热线）
网　　址 /	http://www.bitpress.com.cn
经　　销 /	全国各地新华书店
印　　刷 /	天津久佳雅创印刷有限公司
开　　本 /	787毫米×1092毫米　1/16
印　　张 /	18
字　　数 /	425千字
版　　次 /	2020年11月第2版　2020年11月第1次印刷
定　　价 /	72.00元

责任编辑 / 封　雪
文案编辑 / 封　雪
责任校对 / 刘亚男
责任印制 / 边心超

图书出现印装质量问题，请拨打售后服务热线，本社负责调换

第2版前言

钢结构是以钢材为主制作的结构，主要由型钢和钢板等制成的钢梁、钢柱、钢桁架等构件组成，各构件或部件之间通常采用焊缝、螺栓或铆钉连接，是工程建设中主要的建筑结构类型之一。由于钢结构具有强度高、自重轻、抗震性能好、工业化程度较高、建设周期短等一系列优点，因而广泛应用于大型厂房、桥梁、场馆等建筑工程中。

"钢结构工程施工"是土木工程类相关专业的一门重要专业技能课程，着重培养学生在钢结构工程加工、制作、安装等方面的专业应用技能，具有实践性和实用性较强等特点。通过本课程的学习，学生能了解钢结构工程施工的发展状况，掌握钢结构加工制作的程序和方法、钢结构涂装方法、基本钢构件的安装工艺、钢网架安装及质量控制等内容，能够运用所学理论和知识去分析钢结构工程并提供恰当的加工、安装制作方法，能进行钢结构工程的安装方案、质量控制方案、质量通病防治方案和安全施工技术的设计和实施。

随着钢结构在高耸结构、超高层结构中的应用越来越广泛，加之《钢结构设计标准》（GB 50017—2017）、《钢结构工程施工质量验收标准》（GB 50205—2020）等标准规范的颁布实施，本书第1版中的部分内容已不能满足当前高等教育教学需要。为使本书能更好地体现先进性和可操作性，编者以钢结构工程新标准规范为依据，以认识钢结构施工为主线，对本书进行了修订。

本书修订后对钢结构施工进行了更全面的介绍，从不同角度介绍了钢结构的应用和发展，内容丰富，难度适中，图文并茂，语言通俗，注重理论联系实际。全书共分为七章，主要内容包括钢结构认知、钢结构施工原材料、钢结构施工图、钢结构连接工程、钢结构加工制作、钢结构安装、钢结构涂装工程等。每章的本章小结和思考与练习能够加深学生对本章内容的理解与巩固，使学生更扎实地掌握知识。

本书由辽宁建筑职业学院韩古月、四川职业技术学院张凯担任主编，济南工程职业技术学院朱锋、石家庄理工职业学院刘凡荣担任副主编。在修订过程中，编者参阅了国内同行多部著作，部分高等院校老师提出了很多宝贵意见供我们参考，在此表示衷心的感谢！

由于编写时间仓促，加之编者的经验和水平有限，书中难免会有不妥和错误之处，恳请读者和专家批评指正。

编 者

第1版前言

钢结构具有强度高、结构自重轻、抗震性能好、工业化程度较高、建设周期短等一系列优点，在建筑工程中得到了广泛应用。钢结构工程是以钢材制作为主的结构，是主要的建筑结构类型之一，也是现代建筑工程中较普遍使用的结构形式之一。随着我国城镇化水平不断提高，城镇人口逐年增加，住房建设的社会需求量越来越大。另外，钢结构桥梁等日益增多，未来建设工程将越来越多地采用钢结构技术。钢结构工程在我国的建筑市场空间和发展前景十分广阔。

"钢结构工程施工"是高等院校土木工程类相关专业一门重要的专业技能课程，具有实践性、应用性强，与企业生产过程紧密结合的特点。通过对本课程的学习，学生可具备钢结构施工验收规范的应用能力。

随着我国市场经济的不断完善，以及钢结构施工技术的发展与推广使用，钢结构制作与安装企业在全国各地大量涌现，对钢结构施工专业人才的需求逐年增加。为满足社会对专业人才的需求，积极推进课程改革和教材建设，满足高等教育教学改革与发展的需要，编者根据高等院校土木工程类相关专业教学要求编写了本书。

本书在总结近年来教学实践、借鉴部分高等院校优秀的教学模式和经验的基础上，根据课程教学大纲编写而成。全书以适应社会需求为目标，以培养技术应用能力为主线，系统地介绍了钢结构的材料要求、构件设计要点、钢结构的加工制作要求，以及钢结构的安装工艺、施工方法和质量要求。本书以《钢结构设计规范》（GB 50017—2003）、《钢结构工程施工规范》（GB 50755—2012）和《钢结构工程施工质量验收规范》（GB 50205—2001）为主要依据，同时参照现行的相关行业标准进行编写。在编写方式上力求简明扼要，在内容编排上以"必需、够用"为度，以"讲清概念、强化应用"为重点，深入浅出，注重实用。

本书各项目均设置了"知识目标"和"技能目标"，对项目内容进行重点提示和教学引导，各项目后还附有"思考与练习"，从更深的层次给学生以思考、复习的要点，从而构建一个以学生为主体、以教师为引导的教学过程，使学生在学习过程中能主动参与、自主协作、探索创新，学完后具备一定的分析问题和解决问题的能力。

本书由辽宁建筑职业学院韩古月、济南工程职业技术学院朱锋担任主编，四川职业技术学院张凯、广安职业技术学院雷波担任副主编。具体编写分工如下：韩古月编写项目2、项目5，朱锋编写项目1、项目4，张凯编写项目3、项目6，雷波编写项目7；此外，四川职业技术学院鲜晓红参与了部分章节编写。

本书在编写过程中参考或引用了有关部门、单位和个人的资料，参阅了国内同行多部著作，得到了相关建筑工程施工企业及有关部门的大力支持与帮助，在此表示最诚挚的谢意！

本书内容虽经推敲核证，但限于编者的专业水平和实践经验，仍难免有疏漏或不妥之处，恳请广大读者指正。

编　者

目 录

第一章 钢结构认知 ... 1
第一节 钢结构的应用及发展 ... 1
一、钢结构的应用 ... 1
二、钢结构的发展 ... 2
第二节 钢结构的组成与特点 ... 3
一、钢结构的组成 ... 3
二、钢结构的特点 ... 4

第二章 钢结构施工原材料 ... 6
第一节 钢材 ... 6
一、钢材的分类 ... 6
二、钢材的牌号 ... 8
三、钢材的性能及其影响因素 ... 10
四、钢材的选用 ... 15
第二节 焊接材料 ... 19
一、焊条 ... 19
二、焊剂 ... 23
三、焊丝 ... 24
四、焊料 ... 27
五、气焊熔剂 ... 29
六、焊钉 ... 30
第三节 紧固材料 ... 31
一、材料要求 ... 31
二、进场检验 ... 35

第四节 铸钢件、封板、锥头、套筒及空间网格节点用材料 ... 37
一、铸钢件 ... 37
二、封板、锥头和套筒 ... 39
三、空间网格节点用材料 ... 39
第五节 钢结构防腐涂料 ... 41
一、涂料分类 ... 41
二、材料要求 ... 41
三、材料选用 ... 42
第六节 钢结构防火涂料 ... 44
一、常用防火材料 ... 44
二、防火涂料技术性能指标 ... 45
三、防火涂料选用 ... 46

第三章 钢结构施工图 ... 48
第一节 钢结构施工图基本知识 ... 48
一、钢结构施工图分类 ... 48
二、钢结构施工图的一般规定 ... 49
第二节 钢结构施工图常用符号 ... 58
一、型钢的标注方法 ... 58
二、螺栓及螺栓孔的表示方法 ... 60
三、焊缝符号表示方法 ... 60
第三节 钢结构施工图识读 ... 66
一、看图的方法和步骤 ... 66

二、钢结构施工图识读要点 66
　　三、钢结构节点详图的识读 67
　　四、门式刚架施工图识读 69
　　五、多层钢结构施工图识读 78

第四章　钢结构连接工程 87
　第一节　钢结构焊接连接 87
　　一、焊接工艺过程 87
　　二、焊接常用方法及其选用 88
　　三、焊接方式 95
　　四、焊接接头 98
　　五、焊接施工质量控制 104
　　六、焊接接头处理 107
　　七、焊接质量检验 109
　　八、焊接缺陷返修 117
　第二节　钢结构紧固件连接 120
　　一、连接件加工及摩擦面处理 120
　　二、普通螺栓连接 122
　　三、高强度螺栓连接 127
　　四、螺栓防松措施 133

第五章　钢结构加工制作 136
　第一节　钢结构制作特点及工艺要点 136
　　一、钢结构制作特点 136
　　二、钢结构制作工艺要点 137
　第二节　钢零件、钢部件加工 140
　　一、放样和号料 141
　　二、切割 142
　　三、矫正和成型 146
　　四、边缘加工 157
　　五、制孔 158
　　六、螺栓球和焊接球加工 159
　　七、钢管加工 162

　　八、其他构件制作 166
　第三节　钢构件组装 169
　　一、部件拼接 169
　　二、构件组装 170
　　三、构件焊接 171
　　四、构件端部加工 171
　　五、构件加工 171
　第四节　钢构件预拼装 177
　　一、钢构件预拼装方法 178
　　二、钢构件预拼装要求 178
　　三、钢梁拼装 179
　　四、钢柱拼装 180
　　五、钢屋架拼装 181
　　六、梁的拼接 182
　　七、框架横梁与柱的连接 183
　第五节　特殊构件制作 185
　　一、钢板剪力墙制作 185
　　二、铸钢件制作 186
　　三、钢拉杆制作 189
　　四、异形柱、梁的制作 189
　第六节　钢构件成品检查、包装与运输 191
　　一、钢构件成品检查 191
　　二、钢构件包装与标记 193
　　三、钢构件运输 194

第六章　钢结构安装 196
　第一节　钢结构安装施工准备 196
　　一、图纸会审与设计变更 196
　　二、施工组织设计与文件资料准备 197
　　三、中转场地的准备 197
　　四、钢构件的准备 198
　　五、基础、支承面和预埋件 198
　　六、起重设备及吊具准备 199
　　七、吊装技术准备 208

八、材料、人员及道路临时设施准备……209
　第二节　施工测量……………………209
　　一、设置施工控制网…………………209
　　二、施工测量与测量控制标准………210
　第三节　构件安装……………………214
　　一、钢柱安装…………………………214
　　二、钢梁安装…………………………224
　　三、桁架（屋架）安装………………230
　　四、其他构件安装……………………231
　第四节　单层厂房安装施工…………232
　　一、单层厂房的构造…………………232
　　二、单层厂房构件吊装………………236
　　三、标准样板间安装…………………237
　　四、几种情况说明……………………237
　第五节　多层及高层钢结构安装施工…237
　　一、多层及高层钢结构安装方法……237
　　二、多层及高层钢结构安装流水
　　　　施工段划分…………………………238
　　三、多层及高层钢结构安装工艺……238
　第六节　大跨度空间钢网架结构工程
　　　　安装施工……………………………241
　　一、钢网架结构的类型及其选择……241
　　二、钢网架结构的尺寸与节点构造…242
　　三、钢网架结构的安装………………245
　　四、网架安装质量检验………………258

第七章　钢结构涂装工程……………260
　第一节　钢结构防腐涂装……………260
　　一、钢结构的腐蚀与防护……………260
　　二、涂装前钢材的表面处理…………261
　　三、防腐涂装设计……………………266
　　四、防腐涂装施工……………………269
　　五、防腐涂层厚度检测………………272
　第二节　钢结构防火涂装……………272
　　一、钢结构的耐火极限与保护………272
　　二、防火涂装设计……………………273
　　三、防火涂装施工……………………275
　　四、防火涂层厚度检测………………277

参考文献……………………………279

第一章　钢结构认知

知识目标

通过本章内容的学习，了解钢结构施工技术和钢结构技术人才两个方面的发展趋势，熟悉钢结构的特点，掌握钢结构的构件组成。

技能目标

通过本章内容的学习，能熟知钢结构的优点和不足，掌握钢结构的构件组成。

第一节　钢结构的应用及发展

一、钢结构的应用

钢结构的应用范围与特点和钢材供应情况密切相关。目前，钢结构常用于大跨、超高、过重、振动、密闭、高耸及轻型工程结构中。

(1) 厂房结构。对于单层厂房，一般用于重型、大型车间的承重骨架，如重型机械厂的铸钢车间等。通常由檩条、屋架、托架等各种支承及墙架等构件组成。

(2) 大跨结构。大跨结构一般要求有较大内部自由空间，屋盖结构的跨度大，因而减轻屋盖结构自重是结构设计的关键，可采用材料强度高而质量轻的钢结构，如框架、拱架、悬索、网架及预应力等结构体系。

(3) 多层、高层结构。旅馆、饭店、公寓等多层及高层楼房，层数多、高度大，均采用钢结构。高层钢结构的应用正在蓬勃发展。

(4) 密封、压力结构。密封、压力结构用于要求密闭的容器，如要求能承受很大内力的大型储液库，另外，还适用于温度急剧变化的高炉结构和大直径高压输油管等。

(5) 桥梁结构。钢结构广泛应用于中等跨度和大跨度的桥梁结构中，如武汉长江大桥和南京长江大桥。

(6) 高耸构筑物。高耸构筑物包括塔架和桅杆结构，由于其高度大，主要承受风荷载，因此，采用钢结构可减轻自重，便于安装，而且构件截面小，从而大大减小了风荷载，能取得更大的经济效益。如高压输电线路塔架、广播和电视发射用的塔架和桅杆。

(7)轻型钢结构。轻型钢结构具有造价低、用钢量省、外形美观及安装方便等特点，适用于跨度较小、屋面较轻的工业和商业用房，常采用冷弯薄壁型钢及小角钢等焊接而成。

(8)移动式结构。钢结构质量轻，可以用螺栓或其他便于拆装的手段来连接需要搬迁或移动的结构。如流动式展览馆和活动房屋最适宜采用钢结构。

二、钢结构的发展

1. 钢结构技术发展趋势

钢结构建筑在国外发展始于 19 世纪，而我国钢结构建筑与国外相比，则起步较晚，真正起步是在新中国成立以后。1949 年新中国成立以后，随着经济建设的发展，由于受到钢产量的制约，钢结构仅在重型厂房、大跨度公共建筑及铁路桥梁等结构中采用。公共建筑中多采用平板形网架，如 1975 年建成的上海体育馆采用三向网架，跨度已达 110 m。另外，北京工人体育馆采用圆形双层辐射式悬索结构，直径为 94 m，建成于 1962 年。在塔桅结构方面，北京环境气象塔高达 325 m，建成于 1977 年。

1978 年以后，我国实行改革开放政策，经济建设突飞猛进，钢结构也有了前所未有的发展，其应用领域有了较大的扩展。多层房屋、单层轻型房屋、高层及超高层房屋、体育场馆、大跨度会展中心、自动化高架仓库、大型客机检修库、城市桥梁和大跨度公路桥梁等都采用钢结构。

20 世纪 90 年代以后，我国钢结构建筑得到了快速发展。1996 年，我国钢产量已是世界第一，年产量超过 1 亿 t。钢材质量及钢材规格也已能满足建筑钢结构的要求。1997 年，由原建设部颁发的《中国建筑技术政策》中也明确提出了发展钢结构的要求。市场经济的发展与不断成熟更为钢结构的发展创造了条件。当时，我国钢结构正处于迅速发展的时期，其发展的主要方向为单层轻中型厂房及仓库、单层重型厂房、大跨度公共建筑、高层及超高层建筑、低多层工业厂房、铁路桥梁、大跨度公路及城市桥梁、塔桅结构、海洋平台、移动式结构、需拆卸及搬移的结构等。

随着我国经济建设的蓬勃发展，钢结构建筑的应用已经有了很大的发展，在建筑中更多地采用钢结构成为主流趋势。钢结构的发展趋势具体可表现在以下几个方面：

(1)研制高强度钢材。应用高强度钢材，对大(跨度)、高(耸)、重(型)的结构非常有利。我国目前普遍应用的钢材是碳素结构钢中的 Q235 钢和低合金结构钢中的 16Mn 钢，其屈服点分别为 235 N/mm^2 和 345 N/mm^2。但是与国外高强度钢材相比，当前仍有较大差距。

(2)轧制新品种型钢。我国钢结构一贯采用普通工字钢、槽钢和角钢等型钢。由于其截面形式和尺寸的限制，在应用时材料很难充分合理地发挥作用，因此，应大力轧制并应用新品种型钢，如 H 型钢、T 型钢、压型钢板和薄壁型钢等。

(3)改进设计方法。经过钢结构工程技术人员多年来的勤奋工作，已颁布的《钢结构设计标准》(GB 50017—2017)做了较多的改进。如在设计方法上采用了当前国际上结构设计最先进的方法，以概率理论作为基础的极限状态设计方法。我国已能较好地掌握运用现代科技的测试和计算技术，使钢结构的计算方法反映结构的实际工作情况，从而更合理地使用材料。

(4)采用新型结构。网架结构能有效地跨越较大空间，但目前所用跨度多在 60 m 以内，在工业建筑中的应用还不够普遍。悬索结构造型美观，对建筑平面图形适应性强，由于主要承重构件受拉，所以可最大限度地利用材料，用钢量很低。预应力钢结构是在结构体系中增加少量高强度钢材，并对其施加适当的预应力，从而增加结构的承载能力，是大跨度结构节约钢材的一种有效方法。但我国目前采用这种新型钢结构的建筑还很少，需做进一步的推广。将钢和混凝土组合起来共同受力并发挥各自的长处，可有效地节约材料。除压型钢板组合楼盖外，目前推广应用的还有组合梁和钢管混凝土柱等。

(5)应用优化原理。电子计算机的广泛应用已使确定优化的结构形式和优化的截面形式成为可能，从而取得极大的经济效果。如用计算机解得的起重机梁优化的截面尺寸所用钢材比过去的标准设计节省 5%～10%。

(6)构件的定型化、系列化、产品化。从设计着手，结合制造工艺，将一些易于定型化、标准化的产品规格统一，从而便于互换和大量制造系列化产品，以实现批量生产、降低造价。

2. 钢结构人才发展趋势

钢结构行业所需要的人才从性质上可划分为技术类、管理类、营销类。在高级人才中，技术类主要包括钢结构设计工程师，详图、深化工程师，工艺工程师，高级焊接工艺师等；营销类包括营销总监、市场总监、策划总监等；管理类包括总经理、副总经理、生产厂长、项目经理、人才资源总监。

这种专业化要求决定了只有成熟的专业人才才能在业内找到位置；据国内最大的钢结构人才招聘网站——钢构英才网资料显示，目前钢结构技术类人才占总需求量的 60%。

钢结构设计工程师，详图、深化工程师，工艺工程师，高级焊接工艺师，无损探伤人员一般都要求 5 年以上工作经验，而这些人才在一些二级地区供远小于求，如福建、广西、河北、安徽、湖南等。

钢结构建筑的
应用前景

第二节　钢结构的组成与特点

一、钢结构的组成

(1)由钢拉杆、钢压杆、钢梁、钢柱、钢桁架、钢索等基本构件组成的下列结构为钢结构：

1)梁式结构：包括次主梁系、交叉梁系、单独吊车梁等。

2)桁架式结构：包括平面屋架、空间网架、橡檩屋盖体系、由三面或更多面平面桁架组成的塔桅结构等。

3)框架式结构：由钢梁、钢柱相互连接成的平面或空间框架，它们之间可为铰接也可为刚接。

4)拱式结构：由桁架式或实腹式钢拱组成。

以上所有钢结构中构件的主要受力状态一般为受弯、受剪、轴心受拉、轴心受压、偏心受拉和偏心受压。

(2)钢板和各种型钢——角钢、工字钢、槽钢、钢管等是上述各种钢构件的组成材料。

(3)钢构件间的连接方法有以下三种：

1)焊缝连接(主要连接方法)，包括电弧焊、电阻焊和气焊。其中，电弧焊的焊缝质量比较可靠，是最常用的焊接方法，它又分为手工电弧焊和自动或半自动埋弧焊。焊缝形式主要有对接焊缝和角焊缝两种。

2)螺栓连接：包括普通螺栓和高强度螺栓。

3)铆钉连接：用一端带有铆钉头的铆钉烧红到适当温度后插入铆钉孔，再用铆钉枪挤压另一端形成铆钉头，以此连接钢构件。其最大的优点是韧性和塑性较好、传力可靠，但因其构造复杂、用钢量大，目前几乎被淘汰。

二、钢结构的特点

钢结构是由钢构件经焊接、螺栓连接或铆钉连接而成的结构，是建筑工程结构的主要形式之一，被广泛用于房屋建筑、地下建筑、桥梁、塔桅、矿山建筑及容器管道中。和其他材料的结构相比，钢结构的特点如下。

1. **钢结构的优点**

(1)材性好，可靠性高。钢材生产时，质量控制严格，材质均匀性好，具有良好的塑性和韧性，比较符合理想的各向同性弹塑性材料要求，所以，目前采用的计算理论能够较好地反映钢结构的实际工作性能，可靠性高。

(2)工业化程度高，工期短。钢结构具备成批大件生产和成品精度高等特点；采用工厂制造、工地安装的施工方法，能够有效地缩短工期，为降低造价、发挥投资的经济效益创造条件。

(3)强度高，重量轻。与混凝土、木材相比，钢虽然密度较大，但强度较混凝土和木材高得多，密度与强度的比值一般比混凝土和木材小，因此，在同样受力的情况下，与钢筋混凝土结构和木结构相比，钢结构具有构件较小、重量较轻的特点。如在跨度和荷载都相同时，普通钢屋架的质量只有钢筋混凝土屋架的1/4～1/3，如果采用薄壁型钢屋架，则轻得更多。钢结构适用于建造大跨度和超高、超重型的建筑物。另外，钢结构便于运输和吊装，可减轻下部基础和结构的负担。

(4)耐热性好。当温度在250 ℃以内时，钢材性质变化很小；当温度达到300 ℃以上时，强度逐渐下降；当温度达到600 ℃时，强度几乎为零，在这种情况下，对钢结构必须采取保护措施。

(5)抗震性能好。由于自重轻和结构体系相对较柔，钢结构受到的地震作用较小，又具有较高的抗拉和抗压强度以及较好的塑性和韧性，因此，在国内外的历次地震中，钢结构是损坏最轻的结构，被公认为是抗震设防地区特别是强震区的最合适结构。

(6)密封性好。钢结构采用焊接连接后，可以做到安全密封，能够满足要求气密性和水密性好的高压容器、大型油库、气柜油罐和管道等的要求。

(7)材质均匀。钢材的内部组织均匀，接近各向同性体，在一定的应力范围内，属于理想弹性工件，符合工程力学所采用的基本假定。

(8)建筑平面布置灵活。与其他材料的结构相比，钢结构能更好地满足大开间灵活分隔的要求，并可通过因自身强度高而减少柱的截面面积和使用轻质墙板来提高面积使用率。

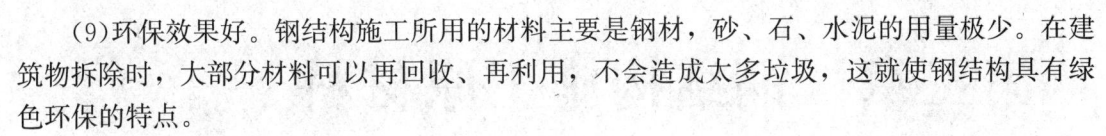

(9)环保效果好。钢结构施工所用的材料主要是钢材,砂、石、水泥的用量极少。在建筑物拆除时,大部分材料可以再回收、再利用,不会造成太多垃圾,这就使钢结构具有绿色环保的特点。

2. 钢结构的缺点

(1)耐锈蚀性差。一般钢材在湿度大和有侵蚀性介质的环境中容易锈蚀,必须采取除锈、刷油漆等防锈措施。新建造的钢结构一般隔一定时间都要重新刷涂料,维护费用较高。目前,国内外正在发展各种高性能的涂料和不易锈蚀的耐候钢,有望解决钢结构耐锈蚀性差的问题。

(2)钢材价格相对较高。采用钢结构后,结构造价会略有增加,但实际上结构造价占工程总投资的比例是很小的,采用钢结构与采用钢筋混凝土结构间的结构费用差价占工程总投资的比例就更小。因此,结构造价不应作为决定采用何种材料的主要依据,而应综合考虑各种因素,尤其是工期优势。

(3)耐火性差。钢结构耐火性较差,在火灾中,未加防护的钢结构一般只能维持 20 min 左右,因此,需要防火时应采取防火措施,如在钢结构外面包混凝土或其他防火材料,或在构件表面喷涂防火涂料等。

建筑信息模型技术在大型钢结构工程中的应用

本章小结

钢结构是由钢构件经焊接、螺栓连接或铆钉连接而成的结构,是建筑工程结构的主要形式之一,主要包括梁式结构、桁架式结构、框架式结构、拱式结构等,由钢拉杆、钢压杆、钢梁、钢柱、钢桁架、钢索等基本构件组成。钢结构具有材性好、可靠性高、工业化程度高、工期短、强度高、质量轻、抗震、耐热等优点,常用于大跨、超高、过重、振动、密闭、高耸及轻型工程结构中。

思考与练习

一、填空题

1. 梁式结构包括_____、_____、_____等。
2. 拱式结构由_____或_____钢拱组成。
3. 如在跨度和荷载都相同时,普通钢屋架的质量只有钢筋混凝土屋架的_____。
4. _____被公认为是抗震设防地区特别是强震区的最合适结构。
5. 一般钢材在_____的环境中容易锈蚀,须采取除锈、刷油漆等防锈措施。

二、问答题

1. 试述钢结构的应用范围。
2. 钢构件的连接方法有哪几种?
3. 钢结构的优点是什么?
4. 钢结构的缺点是什么?

第二章 钢结构施工原材料

知识目标

通过本章内容的学习，了解钢结构常用钢材、焊接材料、紧固材料、防腐材料的类型，熟悉钢结构常用材料的组成、性质，掌握钢结构常用材料的质量要求及质量检验标准。

技能目标

通过本章内容的学习，能够掌握钢材、焊接材料、紧固材料、防腐材料及钢结构工程其他常用材料的性能，并能够按照工程要求进行材料的选择。

第一节 钢 材

一、钢材的分类

1. 按化学成分分类

钢是碳含量小于 2.11% 的铁碳合金，钢中除了铁和碳以外，还含有硅、锰、硫、磷、氮、氧、氢等元素，这些元素是在原料或冶炼过程中带入的，称为长存元素。为了适应某些使用要求，特意提高硅、锰的含量或特意加进铬、镍、钨、钼、钒等元素，这些特意加进的或提高含量的元素称为合金元素。

按照化学成分的不同，钢材可分为碳素钢和合金钢两大类：

（1）碳素钢。碳素钢是指含碳量在 0.02%～2.11% 的铁碳合金。根据钢材含碳量的不同，可将钢划分为以下三种：

1）低碳钢——含碳量小于 0.25% 的钢。

2）中碳钢——含碳量在 0.25%～0.60% 的钢。

3）高碳钢——含碳量大于 0.60% 的钢。

另外，含碳量小于 0.04% 的钢又称工业纯铁。建筑钢结构主要使用碳素钢。

（2）合金钢。在碳素钢中加入一定量的合金元素以提高钢材性能的钢，称为合金钢。根据钢中合金元素含量的多少，可分为以下几种：

1) 低合金钢——合金元素总含量小于5%的钢。

2) 中合金钢——合金元素总含量在5%～10%的钢。

3) 高合金钢——合金元素总含量大于10%的钢。

根据钢中所含合金元素种类的多少，又可分为二元合金钢、三元合金钢以及多元合金钢等钢种，如锰钢、铬钢、硅锰钢、铬锰钢、铬钼钢、钒钢等。

2. 按冶炼方法分类

按照冶炼方法和设备的不同，钢材可分为平炉钢、转炉钢和电炉钢三大类。每一大类按其炉衬材料的不同，又可分为酸性和碱性两类。

(1) 平炉钢。平炉钢一般属碱性钢，只有在特殊情况下，才在酸性平炉里炼制。

(2) 转炉钢。转炉钢除可分为酸性转炉钢和碱性转炉钢外（这两种分类方法又经常混用），还可分为底吹转炉钢、侧吹转炉钢和顶吹转炉钢。

(3) 电炉钢。电炉钢可分为电弧炉钢、感应电炉钢、真空感应电炉钢和钢电渣电炉钢等。工业上大量生产的主要是碱性电弧炉钢。

3. 按建筑用途分类

根据建筑用途分类，钢材可分为碳素结构钢、焊接结构耐候钢、高耐候性结构钢和桥梁用结构钢等专用结构钢。在建筑结构中，较为常用的是碳素结构钢和桥梁用结构钢。

4. 按品质分类

根据钢中所含有害杂质的多少，钢材可分为普通钢、优质钢和高级优质钢三大类。

(1) 普通钢。一般含硫量不超过0.050%，但对酸性转炉钢的含硫量允许适当放宽，属于这类的如普通碳素钢。普通碳素钢按技术条件又可分为以下几类：

1) 甲类钢——只保证机械性能的钢。

2) 乙类钢——只保证化学成分，但不必保证机械性能的钢。

3) 特类钢——既保证化学成分，又保证机械性能的钢。

(2) 优质钢。在结构钢中，含硫量不超过0.045%，含碳量不超过0.040%；在工具钢中含硫量不超过0.030%，含碳量不超过0.035%。对于其他杂质，如铬、镍、铜等的含量都有一定的限制。

(3) 高级优质钢。属于这一类的一般都是合金钢。钢中含硫量不超过0.020%，含碳量不超过0.030%，对其他杂质的含量要求更加严格。

除以上三种外，对于具有特殊要求的钢，还可列为特级优质钢，从而形成四大类。

5. 按浇铸脱氧程度分类

按脱氧程度和浇铸制度的不同，钢材可分为沸腾钢、镇静钢、半镇静钢三类。

(1) 沸腾钢。沸腾钢是在钢液中仅用锰铁弱脱氧剂进行脱氧。钢液在铸锭时有相当多的氧化铁，它与碳等化合生成一氧化碳等气体，使钢液沸腾。铸锭后冷却快，气体不能全部逸出，因而有下列缺陷：

1) 钢锭内存在气泡，轧制时虽容易闭合，但晶粒粗细不匀；

2) 硫、磷等杂质分布不匀，局部比较集中；

3) 气泡及杂质不匀，使钢材质量不匀，尤其是使轧制的钢材产生分层。当厚钢板在垂直厚度方向产生拉力时，钢板就会产生层状撕裂。

(2)镇静钢。镇静钢是在钢液中添加适量的硅和锰等强脱氧剂进行较彻底的脱氧而成。铸锭时不发生沸腾现象,浇铸时钢液表面平静,冷却速度很慢。

(3)半镇静钢。半镇静钢的脱氧程度介于沸腾钢和镇静钢之间,可用较少的硅脱氧,铸锭时还有一些沸腾现象。半镇静钢的性能优于沸腾钢,接近镇静钢。

二、钢材的牌号

1. 基本原则

(1)凡列入国家标准和行业标准的钢铁产品,均应按规定编写牌号。

(2)钢铁产品牌号的表示,通常采用大写汉语拼音字母、化学元素符号和阿拉伯数字相结合的方法表示。为了便于国际交流和贸易的需要,也可采用大写英文字母或国际惯例表示符号。如"碳"或"C""锰"或"Mn""铬"或"Cr"。

(3)采用汉语拼音字母或英文字母表示产品名称、用途、性能和工艺方法时,一般从产品名称中选取有代表性的汉字的汉语拼音的首位字母或英文单词的首位字母。当和另一产品所取字母重复时,改取第二个字母或第三个字母,或同时选取两个(或多个)汉字或英文单词的首位字母。

采用汉语拼音字母或英文字母,原则上只取一个,一般不超过三个。

(4)产品牌号中各组成部分的表示方法应符合相应规定,各部分按顺序排列,如无必要可省略相应部分。除另有规定外,字母、符号及数字之间应无间隙。

(5)产品牌号中的元素含量用质量分数表示。

2. 常用钢材牌号表示方法

(1)碳素结构钢和低合金结构钢。

1)碳素结构钢和低合金结构钢的牌号由四部分组成:

第一部分:前缀符号+强度值(以 N/mm^2 或 MPa 为单位),其中,通用结构钢前缀符号为代表屈服强度的拼音的字母"Q",专用结构钢的前缀符号见表2-1。

表 2-1 专用结构钢的前缀符号

产品名称	采用的汉字及汉语拼音或英文单词			采用字母	位置
	汉字	汉语拼音	英文单词		
热轧光圆钢筋	热轧光圆钢筋	—	Hot Rolled Plain Bars	HPB	牌号头
热轧带肋钢筋	热轧带肋钢筋	—	Hot Rolled Ribbed Bars	HRB	牌号头
细晶粒热轧带肋钢筋	热轧带肋钢筋+细	—	Hot Rolled Ribbed Bars+Fine	HRBF	牌号头
冷轧带肋钢筋	冷轧带肋钢筋	—	Cold Rolled Ribbed Bars	CRB	牌号头
预应力混凝土用螺纹钢筋	预应力、螺纹、钢筋	—	Prestressing、Screw、Bars	PSB	牌号头
焊接气瓶用钢	焊瓶	HAN PING	—	HP	牌号头
管线用钢	管线	—	Line	L	牌号头
船用锚链钢	船锚	CHUAN MAO	—	CM	牌号头
煤机用钢	煤	MEI	—	M	牌号头

第二部分(必要时)：钢的质量等级，用英文字母 A、B、C、D、E、F……表示。

第三部分(必要时)：脱氧方式表示符号，即沸腾钢、半镇静钢、镇静钢、特殊镇静钢分别以"F""b""Z""TZ"表示。镇静钢、特殊镇静钢表示符号通常可以省略。

第四部分(必要时)：产品用途、特性和工艺方法表示符号见表2-2。

表2-2　产品用途、特性和工艺方法表示符号

产品名称	采用的汉字及汉语拼音或英文单词			采用字母	位置
	汉字	汉语拼音	英文单词		
锅炉和压力容器用钢	容	RONG	—	R	牌号尾
锅炉用钢(管)	锅	GUO	—	G	牌号尾
低温压力容器用钢	低容	DI RONG	—	DR	牌号尾
桥梁用钢	桥	QIAO	—	Q	牌号尾
耐候钢	耐候	NAI HOU	—	NH	牌号尾
高耐候钢	高耐候	GAO NAI HOU	—	GNH	牌号尾
汽车大梁用钢	梁	LIANG	—	L	牌号尾
高性能建筑结构用钢	高建	GAO JIAN	—	GJ	牌号尾
低焊接裂纹敏感性钢	低焊接裂纹敏感性	—	Crack Free	CF	牌号尾
保证淬透性钢	淬透性	—	Hardenability	H	牌号尾
矿用钢	矿	KUANG	—	K	牌号尾
船用钢	国际符号				

2)根据需要，低合金高强度结构钢的牌号也可以采用两位阿拉伯数字(表示平均含碳量，以万分之几计)加符合规定的元素符号及必要时加代表产品用途、特性和工艺方法的表示符号，按顺序表示。

(2)优质碳素结构钢。优质碳素结构钢牌号通常由以下五部分组成：

第一部分：以两位阿拉伯数字表示平均碳含量(以万分之几计)；

第二部分(必要时)：较高含锰量的优质碳素结构钢，加锰元素符号 Mn；

第三部分(必要时)：钢材冶金质量，即高级优质钢、特级优质钢分别以 A、E 表示，优质钢不用字母表示；

第四部分(必要时)：脱氧方式表示符号，即沸腾钢、半镇静钢、镇静钢分别以"F""b""Z"表示，但镇静钢表示符号通常可以省略；

第五部分(必要时)：产品用途、特性或工艺方法表示符号，见表2-2。

(3)合金结构钢。合金结构钢牌号通常由以下四部分组成：

第一部分：以两位阿拉伯数字表示平均碳含量(以万分之几计)。

第二部分：合金元素含量，以化学元素符号及阿拉伯数字表示。具体表示方法为：平均含量小于1.50%时，牌号中仅标明元素，一般标明含量；平均含量为1.50%～2.49%、2.50%～3.49%、3.50%～4.49%、4.50%～5.49%……时，在合金元素后相应写成2、3、4、5……。

注：化学元素符号的排列顺序推荐按含量值递减排列。如果两个或多个元素的含量相等时，相应符号位置按英文字母的顺序排列。

第三部分：钢材冶金质量，即高级优质钢、特级优质钢分别以 A、E 表示，优质钢不用字母表示。

第四部分(必要时)：产品用途、特性或工艺方法表示符号，见表 2-2。

(4)不锈钢。不锈钢牌号采用规定的化学元素符号和表示各元素含量的阿拉伯数字表示。各元素含量的阿拉伯数字表示应符合下列规定：

1)碳含量。用两位或三位阿拉伯数字表示碳含量最佳控制值(以万分之几或十万分之几计)。

①只规定碳含量上限者，当碳含量上限不大于 0.10% 时，以其上限的 3/4 表示碳含量；当碳含量上限大于 0.10% 时，以其上限的 4/5 表示碳含量。例如，当碳含量上限为 0.08% 时，碳含量以 06 表示；当碳含量上限为 0.20% 时，碳含量以 16 表示；当碳含量上限为 0.15% 时，碳含量以 12 表示。

对超低碳不锈钢(即碳含量不大于 0.030%)，用三位阿拉伯数字表示碳含量最佳控制值(以十万分之几计)。例如，当碳含量上限为 0.030% 时，其牌号中的碳含量以 022 表示；当碳含量上限为 0.020% 时，其牌号中的碳含量以 015 表示。

②规定上、下限者，以平均碳含量×100 表示。例如，当碳含量为 0.16%～0.25% 时，其牌号中的碳含量以 20 表示。

2)合金元素含量。合金元素含量以化学元素符号及阿拉伯数字表示，表示方法同合金结构钢第二部分，钢种有意加入的铌、钛、锆、氮等合金元素，虽然含量很低，也应在牌号中标出。例如，碳含量不大于 0.08%，铬含量为 18.00%～20.00%，镍含量为 8.00%～11.00% 的不锈钢，牌号为 06Cr19Ni10；碳含量不大于 0.030%，铬含量为 16.00%～19.00%，钛含量为 0.10%～1.00% 的不锈钢，牌号为 022Cr18Ti。

(5)焊接用钢。焊接用钢包括焊接用碳素钢、焊接用合金钢和焊接用不锈钢等。焊接用钢牌号通常由以下两部分组成：

第一部分：焊接用钢表示符号"H"；

第二部分：各类焊接用钢牌号表示方法。其中优质碳素结构钢、合金结构钢和不锈钢分别符合相关规范规定。

三、钢材的性能及其影响因素

(一)钢材的主要性能

1. 钢材的强度和塑性

在常温静荷载情况下，常用低碳钢在单向均匀受拉试验时的荷载-变形(F-ΔL)曲线或应力-应变(σ-ε)曲线如图 2-1 所示。其受拉过程大致可以分为以下几个阶段：

(1)弹性阶段(OA 段)。在此阶段，钢材的应力很小，且不超过 A 点。如果这时卸载，曲线将沿着原来的路径回到原点，此时应变为 0。这时钢材处于弹性工作阶段。

(2)弹塑性阶段(AS 段)。在这一阶段，钢材的应力和应变不再保持线性关系，S 点的应力称为钢材的屈服强度 f_y。若这时卸载，变形不会完全恢复，此时的应变称为残余应变。在这个阶段既包括弹性变形，也包括塑性变形。

(3)屈服阶段(SC 段)。当低碳钢达到屈服强度 f_y 时，其应力不再变化，而应变不断增大。这一段基本保持水平,所以又可称其为屈服阶段。在这个阶段,钢材完全处于塑性状态。

(4)强化阶段(CB 段)。在屈服阶段,钢材内部结构重新排列,并能承受更大的荷载。在达到 C 点后,钢材又恢复了其承载能力,直到应力值达到最大值 B 点,这时钢材达到极限抗拉强度 f_u。这个阶段称为强化阶段。

(5)破坏阶段(BD 段)。当超过 B 点后,在试件中部材料质量较差处,截面出现横向收缩,面积开始显著缩小,形成颈缩现象。这时,钢材不能继续承载,试件宣告破坏。试件拉断后的残余应变称为伸长率 δ,见式(2-1)。

$$\delta = \frac{L_1 - L_0}{L_0} \times 100\% \tag{2-1}$$

钢材拉伸试验所得出的屈服强度 f_y、抗拉强度 f_u 和伸长率 δ 是钢材力学性能的三项重要指标。

高强度钢没有明显的屈服点和屈服台阶。这类钢的屈服条件是根据试验分析结果人为规定的,故称为条件屈服点(或屈服强度)。条件屈服点是以卸荷后试件中残余应变为 0.2% 所对应的应力定义的(有时用 $f_{0.2}$ 表示),如图 2-2 所示。由于这类钢材不具有明显的塑性平台,设计中不宜利用它的塑性。

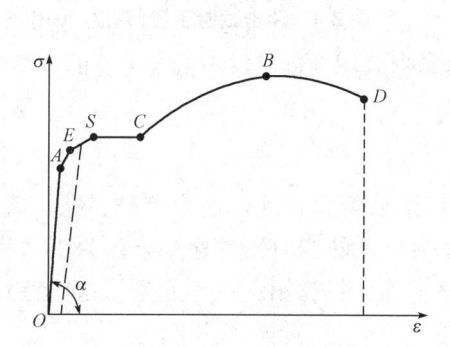

图 2-1 碳素结构钢的应力-应变曲线

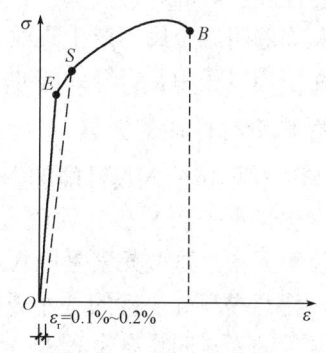

图 2-2 高强度钢的应力-应变关系

2. 钢材的冷弯性能

冷弯性能是指钢材在冷加工过程中,对产生的裂缝以及破坏的抵抗能力。钢材的冷弯性能是用冷弯试验来确定的(图 2-3),目的是检验钢材在承受规定弯曲时的变形能力。

根据试样厚度,按规定的弯心直径将试样弯曲 180°,其表面及侧面无裂纹或分层则为"冷弯试验合格"。"冷弯试验合格"一方面同伸长率符合规定,表示

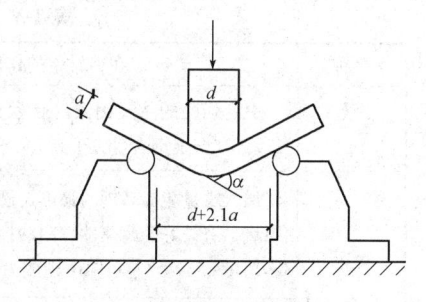

图 2-3 钢材冷弯试验示意

材料塑性变形能力符合要求;另一方面表示钢材的冶金质量(颗粒结晶及非金属夹杂分布,甚至在一定程度上包括可焊性)符合要求。因此,冷弯性能是判别钢材塑性变形能力及冶金质量的综合指标,是鉴定钢材质量的一种良好方法,常作为静力拉伸试验和冲击试验等的补充试验。在重要结构中需要有良好的冷热加工的工艺性能时,应有冷弯试验合格保证。

3. 钢材的冲击韧性

钢材的冲击韧性是衡量钢材断裂时所做功的指标，以及在低温、应力集中、冲击荷载等作用下，衡量抵抗脆性断裂的能力。钢材中含有非金属夹杂物或脱氧不良等，都将影响其冲击韧性。为了保证钢结构建筑物的安全，防止低应力脆性断裂，建筑结构钢还必须具有良好的韧性。目前，关于钢材脆性破坏的试验方法有很多，其中冲击试验是最简便的检验钢材缺口韧性的试验方法，也是建筑结构钢材的验收试验项目之一。

钢材的冲击韧性采用V形缺口的标准试件，如图2-4所示。冲击韧性指标以冲击荷载使试件断裂时所吸收的冲击功 A_{kV} 表示，单位为J。

4. 钢材的可焊性

钢材的可焊性是指在一定的焊接工艺条件下，可获得性能良好的焊接接头。在焊接过程中，焊缝及焊缝附近金属不产生裂纹或冷却收缩裂纹。在使用过程中，焊缝处的冲击韧性和热影响区塑性良好，不低于母材的力学性能。

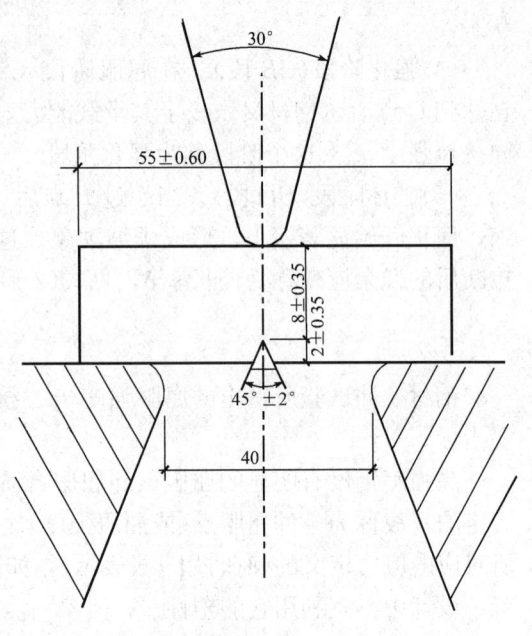

图 2-4　冲击试验示意（单位：cm）

(二)影响钢材性能的因素

1. 钢材的化学成分对其性能的影响

钢是含碳量小于2.11%的铁碳合金，除含有铁和碳元素外，还含有硅、锰、硫、磷、氮、氧、氢等元素。这些元素是原料或冶炼过程中带入的，叫作常存元素。为了适应某些使用要求，特意提高硅、锰的含量或特意加进铬、镍、钨、钼、钒等元素。这些特意加进的或提高含量的元素叫作合金元素。

建筑结构钢材中，各种化学成分对钢材性能的影响见表2-3。

表 2-3　各种化学成分对钢材性能的影响

名称	在钢材中的作用	对钢材性能的影响
碳 (C)	决定强度的主要因素。碳素钢含量为0.04%~1.7%，合金钢含量大于0.5%~0.7%	含量增高，强度和硬度增高，塑性和冲击韧性下降，脆性增大，冷弯性能、焊接性能变差
硅 (Si)	加入少量能提高钢的强度、硬度和弹性，能使钢脱氧，有较好的耐热性、耐酸性。在碳素钢中含量不超过0.5%，超过限值则成为合金钢的合金元素	含量超过1%时，钢的塑性和冲击韧性下降，冷脆性增大，可焊性、抗腐蚀性变差
锰 (Mn)	能提高钢强度和硬度，可使钢脱氧去硫。含量在1%以下，合金钢含量大于1%时则成为合金元素	少量锰可降低脆性，改善塑性、韧性、热加工性和焊接性能，含量较高时，会使钢的塑性和韧性下降，脆性增大，焊接性能变差
磷 (P)	有害元素，会降低钢的塑性和韧性，使其出现冷脆性，能使钢的强度显著提高，同时提高抗大气腐蚀稳定性，含量应限制在0.05%以下	含量提高，在低温下使钢变脆，在高温下使钢缺乏塑性和韧性，焊接及冷弯性能变差。其危害与含碳量有关，在低碳钢中影响较小

续表

名称	在钢材中的作用	对钢材性能的影响
硫 (S)	有害元素，使钢热脆性大，含量应限制在 0.05%以下	当含量高时，焊接性能、韧性和抗蚀性将变差；在高温热加工时，容易产生断裂，形成热脆性
钒、铌 (V、Nb)	使钢脱氧除气，显著提高强度。合金钢含量应小于 0.5%	少量可提高低温韧性，改善可焊性；含量多时，会降低焊接性能
钛 (Ti)	钢的强脱氧剂和除气剂，可显著提高强度，能和碳、氮作用生成碳化钛（TiC）和氮化钛（TiN）。低合金钢含量为 0.06%~0.12%	少量可改善塑性、韧性和焊接性能，降低热敏感性
铜 (Cu)	含少量铜对钢不起显著变化，可提高抗大气腐蚀稳定性	当含量增加到 0.25%~0.3%时，焊接性能变差；当含量增加到 0.4%时，发生热脆现象

2. 钢材的硬化对其性能的影响

常温下实行冷加工。冷拉、冷弯、冲孔、机械剪切等加工使钢材产生很大的塑性变形，由于降低了塑性和韧性性能，普通钢结构中不利用硬化现象提高强度。

重要结构中还把钢板因剪切而硬化的边缘部分刨去。用作冷弯薄壁型钢结构的冷弯型钢，是由钢板或钢带经冷轧成型的，也有的是经压力机模压成型或在弯板机上弯曲成型的。由于这个原因，薄壁型钢结构设计中允许利用因局部冷加工而提高的强度。

另外，还有性质类似的时效硬化与应变硬化，如图 2-5 所示。时效硬化是指钢材仅随时间的增长而转脆，应变时效指应变硬化加时效硬化。由于这些是使钢材转脆的性质，所以，有些重要结构要求对钢材进行人工时效硬化，然后测定其冲击韧性，以保证钢结构具有长期的抗脆性破坏能力。

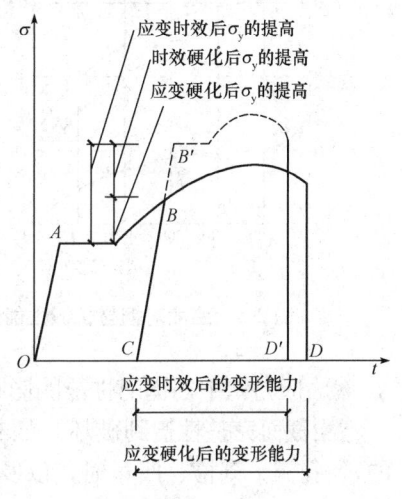

图 2-5 钢材的硬化

3. 冶金和轧制对钢材性能的影响

在冶炼、轧制过程中常常出现的缺陷有偏析、非金属夹杂、裂纹、夹层及气孔等。

(1)偏析钢中化学成分有不一致和不均匀性，主要的偏析是硫、磷，将严重恶化钢材的性能，以及偏析区钢材的塑性、韧性及可焊性。

(2)非金属夹杂钢材中存在非金属化合物（硫化物、氧化物），会严重影响钢材的力学性能和工艺性能。

(3)裂纹、分层在轧制中可能出现，这些缺陷会大大地降低钢材的冷弯性能、冲击韧性、疲劳强度和抗脆性破坏能力。

4. 温度对钢材性能的影响

钢材性能随温度变动而变化。总的趋势是：温度升高时，钢材强度降低，应变增大；反之，钢材强度会略有增加，却会因塑性和韧性降低而变脆，如图 2-6 所示。

当温度升高时，在 200 ℃ 以内钢材性能没有很大变化，430 ℃~540 ℃ 强度急剧下降，

600 ℃时强度很低不能承担荷载。但在250 ℃左右，钢材的强度反而略有提高，同时，塑性和韧性均下降，材料有转脆的倾向，钢材表面氧化膜呈现蓝色，这种现象称为蓝脆现象。钢材应避免在蓝脆温度范围内进行热加工。当温度为260 ℃～320 ℃、应力持续不变的情况下，钢材以很缓慢的速度继续变形，此种现象称为徐变现象。

当温度从常温开始下降，特别是在负温度范围内时，钢材强度虽有些提高，但其塑性和韧性降低，材料逐渐变脆，这种性质称为低温冷脆。图2-7所示为钢材冲击韧性与温度的关系曲线。如图2-7所示，随着温度的降低，C_v值迅速下降，材料将由塑性破坏转变为脆性破坏，同时，这一转变是在一个温度区间(T_1，T_2)内完成的，此温度区间(T_1，T_2)称为钢材的脆性转变温度区，在此区间内，曲线的反弯点(最陡点)所对应的温度T_0称为脆性转变温度。如果把低于T_0完全脆性破坏的最高温度T_1作为钢材的脆断设计温度，即可保证钢结构低温工作的安全。

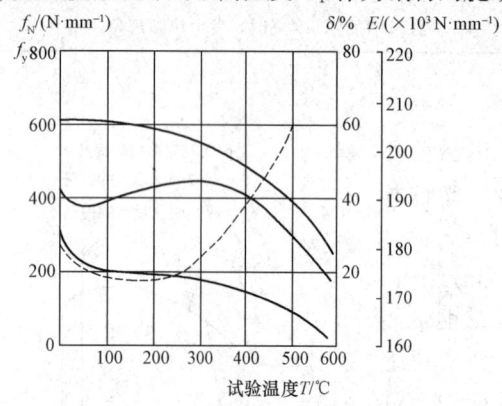

图2-6 温度对钢材机械性能的影响

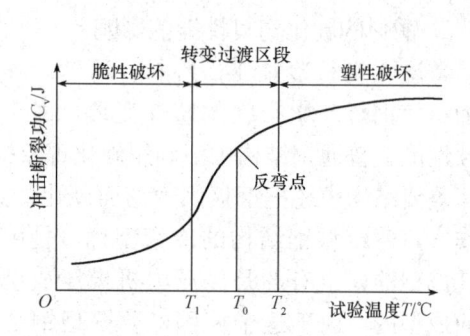

图2-7 钢材冲击韧性与温度的关系曲线

5. 应力集中对钢材性能的影响

当截面完整性遭到破坏，如有裂纹(内部的或表面的)、孔洞、刻槽、凹角时，以及截面的厚度或宽度突然改变时，构件中的应力分布将变得很不均匀。在缺陷或截面变化处附近，应力线曲折、密集、出现高峰应力的现象称为应力集中，如图2-8所示。

孔边应力高峰处将产生双向或三向的应力。这是因为材料的某一点在x方向伸长的同时，在y方向(横向)将要收缩，当板厚较大时，还将引起z方向收缩。

由力学知识可知，三向应力同号且各应力数值接近时，材料不易屈服。当为三向拉应力且数值相等时，直到材料断裂也不屈服。没有塑性变形的断裂是脆性

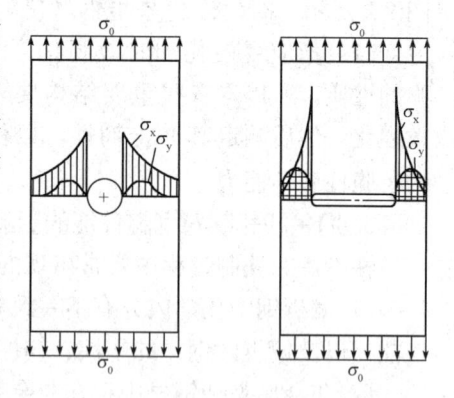

图2-8 孔洞及槽孔处的应力集中

断裂。所以，三向应力的应力状态，使材料沿力作用方向塑性变形的发展受到很大约束，材料容易产生脆性破坏。

因此，对于厚钢材应该要求更高的韧性。

6. 反复荷载作用对钢材性能的影响

钢材在反复荷载作用下，其结构的抗力及性能都会发生重要变化，钢材的强度将降低，

14

这种现象称为疲劳破坏。疲劳破坏表现为突然发生的脆性断裂。

影响钢材疲劳强度的因素很多，例如，钢材中存在的一些冶金缺陷，或在加工时形成的刻槽、缺口、孔洞等工艺缺陷。在动荷载的作用下，这些带有缺陷的截面处会形成应力集中现象，并在应力高峰附近出现微观裂纹，在连续反复的循环荷载作用下，微观裂纹不断扩展，截面将不断被削弱。

实践证明，构件受到的应力不高或反复次数不多的钢材一般不会发生疲劳破坏，计算中不必考虑疲劳的影响。但是，对长期承受频繁的反复荷载的结构及其连接，设计中就必须考虑结构的疲劳问题。

四、钢材的选用

钢材性能适用于建筑钢材的只是其中的一小部分。为达到结构安全可靠，满足使用要求以及经济合理的目的，应根据结构的特点，选择适宜的钢材。钢材的选择在钢结构设计中非常重要。

钢材的选用要符合规范的有关规定，其任务是确定钢材的牌号(包括钢种、冶炼方法、脱氧方法、质量等级)以及提出应有的机械性能和化学成分的保证项目。

1. 钢材的选用原则

对钢材进行选择时，应符合图纸设计要求的规定，表 2-4 为一般选择原则。

表 2-4 建筑结构钢材的选择原则

项次	结构类型		计算温度	选用牌号
1	焊接结构	直接承受动力荷载的结构	重级工作制吊车梁或类似结构	—	Q235 镇静钢或 Q345 钢
2			轻、中级工作制吊车梁或类似结构	等于或低于 −20 ℃	Q235 镇静钢或 Q345 钢
3				高于 −20 ℃	Q235 沸腾钢
4		承受静力荷载或间接承受动力荷载的结构		等于或低于 −30 ℃	Q235 镇静钢或 Q345 钢
5				高于 −30 ℃	Q235 沸腾钢
6	非焊接结构	直接承受动力荷载的结构	重级工作制吊车梁或类似结构	等于或低于 −20 ℃	Q235 镇静钢或 Q345 钢
7				高于 −20 ℃	Q235 沸腾钢
8			轻、中级工作制吊车梁或类似结构	—	Q235 沸腾钢
9		承受静力荷载或间接承受动力荷载的结构			Q235 沸腾钢

2. 选择钢材牌号和材料时应综合考虑的因素

《钢结构设计标准》(GB 50017—2017)关于材料选用的规定是：结构钢材的选用应遵循技术可靠、经济合理的原则综合考虑结构的重要性、荷载特征、结构形式、应力状态、连接方法、工作环境、钢材厚度及价格等因素，选用合适的钢材牌号和材性保证项目。

(1)结构的重要性。根据《建筑结构可靠度设计统一标准》(GB 50068—2018)的规定，结构和构件按其用途、部位和破坏后果的严重性可分为重要、一般和次要三类，相应的安全等级则为一级、二级和三级。不同类别的结构或构件应选用不同的钢材，重型工业建筑结构、大跨度结构、高层或超高层的民用建筑结构和重级工作制吊车梁或构筑物等都是重要的一级结构，应选用优质钢材；一般工业与民用建筑结构等属二级结构，可按工作性质选用普通质量的钢材；临时性房屋的骨架，一般建筑物内的附属构件如梯子、栏杆等，则属次要的三类结构，可选用质量较差的钢材。

(2)荷载情况。荷载可分为静态荷载和动态荷载两种。直接承受动力荷载的结构和强烈地震区的结构，应选用韧性和抗疲劳性能较好的优质钢材，如Q345钢，并提出合适的附加保证项目；而一般承受静力荷载或间接动力荷载作用的结构构件，在常温条件下就可以选用价格较低的Q235钢。

(3)连接方法。钢结构的连接方法有焊接和非焊接两种。由于在焊接过程中会产生焊接变形、焊接应力以及其他焊接缺陷(如咬肉、气孔、裂纹、夹渣等)，有导致结构产生裂缝或脆性断裂的危险，因此，焊接结构对材质的要求应严格一些。例如，在化学成分方面，焊接结构必须严格控制碳、硫、磷的极限含量，而非焊接结构对碳含量可降低要求。

(4)结构所处的温度和环境。结构所处的环境条件，如温度变化情况及腐蚀介质情况等，对钢材机械力学性能影响很大。处于低温条件下的结构构件，特别是焊接结构和受拉构件，极易产生低温冷脆断裂破坏，应选用具有良好抗低温脆断性能的镇定钢。处于腐蚀介质中的钢结构，例如，化工企业的钢结构厂房，应采用耐腐蚀钢材，并加强外露钢构件的防锈处理。

另外，露天结构的钢材容易产生时效，有害介质作用的钢材容易腐蚀、疲劳和断裂，也应加以区别地选择不同材质。

(5)钢材厚度。薄钢材辊轧次数多，轧制的压缩比大；厚度大的钢材压缩比小。所以，厚度大的钢材不但强度低，而且塑性、冲击韧性和焊接性能也较差。因此，厚度大的焊接结构应采用材质较好的钢材。

3. 钢材选用时应考虑的性能因素

为了保证结构的安全，钢结构所采用的钢材在性能方面必须具有较高的强度、较好的塑性及韧性，以及良好的加工性能。对焊接结构，还要求可焊性良好，在低温下工作的结构，要求钢材保持较好的韧性；在易受大气侵蚀的露天环境下工作的结构，或在有害介质侵蚀的环境下工作的结构，要求钢材具有较好的抗锈能力。

(1)一般来说，承重结构的钢材应具有抗拉强度、伸长率、屈服点和硫、磷含量的合格保证，对焊接结构，还需具有碳含量的合格保证(由于Q235-A钢的碳含量并不作为交货条件，故一般不用于主要焊接结构)。

(2)焊接承重结构(如吊车梁、吊车桁架、有振动设备或有大吨位吊车厂房的屋架、托架、大跨度重型桁架等)以及重要的非焊接承重结构和需要弯曲成型的构件，还需具有冷弯试验的合格保证。

(3)民用房屋承重钢结构(梁、柱、钢架、桁架)的钢材牌号，一般应在设计规范推荐的、不同级别的Q235钢和Q345钢之间选用。当有合理依据时，也可选用Q390钢和Q420钢。地震区的多层重要房屋，也可采用高层建筑结构用钢板。Q235-A级、Q235-B级钢宜优先选用镇静钢，焊接承重结构不应选用Q235-A钢。在各种使用条件下钢构件所选用钢材的牌号、性能质量等级、应保证的力学性能和化学成分项目等，可按表2-5选用。

表 2-5 钢材的牌号及等级选用表

项号	荷载性质	结构类别	工作环境温度/℃	焊接结构 钢材牌号及质量等级	焊接结构 力学性能保证项目	焊接结构 化学成分保证项目	非焊接结构 钢材牌号及质量等级	非焊接结构 力学性能保证项目	非焊接结构 化学成分保证项目
1	承受荷载或间接动力荷载	一般承重结构	>−30	Q235-B·F Q235-B·Z Q345-A Q390-A	屈服强度 抗拉强度 伸长率 A_5	C P S	Q235-A·F Q235-A·Z Q345-A Q390-A	屈服强度 抗拉强度 伸长率 A_5	P S
2			≤−30	Q235-B·Z Q345-A(或B) Q390-A(或B)			Q235-A·Z Q235-B·Z Q345-A(或B) Q390-A(或B)		
3		重要承重结构	>−20	Q235-B·Z Q345-A(或B) Q390-A(或B)	屈服强度 抗拉强度 伸长率 A_5			屈服强度 抗拉强度 伸长率 A_5 冷弯性能	
4			≤−20	Q235-B·Z Q345-B Q390-B	冷弯性能		Q235-B·Z Q345-A Q390-A		
5	直接承受动力荷载	不需验算疲劳的结构	>−20	同第 3 项结构,并增加冷弯性能			同第 3 项结构		
6			≤−20	同第 4 项结构			同第 4 项结构		
7		需验算疲劳的结构	≥0	同第 4 项结构,附加常温冲击功			同第 4 项结构,附加常温冲击功		
8			低于 0, >−20	Q235-C Q345-C Q390-C	屈服强度 抗拉强度 伸长率 A_5 冷弯性能 冲击功	C P S (或碳含量)	Q235-B Q345-B Q390-C	屈服强度 抗拉强度 伸长率 A_5 冷弯性能 冲击功	P S
9			≤−20	Q235-D Q345-D Q390-C			Q235-C Q345-C Q390-D		

注:1. 当需要选用 Q420 钢时,其质量等级可参照 Q390 钢选用。
   2. 环境温度对非采暖房屋,可采用国标《工业建筑供暖通风与空气调节设计规范》(GB 50019—2015)中所列的最低日平均温度;对采暖房屋内的结构,可提高 10 ℃采用。
   3. 当钢材厚度 $t \geq 50$ mm(Q235 钢)或 $t > 40$ mm(Q345 钢、Q390 钢)时,应适当从严选用。
   4. 使用 Q235-C、D,Q345-C、D,Q390-C、D 钢时,宜增加限制碳含量的要求。
   5. 当选用各种牌号的钢材时,一般按热轧状态交货;当有技术经济性依据时,亦可要求各种牌号的 B 级钢可控轧交货,C、D 级钢正火或控轧交货,E 级钢正火交货,Q420 钢淬火加回火交货。交货状态应在设计中注明。

(4)对于需要验算疲劳的以及主要的受拉或受弯的焊接结构(如重级工作制和起重量等于或大于 50 t 的中级工作制焊接吊车梁、吊车桁架等)钢材,应具有常温冲击韧性的合格保证。当结构工作温度等于或低于 0 ℃但高于−20 ℃时,对于 Q235 钢和 Q345 钢,应具有 0 ℃冲击韧性的合格保证;对于 Q390 钢和 Q420 钢,应具有−20 ℃冲击韧性的合格保证。当结构工作温度等于或低于−20 ℃时,对于 Q235 钢和 Q345 钢,应具有−20 ℃冲击韧性的合格保证；对于 Q390 钢和 Q420 钢，应具有－40 ℃冲击韧性的合格保证。一般来说，受拉构件的材性要求较受压构件高，焊接结构的材性要求较非焊接结构高，受动力荷载的结构材性要高于受静力荷载的结构，处于低温工作条件下的结构材性要高于处于常温条件下的结构等。

(5) 抗震结构附加要求。按抗震设防设计计算的承重钢结构，钢材性能还应满足下述要求：钢材的强屈比（f_u/f_y）不应小于 1.2；钢材应具有明显的屈服平台；钢材的伸长率（A_5）不应小于 20%；具有良好的可焊性及合格的冲击韧性。

设防烈度（8 度及 8 度以上）地区的主要承重钢结构，以及高层、大跨度建筑的主要承重钢结构所用的钢材，宜参照表 2-5 中直接承受动力荷载的结构钢材选用。涉及安全等级为一级的工业与民用建筑以及抗震设防类别为甲级的建筑钢结构，其主要承重结构钢材的质量等级不宜低于 C 级，必要时还可以要求碳含量的附加保证。

(6) 特殊构件附加要求。对于重要承重钢结构的焊接节点，当截面板件厚度大于等于 40 mm，并承受沿板厚方向拉力（撕裂作用）时，该部位或构件的钢材应按《厚度方向性能钢板》(GB/T 5313—2010)的规定，附加保证 Z 向的断面收缩率见表 2-6，一般可选用 Z15、Z25 两个级别。

表 2-6　厚度方向性能级别及断面收缩率

厚度方向性能级别	断面收缩率 Z/%	
	三个试样的最小平均值	单个试样最小值
Z15	15	10
Z25	25	15
Z35	35	25

(7) 在室外侵蚀环境中的承重钢结构，可以按《耐候结构钢》(GB/T 4171—2008)的规定选择耐候钢。选用耐候钢时，构件表面仍需进行除锈和涂装处理。

(8) 当有充分的技术经济依据，承重钢结构需按抗火设计方法设计时，其钢材宜选用耐火钢，有关的材质、钢号、性能及技术要求可按相应的企业标准（如武钢、包钢、马钢等）妥善确定。同时，高温下耐火钢的材料特性应经试验确定。

(9) 冷弯薄壁型钢要求有镀锌保护层时，应采用热浸镀锌板（卷）直接进行冷弯成型，不得采用电镀锌板，也不宜冷弯成型后再进行热浸镀锌。在正常使用环境、弱侵蚀环境及中等侵蚀环境中，镀锌层质量（双面）应分别不小于 180 g/m²、220 g/m²、275 g/m²。

4. 钢材选用时应考虑的规格因素

(1) 应优先选用经济高效截面的型材（如宽翼缘 H 型钢、冷弯型钢）。

(2) 在同一项工程中选用的型钢、钢板规格不宜过多。一般不宜选用最大规格的型钢，也不应选用带号的加厚槽钢与工字钢以及轻型槽钢等。

钢材质量的鉴别方法

(3) 规格或材料代用时，应严格审查确认其材质、性能符合原设计要求。必要时，材料材质的复验应经设计人员确认。

第二节　焊接材料

钢结构中焊接材料需适应焊接场地、焊接方法、焊接方式,特别要与焊件钢材的强度和材质要求相适应。焊接材料的品种、规格、性能等应符合现行国家有关产品标准和设计要求。

一、焊条

涂有药皮的供焊条电弧焊用的熔化电极称为焊条。焊条电弧焊时,焊条既作为电极传导电流而产生电弧,为焊接提供所需热量,又在熔化后作为填充金属过渡到熔池,与熔化的焊件金属熔合,凝固后形成焊缝。

1. 焊条的组成

焊条由焊芯和药皮两部分组成,如图 2-9 所示。焊条前端药皮有 45°左右的倒角,以便引弧;尾部的夹持端用于焊钳夹持并利于导电。焊条直径指的是焊芯直径,是焊条的重要尺寸,共有 $\phi 1.6\sim 8$ mm 八种规格。焊条长度由焊条直径而定,在 200～650 mm 之间。生产中应用最多的是 $\phi 3.2$ mm、$\phi 4$ mm、$\phi 5$ mm 三种,长度分别为 350 mm、400 mm 和 450 mm。

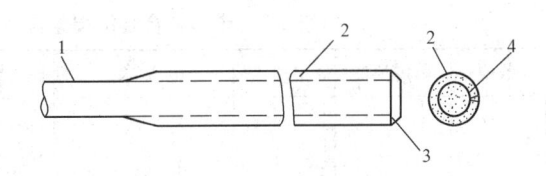

图 2-9　焊条组成示意图
1—夹持端；2—药皮；3—引弧端；4—焊芯

(1)焊芯。焊芯的主要作用是传导电流维持电弧燃烧和熔化后作为填充金属进入焊缝。焊条电弧焊时,焊芯在焊缝金属中占 50%～70%。可以看出,焊芯的成分直接决定了焊缝的成分与性能。因此,焊芯用钢应是经过特殊冶炼,并单独规定牌号与技术条件的专用钢,通常称为焊条用钢。焊条用钢的化学成分与普通钢的主要区别在于严格控制磷、硫杂质的含量,并限制碳含量,以提高焊缝金属的塑性、韧性,防止产生焊接缺陷。

(2)药皮。焊条药皮是指压涂在焊芯表面的涂层,具有保护电弧及熔池、改善工艺性能及焊缝质量的作用。焊条药皮的质量应符合下列规定：

1)焊条药皮应均匀、紧密地包覆在焊芯周围,整根焊条药皮上不应有影响焊接质量的裂纹、气泡、杂质及剥落等缺陷。

2)焊条引弧端药皮应倒角,焊芯端面应露出,以保证易于引弧。焊条露芯应符合如下规定:

①E××15※、E××16、E5018、E××28 及 E5048 型焊条,沿长度方向的露芯长度应不大于焊芯直径的 1/2 或 1.6 mm,取两者的较小值;

注：※表示"43"或"50"。

②其他型号焊条,沿长度方向的露芯应不大于圆周的一半。

3)焊条药皮应具有足够的强度,不会在正常搬运或使用过程中损坏。

2. 焊条的型号及牌号

(1)焊条型号。焊条型号是指国家标准中规定的焊条代号。按《非合金钢及细晶粒钢焊条》(GB/T 5117—2012)、《热强钢焊条》(GB/T 5118—2012)规定，碳钢焊条的型号根据熔敷金属的抗拉强度、药皮类型、焊接位置和焊接电流类型划分，以字母 E 后加四位数字表示，即 E××××，见表 2-7～表 2-9。

表 2-7　焊条型号编制方法

第一部分 E	第二部分 ××	第三部分 ××	第四部分后缀字母	第五部分焊后状态代号
字母"E"表示焊条	"E"后第一、二两位数字表示熔敷金属抗拉强度代号，即最小值(MPa)	"E"后第三、四两位数字表示药皮类型、焊接位置和电流类型(表2-10)　"0""1"适用于全位置焊；"2"适用于平焊及平角焊；"4"适用于向下立焊	为熔敷金属化学成分分类代号，可为"无标记"或短划"-"后的字母、数字或字母和数字的组合	熔敷金属化学成分代号后的焊后状态代号，其中"无标记"表示焊态，"P"表示热处理状态，"AP"表示焊态和焊后热处理两种状态均可。除以上强制分类代号外，可在型号后依次附加可选代号；①字母 U 表示在规定试验温度下，冲击吸收能量可达到 47 J 以上；②扩散氢代号"HX"，其中 X 代表 15、10 或 5，分别表示每 100 g 熔敷金属中扩散氢含量的最大值(mL)

表 2-8　碳钢和合金钢焊条型号的第三、四位数字组合的含义

焊条型号	药皮类型	焊接位置①	电流类型	焊条型号	药皮类型	焊接位置①	电流类型
E××03	钛型	全位置②	交流或直流正、反接	E××16　E××18	碱性　碱性+铁粉	全位置②	交流或直流反接
				E××19	铁钛矿	全位置②	交流或直流正、反接
				E××20	氧化铁	平焊 PA、平角焊 PB	交流或直流正、反接
E××10	纤维素	全位置	直流反接	E××24	金红石+铁粉	平焊 PA、平角焊 PB	交流或直流正、反接
E××11	纤维素		交流或直流反接	E××27	氧化铁+铁粉		
E××12	金红石		交流或直流正接	E××28	碱性+铁粉	平焊 PA、平角焊 PB、PC	交流或直流反接
E××13	金红石	全位置②	交流或直流正、反接	E××40	不做规定	由制造商确定	
E××14	金红石+铁粉			E××45	碱性	全位置	直流反接
E××15	碱性		直流反接	E××48	碱性	全位置	交流或直流反接

①焊接位置见《焊缝—工作位置—倾角和转角的定义》(GB/T 16672—1996)，PA=平焊、PB=平角焊、PC=横焊、PG=向下立焊；
②此处"全位置"并不一定包含向下立焊，由制造商确定。

表 2-9　焊条熔敷金属化学成分的分类

焊条型号	分类	焊条型号	分类
E××××-A1	碳钼钢焊条	E××××-NM	镍钼钢焊条
E××××-B1～5	铬钼钢焊条	E××××-D1～3	锰钼钢焊条
E××××-C1～3	镍钢焊条	E××××-G、M、M1、W	所有其他低合金钢焊条

表 2-10　焊条牌号中第三位数字的含义

焊条牌号	药皮类型	电流种类	焊条牌号	药皮类型	电流种类
□××0	不属于规定类型	不规定	□××5	纤维素型	交直流
□××1	氧化钛型	交直流	□××6	低氢钾型	交直流
□××2	钛钙型	交直流	□××7	低氢钠型	直流
□××3	钛铁矿型	交直流	□××8	石墨型	交直流
□××4	氧化铁型	交直流	□××9	盐基型	直流

完整的焊条型号示例如图 2-10 所示。

E 50 1 5
- 焊条药皮为碱性，适用于直流反接
- 焊条适用于全位置焊接
- 熔敷金属的抗拉强度最小值为490 MPa
- 焊条

E 43 0 3
- 焊条药皮为钛型，可采用交流或直流正扫接
- 焊条适用于全位置焊接
- 熔敷金属抗拉强度的最小值(430 MPa)
- 焊条

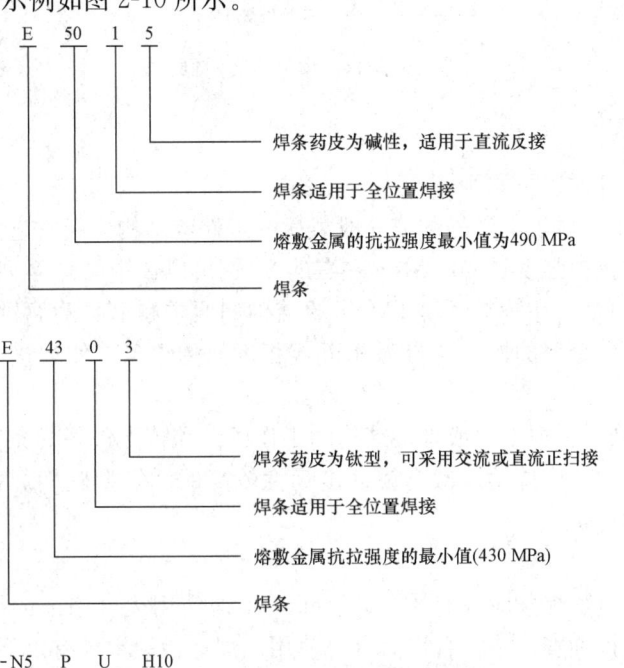

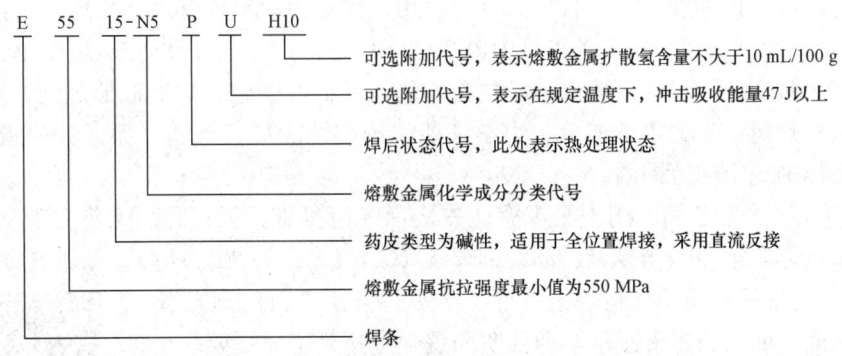

E 55 15-N5 P U H10
- 可选附加代号，表示熔敷金属扩散氢含量不大于10 mL/100 g
- 可选附加代号，表示在规定温度下，冲击吸收能量47 J以上
- 焊后状态代号，此处表示热处理状态
- 熔敷金属化学成分分类代号
- 药皮类型为碱性，适用于全位置焊接，采用直流反接
- 熔敷金属抗拉强度最小值为550 MPa
- 焊条

图 2-10　完整的焊条型号示例图

（2）焊条牌号。焊条牌号是焊条生产厂家或有关部门对焊条的命名，因而编排规律不尽相同，但大多数是用在三位数字前面冠以代表厂家或用途的字母（或符号）表示。前面两位数字表示各大类中的若干小类，不同用途焊条的前两位数字表示的内容及编排规律不尽相同。第三位数表示焊条药皮的类型及焊接电流种类，适用于各种焊条，具体内容见表 2-10。

结构钢焊条是品种最多、应用最广的一大类焊条，其牌号编制方法是前两位数字表示焊缝金属抗拉强度等级，从 42 kgf[①]/mm² 到 100 kgf/mm²（420~980 MPa）共有 8 个等级。按照原国家机械委的规定，结构钢焊条在三位数字前冠以汉语拼音字母 J(结)。碳钢焊条即有 J422、J507、J427、J502 等牌号，而强度级别大于等于 55 kgf/mm² 的结构钢焊条不属于碳钢焊条。

焊条牌号示例如图 2-11 所示。

```
    J  50  7
    │  │   │
    │  │   └── 低氢型药皮、直流
    │  └────── 焊缝金属抗拉强度不低于490 MPa
    └───────── 结构钢焊条
```

图 2-11　焊条牌号示例

3. 焊条的选用

焊条的选用应遵循以下原则：

(1) 等强度原则。对于承受静载或一般载荷的工件或结构，通常选用抗拉强度与母材相等的焊条。例如，抗拉强度在 400 MPa 左右的 20 钢可以选用 E43 系列的焊条。

(2) 同等性能原则。在特殊环境下工作的结构如要求耐磨、耐腐蚀、耐高温或低温等，则应选用能保证熔敷金属的性能与母材相近或相近似的焊条。如焊接不锈钢时，应选用不锈钢焊条。

(3) 等条件原则。根据工件或焊接结构的工作条件和特点选择焊条。如焊接需要受动载荷或冲击载荷的工件，应选用熔敷金属冲击韧性较高的低氢型碱性焊条。反之，焊一般结构时，应选用酸性焊条。

4. 焊条检验

为保证焊条质量，焊条应具有质量合格证，不得使用无合格证的焊条。对有合格证但怀疑质量的，应按批抽查检验，合格后方可使用。焊条检验主要有以下几种方法：

(1) 焊接检验。质量好的焊条焊接中电弧燃烧稳定，焊条药皮和焊芯熔化均匀同步，电弧无偏移，飞溅少，焊缝表面熔渣薄厚覆盖均匀，保护性能好，焊缝成形美观，脱渣容易。另外，还应对焊缝金属的化学成分、力学性能、抗裂性能进行检验，保证各项指标在国家标准或部级标准规定的范围内。

(2) 焊条药皮外表检验。用肉眼观察药皮表面光滑细腻、无气孔、无药皮脱落和机械损伤，药皮偏心应符合《非合金钢及细晶粒钢焊条》(GB/T 5117—2012)规定，焊芯无锈蚀现象。

(3) 焊条药皮强度检验。将焊条平置 1 m 高，自由平行落到光滑的厚钢板表面，如果药皮无脱落，即证明药皮强度达到了质量要求。

(4) 焊条受潮检验。将焊条在焊接回路中短路数秒钟，如果药皮有气，或焊接中有药皮成块脱落，或产生大量水汽，有爆裂现象，说明焊条受潮。受潮严重的焊条不得使用，受潮不严重时干燥后再用。

焊条的烘干与保管

---

① 1 kgf=9.81 N。

二、焊剂

埋弧焊时，能够熔化形成熔渣和气体，对熔化金属起保护作用并进行复杂的冶金反应的一种颗粒状物质称为焊剂。

1. 焊剂的牌号

焊剂牌号是焊剂的商品代号，其编制方法与焊剂型号不同，焊剂牌号所表示的是焊剂中的主要化学成分。由于实际应用中，熔炼焊剂使用较多，因此，本节重点介绍熔炼焊剂牌号的表示方法，关于烧结焊剂的牌号请查阅相关资料。

熔炼焊剂牌号表示方法如图 2-12 所示。

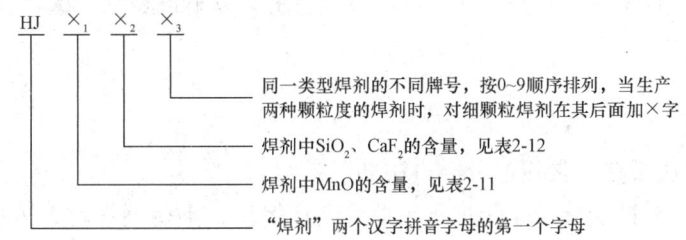

HJ $X_1 X_2 X_3$

- 同一类型焊剂的不同牌号，按0~9顺序排列，当生产两种颗粒度的焊剂时，对细颗粒焊剂在其后面加×字
- 焊剂中 SiO_2、CaF_2 的含量，见表2-12
- 焊剂中 MnO 的含量，见表2-11
- "焊剂"两个汉字拼音字母的第一个字母

图 2-12　熔炼焊剂牌号表示方法

表 2-11　熔炼焊剂牌号第一个字母 X_1 含义

牌号	焊剂类型	MnO 平均含量	牌号	焊剂类型	MnO 平均含量
HJ1××	无锰	<2%	HJ3××	中锰	15%~30%
HJ2××	低锰	2%~15%	HJ4××	高锰	>30%

表 2-12　熔炼焊剂牌号第二个字母 X_2 含义

牌号	焊剂类型	SiO_2、CaF_2 的平均含量	
HJ$X_1$1X_2	低硅低氟	SiO_2<10%	CaF_2<10%
HJ$X_1$2X_2	中硅低氟	SiO_2≈10%~30%	CaF_2<10%
HJ$X_1$3X_2	高硅低氟	SiO_2>30%	CaF_2<10%
HJ$X_1$4X_2	低硅中氟	SiO_2<10%	CaF_2≈10%~30%
HJ$X_1$5X_2	中硅中氟	SiO_2≈10%~30%	CaF_2≈10%~30%
HJ$X_1$6X_2	高硅中氟	SiO_2>30%	CaF_2≈10%~30%
HJ$X_1$7X_2	低硅高氟	SiO_2<10%	CaF_2>30%
HJ$X_1$8X_2	中硅高氟	SiO_2≈10%~30%	CaF_2>30%

2. 焊剂的正确使用和保管

对贮存库房的条件和存放要求，基本与焊条的要求相似，不过应特别注意防止焊剂在保存中受潮，搬运时防止包装破损，对烧结焊剂更应注意存放中的受潮及颗粒的破碎。

焊剂使用时注意事项如下：

(1)焊剂使用前必须进行烘干，烘干要求见表2-13。

表 2-13　焊剂烘干温度与要求

焊剂类型	烘干温度/℃	烘干时间/h	烘干后在大气中允许放置时间/h
熔炼焊剂(玻璃状)	150～350	1～2	12
熔炼焊剂(薄石状)	200～350	1～2	12
烧结焊剂	200～350	1～2	5

(2)烘干时焊剂厚度要均匀且不得大于 30 mm。

(3)回收焊剂须经筛选、分类，去除渣壳、灰尘等杂质，再经烘干与新焊剂按比例(一般回用焊剂不得超过 40%)混合使用，不得单独使用。

(4)回收焊剂中粉末含量不得大于 5%，回收使用次数不得多于三次。

三、焊丝

1. 焊丝的分类

焊丝的分类方法很多，常用的分类方法如下：

(1)按被焊的材料性质分为碳钢焊丝、低合金钢焊丝、不锈钢焊丝、铸铁焊丝和有色金属焊丝等。

(2)按使用的焊接工艺方法分为埋弧焊用焊丝、气体保护焊用焊丝、电渣焊用焊丝、堆焊用焊丝和气焊用焊丝等。

(3)按不同的制造方法分为实芯焊丝和药芯焊丝两大类。其中药芯焊丝又分为气保护焊丝和自保护焊丝两种。这里主要介绍实芯焊丝的型号、牌号表示方法。

2. 焊丝牌号

H×××表示焊丝的牌号，焊丝的牌号按《熔化焊用钢丝》(GB/T 14957—1994)和《焊接用钢盘条》(GB/T 3429—2015)的规定。如果需要标注熔敷金属中扩散氢含量时，可用后缀"H×"表示，见表 2-14。

表 2-14　100 g 熔敷金属中扩散氢含量

焊剂型号	扩散氢含量/(mL·g^{-1})	焊剂型号	扩散氢含量/(mL·g^{-1})
F××$_1$×$_2$×$_3$-H×××-H16	16.0	F××$_1$×$_2$×$_3$-H×××-H4	4.0
F××$_1$×$_2$×$_3$-H×××-H8	8.0	F××$_1$×$_2$×$_3$-H×××-H2	2.0

实芯焊丝的牌号都是以字母"H"开头，后面的符号及数字用来表示该元素的近似含量。具体表示方法如图 2-13 所示。

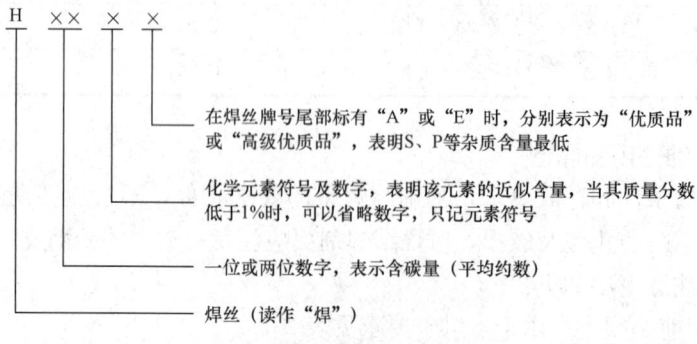

```
H  ××  ×  ×
│   │   │   │
│   │   │   └─ 在焊丝牌号尾部标有"A"或"E"时，分别表示为"优质品"
│   │   │      或"高级优质品"，表明S、P等杂质含量最低
│   │   └───── 化学元素符号及数字，表明该元素的近似含量，当其质量分数
│   │          低于1%时，可以省略数字，只记元素符号
│   └───────── 一位或两位数字，表示含碳量（平均约数）
└───────────── 焊丝（读作"焊"）
```

图 2-13　实芯焊丝牌号表示方法

3. 常用焊丝

(1)碳钢焊丝。碳钢焊丝规格见表2-15。

表2-15 碳钢焊丝

牌号	名称	主要元素含量/%					
		C	Mn	Si≤	Cr≤	Ni≤	S≤	P≤
H08	焊08	≤0.10	0.30~0.55	0.03	0.20	0.30	0.040	0.040
H08A	焊08高	≤0.10	0.30~0.55	0.03	0.20	0.30	0.030	0.030
H08E	焊08特	≤0.10	0.30~0.55	0.03	0.20	0.30	0.025	0.025
H08Mn	焊08锰	≤0.10	0.80~1.10	0.07	0.20	0.30	0.040	0.040
H08MnA	焊08锰高	≤0.10	0.80~1.10	0.07	0.20	0.30	0.030	0.035
H15A	焊15高	0.11~0.18	0.35~0.65	0.03	0.20	0.30	0.030	0.030
H15Mn	焊15锰	0.11~0.18	0.80~1.10	0.03	0.20	0.30	0.040	0.040

(2)合金钢焊丝。合金钢焊丝规格见表2-16。

表2-16 合金钢焊丝

牌号	名称	主要元素含量/%							
		C≤	Mn	Si≤	Cr≤	Ni≤	Mo	V	S≤	P≤
H10Mn2	焊10锰2	0.1	1.50~1.90	0.07	0.2	0.3			0.040	0.040
H08Mn2Si	焊08锰2硅	0.11	1.70~2.10	0.65~0.95	0.2	0.3			0.040	0.040
H08Mn2SiA	焊08锰2硅高	0.11	1.80~2.10	0.65~0.95	0.2	0.3			0.030	0.030
H10MnSi	焊10锰硅	0.14	0.80~1.10	0.60~0.90	0.2	0.3			0.030	0.040
H10MnSiMo	焊10锰硅钼	0.14	0.90~1.20	0.70~1.10	0.2	0.3	0.015~0.025		0.030	0.040
H10MnSiMoTiAl	焊10锰硅钼钛高	0.08~0.12	1.00~1.30	0.40~0.70	0.2	0.3	0.20~0.40		0.025	0.030
H08MnMoA	焊08锰钼高	0.1	1.20~1.60	0.25	0.2	0.3	0.30~0.50		0.030	0.030
H08Mn2MoA	焊08锰2钼高	0.68~0.11	1.60~1.90	0.25	0.20	0.30	0.50~0.20		0.030	0.030
H10Mn2MoA	焊10锰2钼高	0.08~0.13	1.70~2.00	0.04	0.20	0.30	0.60~0.80		0.030	0.030

续表

牌号	名称	主要元素含量/%							
		C≤	Mn	Si≤	Cr≤	Ni≤	Mo	V	S≤	P≤
H08Mn2MoVA	焊08锰2钼钒高	0.06~0.11	1.60~1.90	0.25	0.2	0.3	0.50~0.70	0.06~0.12	0.030	0.300
H10Mn2MoVA	焊10锰2钼钒高	0.08~0.13	1.70~2.00	0.40	0.2	0.3	0.60~0.80	0.06~0.12	0.030	0.300
H08CrMoA	焊08铬钼高	0.10	0.40~0.70	0.15~0.35	0.80~1.10	0.3	0.40~0.60		0.030	0.030
H13CrMoA	焊13铬钼高	0.11~0.16	0.40~0.70	0.15~0.35	0.80~1.10	0.3	0.40~0.60		0.030	0.030
H18CrMoA	焊18铬钼高	0.15~0.22	0.40~0.70	0.15~0.35	0.80~1.10	0.3	0.15~0.25		0.025	0.030
H08CrMoVA	焊08铬钼钒高	0.10	0.40~0.70	0.15~0.35	1.00~1.30	0.30	0.50~0.70	0.15~0.35	0.030	0.030
H08CrNi2MoA	焊08铬镍2钼高	0.05~0.10	0.50~0.85	0.10~0.30	0.70~1.00	1.40~1.80	0.20~0.40		0.025	0.030

注：凡含钛的合金钢焊丝均加入0.15%的钛，仅H10MnSiMoTi中加入0.05%~0.15%的钛。

4. 焊丝的选用

(1)埋弧自动焊和电渣焊所用的焊丝应符合国家标准《熔化焊用钢丝》(GB/T 14957—1994)和《焊接用钢盘条》(GB/T 3429—2015)的规定。气体保护焊所用的焊丝应符合国家标准《气体保护电弧焊用碳钢、低合金钢焊丝》(GB/T 8110—2008)的规定。

(2)用埋弧焊焊接低碳钢时，常用的焊丝牌号有H08、H08A、H15Mn等，其中以H08A的应用最为普遍。

1)当焊件厚度较大或对力学性能的要求较高时，则可选用Mn含量较高的焊丝。

2)在焊接合金结构钢或不锈钢等合金元素较高的材料时，则应考虑材料的化学成分和其他方面的要求，选用成分相似或性能上可满足材料要求的焊丝。

(3)为适应焊接不同厚度材料的要求，同一牌号的焊丝可加工成不同的直径。埋弧焊常用的焊丝直径有2.0 mm、3.0 mm、4.0 mm、5.0 mm和6.0 mm五种。

(4)使用时，要求将焊丝表面的油、锈等清理干净，以免影响焊接质量。目前主要采用表面镀铜焊丝，可防止焊丝生锈并使导电嘴与焊丝之间的导电更为可靠，提高电弧的稳定性。

(5)为了保证焊缝金属的力学性能，防止产生气孔，CO_2气体保护焊所用的焊丝必须含有较高的Mn、Si等脱氧元素。有些小直径焊丝表面为了润滑，只能使用不含氢的特殊润滑剂。

5. 焊丝的正确使用与保管

焊丝对贮存库房的条件和存放要求，也基本与焊条相似。

焊丝的贮存，要求保持干燥、清洁和包装完整；焊丝盘、焊丝捆内焊丝不应紊乱、弯折和有波浪形；焊丝末端应明显、易找。

焊丝使用前必须除去表面的油、锈等污物，领取时进行登记，随用随领，焊接场地不得存放多余焊丝。

四、焊料

焊料是钎焊时使用的填充材料。钎焊是把熔点比焊件低的焊料与焊件连接部位一起加热，当焊料熔化以后（焊件不熔化），借助毛细管吸力作用，渗入并填满连接处间隙，从而达到金属连接的目的。

1. 焊料的牌号

焊料的牌号基本上是由以下三部分组成。如"料303"，表示化学组成为银合金，牌号编号为3的银焊料，如图2-14所示。

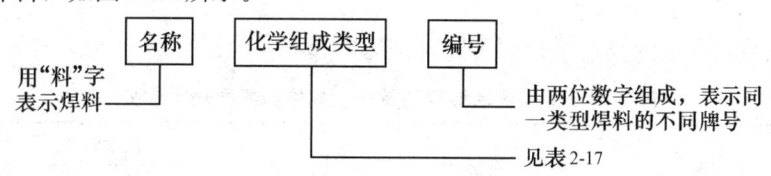

图2-14 焊料的牌号表示

表2-17 焊料化学组成类型代号

代 号	代号含义（化学组成类型）	代 号	代号含义（化学组成类型）
1	铜锌合金	5	锌及镉合金
2	铜磷合金	6	锡铅合金
3	银合金	7	镍基合金
4	铝合金	—	—

2. 焊料的种类

钎焊焊接时，要求焊料的熔点较低、黏合力强、漫流性好、焊接处有足够的强度和韧性等。按熔点的高低，焊料可分为以下两种：

（1）难熔焊料（硬焊料）——熔点在450℃以上。其包括铜锌焊料、铜磷焊料、铜磷锑焊料、铜银磷焊料、银焊料、银镉焊料、铝焊料等。

（2）易熔焊料（软焊料）——熔点在450℃以下。其包括锌镉焊料、镉银焊料、锌铝焊料、镉锌焊料、锡铝焊料等。

3. 铜锌焊料

铜锌焊料主要用于气体火焰、加热炉或高频加热等方法钎焊铜、铜合金，有的也可以钎焊镍、钢、铸铁和硬质合金等母材。

铜锌焊料钎焊时，加热时间力求最短，并避免过热，以免焊料中锌的蒸发和接头处过分氧化而形成多孔钎缝。钎焊接头间隙以0.025~0.1 mm最为合适。钎焊时，需配合钎焊熔剂共同使用，以获得良好的钎缝。

常用的铜锌焊料的牌号、规格、化学成分、性能和主要用途详见表2-18。

表 2-18　常用铜锌焊料的牌号、规格、化学成分、性能和主要用途

名　称	牌号	规格/mm	化学成分/%	熔化温度/℃ 固相线	熔化温度/℃ 液相线	主要用途
36%铜锌焊料	料101(HL101)	5×20（矩形铸条）	铜34~38 锌余量	800	823	钎焊黄铜和其他铜及铜合金。因含锌最高，性极脆，所以应用不广
48%铜锌焊料	料102(HL102)	5×20（矩形铸条）	铜46~50 锌余量	860	870	常用来钎焊H62黄铜和不承受冲击、弯曲的铜合金工件
54%铜锌焊料	料103(HL103)	$\phi3$, $\phi4$, $\phi5$（丝状）	铜52~56 锌余量	885	888	常用来钎焊不受冲击、弯曲的铜、青铜和钢等工件

常用的银基焊料的牌号、规格和主要化学成分见表 2-19。

表 2-19　常用银基焊料的牌号、规格和主要化学成分

名称	牌号	规格/mm	化学成分/% 银	铜	镉	镍	锌
10%银焊料	料301(HL301)	$\phi2$, $\phi3$, $\phi4$, $\phi5$	10±1	53±1	—	—	余量
25%银焊料	料302(HL302)	$\phi2$, $\phi3$, $\phi4$, $\phi5$	25±1	40±1	—	—	余量
45%银焊料	料303(HL303)	$\phi1$, $\phi2$, $\phi3$, $\phi4$, $\phi5$	45±1	30±1	—	—	余量
50%银焊料	料304(HL304)	(0.08~0.10)×20	50±1	34±1	—	—	余量
65%银焊料	料306(HL306)	$\phi1$, $\phi1.5$, $\phi2$, $\phi2.5$, $\phi3$, $\phi4$, $\phi5$	65±1	20±1	—	—	余量
70%银焊料	料307(HL307)	$\phi1$, $\phi2$, $\phi3$, $\phi4$, $\phi5$	70±1	26±1	—	—	余量
72%银焊料	料308(HL308)	$\phi1$, $\phi1.5$, $\phi2$, $\phi2.5$, $\phi3$, $\phi4$, $\phi5$	72±1	28±1	—	—	—
银镉焊料	料312(HL312)	$\phi1$, $\phi1.5$, $\phi2$, $\phi2.5$, $\phi3$, $\phi4$, $\phi5$	40±1	16±0.5	25.1~26.5	0.1~0.3	17.3~18.5
银镉焊料	料313(HL313)	(0.08~0.10)×20	50±1	18±1	16.5±1	—	16.5±2
银镉焊料	料314(HL314)	$\phi1$, $\phi2$, $\phi3$, $\phi4$, $\phi5$	35±1	26±1	18±1	—	2.1±2
银镉焊料	料315(HL315)	$\phi1$, $\phi2$, $\phi3$, $\phi4$, $\phi5$	50±1	15.5±1	16±1	3±0.5	15.5±2
54%银焊料	料316(HL316)	$\phi1$, $\phi2$, $\phi3$, $\phi4$, $\phi5$	54±1	40±1	—	1±0.5	5±1
56%银焊料	料317(HL317)	$\phi1$, $\phi2$, $\phi3$, $\phi4$, $\phi5$	56±1	42±1	—	2±0.5	—

常用的锌镉焊料的牌号、规格、主要成分、熔化温度和主要用途见表 2-20。

表 2-20　锌镉焊料的牌号、规格、主要成分、熔化温度和主要用途

名称	牌号	规格 /mm	主要成分 /%	熔化温度/℃ 固相线	熔化温度/℃ 液相线	主要用途
锌锡焊料	料 501 (HL501)	5×20×350	锌 58，锡 40，铜 2	200	350	用于铝及铝合金的刮擦钎焊，也可用于铝与铜或钢等异种金属的钎焊
锌镉焊料	料 502 (HL502)	5×20×350	锌 60，镉 40	266	335	适用于铝及铝合金的软钎焊，也可用于铜及铜合金或铜与铝等异种金属的钎焊
镉银焊料	料 503 (HL503)	$\phi3, \phi4, \phi5$	镉 95，银 5	338	393	常用于锡铅焊料不能满足的工作温度较高的铜及铜合金零件的钎焊，如散热器、各种电动机整流子等的钎焊
锌铝焊料	料 505 (HL505)	4×5×350	锌 72.5 铝 27.5	430	500	用于各种铝及铝合金的火焰钎焊
镉锌焊料	料 506 (HL506)	$\phi3, \phi4, \phi5$	镉 82~84 锌 16~18	265	270	适用于铜及铜合金的钎焊，也可用于铜与钢或异种金属的钎焊

常用的镍基焊料的牌号、规格、主要成分、熔化温度和主要用途见表 2-21。

表 2-21　镍基焊料的牌号、规格、主要成分、熔化温度和主要用途

牌号	规格	主要成分/%	熔化温度/℃ 固相线	熔化温度/℃ 液相线	主要用途
料 701 (HL701)	通过 100 目	铬 13~15，硼 2.75~4，硅 3~5，铁 3~5，碳≤0.15，镍余量	970	1 070	适用于不锈钢、耐热钢及耐热合金等钎焊
料 702 (HL702)	通过 100 目	铬 6~8，硼 2.75~3.5，硅 4~5，铁 2~4，碳≤0.15，镍余量	970	1 000	适用于不锈钢、耐热钢及耐热合金等钎焊

五、气焊熔剂

气焊熔剂的目的是去除焊接过程中所形成的氧化物，改善润湿性能，另外，还起到精炼作用，促使获得致密的焊缝组织。

(1)熔剂牌号的表示方法如图 2-15 所示。

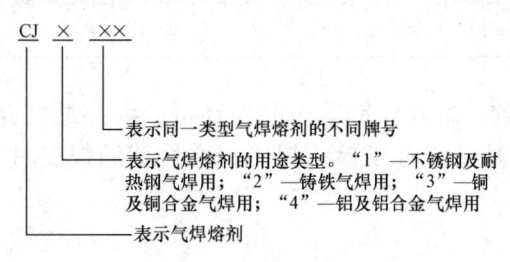

```
CJ ×  ××
         └── 表示同一类型气焊熔剂的不同牌号
      └───── 表示气焊熔剂的用途类型。"1"—不锈钢及耐
             热钢气焊用；"2"—铸铁气焊用；"3"—铜
             及铜合金气焊用；"4"—铝及铝合金气焊用
   └──────── 表示气焊熔剂
```

图 2-15　熔剂牌号表示方法

(2)气焊熔剂牌号、化学成分及主要用途见表2-22。

表2-22 气焊熔剂牌号、化学成分及主要用途

牌号	名称	主要化学成分/%	基本性能	主要用途
CJ101	不锈钢、耐热钢气焊熔剂	瓷土粉为30,大理石为28,钛白粉为20,硅铁为6,低碳锰铁为6	熔点约为900℃,焊接时具有良好的润湿作用,能防止熔化金属氧化,熔渣容易去除	焊接时作为助熔剂,若涂在焊缝背面,可防止背面氧化
CJ201	铸铁气焊熔剂	H_3BO_2为18,Na_2CO_3为40,$NaHCO_3$为20,MnO为7,$NaNO_3$为15	熔点约为650℃,富有潮解性,能有效去除铸铁焊接过程中产生的硅酸盐和氧化物,有加速金属熔化作用	铸铁气焊时作为助熔剂
CJ301	铜气焊熔剂	H_3BO_2为76~79,$Na_2B_4O_7$为16.5~18.5,$AlPO_4$为4~5.5	熔点约为650℃,能有效熔解氧化铜和氧化亚铜,焊接时呈液态渣,覆盖在焊缝表面,可防止金属的氧化	纯铜及黄铜气焊时作为助熔剂
CJ401	铝气焊熔剂	KCl为49.5~52,NaCl为27~30,LiCl为13.5~15,NaF为7.5~9	熔点约为560℃,能有效破坏氧化膜,富有潮解性,能在空气中引起铝腐蚀,焊后要及时清洗	铝及铝合金气焊时作为助熔剂,也可作铝青铜气焊时的助熔剂

六、焊钉

焊钉通常包括焊接螺栓、无头螺钉、圆柱头栓钉及其他异型焊钉或焊件等。
焊钉的化学成分及力学性能见表2-23。

表2-23 焊钉的化学成分及力学性能

钢号	化学成分/%					力学性能		
	C	Si	Mn	P	S	σ_b/MPa	σ_s/MPa	伸长率A_5/%
普通碳素钢	≤0.20	≤0.10	0.30~0.60	≤0.04	≤0.04	400~550	≥240	≥14

根据栓钉的安装位置,熔焊栓钉适用的瓷环可分为穿透型瓷环和普通型瓷环两种,如图2-16所示。焊接瓷环是服务于栓钉焊的一次性辅助焊接材料,其尺寸与公差见表2-24。

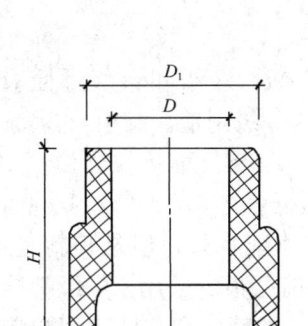

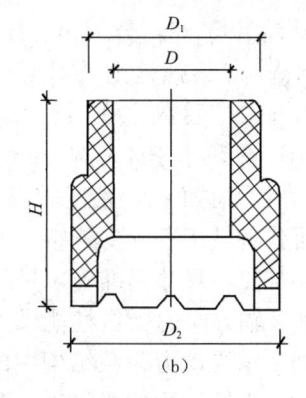

图 2-16　圆柱头焊钉用焊接瓷环尺寸示意
(a)用于普通平焊；(b)用于穿透平焊

表 2-24　瓷环尺寸与公差　　　　　　　　　　　　　mm

瓷环名称	D	D_1	D_2	H	适用的公称直径 d	适用焊接位置
普通型瓷环	8.5	12.0	14.5	10.0	8	适用于普通平焊
	10.5	17.5	20.0	11.0	10	
	13.5	18.0	23.0	12.0	13	
	17.0	24.5	27.0	14.0	16	
	20.0	27.0	31.5	17.0	19	
	23.5	32.0	36.5	18.5	22	
穿透型瓷环	13.5	23.6	27	16.0	13	适用于穿透平焊
	17.0	26.0	30	18.0	16	
	20.0	31.0	36	18.0	19	

注：焊接瓷环的尺寸公差，应能保证与同规格焊钉的互换性。

第三节　紧固材料

一、材料要求

1. 普通螺栓

普通螺栓作为永久性连接螺栓，当设计有要求或对其质量有疑义时，应进行螺栓实物最小拉力载荷复验。检查数量为每一规格螺栓随机抽查 8 个，其质量应符合现行国家标准《紧固件机械性能　螺栓、螺钉和螺柱》(GB/T 3098.1—2010)的规定。

普通螺栓的材料用 Q235，分为 A、B 和 C 三级。A 级和 B 级螺栓采用钢材性能等级 5.6 级或 8.8 级制造，C 级螺栓则采用 4.6 级或 4.8 级制造。其中，"."前数字表示公称抗拉强度 f_u 的 1/100；"."后数字表示公称屈服点 f_y 与公称抗拉强度 f_u 之比（屈强比）的 10 倍。如 4.8 级表示 f_u 不小于 400 N/mm^2，而最低值将 0.8×400 N/mm^2 = 320N/mm^2。

A 级和 B 级螺栓尺寸准确，精度较高，受剪性能良好，但是其制造和安装过于费工，并且高强度螺栓可代替其用于受剪连接，所以目前已很少采用。C 级螺栓一般用圆钢冷镦压制而成。表面不加工，尺寸不准确，只需配用孔的精度和孔壁表面粗糙度不太高的 II 类孔。C 级螺栓沿其杆轴方向的受拉性能较好，可用于受拉螺栓连接。对于受剪连接，适宜承受静力荷载或间接承受动力荷载结构中的次要连接，临时固定构件用的安装连接，以及不承受动力荷载的可拆卸结构的连接等。钢结构中常用普通螺栓的性能等级、化学成分及力学性能，见表 2-25。

表 2-25　普通螺栓的性能等级、化学成分及力学性能

性能等级		3.6	4.6	4.8	5.6	5.8	6.8
材料		低碳钢	低碳钢或中碳钢	低碳钢或中碳钢	低碳钢或中碳钢	低碳钢或中碳钢	低碳钢或中碳钢
化学成分 /%	C	≤0.20	≤0.55	≤0.55	≤0.55	≤0.55	≤0.55
	P	≤0.05	≤0.05	≤0.05	≤0.05	≤0.05	≤0.05
	S	≤0.06	≤0.06	≤0.06	≤0.06	≤0.06	≤0.06
抗拉强度 /MPa	公称最小	300 330	400 400	400 420	500 500	500 520	600 600
维氏硬度 /HV$_{30}$	最小 最大	95 206	115 206	121 206	148 206	154 206	178 227

2. 螺母

建筑钢结构中选用螺母应与相匹配的螺栓性能等级一致，当拧紧螺母达规定程度时，不允许发生螺纹脱扣现象。为此可选用栓接结构用六角螺母及相应的栓接结构大六角头螺栓、平垫圈，使连接副能防止因超拧而引起的螺纹脱扣。

螺母性能等级分为 4、5、6、8、9、10、12 级等。其中，8 级（含 8 级）以上螺母与高强度螺栓匹配；8 级以下螺母与普通螺栓匹配。表 2-26 为螺母与螺栓性能等级相匹配的参照表。

表 2-26　螺母与螺栓性能等级相匹配的参照表

螺母性能等级	相匹配的螺栓性能等级		螺母性能等级	相匹配的螺栓性能等级	
	性能等级	直径范围/m		性能等级	直径范围/m
4	3.6、4.6、4.8	>16	9	8.8	16<直径≤39
5	3.6、4.6、4.8	≤16		9.8	≤16
	5.6、5.8	所有的直径	10	10.9	所有的直径
6	6.8	所有的直径	12	12.9	≤39
8	8.8	所有的直径			

螺母的螺纹应和螺栓相一致，一般应为粗牙螺纹（除非特殊注明用细牙螺纹），螺母的机械性能主要是螺母的保证应力和硬度，其值应符合《紧固件机械性能 螺母》(GB 3098.2—2015)的规定。

3. 垫圈

常用钢结构螺栓连接的垫圈，按其形状及使用功能可分为以下几类：

(1)圆平垫圈。圆平垫圈一般放置于紧固螺栓头及螺母的支承面下面，用以增加螺栓头及螺母的支承面，同时防止被连接件表面损伤。

(2)方型垫圈。方型垫圈一般置于地脚螺栓头及螺母支承面下，用以增加支承面及遮盖较大螺栓孔眼。

(3)斜垫圈。斜垫圈主要用于工字钢、槽钢翼缘倾斜面的垫平，使螺母支承面垂直于螺杆，避免紧固时造成螺母支承面和被连接的倾斜面局部接触，以确保连接安全。

(4)弹簧垫圈。弹簧垫圈为防止螺栓拧紧后在动载作用产生振动和松动，依靠垫圈的弹性功能及斜口摩擦面来防止螺栓松动，一般用于有动荷载(振动)或经常拆卸的结构连接处。

4. 高强度螺栓

施工使用的高强度螺栓必须符合《钢结构用高强度大六角头螺栓》(GB/T 1228—2006)、《钢结构用高强度大六角螺母》(GB/T 1229—2006)、《钢结构用高强度垫圈》(GB/T 1230—2006)、《钢结构用大六角螺栓、大六角螺母、垫圈技术条件》(GB/T 1231—2006)、《钢结构用扭剪型高强度螺栓连接副》(GB/T 3632—2008)以及其他有关标准的质量要求。高强度螺栓表面要进行发黑处理，不允许存在任何淬火裂纹并应符合下列要求：

(1)螺栓、螺母、垫圈均应附有质量证明书，并应符合设计要求和国家标准的规定。高强度螺栓(六角头螺栓、扭剪型螺栓等)、半圆头铆钉等孔的直径应比螺栓杆、钉杆公称直径大 1.0～3.0 mm。螺栓孔应具有 H14(H15)的精度。

(2)高强度螺栓制造厂应对原材料(按加工高强度螺栓的同样工艺进行热处理)进行抽样试验，其性能等级应符合表 2-27 的规定。

表 2-27 高强度螺栓性能等级

性能等级	抗拉强度 σ_b/(N·mm^{-2})		最大屈服点 σ_s/(N·mm^{-2})	伸长率 δ_s/%	收缩率 φ/%	冲击韧度 a_k/(J·cm^{-2})
	公称值	幅度值	不小于			
10.9S	1 000	1 000/1 124	900	10	42	59
8.8S	800	810/984	640	12	45	78

当高强度螺栓的性能等级为 8.8S 时，热处理后硬度为 HRC21～29；性能等级为 10.9S 时，热处理后硬度为 HRC32～36。

(3)高强度螺栓不允许存在任何淬火裂纹。

(4)高强度螺栓表面要进行发黑处理。

(5)高强度螺栓抗拉极限承载力应符合表 2-28 的规定。

表 2-28 高强度螺栓抗拉极限承载力

公称直径 d/mm	公称应力截面面积 A_s/mm²	抗拉极限承载力/kN 10.9S	抗拉极限承载力/kN 8.8S
12	84	84～95	68～83
14	115	115～129	93～113
16	157	157～176	127～154
18	192	192～216	156～189
20	245	245～275	198～241
22	303	303～341	245～298
24	353	353～397	286～347
27	459	459～516	372～452
30	561	561～631	454～552
33	694	694～780	562～663
36	817	817～918	662～804
39	976	976～1 097	791～960
42	1 121	1 121～1 260	908～1 103
45	1 306	1 306～1 468	1 058～1 285
48	1 473	1 473～1 656	1 193～1 450
52	1 758	1 758～1 976	1 424～1 730
56	2 030	2 030～2 282	1 644～1 998
60	2 362	2 362～2 655	1 913～2 324

(6)高强度螺栓的允许极限偏差应符合表 2-29 的规定。

表 2-29 高强度螺栓的允许极限偏差　　　　　　　　　　　mm

公称直径	12	16	20	(22)	24	(27)	30
允许极限偏差	±0.43	±0.43	±0.52	±0.52	±0.52	±0.84	±0.84

(7)高强度螺栓连接副必须经过以下试验,符合规范要求后方可出厂:
1)材料、炉号、制作批号、化学成分与机械性能证明或试验数据。
2)螺栓的楔负荷试验。
3)螺母的保证荷载试验。
4)螺母及垫圈的硬度试验。
5)连接副的扭矩系数试验(注明试验温度)。大六角头连接副的扭矩系数平均值和标准偏差;扭剪型连接副的紧固轴力平均值和标准偏差。

高强度螺栓采用的钢材性能等级按其热处理后强度划分为 8.8S 和 10.9S。8.8S 改用于大六角头高强度螺栓;10.9S 改用于大六角头高强度螺栓及扭剪型高强度螺栓。高强度螺栓采用的钢号和力学性能见表 2-30,与其配套的螺母、垫圈制作材料见表 2-31。

表 2-30　高强度螺栓采用的钢号和力学性能

螺栓种类	性能等级	采用钢号	屈服强度 f_y/(N·mm^{-2})，≥	抗拉强度 f_u/(N·mm^{-2})
大六角头	8.8S	40B钢、45钢、35钢	660	860～1 030
大六角头	10.9S	20MnTiB、35VB	940	1 040～1 240
扭剪型	10.9S	20MnTiB	940	1 040～1 240

表 2-31　高强度螺栓的等级及其配套的螺母、垫圈制作材料

螺栓种类	性能等级	螺杆用钢材	螺母	垫圈	使用规格/mm
扭剪型	10.9S	20MnTiB	35钢 10H	45钢 HRC35～45	d=16、20、(22)、30
大六角头型	10.9S	35VB	45钢、35钢 15MnVTi10H	45钢、35钢 HRC35～45	d=12、16、20、(22)、24、(27)、30
大六角头型	10.9S	20MnTiB	45钢、35钢 15MnVTi10H	45钢、35钢 HRC35～45	d≤24
大六角头型	10.9S	40B	45钢、35钢 15MnVTi10H	45钢、35钢 HRC35～45	d≤24
大六角头型	8.8S	45钢	35钢	45钢、35钢 HRC35～45	d≤22
大六角头型	8.8S	35钢	35钢	45钢、35钢 HRC35～45	d≤16

注：表中螺栓直径为目前生产的规格，其中带括号者为非标准型，尽量少用。

二、进场检验

(1)钢结构连接用的普通螺栓、高强度大六角头螺栓连接副、扭剪型高强度螺栓连接副等紧固件，应符合表 2-32 所列标准的规定。

表 2-32　钢结构连接用紧固件标准

标准编号	标准名称
GB/T 5780—2016	《六角头螺栓 C级》
GB/T 5781—2016	《六角头螺栓 全螺纹 C级》
GB/T 5782—2016	《六角头螺栓》
GB/T 5783—2016	《六角头螺栓 全螺纹》
GB/T 1228—2006	《钢结构用高强度大六角头螺栓》
GB/T 1229—2006	《钢结构用高强度大六角螺母》
GB/T 1230—2006	《钢结构用高强度垫圈》
GB/T 1231—2006	《钢结构用高强度大六角头螺栓、大六角螺母、垫圈技术条件》
GB/T 3632—2008	《钢结构用扭剪型高强度螺栓连接副》
GB/T 3098.1—2010	《紧固件机械性能 螺栓、螺钉和螺柱》

(2)高强度大六角头螺栓连接副和扭剪型高强度螺栓连接副，应分别有扭矩系数和紧固轴力(预拉力)的出厂合格检验报告，并随箱带。当高强度螺栓连接副保管时间超过 6 个月后使用时，应按相关要求重新进行扭矩系数或紧固轴力试验，并应在合格后再使用。

(3)高强度大六角头螺栓连接副和扭剪型高强度螺栓连接副，应分别进行扭矩系数和紧固轴力(预拉力)复验，试验螺栓应从施工现场待安装的螺栓批中随机抽取，每批应抽取8套

连接副进行复验。

1)高强度大六角头螺栓连接副应按规定检验其扭矩系数。复验用螺栓应在施工现场待安装的螺栓批中随机抽取,每批应抽取 8 套连接副进行复验。连接副扭矩系数复验用的计量器具应在试验前进行标定,误差不得超 2%。

每套连接副只应做一次试验,不得重复使用。在紧固中垫圈发生转动时,应更换连接副,重新试验。

连接副扭矩系数的复验应将螺栓穿入轴力计,在测出螺栓预拉力 P 的同时,应测定施加于螺母上的施拧扭矩值 T,并应按下式计算扭矩系数 K:

$$K=\frac{T}{P \cdot d} \quad (2-2)$$

式中　T——施拧扭矩(N·m);
　　　d——高强度螺栓的公称直径(mm);
　　　P——螺栓预拉力(kN)。

进行连接副扭矩系数试验时,螺栓预拉力值应符合表 2-33 的规定。

表 2-33　螺栓预拉力值范围

螺栓规格/mm		M16	M20	M22	M24	M27	M30
预拉力值 P/kN	10.9S	93～113	142～177	175～215	206～250	265～324	325～390
	8.8S	62～78	100～120	125～150	140～170	185～225	230～275

每组 8 套连接副扭矩系数的平均值应为 0.110～0.150,标准偏差小于或等于 0.010。

2)扭剪型高强度螺栓连接副应按规定检验预拉力。复验用的螺栓应在施工现场待安装的螺栓批中随机抽取,每批应抽取 8 套连接副进行复验。

连接副预拉力可采用经计量检定、校准合格的轴力计进行测试。

试验用的电测轴力计、油压轴力计、电阻应变仪、扭矩扳手等计量器具,应在试验前进行标定,其误差不得超过 2%。

采用轴力计方法复验连接副预拉力时,应将螺栓直接插入轴力计。紧固螺栓分初拧、终拧两次进行,初拧应采用手动扭矩扳手或专用定扭电动扳手;初拧值应为预拉力标准值的 50% 左右。终拧应采用专用电动扳手,至尾部梅花头拧掉,读出预拉力值。

高强度螺栓及其与普通螺栓的区别

每套连接副只应做一次试验,不得重复使用。在紧固中垫圈发生转动时,应更换连接副,重新试验。

复验螺栓连接副的预拉力平均值和标准偏差应符合表 2-34 的规定。

表 2-34　扭剪型高强度螺栓紧固预拉力和标准偏差

螺栓直径/mm	16	20	(22)	24
紧固预拉力的平均值 $\bar{P}$/kN	99～120	154～186	191～231	222～270
标准偏差 σ_p	10.1	15.7	19.5	22.7

(4)建筑结构安全等级为一级,跨度为 40 m 及以上的螺栓球节点钢网架结构,其连接高强度螺栓应进行表面硬度试验,8.8S 的高强度螺栓其表面硬度应为 HRC21～29,10.9S

的高强度螺栓其表面硬度应为 HRC32~36，且不得有裂纹或损伤。

(5)当普通螺栓作为永久性连接螺栓，且设计文件要求或对其质量有疑义时，应进行螺栓实物最小拉力载荷复验，复验时每一规格螺栓应抽查8个。

第四节 铸钢件、封板、锥头、套筒及空间网格节点用材料

一、铸钢件

铸钢件选用的铸件材料及相关检测、施工标准、尺寸制作工艺及尺寸要求应符合相关标准的规定，进场后应按规范与设计要求全数检查。

(1)焊接结构用铸钢件材料 ZG200-400H、ZG230-450H、ZG270-480H、ZG300-500H 及 ZG340-550H 的化学成分和力学性能应符合表 2-35 和表 2-36 的规定。焊接结构用铸钢 G17Mn5、G20Mn5 的化学成分及力学性能见表 2-37 和表 2-38 的规定。焊接结构用铸钢件碳当量计算公式和实际数值应在质量证明书中标明。

表 2-35　焊接结构用铸钢件材料 ZG200-400H、ZG230-450H、ZG270-480H、ZG300-500H 及 ZG340-550H 的化学成分(质量分数)　　　　　　　　　%

牌号	主要元素					残余元素					
	C	Si	Mn	P	S	Ni	Cr	Cu	Mo	V	总和
ZG200-400H	≤0.20	≤0.60	≤0.80	≤0.025	≤0.025	≤0.40	≤0.35	≤0.40	≤0.15	≤0.05	≤1.0
ZG230-450H	≤0.20	≤0.60	≤1.20	≤0.025	≤0.025	≤0.40	≤0.35	≤0.40	≤0.15	≤0.05	≤1.0
ZG270-480H	0.17~0.25	≤0.60	0.80~1.20	≤0.025	≤0.025	≤0.40	≤0.35	≤0.40	≤0.15	≤0.05	≤1.0
ZG300-500H	0.17~0.25	≤0.60	1.00~1.60	≤0.025	≤0.025	≤0.40	≤0.35	≤0.40	≤0.15	≤0.05	≤1.0
ZG340-550H	0.17~0.25	≤0.80	1.00~1.60	≤0.025	≤0.025	≤0.40	≤0.35	≤0.40	≤0.15	≤0.05	≤1.0

注：1. 实际碳含量比表中碳上限每减少 0.01%，允许实际锰含量超出表中锰上限 0.04%，但总超出量不得大于 0.2%。
　　2. 残余元素一般不做分析，如需方有要求时，可做残余元素的分析。

表 2-36　焊接结构用铸钢件材料 ZG200-400H、ZG230-450H、ZG270-480H、ZG300-500H 及 ZG340-550H 的力学性能

牌号	拉伸性能			根据合同选择	
	上屈服强度 R_{eH} /MPa(min)	抗拉强度 R_m /MPa(min)	断后伸长率 A /%(min)	断面收缩率 Z /%≥(min)	冲击吸收功 A_{KVz} /J(min)
ZG200-400H	200	400	25	40	45
ZG230-450H	230	450	22	35	45

续表

牌号	拉伸性能			根据合同选择	
	上屈服强度 R_{eH} /MPa(min)	抗拉强度 R_m /MPa(min)	断后伸长率 A /%(min)	断面收缩率 Z /%≥(min)	冲击吸收功 A_{KVz} /J(min)
ZG270-480H	270	480	20	35	40
ZG300-500H	300	500	20	21	40
ZG340-550H	340	550	15	21	35

注：当无明显屈服时，测定规定非比例延伸强度 $R_{p0.2}$。

表 2-37 焊接结构用铸钢 G17Mn5、G20Mn5 的化学成分

铸钢钢种		C	Si≤	Mn	P≤	S≤	Ni≤
牌号	材料号						
G17Mn5	1.1131	0.15~0.20	0.60	1.00~1.60	0.020	0.020	—
G20Mn5	1.6220	0.17~0.23					0.8

注：1. 铸件厚度 $t<28$ mm 时，可允许 S 含量不大于 0.030%；
　　2. 非经订货方同意，不得随意添加本表中未规定的化学元素。

表 2-38 焊接结构用铸钢 G17Mn5、G20Mn5 的力学性能

铸钢钢种		热处理条件			铸件壁厚/mm	室温下			冲击试验	
牌号	材料号	状态与代号	正火或奥氏体化/℃	回火/℃		屈服强度 $R_{p0.2}$/MPa	抗拉强度 R_m/MPa	伸长率 A/%	温度/℃	吸收能量/J≥
G17Mn5	1.1131	调质 QT	920~980	600~700	$t\leqslant 50$	240	450~600	≥24	室温	70
									−40 ℃	27
G20Mn5	1.6220	正火 N	900~980	—	$t\leqslant 30$	300	480~620	≥20	室温	50
									−30 ℃	27
G20Mn5	1.6220	调质 QT	900~980	610~660	$t\leqslant 100$	300	500~650	≥22	室温	60
									−40 ℃	27

(2) 非焊接用铸钢件材料 ZG200-400、ZG230-450、ZG270-500、ZG310-570、ZG340-640 的化学成分和力学性能见表 2-39 和表 2-40。

表 2-39　非焊接用铸钢件材料 ZG200-400、ZG230-450、ZG270-500、
ZG310-570 和 ZG340-640 的化学成分　　　　　　　　　　　　　%

牌号	C	Si	Mn	S	P	残余元素					残余元素总量
						Ni	Cr	Cu	Mn	V	
ZG200-400	0..20	0.60	0.80	0.035	0.035	0.40	0.35	0.40	0.20	0.05	1.00
ZG230-450	0.30										
ZG270-500	0.40		0.90								
ZG310-570	0.50										
ZG340-640	0.60										

注：1. 对上限减少 0.01% 的碳，允许增加 0.04% 的锰，对 ZG200-400 的锰最高至 1.00%，其余四个牌号锰最高至 1.20%。
　　2. 除另有规定外，残余元素不作为验收依据。

表 2-40　非焊接用铸钢件材料 ZG200-400、ZG230-450、ZG270-500、
ZG310-570 和 ZG340-640 的力学性能

牌号	屈服强度 $R_{eH}(R_{p0.2})$/MPa	抗拉强度 R_m/MPa	伸长率 A_s/%	根据合同选择		
				断面收缩率 Z/%	冲击吸收功 A_{KV}/J	冲击吸收功 A_{KU}/J
ZG200-400	200	400	25	40	30	47
ZG230-450	230	450	22	32	25	35
ZG270-500	270	500	18	25	22	27
ZG310-570	310	570	15	21	15	24
ZG340-640	340	640	10	18	10	16

注：1. 表中所列的各牌号性能，适用于厚度为 100 mm 以下的铸件。当铸件厚度超过 100 mm 时，表中规定的 $R_{eH}(R_{p0.2})$ 屈服强度仅供设计使用。
　　2. 表中冲击吸收功 A_{KU} 的试样缺口为 2 mm。

二、封板、锥头和套筒

(1) 封板、锥头和套筒型号及制造封板、锥头和套筒所采用的原材料，其品种、规格、性能等应符合现行国家产品标准和设计要求。

(2) 封板、锥头和套筒外观不得有裂纹、过烧及氧化皮。

(3) 封板、锥头和套筒按规范及设计要求全数检查，相关尺寸按批次的 5% 且不少于 10 件。

三、空间网格节点用材料

空间网格节点一般包括焊接球节点、螺栓球节点、毂节点和管相贯节点。

(1) 焊接球节点、螺栓球节点、毂节点和管相贯节点原材料及制造的品种、规格、性能等应符合现行国家产品标准和设计要求。

(2)焊接球、毂节点焊缝应进行无损检测，其质量需符合设计要求，当设计无要求时，应符合相关规定。

(3)焊接球直径、圆度、壁厚减薄量等尺寸及允许偏差应符合表 2-41 的规定。焊接球表面应无明显波纹，局部凹凸不平不大于 1.5 mm。

表 2-41　焊接球加工的允许偏差

项目		允许偏差/mm
直径	$d \leqslant 300$	±1.5
	$300 < d \leqslant 500$	±2.5
	$500 < d \leqslant 800$	±3.5
	$d \geqslant 800$	±4.0
圆度	$d \leqslant 300$	±1.5
	$300 < d \leqslant 500$	±2.5
	$500 < d \leqslant 800$	±3.5
	$d > 800$	±4.0
壁厚减薄量	$t \leqslant 10$	$\leqslant 0.18t$ 且不大于 1.5
	$10 < t \leqslant 16$	$\leqslant 0.15t$ 且不大于 2.0
	$16 < t \leqslant 22$	$\leqslant 0.12t$ 且不大于 2.5
	$22 < t \leqslant 45$	$\leqslant 0.11t$ 且不大于 3.5
	$t > 45$	$\leqslant 0.08t$ 且不大于 4.0
对口错边量	$t \leqslant 20$	$\leqslant 0.10t$ 且不大于 1.0
	$20 < t \leqslant 40$	2.0
	$t > 40$	3.0
焊缝余高		0~1.5

(4)螺栓球不得有过烧、裂纹和褶皱。螺栓球螺纹尺寸应符合《普通螺纹　基本尺寸》(GB/T 196—2003)中粗牙螺纹的规定，螺纹公差必须符合《普通螺纹　公差》(GB/T 197—2018)中 6H 级精度的规定。螺栓球的直径、圆度、相邻两螺栓孔中心线夹角等尺寸及允许偏差应符合表 2-42 的规定。

表 2-42　螺栓球加工的允许偏差　　　　　　　　　　　mm

项目		允许偏差
球直径	$d \leqslant 120$	+2.0 / −1.0
	$d > 120$	+3.0 / −1.5
球圆度	$d \leqslant 120$	1.5
	$120 < d \leqslant 250$	2.5
	$d > 250$	3.0

续表

项目		允许偏差
同一轴线上两铣平面平行度	$d \leqslant 120$	0.2
	$d > 120$	0.3
铣平面距球中心的距离		±0.2
相邻两螺栓孔中心线夹角		±30′
两铣平面与螺栓孔轴线垂直度		0.005r

(5)嵌入式毂节点的毂体、杆端嵌入件、盖板、中心螺栓的材料应符合设计和相应标准的规定。杆端嵌入件铸造时，钢水应连续浇筑，浇筑温度与型壳温度应适宜，铸造完成后，宜用数控机床精密加工成型。杆端嵌入件表面不应有裂纹、凹陷和突棘等缺陷。

(6)焊接球节点、螺栓球节点、毂节点进场后全数检查是否符合设计要求，相关尺寸等按每批同规格的5%，且不少于5件为基础进行检查。

第五节 钢结构防腐涂料

钢结构防腐涂料是一种含油或不含油的胶体溶液，将它涂敷在钢结构构件的表面，可结成涂膜以防钢结构构件被锈蚀。涂料品种繁多，对品种的选择是决定钢结构涂装工程质量好坏的因素之一。

一、涂料分类

涂料一般可分为底涂料和饰面涂料两种。

(1)底涂料。底涂料含粉料多、基料少，成膜粗糙，与钢材表面黏结力强，并与饰面涂料结合性好。

(2)饰面涂料。饰面涂料含粉料少、基料多，成膜后有光泽。其主要功能是保护下层的防腐涂料，所以，饰面涂料应对大气和湿气有高度的抗渗透性，并能抵抗由风化引起的物理、化学分解。目前的饰面涂料多采用合成树脂来提高涂层的抗风化性能。

二、材料要求

钢结构的锈蚀不仅会造成自身的经济损失，还会直接影响生产和安全，损失的价值要比钢结构本身大得多，所以，做好钢结构的防锈工作具有重要的意义。为了减轻或防止钢结构的锈蚀，目前基本采用油漆涂装方法进行防护。

油漆防护是利用油漆涂层使被涂物与环境隔离，从而达到防锈蚀的目的，延长被涂物的使用寿命。影响防锈效果的关键因素是油漆的质量。另外，还与涂装之前钢构件表面的除锈质量、漆膜厚度、涂装的施工工艺条件等因素有关。

防腐涂料具有良好的绝缘性，能阻止铁离子的运动，所以不易产生腐蚀电流，从而起到保护钢材的作用。

钢结构防腐涂料是在耐油防腐蚀涂料的基础上研制成功的一种新型钢结构防腐蚀涂料。该涂料分为底漆和面漆两种，除具有防腐蚀涂料优异的防腐蚀性能外，其应用范围更广，并且可根据需要将涂料调成各种颜色。钢结构防腐涂料的基本属性见表2-43。

表2-43　钢结构防腐涂料的基本属性

序号	项目	内容说明
1	组成	由改性羟基丙烯酸树脂、缩二脲异氰酸酯、优质精制颜填料、添加剂、溶剂配制而成的双组分涂料
2	特性	较薄的涂层能适应薄壁板的防腐装饰要求，具有耐蚀、耐候、耐寒、耐湿热、耐盐、耐水、耐油等特性
3	物理、化学性能	附着力强、耐磨、硬度高、漆膜坚韧、光亮、丰满、保色性好、干燥快等

三、材料选用

在施工前，应根据不同的品种合理地选择适当的涂料品种。如果涂料选用得当，其耐久性长，防护效果就好；反之，则防护时间短，效果差。另外，还应考虑结构所处环境有无侵蚀性介质等因素，选用原则如下：

(1)不同的防腐涂料，其耐酸、耐碱、耐盐性能不同，如醇酸耐酸涂料，耐盐性和耐候性很好，耐酸、耐水性次之，而耐碱性很差。所以在选用时，应了解涂料的性能。

(2)防腐涂料分底漆和面漆，面漆不仅应具有防腐的作用，还应起到装饰的作用，所以应具备一定的色泽，使建筑物更加美观。

(3)底漆附着力的好坏直接影响防腐涂料的使用质量。附着力差的底漆，涂膜容易发生锈蚀、起皮、脱落等现象。

(4)涂料易于施工，表现在以下两个方面：

1)涂料配置及其适应的施工方法，如涂刷、喷涂等。

2)涂料的干燥性。干燥性差的涂料影响施工进度。毒性高的涂料影响施工操作人员的健康，不应采用。

建筑钢结构防腐涂料设计理念

钢结构防腐涂料的种类较多，其性能也各不相同，表2-44为各种涂料性能比较表，施工时可根据工程需要进行选择。

表2-44　各种涂料性能比较表

涂料种类	优点	缺点
油脂漆	耐大气性较好；适用于室内外作打底罩面用；价廉；涂刷性能好，渗透性好	干燥较慢、膜软；力学性能差；水膨胀性大；不能打磨抛光；不耐碱
天然树脂漆	干燥比油脂漆快；短油度的漆膜坚硬好打磨；长油度的漆膜柔韧，耐大气性好	力学性能差；短油度的漆膜耐大气性差；长油度的漆膜不能打磨、抛光

续表

涂料种类	优点	缺点
酚醛树脂漆	漆膜坚硬；耐水性良好；纯酚醛的耐化学腐蚀性良好；有一定的绝缘强度；附着力好	漆膜较脆；颜色易变深；耐大气性比醇酸漆差，易粉化；不能制白色或浅色漆
沥青漆	耐潮、耐水好；价廉；耐化学腐蚀性较好；有一定的绝缘强度；黑度好	色黑；不能制白色及浅色漆；对日光不稳定；有渗色性；自干漆；干燥不爽滑
醇酸漆	光泽较亮；耐候性优良；施工性能好，可刷、可喷、可烘；附着力较好	漆膜较软；耐水、耐碱性差；干燥较挥发性漆慢；不能打磨
氨基漆	漆膜坚硬，可打磨抛光；光泽亮，丰满度好；色浅，不易泛黄；附着力较好；有一定耐热性；耐候性；耐水性好	需高温下烘烤才能固化；若烘烤过度，漆膜发脆
硝基漆	干燥迅速；耐油；漆膜坚韧；可打磨抛光	易燃；清漆不耐紫外光线；不能在60℃以上温度下使用；固体成分低
纤维素漆	耐大气、保色性好；可打磨抛光；个别品种有耐热、耐碱性，绝缘性好	附着力较差；耐潮性差；价格高
过氯乙烯漆	耐候性优良；耐化学腐蚀性优良；耐水、耐油、防延燃性好；三防性能较好	附着力较差；打磨抛光性能较差；不能在70℃以上高温下使用；固体成分低
乙烯漆	有一定柔韧性；色泽浅淡；耐化学腐蚀性较好；耐水性好	耐溶剂性差；固体成分低；高温易碳化；清漆不耐紫外光线
丙烯酸漆	漆膜色浅，保色性良好；耐候性优良；有一定耐化学腐蚀性；耐热性较好	耐溶剂性差；固体成分低
聚酯漆	固体成分高；耐一定的温度；耐磨；能抛光；有较好的绝缘性	干性不易掌握；施工方法较复杂；对金属附着力差
环氧漆	附着力强；耐碱、耐熔剂；有较好的绝缘性能；漆膜坚韧	室外暴晒易粉化；保光性差；色泽较深；漆膜外观较差
聚氨酯漆	耐磨性强，附着力好；耐潮、耐水、耐溶剂性好；耐化学腐蚀和石油腐蚀；具有良好的绝缘性	漆膜易转化、泛黄；对酸、碱、盐、醇、水等物很敏感，因此施工要求高；有一定毒性
有机硅漆	耐高温；耐候性极优；耐潮、耐水性好；具有良好的绝缘性	耐汽油性差；漆膜坚硬较脆；一般需要烘烤干燥；附着力较差
橡胶漆	耐化学腐蚀性强；耐水性好；耐磨	易变色；清漆不耐紫外光线；耐溶性差；个别品种施工复杂

第六节　钢结构防火涂料

钢材是不会燃烧的建筑材料，具有抗震、抗弯等性能，因而受到了各个行业的青睐，但是钢材在防火方面存在一些难以避免的缺陷，其机械性能如屈服点、抗拉强度及弹性模量等均会因温度的升高而急剧下降。

要使钢结构材料在实际应用中克服防火方面的不足，必须进行防火处理，其目的就是将钢结构的耐火极限提高到设计规范规定的极限范围。防止钢结构在火灾中迅速升温发生形变塌落，其措施是多种多样的，关键是根据不同情况采取不同方法，采用绝热、耐火材料阻隔火焰直接灼烧钢结构就是一种不错的方法。

一、常用防火材料

钢结构的防火保护材料，应选择绝热性好，具有一定抗冲击振动能力，能牢固地附着在钢构件上，又不腐蚀钢材的防火涂料或不燃性板型材。选用的防火材料，应具有国家检测机构提供的理化、力学和耐火极限试验检测报告。

防火材料的种类主要有热绝缘材料、能量吸收(烧蚀)材料和膨胀涂料。

大多数最常用的防火材料实际上是前两类材料的混合物。采用最广的具有优良性能的热绝缘材料有矿物纤维和膨胀骨料(如蛭石和珍珠岩)；最常用的热能吸收材料有石膏和硅酸盐水泥，它们遇热释放出结晶水。

(1)混凝土。混凝土是采用最早和最广泛的防火材料，其导热系数较高，因而不是优良的绝热体，同其他防火涂层比较，它的防火能力主要依赖于它的化学结合水和游离水，其含量为16%~20%。火灾中混凝土相对冷却，是依靠它的表面和内部水。它的非暴露表面温度上升到100 ℃时，即不再升高；一旦水分完全蒸发掉，其温度将再度上升。

混凝土可以延缓金属构件的升温，而且可承受与其相对面积和刚度成比例的一部分柱子荷载，有助于减小破坏。混凝土防火性能主要依靠的是厚度：当耐火时间小于90 min时，耐火时间同混凝土层的厚度呈曲线关系；当耐火时间大于90 min时，耐火时间则与厚度的平方成正比。

(2)石膏。石膏具有不寻常的耐火性质。当其暴露在高温下时，可释放出20%的结晶水而被火灾产生的热量所汽化。所以，火灾中石膏一直保持相对的冷却状态，直至被完全煅烧脱水为止。石膏作为防火材料，既可做成板材，粘贴于钢构件表面，又可制成灰浆，涂抹或喷射到钢构件表面上。

(3)矿物纤维。矿物纤维是最有效的轻质防火材料，它具有不燃烧，抗化学侵蚀，导热性低，隔声性能好的特点。以前采用的纤维有石棉、岩棉、矿渣棉和其他陶瓷纤维，当今采用的纤维则不含石棉和晶体硅，原材料为岩石或矿渣，在1 371 ℃下制成。

1)矿物纤维涂料。由无机纤维、水泥类胶结料及少量的掺合料配成。加掺合料有助于混合料的浸湿、凝固和控制粉尘飞扬。混合料中还掺有空气凝固剂、水化凝固剂和陶瓷凝固剂。按需要，这几种凝固剂可按不同比例混合使用，或只使用某一种。

2)矿棉板。如岩棉板，它有不同的厚度和密度。密度越大，耐火性能越高。矿棉板的固定件有以下几种：用电阻焊焊在翼缘板内侧或外侧的销钉；用薄钢带固定于柱上的角铁形固定件等。

矿棉板防火层一般做成箱形，可将几层叠置在一起。当矿棉板绝缘层不能做得太厚时，可在最外面加高熔点绝缘层，但造价将提高。矿棉板的耐火时间在厚度为 62.5 mm 时，耐火极限为 2 h。

(4)氯氧化镁。氯氧化镁水泥用作地面材料已近 50 年，20 世纪 60 年代开始用作防火材料。它与水的反应是这种材料防火性能的基础，其含水量为 44%～54%，相当于石膏含水量(按质量计)的 2.5 倍以上。当其被加热到大约 300 ℃时，开始释放化学结合水。经标准耐火试验，当涂层厚度为 14 mm 时，耐火极限为 2 h。

(5)膨胀涂料。膨胀涂料是一种极有发展前景的防火材料，它极似油漆，直接喷涂于金属表面，黏结和硬化与油漆相同。涂料层上可直接喷涂装饰油漆，不透水，抗机械破坏性能好，耐火极限最大可达 2 h。

(6)绝缘型防火涂料。近年来，我国科研单位大力开发了不少热绝缘型防火涂料，如 TN-LG、JG-276、ST1-A、SB-1、ST1-B 等。其厚度在 30 mm 左右时耐火极限均不低于 2 h。

二、防火涂料技术性能指标

(1)用于制造防火涂料的原料应预先检验，不得使用石棉材料和苯类溶剂。

(2)防火涂料可用喷涂、抹涂、滚涂、刮涂或刷涂等方法中的任何一种或多种方法，方便施工，并能在通常的自然环境条件下干燥固化。

(3)防火涂料应呈碱性或偏碱性。复层涂料应相互配套。底层涂料应能同普通的防锈漆配合使用。钢结构防火涂料技术性能应符合表 2-45 的规定。

(4)涂层实干后不应有刺激性气味。燃烧时一般不产生浓烟和有害人体健康的气体。

表 2-45 钢结构防火涂料技术性能指标

项 目	指 标 B 类	指 标 H 类
在容器中的状态	经搅拌后呈均匀液态或稠厚流体，无结块	经搅拌后呈均匀稠厚流体，无结块
干燥时间(表干)/h	≤12	≤24
初期干燥抗裂性	一般不应出现裂纹。如有 1～3 条裂纹，其宽度应不大于 0.5 mm	一般不应出现裂纹。如有 1～3 条裂纹，其宽度应不大于 1 mm
外观与颜色	外观与颜色同样品相比，应无明显差别	
黏结强度/MPa	≥0.15	≥0.04
抗压强度/MPa		≥0.3
干密度/(kg·m^{-3})		≤500
热导率/[W·(m·K)$^{-1}$]		≤0.116
抗震性	挠曲 $L/200$，涂层不起层、不脱落	
抗弯性	挠曲 $L/100$，涂层不起层、不脱落	

续表

项目		指标	
		B 类	H 类
耐水性/h		≥24	≥24
耐冻融循环性/次		≥15	≥15
耐火性能	涂层厚度/mm	3.0　5.5　7.0	8　15　20　30　40　50
	耐火极限(不低于)/h	0.5　1.0　1.5	0.5　1.0　1.5　2.0　2.5　3.0

三、防火涂料选用

(1)钢结构防火涂料必须有国家检测机构的耐火性能检测报告和理化性能检测报告,有消防监督机关颁发的生产许可证,方可选用。选用的防火涂料质量应符合现行国家有关标准的规定,有生产厂方的合格证,并应附有涂料品名、技术性能、制造批号和使用说明等。

(2)民用建筑及大型公用建筑的承重钢结构宜采用防火涂料防火,一般应由建筑师与结构工程师按建筑物耐火等级及耐火极限,根据《钢结构防火涂料应用技术规范》(CECS 24—1990)选用涂料的类别(薄涂型或厚涂型)及构造做法。

(3)宜优先选用薄涂型防火涂料。选用厚涂型涂料时,其外需做装饰面层隔护。装饰要求较高的部位可选用超薄型防火涂料。

(4)室内裸露、轻型屋盖钢结构及有装饰要求的钢结构,当规定其耐火极限在1.5 h及以下时,宜选用薄涂型钢结构防火涂料。

(5)室内隐蔽钢结构、高层全钢结构及多层厂房钢结构,当规定其耐火极限在2.0 h及以上时,应选用厚涂型钢结构防火涂料。

(6)露天钢结构应选用符合室外钢结构防火涂料产品规定的厚涂或薄涂型钢结构防火涂料,如石油化工企业的油(汽)罐支承等钢结构。

(7)比较不同厂家的同类产品时,应查看近两年内产品的耐火性能和理化性能检测报告、产品定型鉴定意见、产品在工程中的应用情况和典型实例等。

本章小结

钢结构工程常用材料包括钢材、焊接材料、紧固材料、防腐材料、防火材料等。钢材的分类方法很多,按照化学成分的不同可分为碳素钢和合金钢,按冶炼方法和设备的不同可分为平炉钢、转炉钢和电炉钢,按建筑用途可分为碳素结构钢、焊接结构耐候钢、高耐候性结构钢和桥梁用结构钢等专用结构钢,按所含有害杂质的多少可分为普通钢、优质钢和高级优质钢,按脱氧程度和浇铸制度的不同又可分为沸腾钢、镇静钢、半镇静钢。钢结构焊接常用材料包括焊条、焊丝、焊剂、焊味、气焊溶剂、焊钉等,紧固材料包括螺栓、螺母、垫圈等。钢结构防腐涂料是一种含油或不含油的胶体溶液,将它涂敷在钢结构构件的表面,可结成涂膜以防钢结构构件被锈蚀。钢结构防火材料主要有热绝缘材料、能量吸收(烧蚀)材料和膨胀涂料等。另外,钢结构工程材料还包括铸钢件、封板、锥头、套筒及空间网格节点用材料等。

思考与练习

一、填空题

1. 钢铁产品牌号的表示，通常采用_____、_____和_____相结合的方法表示。
2. 不锈钢牌号采用_____和_____表示。
3. 焊接用钢包括_____、_____和_____等。
4. 钢材拉伸试验所得出的_____、_____和_____是钢材力学性能的三项重要指标。
5. 钢材在冶炼、轧制过程中常常出现的缺陷有_____等。
6. 钢材的质量检验方法有_____、_____、_____和_____四种。
7. 焊剂牌号所表示的是_____。
8. 按熔点的高低，焊料可分为_____和_____。
9. 焊钉通常包括_____、_____、_____及_____等。
10. 空间网格节点一般包括_____、_____、_____和_____。
11. 钢结构防火材料的种类主要有_____、_____和_____。

二、选择题

1. 钢是碳含量小于（　　）的铁碳合金。
   A. 2.11%　　B. 3.11%　　C. 4.11%　　D. 5.11%
2. 低合金钢指的是合金元素总含量（　　）的钢。
   A. 小于5%　　B. 5%～10%　　C. 大于10%　　D. 小于10%
3. 优质碳素结构钢牌号通常由（　　）部分组成。
   A. 两　　B. 三　　C. 四　　D. 五
4. 焊条前端药皮有（　　）左右的倒角，以便于引弧。
   A. 15°　　B. 30°　　C. 45°　　D. 60°

三、问答题

1. 如何理解钢材的冲击韧性和可焊性？
2. 钢材选用时应考虑的规格因素包括哪些？
3. 钢材检验的类型有哪些？
4. 钢材复验的内容是什么？
5. 钢材验收的要求是什么？
6. 焊条的选用应遵循哪些原则？
7. 常用的焊丝的分类方法有哪些？
8. 如何进行焊丝的贮存保管？
9. 常用的钢结构螺栓连接垫圈有哪些类型？
10. 如何选用防腐涂料？

第三章　钢结构施工图

知识目标

通过本章内容的学习，了解钢结构施工图的分类，熟悉钢结构施工图常用符号，掌握钢结构施工图的识读方法和要点。

技能目标

通过本章内容的学习，能够进行钢结构施工图、钢结构节点详图、门式刚架施工图及多层钢结构施工图的识读。

第一节　钢结构施工图基本知识

一、钢结构施工图分类

在建筑钢结构中，钢结构施工图一般可分为钢结构设计图和钢结构施工详图两种。

1. **钢结构设计图**

钢结构设计图应根据钢结构施工工艺、建筑要求进行初步设计，然后制订施工设计方案，并进行计算，根据计算结果编制而成。其目的、深度及内容均可为钢结构施工详图的编制提供依据。

结构设计图一般较简明，使用的图纸量也比较少，其内容一般包括设计总说明、布置图、构件图、节点图及钢材订货表等。

2. **钢结构施工详图**

钢结构施工详图是直接供制造、加工及安装使用的施工用图，是直接根据结构设计图编制的工厂施工及安装详图，有时也含有少量连接、构造等计算。它只对深化设计负责，一般多由钢结构制造厂或施工单位进行编制。

施工详图通常较为详细，使用的图纸量也比较多，其内容主要包括构件安装布置图及

钢结构设计图与
施工详图的区别

构件详图等。

施工详图设计包括详图设计与详图绘制两个部分。

(1)施工详图设计内容。由于钢结构设计图一般只绘出构件布置、构件截面与内力及主要节点构造,故在详图设计中尚需补充进行部分构造设计与连接计算。一般包括以下内容:

1)构造设计:桁架、支撑等节点板设计与放样,桁架或大跨实腹梁起拱构造与设计,梁支座加肋或纵横加劲肋构造设计,构件运送单元横隔设计,组合截面构件缀板、填板布置与构造,板件、构件变截面构造设计,螺栓群或焊缝群的布置与构造,拼接、焊接坡口及切槽构造,张紧可调圆钢支撑构造,弹簧板、椭圆孔、板铰、滚轴支座、橡胶支座、抗剪键、托座、连接板、刨边及人孔、手孔等细部构造,施工施拧最小空间构造,现场组装的定位、夹具耳板等设计。

2)构造及连接计算:一般连接节点的焊缝长度与螺栓数量计算;小型拼接计算;材料或构件焊接变形调整余量及加工余量计算;起拱拱度、高强度螺栓连接长度、材料量及几何尺寸与相贯线等计算。

(2)施工详图绘制内容。钢结构施工详图一般应按构件系统(如屋盖结构、刚架结构、吊车梁、工作平台等)分别绘制各系统的布置图(含必要的节点详图)、施工设计总说明、构件详图(一般含材料表)。钢结构施工详图的内容主要包括以下几个方面:

1)图纸目录。

2)钢结构设计总说明。应根据设计图总说明编写,内容一般应有设计依据、设计荷载、工程概况,以及对材料、焊接、焊接质量等级、高强度螺栓摩擦面抗滑移系数、预拉力、构件加工、预装、防锈与涂装等的施工要求及注意事项等。

3)布置图。主要供现场安装用。依据钢结构设计图,以同一类构件系统(如屋盖、刚架、吊车梁、平台等)为绘制对象,绘制本系统构件的平面布置和剖面布置,并对所有的构件编号;布置图尺寸应标明各构件的定位尺寸、轴线关系、标高,以及构件表、设计总说明等。

4)构件详图。按设计图及布置图中的构件编制,主要供构件加工厂加工并组装构件用,也是构件出厂运输的构件单元图。绘制时,应按主要表示面绘制每个构件的图形零配件及组装关系,并对每个构件中的零件编号,编制各构件的材料表和本图构件的加工说明等。绘制桁架式构件时,应放大样确定杆件端部尺寸和节点板尺寸。

5)安装节点图。详图中一般不再绘制节点详图,仅当构件详图无法清楚表示构件相互连接处的构造关系时,可绘制相关的节点图。

二、钢结构施工图的一般规定

1. 图纸幅面

(1)钢结构施工图图纸幅面及图框尺寸应符合表 3-1 的规定,并应符合图 3-1~图 3-6 规定的格式。

表 3-1 幅面及图框尺寸

mm

尺寸代号 \ 幅面代号	A0	A1	A2	A3	A4
$b×l$	841×1 189	591×841	120×591	297×120	210×297
c	10			5	
a	25				

注：表中 b 为幅面短边尺寸，l 为幅面长边尺寸，c 为图框线与幅面线间宽度，a 为图框线与装订边间宽度。

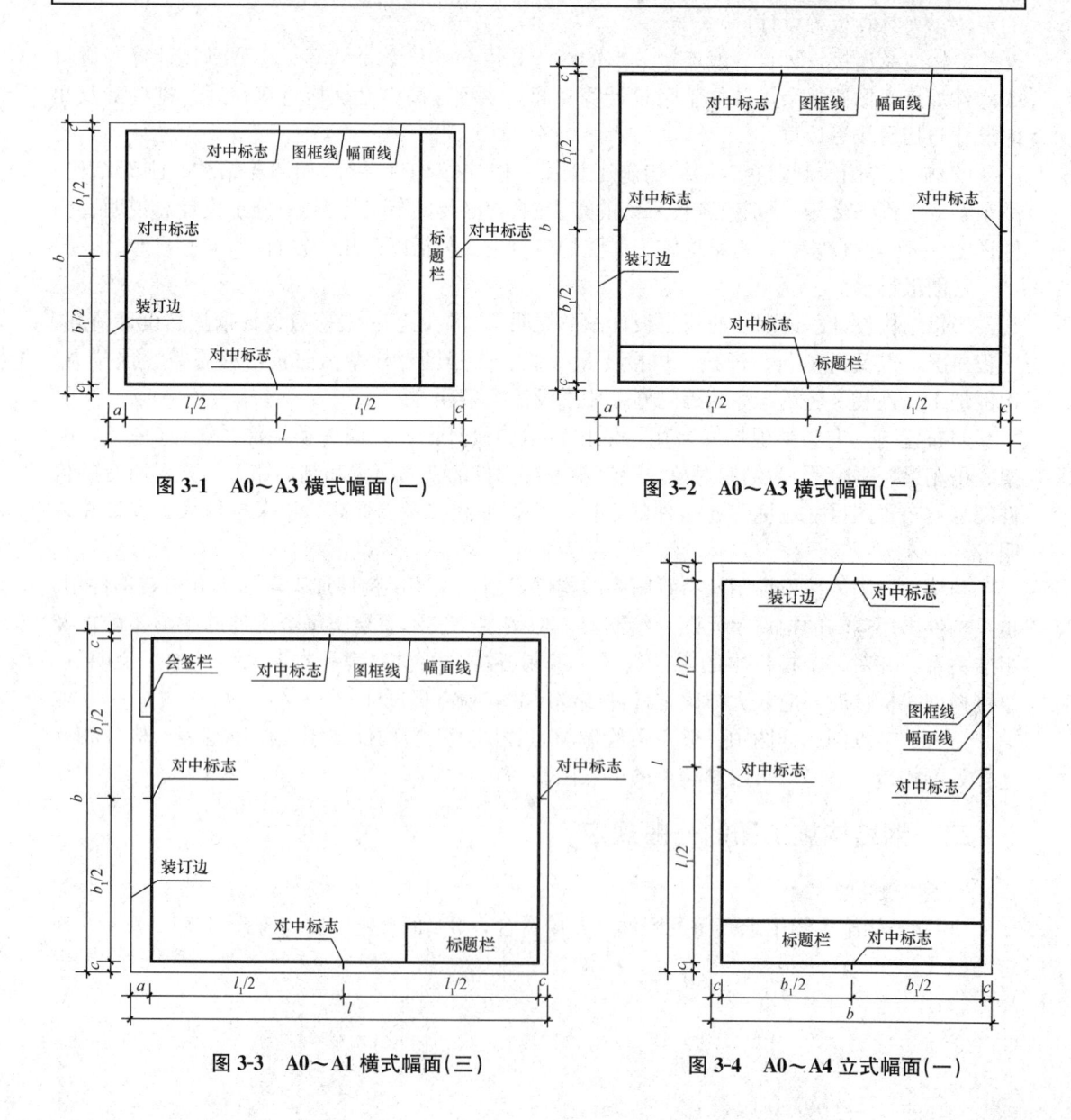

图 3-1 A0～A3 横式幅面（一）

图 3-2 A0～A3 横式幅面（二）

图 3-3 A0～A1 横式幅面（三）

图 3-4 A0～A4 立式幅面（一）

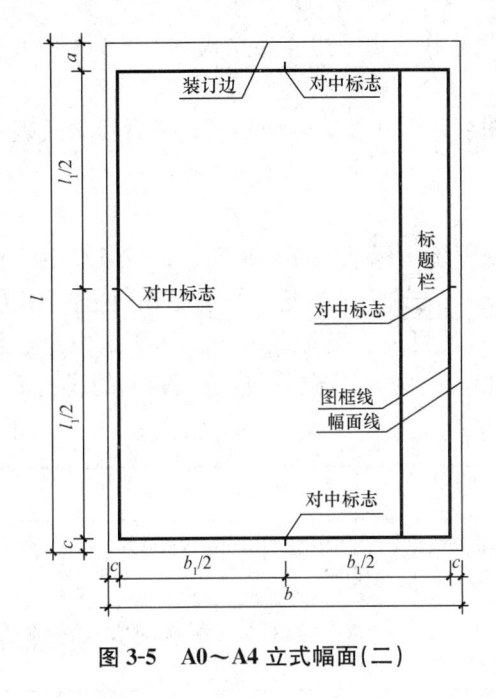

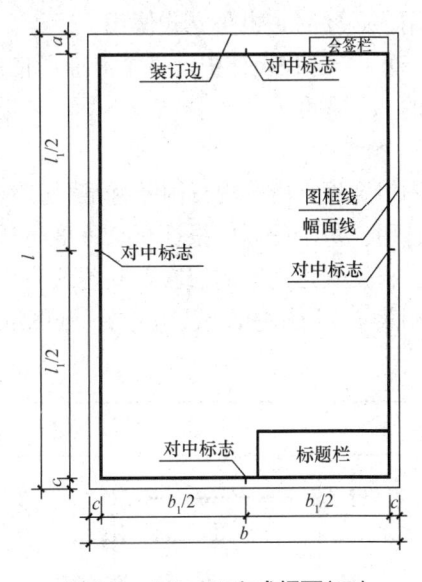

图 3-5　A0～A4 立式幅面(二)　　　　　图 3-6　A0～A2 立式幅面(三)

　　(2)需要微缩复制的图纸,其一个边上应附有一段准确米制尺度,四个边上均应附有对中标志,米制尺度的总长应为 100 mm,分格应为 10 mm。对中标志应画在图纸内框各边长的中点处,线宽应为 0.35 mm,并应伸入内框边,在框外应为 5 mm。对中标志的线段,应于图框长边尺寸 l_1 和图框短边尺寸 b_1 的范围取中。

　　(3)图纸的短边尺寸不应加长,A0～A3 幅面长边尺寸可加长,但应符合表 3-2 的规定。

表 3-2　图纸长边加长尺寸

mm

幅面代号	长边尺寸	长边加长后的尺寸
A0	1 189	1 486　　　1 783　　　2 080　　　2 378 (A0+1/4l)　(A0+1/2l)　(A0+3/4l)　(A0+l)
A1	841	1 051　　　1 261　　　1 471　　　1 682　　　1 892 (A1+1/4l)　(A1+1/2l)　(A1+3/4l)　(A1+l)　(A1+5/4l) 2 102 (A1+3/2l)
A2	594	743　　　　891　　　　1 041　　　1 189　　　1 338 (A2+1/4l)　(A2+1/2l)　(A2+3/4l)　(A2+l)　(A2+5/4l) 1 486　　　1 635　　　1 783　　　1 932　　　2 080 (A2+3/2l)　(A2+7/4l)　(A2+2l)　(A2+9/4l)　(A2+5/2l)
A3	420	630　　　　841　　　　1 051　　　1 261　　　1 471 (A3+1/2l)　(A3+l)　(A3+3/2l)　(A3+2l)　(A3+5/2l) 1 682　　　1 892 (A3+3l)　(A3+7/2l)
注:有特殊需要的图纸,可采用 $b×l$ 为 841 mm×891 mm 与 1 189 mm×1 261 mm 的幅面。		

(4)图纸以短边作为垂直边应为横式,以短边作为水平边应为立式。A0~A3图纸直横式使用;必要时,也可立式使用。

(5)一个工程设计中,每个专业所使用的图纸,不宜多于两种幅面,不含目录及表格所采用的A4幅面。

2. 图线

图线宽度 b 应按现行国际标准《房屋建筑制图统一标准》(GB/T 50001—2017)中的有关规定选用。每个图样应根据复杂程度与比例大小,先选用适当基本线宽度 b,再选用相应的线宽。根据表达内容的层次,基本线宽 b 和线宽比可适当增加或减少。建筑结构专业制图应选用表3-3所示的图线。在同一张图纸中,相同比例的各图样,应选用相同的线宽。

表3-3 图　线

名称	线型		线宽	一般用途
实线	粗	——————	b	螺栓、钢筋线、结构平面图中的单线结构构件线,钢木支撑及系杆线,图名下横线、剖切线
	中粗	——————	$0.7b$	结构平面图及详图中剖切到或可见的墙身轮廓线、基础轮廓线,钢、木结构轮廓线,钢筋线
	中	——————	$0.5b$	结构平面图及详图中剖切到或可见的墙身轮廓线、基础轮廓线,可见的钢筋混凝土构件轮廓线、钢筋线
	细	——————	$0.25b$	标注引出线、标高符号线、索引符号线、尺寸线
虚线	粗	— — — —	b	不可见的钢筋线、螺栓线、结构平面图中不可见的单线结构构件线及钢、木支撑线
	中粗	— — — —	$0.7b$	结构平面图中的不可见构件、墙身轮廓线,不可见钢、木结构构件线,不可见的钢筋线
	中	— — — —	$0.5b$	结构平面图中的不可见构件、墙身轮廓线,不可见钢、木结构构件线,不可见的钢筋线
	细	— — — —	$0.25b$	基础平面图中的管沟轮廓线、不可见的钢筋混凝土构件轮廓线
单点长画线	粗	—·—·—	b	柱间支撑、垂直支撑、设备基础轴线图中的中心线
	细	—·—·—	$0.25b$	定位轴线、对称线、中心线、重心线
双点长画线	粗	—··—··—	b	预应力钢筋线
	细	—··—··—	$0.25b$	原有结构轮廓线
折断线		~/~	$0.25b$	断开界线
波浪线		～～～	$0.25b$	断开界线

钢结构布置图可采用单线表示法、复线表示法及单线加短构件表示法，并应符合下列规定：

(1)单线表示时，应使用构件重心线(细点画线)定位，构件采用中实线表示；非对称截面应在图中注明截面摆放方式。

(2)复线表示时，应使用构件重心线(细点画线)定位，构件使用细实线表示构件外轮廓，细虚线表示腹板或肢板。

(3)单线加短构件表示时，应使用构件重心线(细点画线)定位，构件采用中实线表示；短构件使用细实线表示构件外轮廓，细虚线表示腹板或肢板；短构件长度一般为构件实际长度的 1/3~1/2。

(4)为方便表示，非对称截面可采用外轮廓线定位。

3. 比例

绘图时，根据图样的用途、被绘物体的复杂程度，选用表3-4中的常用比例，特殊情况下也可选用可用比例。当构件的纵、横向断面尺寸相差悬殊时，可在同一详图中的纵、横向选用不同的比例绘制。轴线尺寸与构件尺寸也可选用不同的比例绘制。

表3-4 比 例

图 名	常用比例	可用比例
结构平面图 基础平面图	1∶50、1∶100、1∶150	1∶60、1∶200
圈梁平面图，总图中管沟、地下设施等	1∶200、1∶500	1∶300
详图	1∶10、1∶20、1∶50	1∶5、1∶30、1∶25

4. 符号与代号

构件的名称可用代号来表示，代号后应用阿拉伯数字标注该构件的型号或编号，也可为构件的顺序号。构件的顺序号采用不带角标的阿拉伯数字连续编排。常用的构件代号应符合表3-5的规定。当采用标准、通用图集中的构件时，应用该图集中的规定代号或型号注写。

表3-5 常用构件代号

序号	名称	代号	序号	名称	代号	序号	名称	代号
1	板	B	12	天沟板	TGB	23	楼梯梁	TL
2	屋面板	WB	13	梁	L	24	框架梁	KL
3	空心板	KB	14	屋面梁	WL	25	框支梁	KZL
4	槽形板	CB	15	吊车梁	DL	26	屋面框架梁	WKL
5	折板	ZB	16	单轨吊车梁	DDL	27	檩条	LT
6	密肋板	MB	17	轨道连接	DGL	28	屋架	WJ
7	楼梯板	TB	18	车挡	CD	29	托架	TJ
8	盖板或沟盖板	GB	19	圈梁	QL	30	天窗架	CJ
9	挡雨板或檐口板	YB	20	过梁	GL	31	框架	KJ
10	吊车安全走道板	DB	21	连系梁	LL	32	刚架	GJ
11	墙板	QB	22	基础梁	JL	33	支架	ZJ

续表

序号	名称	代号	序号	名称	代号	序号	名称	代号
34	柱	Z	41	地沟	DG	48	梁垫	LD
35	框架柱	KZ	42	柱间支撑	ZC	49	预埋件	M—
36	构造柱	GZ	43	垂直支撑	CC	50	天窗端壁	TD
37	承台	CT	44	水平支撑	SC	51	钢筋网	W
38	设备基础	SJ	45	梯	T	52	钢筋骨架	G
39	桩	ZH	46	雨篷	YP	53	基础	J
40	挡土墙	DQ	47	阳台	YT	54	暗柱	AZ

注：1. 预制混凝土构件、现浇混凝土构件、钢构件和木构件，一般可以采用本附录中的构件代号。在绘图中，除混凝土构件可以不注明材料代号外，其他材料的构件可在构件代号前加注材料代号，并在图纸中加以说明。
2. 预应力混凝土构件的代号，应在构件代号前加注"Y"，如 Y-DL 表示预应力混凝土吊车梁。

5. 结构平面图的绘制

结构平面图应按图 3-7、图 3-8 的规定采用正投影法绘制，特殊情况下也可采用仰视投影绘制。

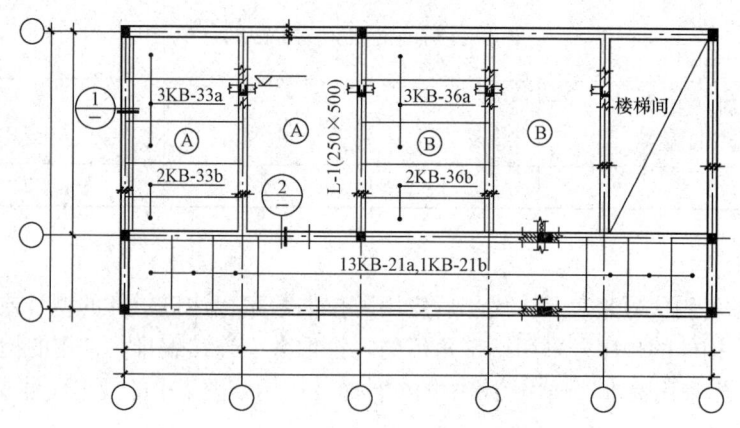

图 3-7 用正投影法绘制预制楼板结构平面图

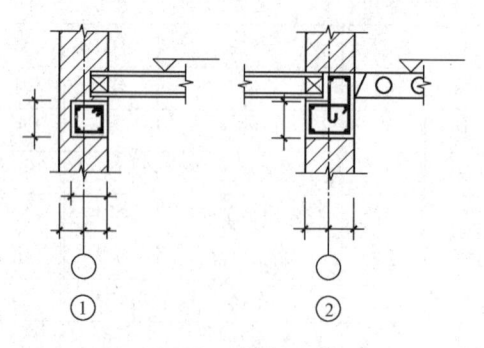

图 3-8 节点详图

(1)在结构平面图中，构件应采用轮廓线表示，当能用单线表示清楚时，也可用单线表示。定位轴线应与建筑平面图或总平面图一致，并标注结构标高。

(2)在结构平面图中,当若干部分相同时,可只绘制一部分,并用大写的拉丁字母(A,B,C,…)外加细实线圆圈表示相同部分的分类符号。分类符号圆圈直径为 8 mm 或 10 mm。其他相同部分仅标注分类符号。

(3)桁架式结构的几何尺寸图可用单线图表示。杆件的轴线长度尺寸应标注在构件的上方(图 3-9)。

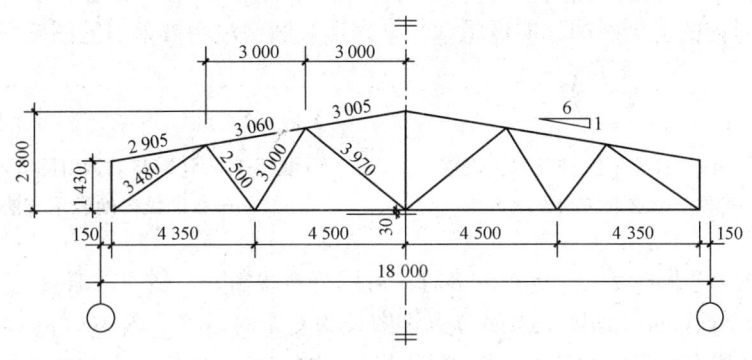

图 3-9 对称桁架几何尺寸标注方法

(4)在杆件布置和受力均对称的桁架单线图中,若需要时,可在桁架的左半部分标注杆件的几何轴线尺寸,右半部分标注杆件的内力值和反力值;非对称的桁架单线图,可在上方标注杆件的几何轴线尺寸,下方标注杆件的内力值和反力值。竖杆的几何轴线尺寸可标注在左侧,内力值标注在右侧。

(5)在结构平面图中索引剖视详图、断面详图应采用索引符号表示,其编号顺序宜按图 3-10 的规定进行编排,并应符合下列规定:
1)外墙按顺时针方向从左下角开始编号;
2)内横墙从左至右、从上至下编号;
3)内纵墙从上至下、从左至右编号。

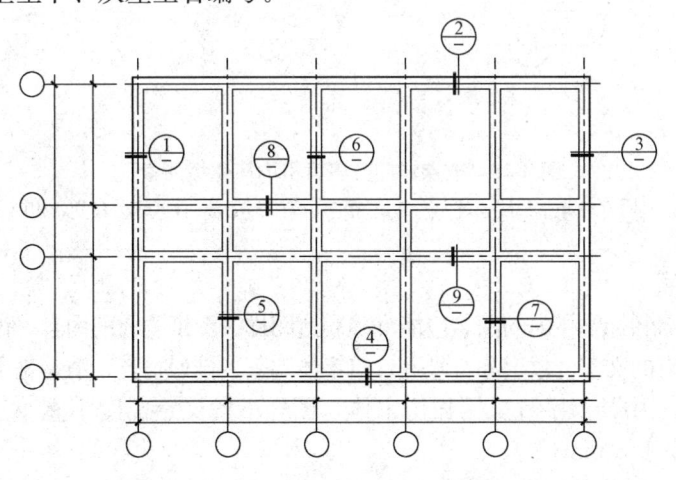

图 3-10 结构平面图中索引剖视详图、断面详图编号顺序表示方法

(6)在结构平面图中的索引位置处,粗实线表示剖切位置,引出线所在一侧应为投射方向。
(7)索引符号应由细实线绘制的直径为 8~10 mm 的圆和水平直径线组成。

6. 详图的绘制

(1)被索引的详图应以详图符号表示，详图符号的圆应以直径为 14 mm 的粗实线绘制。圆内的直径线为细实线。

(2)被索引的图样与索引位置在同一张图纸内时，应按图 3-11 的规定进行编排。

(3)详图与被索引的图样不在同一张图纸内时，应按图 3-12 的规定进行编排。在索引符号和详图符号内的上半圆中注明详图编号，在下半圆中注明被索引的图纸编号。

图 3-11　被索引图样与索引位置在同一张图纸内的表示方法

图 3-12　详图与被索引图样不在同一张图纸内的表示方法

(4)构件详图的纵向较长，重复较多时，可用折断线断开，适当省略重复部分。

(5)从结构平面图或立面图引出的节点详图较为复杂时，可按图 3-13 的规定，将图 3-14 的复杂节点分解成多个简化的节点详图进行索引。由复杂节点详图分解的多个简化节点详图有部分或全部相同时，可按图 3-15 的规定简化标注索引。

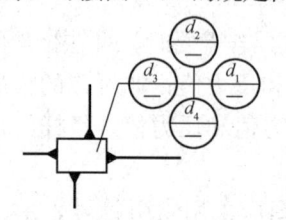

图 3-13　分解为简化节点详图的索引 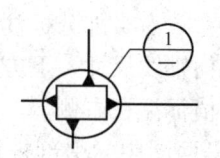　　图 3-14　复杂节点详图的索引

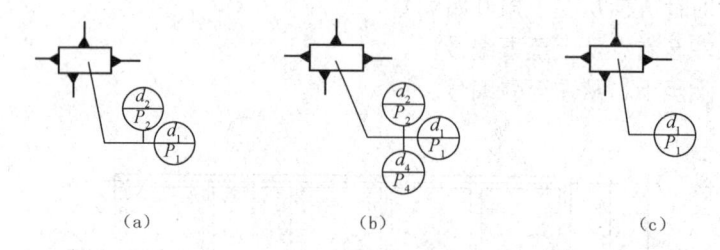

图 3-15　节点详图分解索引的简化标注索引

(a)同方向节点相同；(b)d_1 与 d_3 相同，d_2 与 d_4 不同；(c)所有节点相同

7. 文字与数字

(1)图样的图名和标题栏内的图名应能准确表达图样、图纸构成的内容，做到简练、明确。

(2)图纸上所有的文字、数字和符号等，应字体端正、排列整齐、清楚正确，避免重叠。

(3)图样及说明中的汉字宜采用长仿宋体，图样下的文字高度不宜小于 5 mm，说明中的文字高度不宜小于 3 mm。

(4)拉丁字母、阿拉伯数字、罗马数字的高度，不应小于 2.5 mm。

8. 尺寸标注

钢结构工程施工图尺寸标注时，两构件的两条很近的重心线，应按图 3-16 的规定在交会处将其各自向外错开。弯曲构件的尺寸应按图 3-17 的规定沿其弧度的曲线标注弧的轴线长度。

切割的板材，应按图 3-18 的规定标注各线段的长度及位置。节点尺寸，应按图 3-19、图 3-20 的规定注明节点板的尺寸和各杆件螺栓孔中心或中心距，以及杆件端部至几何中心线交点的距离。不等边角钢的构件，应按图 3-19 的规定标注出角钢一肢的尺寸。双型钢组合截面的构件，应按图 3-21 的规定注明缀板的数量及尺寸。引出横线上方标注缀板的数量及缀板的宽度、厚度，引出横线下方标注缀板的长度尺寸。非焊接的节点板，应按图 3-22 的规定注明节点板的尺寸和螺栓孔中心与几何中心线交点的距离。

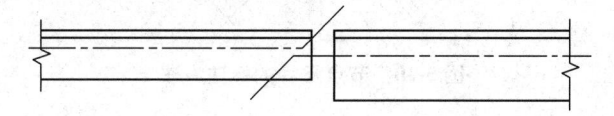

图 3-16　两构件重心不重合的表示方法

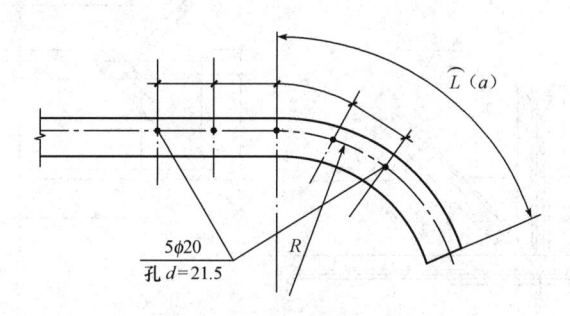

图 3-17　弯曲构件尺寸的标注方法

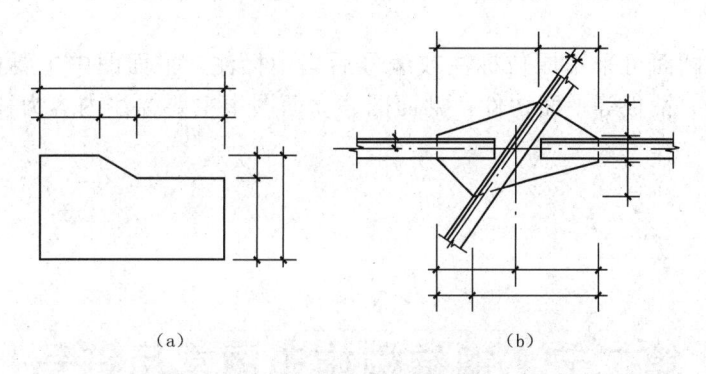

图 3-18　切割板材尺寸的标注方法

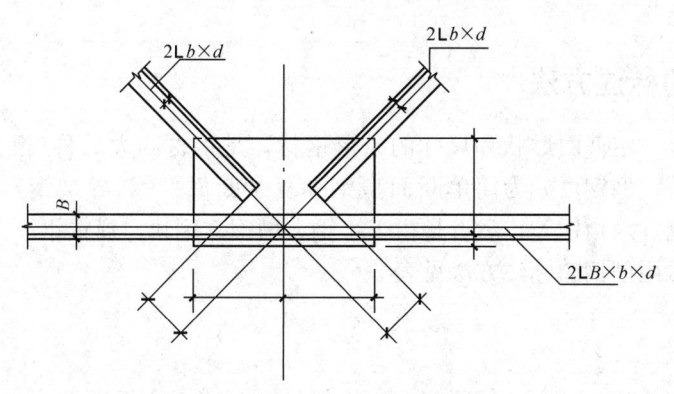

图 3-19　节点尺寸及不等边角钢的标注方法

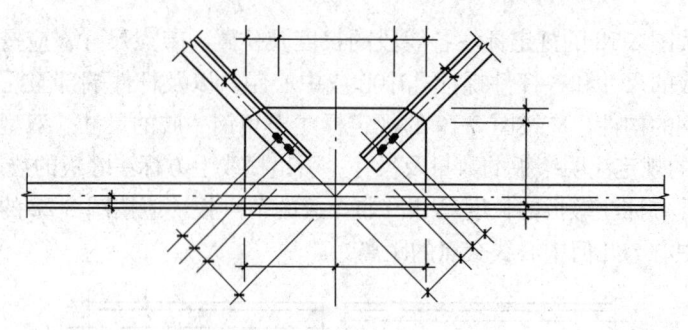

图 3-20 节点尺寸的标注方法

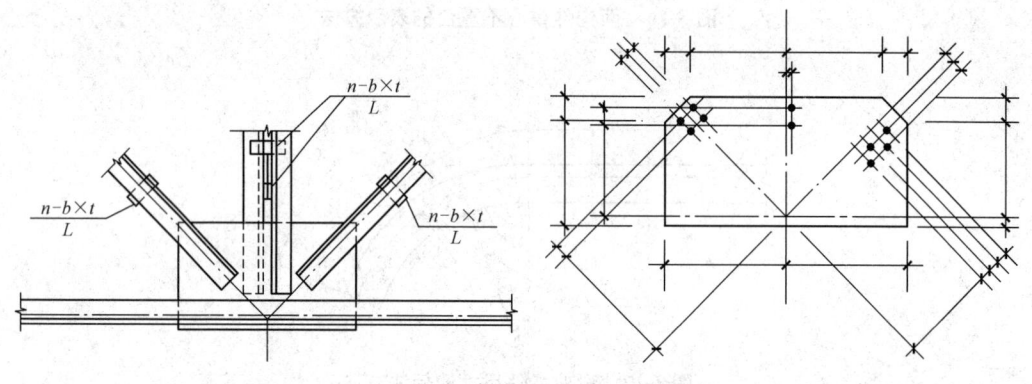

图 3-21 缀板的标注方法

图 3-22 非焊接节点板尺寸的标注方法

钢结构构件断面可采用原位标注或编号后集中标注，平面图中主要标注内容为梁、水平支撑、栏杆、铺板等平面构件，剖面图、立面图中主要标注内容为柱、支撑等竖向构件。

第二节 钢结构施工图常用符号

一、型钢的标注方法

型钢是一种有一定截面形状和尺寸的条形钢材，是钢材四大品种（板、管、型、丝）之一。根据断面形状，型钢可分为简单断面型钢和复杂断面型钢（异型钢）。前者是指方钢、圆钢、扁钢、角钢、六角钢等；后者是指工字钢、槽钢、钢轨、窗框钢、弯曲型钢等。

钢结构工程常用型钢的标注方法见表 3-6。

表 3-6　常用型钢的标注方法

序号	名称	截面	标注	说明
1	等边角钢	∟	∟$b \times t$	b 为肢宽； t 为肢厚
2	不等边角钢	∟	∟$B \times b \times t$	B 为长肢宽； b 为短肢宽； t 为肢厚
3	工字钢	I	IN　Q IN	轻型工字钢加注 Q 字 N——工字钢的型号
4	槽钢	[	[N　Q[N	轻型槽钢加注 Q 字 N——槽钢的型号
5	方钢	■	□b	—
6	扁钢	—	—$b \times t$	—
7	钢板	—	$-\dfrac{b \times t}{L}$	$\dfrac{宽 \times 厚}{板长}$
8	圆钢	●	ϕd	—
9	钢管	○	$\phi d \times t$	d 为外径； t 为壁厚
10	薄壁方钢管	□	B□$b \times t$	薄壁型钢加注 B 字，t 为壁厚
11	薄壁等肢角钢	∟	B∟$b \times t$	
12	薄壁等肢卷边角钢	⌐	B⌐$b \times a \times t$	
13	薄壁槽钢	[	B[$h \times b \times t$	
14	薄壁卷边槽钢	[	B[$h \times b \times a \times t$	
15	薄壁卷边 Z 型钢	Z	B⌐$h \times b \times a \times t$	
16	T 型钢	T	TW×× TM×× TN××	TW 为宽翼缘 T 型钢 TM 为中翼缘 T 型钢 TN 为窄翼缘 T 型钢

续表

序号	名称	截面	标注	说明
17	H型钢	H	HW×× HM×× HN××	HW为宽翼缘H型钢 HM为中翼缘H型钢 HN为窄翼缘H型钢
18	起重机钢轨	⊥	⊥QU××	详细说明产品规格型号
19	轻轨及钢轨	⊥	⊥××kg/m钢轨	

二、螺栓及螺栓孔的表示方法

螺栓及螺栓孔的表示方法应符合表3-7的规定。

表3-7 螺栓、孔、电焊铆钉的表示方法

序号	名称	图例	说明
1	永久螺栓		
2	高强度螺栓		
3	安装螺栓		1. 细"+"线表示定位线； 2. M表示螺栓型号； 3. ϕ表示螺栓孔直径； 4. d表示膨胀螺栓、电焊铆钉直径； 5. 采用引出线标注螺栓时，横线上标注螺栓规格，横线下标注螺栓孔直径
4	膨胀螺栓		
5	圆形螺栓孔		
6	长圆形螺栓孔		
7	电焊铆钉		

三、焊缝符号表示方法

了解各焊接结构中焊缝符号及其标注方法是看懂钢结构焊接施工所用图样的基础。焊缝符号是把图样上用技术制图方法表示的焊缝基本形式和尺寸采用一些符号来表示的方法。焊缝符号可以表示出：焊缝的位置、焊缝横截面形状(坡口形状)及坡口尺寸、焊缝表面形状特征、焊缝某些特征或其他要求。

1. **焊缝符号的标注方法**

焊接钢构件的焊缝除应按现行的国家标准《焊缝符号表示法》(GB/T 324—2008)有关规定执行外,还应符合本节的各项规定。

(1)规则焊缝的标注方法。

1)单面焊缝的标注。当箭头指向焊缝所在的一面时,应将图形符号和尺寸标注在横线的上方[图 3-23(a)];当箭头指向焊缝所在另一面(相对应的那面)时,应按图 3-23(b)的规定执行,将图形符号和尺寸标注在横线的下方。对于表示环绕工作件周围的焊缝,应按图 3-23(c)的规定执行,其围焊焊缝符号为圆圈,绘在引出线的转折处,并标注焊角尺寸 K。

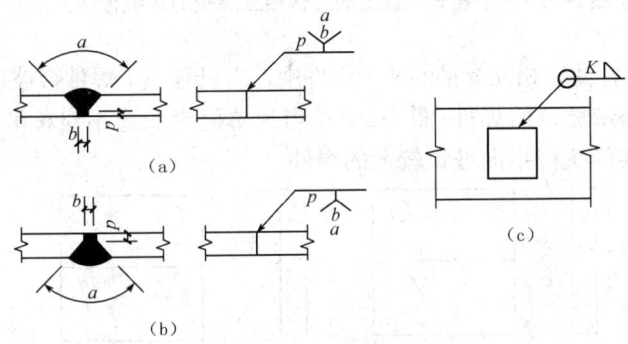

图 3-23 单面焊缝的标注方法

2)双面焊缝的标注。双面焊缝应在横线的上、下都标注符号和尺寸。上方表示箭头一面的符号和尺寸,下方表示另一面的符号和尺寸[图 3-24(a)];当两面的焊缝尺寸相同时,只需在横线上方标注焊缝的符号和尺寸[图 3-24(b)、(c)、(d)]。

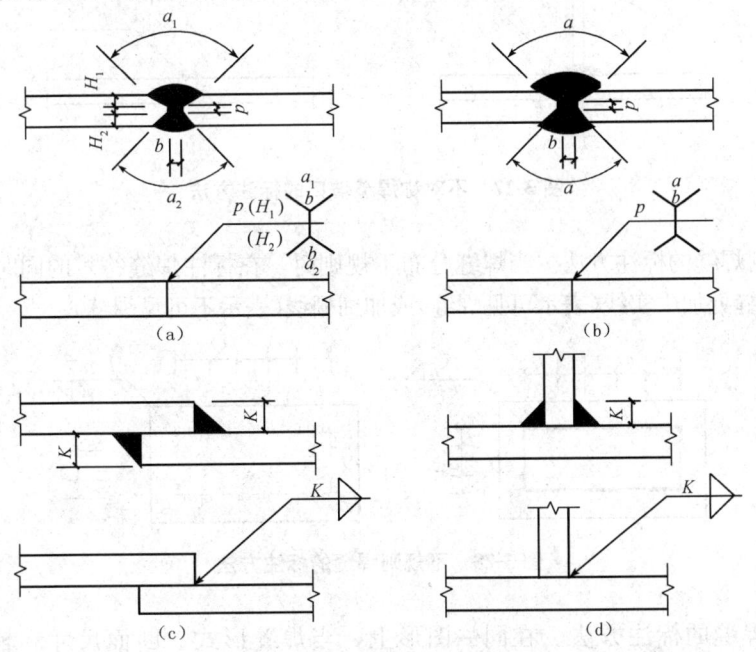

图 3-24 双面焊缝的标注方法

3)3个和3个以上的焊件相互焊接的焊缝标注。3个和3个以上的焊件相互焊接的焊缝，不得作为双面焊缝标注，其焊缝符号和尺寸应分别标注(图3-25)。

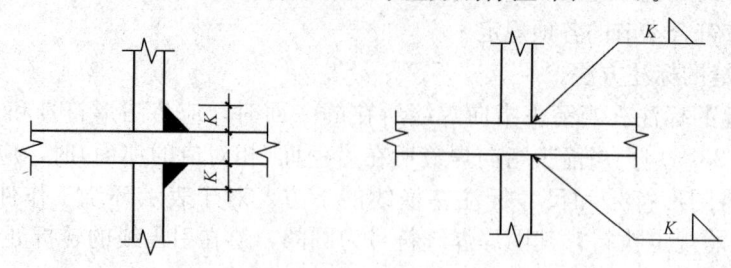

图 3-25　3个和3个以上的焊件相互焊接的焊缝标注方法

4)带坡口的焊缝标注。相互焊接的两个焊件中，当只有一个焊件带坡口时(如单面V形)，引出线箭头必须指向带坡口的焊件(图 3-26)；当为单面带双边不对称坡口焊缝时，应按图 3-27 的规定，引出线箭头应指向坡口较大的焊件。

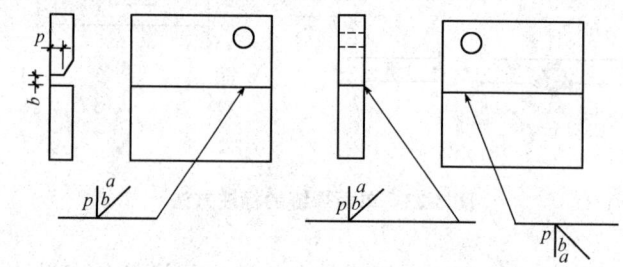

图 3-26　一个焊件带坡口的焊缝标注方法

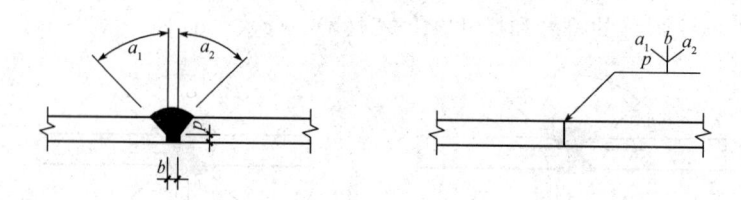

图 3-27　不对称焊缝坡口的标注方法

(2)不规则焊缝的标注方法。当焊缝分布不规则时，在标注焊缝符号的同时，可按图3-28的规定，在焊缝处加中实线(表示可见焊缝)或加细栅线(表示不可见焊缝)。

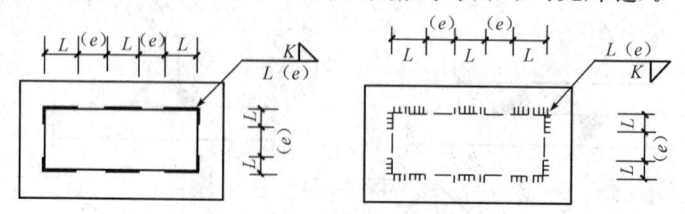

图 3-28　不规则焊缝的标注方法

(3)相同焊缝的标注方法。在同一图形上，当焊缝形式、断面尺寸和辅助要求均相同时，应按图 3-29(a)的规定，可只选择一处标注焊缝的符号和尺寸，并加注"相同焊缝符号",相同焊缝符号为 3/4 圆弧,绘在引出线的转折处;当有数种相同的焊缝时,宜按图 3-29(b)的规定,可将焊缝分类编号标注。在同一类焊缝中可选择一处标注焊缝符号和尺寸。分类编号采用大写的拉丁字母 A、B、C。

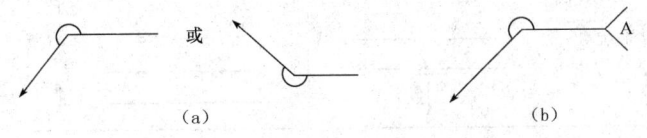

图 3-29 相同焊缝的标注方法

(4)现场焊缝的标注方法。需要在施工现场进行焊接的焊件焊缝,应按图 3-30 的规定标注"现场焊缝"符号。现场焊缝符号为涂黑的三角形旗号,绘制在引出线的转折处。

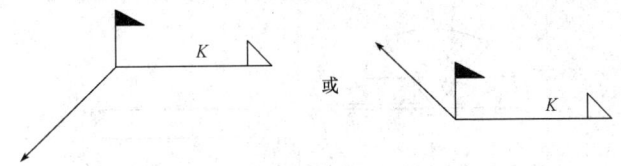

图 3-30 现场焊缝的标注方法

另外,当需要标注的焊缝能够用文字表述清楚时,也可采用文字表达的方式。

2. 钢结构常用焊缝符号及符号尺寸

建筑钢结构常用焊缝符号及符号尺寸应符合表 3-8 的规定。

表 3-8 建筑钢结构常用焊缝符号及符号尺寸

序号	焊缝名称	形式	标注法	符号尺寸/mm
1	V 形焊缝			1~2 / 4
2	单边 V 形焊缝		注:箭头指向剖口	45° / 4
3	带钝边单边 V 形焊缝			45° / 1~3
4	带垫板、带钝边单边 V 形焊缝		注:箭头指向剖口	3 / 7

续表

序号	焊缝名称	形 式	标注法	符号尺寸/mm
5	带垫板V形焊缝			60°, 4
6	Y形焊缝			60°, 1.3
7	带垫板Y形焊缝			—
8	双单边V形焊缝			—
9	双V形焊缝			—
10	带钝边U形焊缝			1.3
11	带钝边双U形焊缝			—
12	带钝边J形焊缝			1.3
13	带钝边双J形焊缝			—

续表

序号	焊缝名称	形式	标注法	符号尺寸/mm
14	角焊缝			
15	双面角焊缝			—
16	剖口角焊缝			
17	喇叭形焊缝			
18	双面半喇叭形焊缝			
19	塞焊			

3. 识别焊缝符号的基本方法

(1)根据箭头的指引方向了解焊缝在焊件上的位置。

(2)看图样上焊件的结构形式(即组焊焊件的相对位置)识别出接头形式。

(3)通过基本符号可以识别焊缝形式(即坡口形式),基本符号上下标有坡口角度及装配间隙。

(4)通过基准线的尾部标注可以了解采用的焊接方法、对焊接的质量要求以及无损检验要求。

第三节　钢结构施工图识读

一、看图的方法和步骤

1. 看图的方法

首先要弄清楚是什么图纸，要根据图纸的特点看图。看图的方法一般是：从上往下看、从左往右看、从外往里看、由大到小看、由粗到细看、图样与说明对照看、建施与结施结合看，必要时还要参照设备图看，这样才能取得较好的效果。

2. 看图的步骤

(1)看目录。拿来图纸后，先看一遍目录，了解建筑的类型、面积，建筑的建设单位、设计单位、图纸数量等。

(2)按照图纸目录检查各类图纸是否齐全，图纸编号与图名是否相符合。如采用相配套的标准图，则要看标准图是哪一类的，以及图集的编号和编制单位，然后把它们准备好放在手边以便到时可以随时查看。在图纸齐全后，就可以按图纸顺序看图了。

3. 看图程序

(1)初步看图。先看设计总说明，以了解建筑概况、技术要求等，然后再进行看图。一般按目录的排列逐张往下看，如先看建筑总平面图，了解建筑物的地理位置、高程、坐标、朝向及与建筑物有关的一些情况。作为施工技术人员，看过建筑总平面图以后，就需要进一步考虑施工时如何进行施工的平面布置。看完建筑总平面图之后，一般先看施工图中的平面图，从而了解房屋的长度、宽度、开间尺寸、开间大小、内部一般的布局等。看过平面图之后再看立面图和剖面图，从而对建筑物有一个总体的了解。最好是通过看这三种图之后，能在头脑中形成这栋房屋的立体形象，能想象出它的规模和轮廓。

(2)深入看图。通过对每张图纸进行初步全面的看阅，对建筑、结构、水、电设备大致了解后，回过头来可以根据施工程序的先后，从基础施工图开始深入看图。

先从基础平面图、剖面图了解挖土的深度，基础的构造、尺寸、轴线位置等。按照基础—钢结构—建筑—结构设施(包括各类详图)的施工程序进行看图，遇到问题可以记下来，以便在继续看图中进行解决，或到设计交底时再提出，以便得到答复。

在看基础施工图时，还应结合地质勘探图，了解土质情况，以便施工中核对土质构造，保证地基土的质量。

(3)图纸细读。在图纸全部看完之后，可按照不同工种有关部分进行施工，再将图纸细读。

二、钢结构施工图识读要点

钢结构施工图是表示建筑物的承重构件(如基础、承重墙、梁、板、柱等)的布置、形状大小、内部构造和材料做法等的图纸。

1. 基础结构图识读

基础结构图或称基础图，是表示建筑物室内地面(±0.000)以下基础部分的平面布置和构造的图样，包括基础平面图、基础详图和文字说明等。

(1)基础平面图。基础平面图是假想用一个水平剖切面在地面附近将整幢房屋剖切后，向下投影所得到的剖面图(不考虑覆盖在基础上的泥土)。

基础平面图主要表示基础的平面位置，以及基础与墙、柱轴线的相对关系。在基础平面图中，被剖切到的基础墙轮廓要画成粗实线。基础底部的轮廓线画成细实线。基础的细部构造不必画出。它们将详尽地表达在基础详图上。图中的材料图例可与建筑平面图画法一致。

在基础平面图中，必须标注出与建筑平面图一致的轴间尺寸。另外，还应标注出基础的宽度尺寸和定位尺寸。宽度尺寸包括基础墙宽和大放脚宽；定位尺寸包括基础墙、大放脚与轴线的联系尺寸。

基础平面图主要包括以下几项：

1)图名、比例。

2)纵横定位线及其编号(必须与建筑平面图中的轴线一致)。

3)基础的平面布置，即基础墙、柱及基础底面的形状、大小及其与轴线的关系。

4)断面图的剖切符号。

5)轴线尺寸、基础大小尺寸和定位尺寸。

6)施工说明。

(2)基础详图。基础详图是用放大的比例画出的基础局部构造图。它表示基础不同断面处的构造做法、详细尺寸和材料。基础详图的主要内容有以下几项：

1)轴线及编号。

2)基础的断面形状、基础形式、材料及配筋情况。

3)基础详细尺寸：表示基础的各部分长、宽、高，基础埋深，垫层宽度和厚度等尺寸；主要部位标高，如室内外地坪及基础底面标高等。

4)防潮层的位置及做法。

2. 楼层结构平面图识读

楼层结构平面图是假想沿着楼板面(结构层)把房屋剖开，所做的水平投影图。它主要表示楼板、梁、柱、墙等结构的平面布置，现浇楼板、梁等的构造，配筋以及各构件之间的连接关系。一般由平面图和详图组成。

3. 屋顶结构平面图识读

屋顶结构平面图是表示屋顶承重构件布置的平面图，它的图示内容与楼层结构平面图基本相同。对于平面屋顶，因屋面排水的需要，承重构件应按一定坡度铺设，并设置天沟、上人孔、屋顶水箱等。

三、钢结构节点详图的识读

1. 梁柱节点连接详图

梁柱连接按转动刚度不同可分为刚性、半刚性和铰接三类。图3-31所示为梁柱刚性连接的节点详图。在此连接详图中，梁柱连接采用螺栓和焊缝的混合连接，梁翼缘与柱翼缘为剖口对接焊缝，为保证焊透，施焊时梁翼缘下面需设小衬板，衬板反面与柱翼缘相接处宜用角焊缝补焊。梁腹板与柱翼缘用螺栓与剪切板相连接，剪切板与柱翼缘采用双面角焊缝，此连接节点为刚性连接。

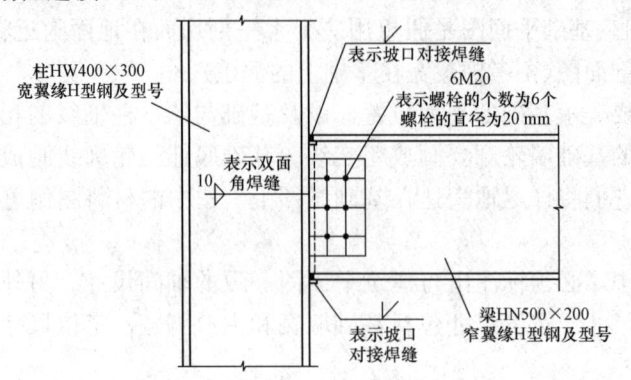

图 3-31　梁柱刚性连接节点详图

2. 梁拼接详图

图 3-32 所示为梁拼接节点详图。从图中可以看出，两段梁拼接采用螺栓和焊缝混合连接，梁翼缘为坡口对接焊缝连接，腹板采用两侧双盖板高强度螺栓连接，此连接为刚性连接。

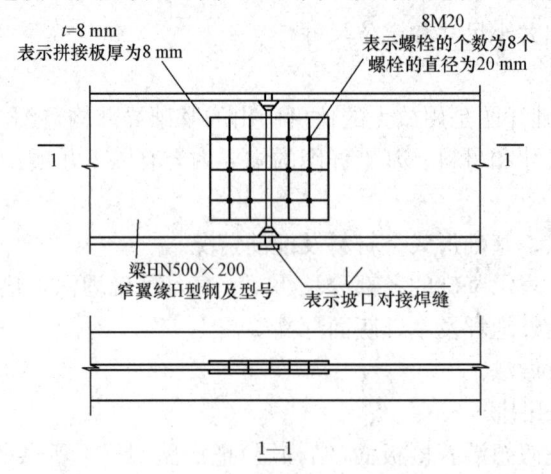

图 3-32　梁拼接节点详图

3. 柱拼接详图

图 3-33 所示为柱拼接节点详图。在此详图中，可知此钢柱为等截面拼接，拼接板均采用双盖板连接，螺栓为高强度螺栓。作为柱构件，在节点处要求能够传递弯矩、剪力和轴力，柱连接必须为刚性连接。

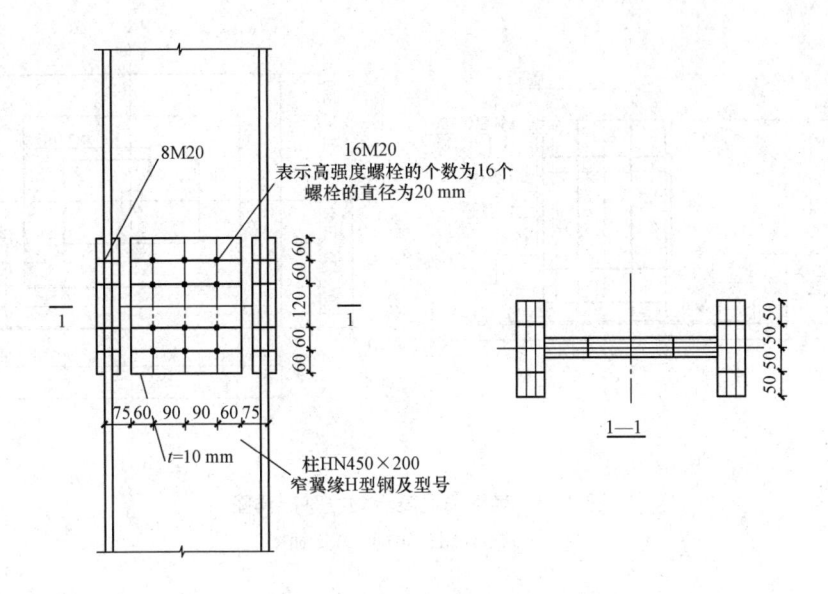

图 3-33 柱拼接节点详图

四、门式刚架施工图识读

门式刚架结构施工图主要包括结构设计说明、锚栓平面布置图、基础布置平面图、刚架平面布置图、屋面支撑布置平面图、柱间支撑布置平面图、屋面檩条布置平面图、墙面檩条布置平面图、主刚架图和节点详图等。刚架的安装可以依次进行,但对于刚架构件的加工,则还需要加工详图。识读门式刚架结构施工图的最终目的是对整个工程从整体到细节有一个完整的认识,因此,就需要更快地熟悉整套工程图纸。

1. 结构设计说明

结构设计说明主要包括工程概况、设计依据、设计荷载资料、材料的选用和制作安装等主要内容。一般可根据工程的特点分别进行详细说明,尤其是对于工程的一些总体要求和图中尚未表达清楚的问题,需重点说明。所以,重点识读"结构设计说明"才能更好地掌握图纸所表达的大量信息,这往往也是大多数初学者容易忽视的。

2. 基础平面布置图和基础详图

由于门式刚架结构单一、柱脚类型较少,其相应的基础类型也较少,故往往将基础平面布置图和基础详图布置在同一张图纸上。但当基础类型较多时,则基础详图一般单列一张图纸。基础详图往往采用水平局部剖面图和竖向剖面图来表达,图中主要标明各种类型基础的平面尺寸、竖向尺寸及基础中的钢筋配置情况等。

在识读基础平面布置图及其详图时,还需借助柱与定位轴线的关系,识别每一个基础与定位轴线的相对位置关系,从而确定柱子与基础的位置关系,以保证安装的准确性。对于图纸上的施工说明,也须逐一阅读,因为它往往是图中难以表达或未作具体表达的部分。图 3-34 所示为某钢筋混凝土独立基础详图。

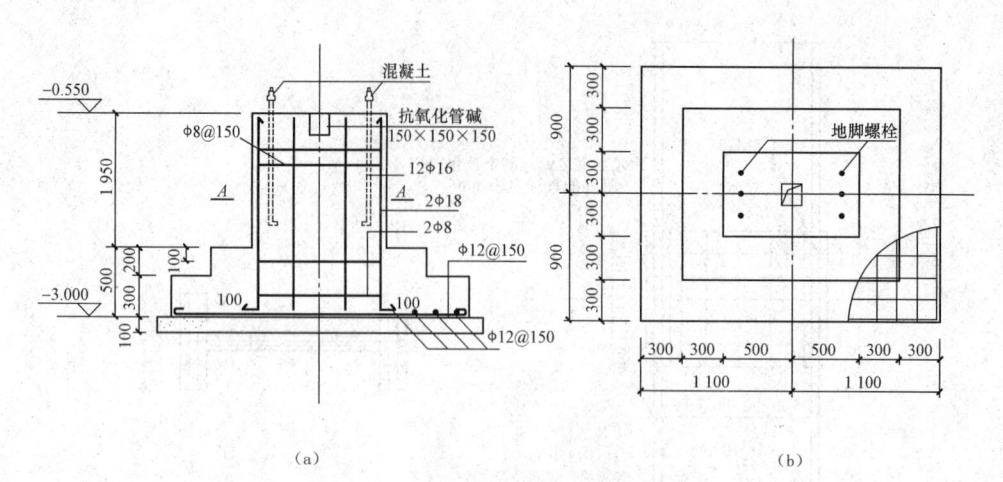

图 3-34 某钢筋混凝土独立基础详图

(a)基础平面图；(b)A—A 剖面图

由图 3-34 可知，基底尺寸为 2 200 mm×1 800 mm，基础上短柱的平面尺寸为 1 000 mm× 600 mm；基础底部采用直径为 12 mm 的 HPB300 钢筋按照间距 150 mm 双向配筋，短柱的纵筋为 12 根直径为 18 mm 的 HRB335 钢筋，箍筋为直径 8 mm 的 HRB335 钢筋，间距 150 mm；基础下部设有 100 mm 厚垫层，基础共分成两阶，基础底部标高为 -3.0 m。

3. 柱脚锚栓布置图

锚栓平面布置图主要是用来对柱脚锚栓进行水平定位，并方便施工人员快速统计整个工程所需的锚栓数量。锚栓详图主要说明锚栓的一些竖向尺寸，主要有锚栓的直径、锚栓的锚固长度、柱脚底板的标高等。图 3-35 所示为钢结构厂房锚栓平面布置图。

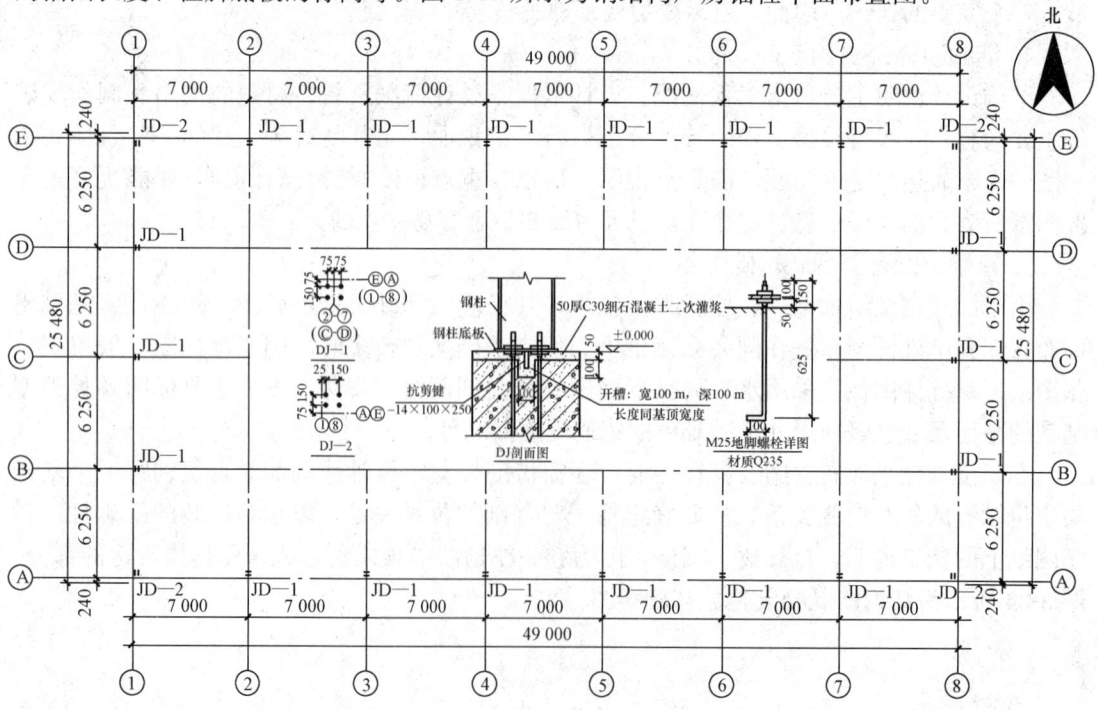

图 3-35 钢结构厂房锚栓平面布置图

从图 3-35 可知，该建筑物共有 22 个柱脚，有 JD—1 和 JD—2 两种柱脚形式：JD—1 锚栓群中心线的位置偏向轴线内侧 150 mm，JD—2 锚栓群中心线的位置偏向横轴内侧 100 mm；锚栓横向间距为 6 250 mm，纵向间距为 7 000 mm。柱脚下方用于上部钢结构和下部基础连接的地脚锚栓采用弯钩式，各有 4 个柱脚锚栓，锚栓横向间距均为 150 mm，纵向间距也为 150 mm；柱脚底板的标高为±0.000，柱底焊接扁钢—14×100×250 的钢板作为抗剪键（用于预埋防止柱脚底板与基础混凝土顶面间出现滑移），在基础顶面预留开槽；JD 剖面图中示意需开槽 100 mm 的高度，采用 C30 混凝土灌浆填实；M25 地脚螺栓直径为 25 mm，锚固长度均是从二次浇灌层底面以下 625 mm，锚栓下部弯折 90°，长度为 100 mm，所套螺纹长度为 150 mm，配三个螺母和两块垫板，材质为 Q235。

4. 支撑布置图

为了保证钢结构的整体稳定性，应根据各类结构形式、跨度大小、房屋高度、吊车吨位和所在地区的地震设防烈度等分别设置支撑系统。在门式刚架结构中，并非每一个开间都设置支撑，若要在某开间内设置，往往将屋面支撑和柱间支撑设置在同一开间，以形成支撑桁架体系，因此，首先需从图中明确支撑系统设置在哪个开间及每个开间内支撑的设置数量。图 3-36 为支撑布置图，厂房总长 49 m，仅在端部有柱间支撑。

由图 3-36(a)、(b)可知，在边柱顶部和屋脊处分别布置了长细杆和短细杆（XG—1 和 XG—2），细杆的标高为 2.85 m，采用材质为 Q235 的 φ140×3.0 无缝钢管；房屋两端的柱间各布置了 4 道材质为 Q235 的 φ20 圆钢做水平支撑。

由图 3-36(c)可知，该支撑整体宽度为 11.5 m，高度为 7.145 m，构件采用双槽钢组成的工字形截面杆件，[20a 表示截面类型是 a 类、截面高度是 200 mm，与柱的连接采用栓焊混合连接方式。为了保证两个槽钢共同工作，在两个槽钢间加设了填板（厚 12 mm、宽 80 mm、长 230 mm 的钢板）；下侧两对槽钢长度为 5 151 mm，上侧四对槽钢长度分别为 3 245 mm、2 750 mm；槽钢满焊在连接板上，采用双面角焊缝，焊脚尺寸为 8 mm，焊缝长度为 220 mm。

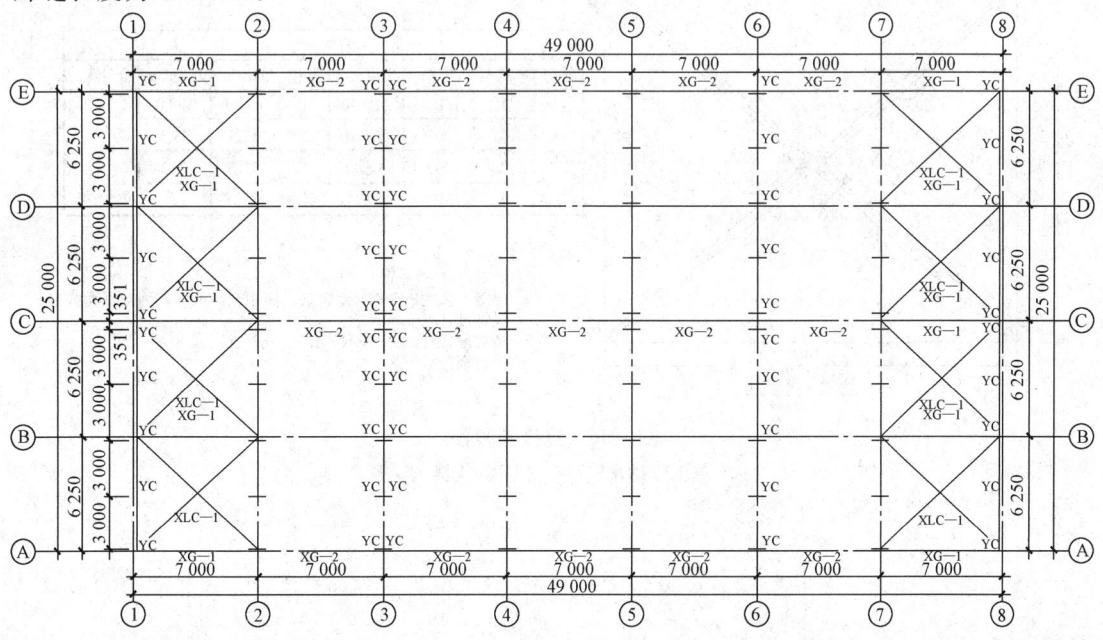

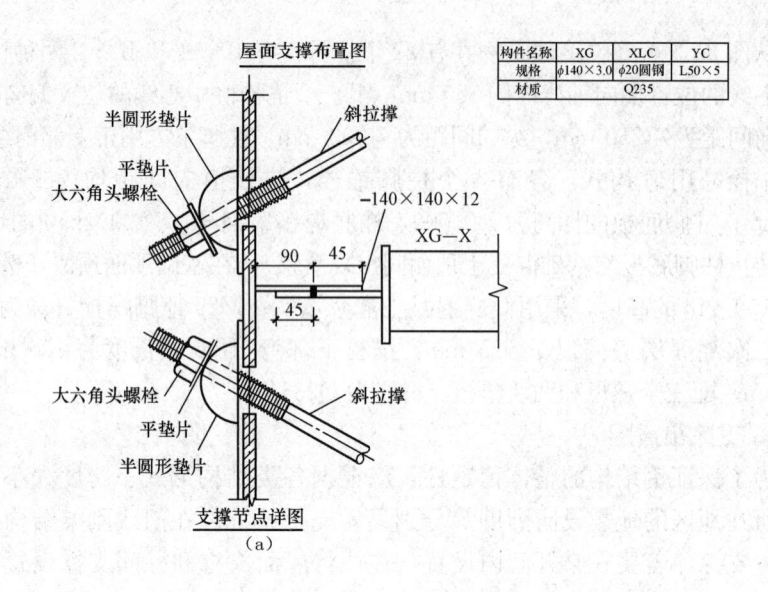

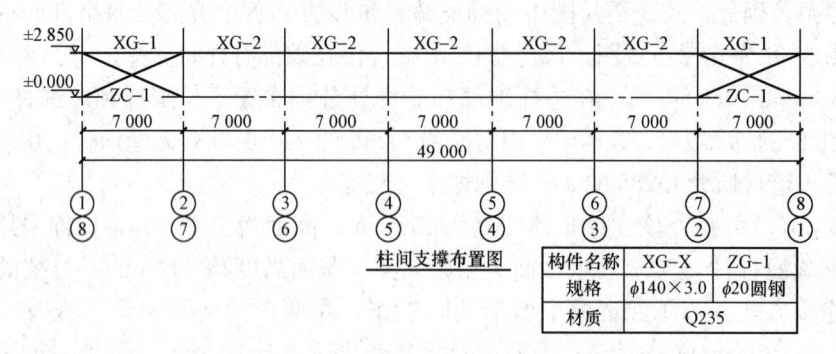

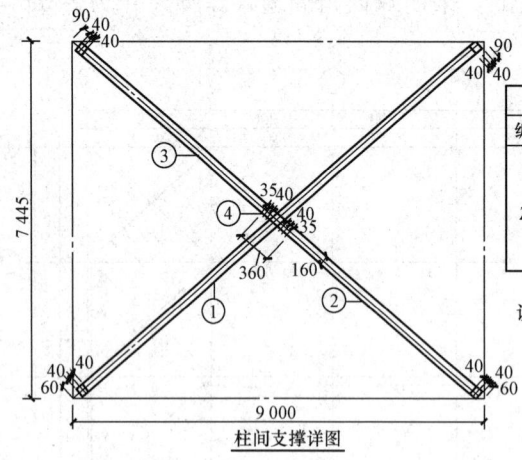

图 3-36 支撑布置图
(a)屋面支撑布置图;(b)柱间支撑布置图

支撑材料表

构件	钢材编号	规格	长度	数量
柱间支撑	1	−360×12	700	2
	2	[20a	5 151	4
	3	−80×12	230	26
	4	−750×12	750	2
	5	[20a	3 245	4
	6	−80×12	190	4
	7	[16a	2 750	4
	8	−100×12	430	8
	9	[40a	11 460	2
	10	−820×12	1 400	1
	11	−600×12	840	2

说明：
1. 普通热轧槽钢上螺栓孔 $d=18$ mm，节点板上螺栓孔 $d=18$ mm。
2. 安装螺栓孔中心至槽钢端头的距离一律为 50 mm。
3. 未注明焊接高度一律为 6 mm，所有焊缝均满焊。
4. 钢材采用 Q235，焊条用 E43 系列，安装螺栓采用 M16 粗制螺栓。
5. 构件表面认真除锈，涂红丹两道，刷防锈漆两道。
6. 垫板等间距设置。
7. 构件、节点板应现场 1:1 放样。

图 3-36 支撑布置图（续）
(c) 门式柱间支撑和材料详图

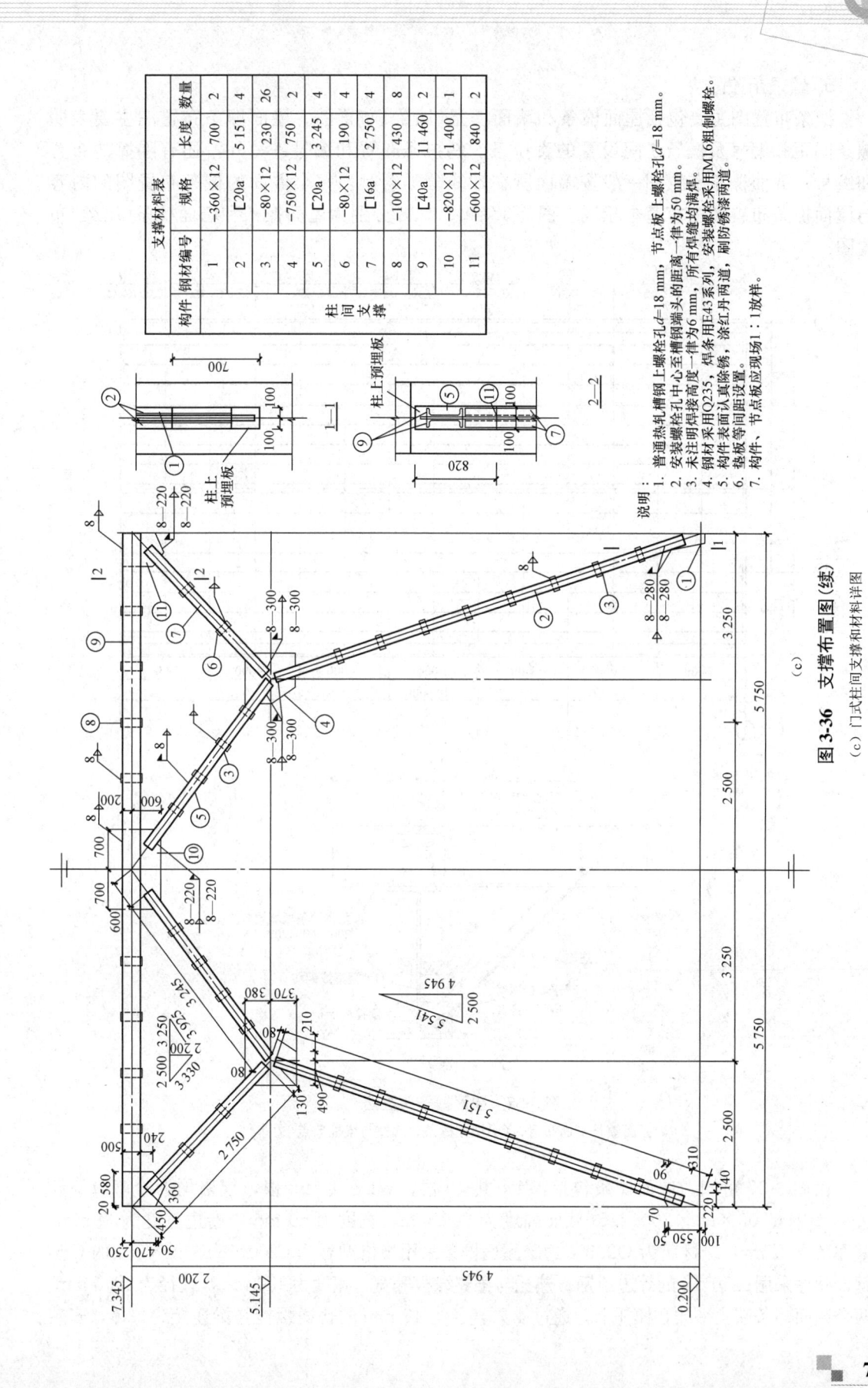

5. 檩条布置图

檩条布置图主要包括屋面檩条和墙面檩条(墙梁)布置图。屋面檩条布置图主要表明檩条间距和编号及檩条之间设置的直拉条、斜拉条布置和编号,另外,还有隅撑的布置和编号;墙面檩条布置图一般按墙面所在轴线分类绘制,每个墙面的檩条布置图的内容与屋面檩条布置图内容基本相同。图 3-37 和图 3-38 分别为屋面檩条和墙面檩条(墙梁)布置图。

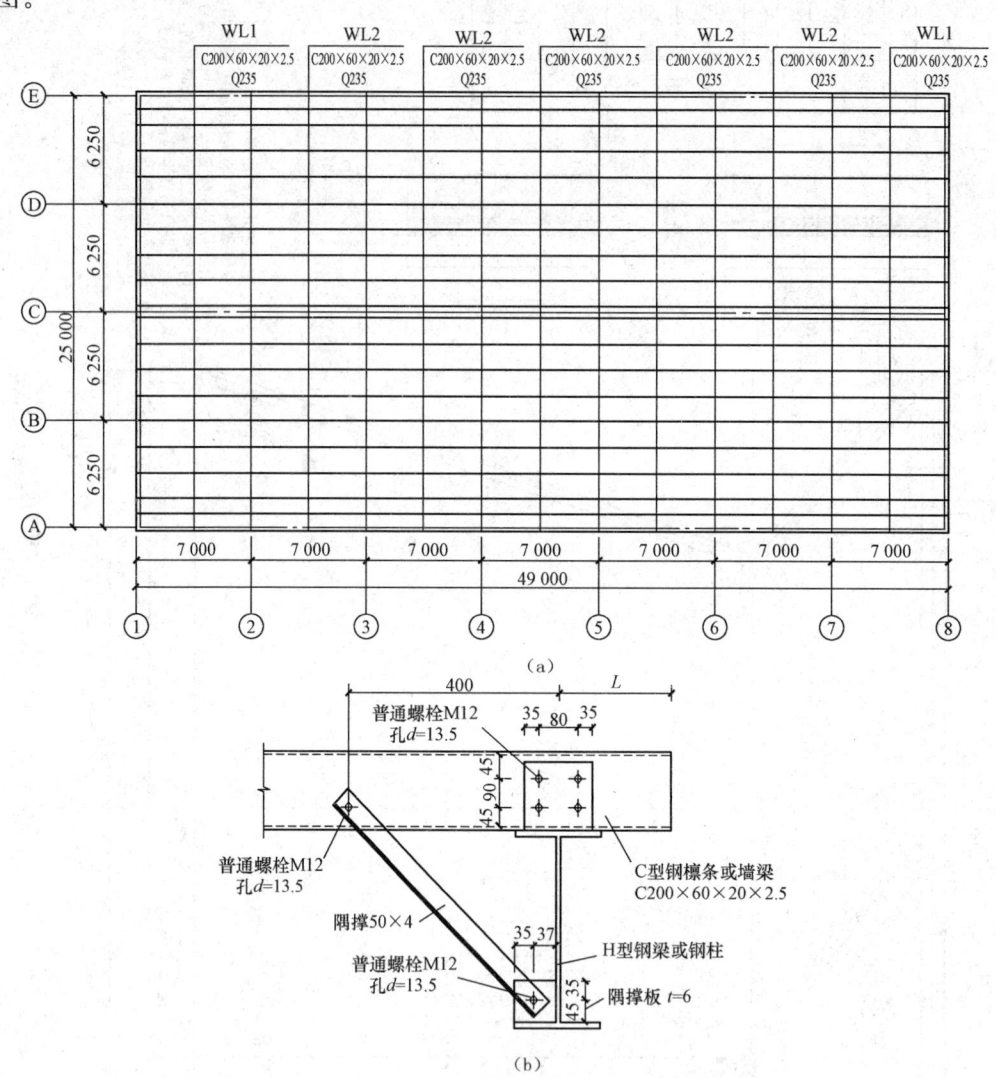

图 3-37 屋面檩条布置图
(a)屋面檩条平面布置;(b)屋面檩条、隅撑与梁柱节点(边跨)

由图 3-37 可知,屋面檩条包括 WL1 共 40 根,WL2 共 100 根,规格均为冷弯薄壁卷边 C 型钢 C200×60×20×2.5(截面高度为 200 mm,宽度为 60 mm,卷边宽度为 20 mm,壁厚为 2.5 mm),材质为 Q235。边跨屋面檩条采用规格型号为 C200×60×20×2.5 的 C 型钢,隅撑采用 L 50×4 的等边角钢;檩托与梁翼缘板等宽,宽度为 150 mm,孔径为 13.5 mm。两个屋面檩条端头平放在檩托上,通过 4 只直径为 12 mm 的普通螺栓与梁连接为一体,安装后端头间及墙檩与柱翼缘板间均留 10 mm 的缝隙。屋面檩条端头居梁中心位置 400 mm 处，居中打孔，通过隅撑（YC）与梁下翼缘上焊接的两块隅撑板连接，隅撑板长度为 80 mm，宽度为 72 mm，厚度为 6 mm。屋面檩条宽度方向上孔距为 90 mm，孔两边距均为 45 mm。

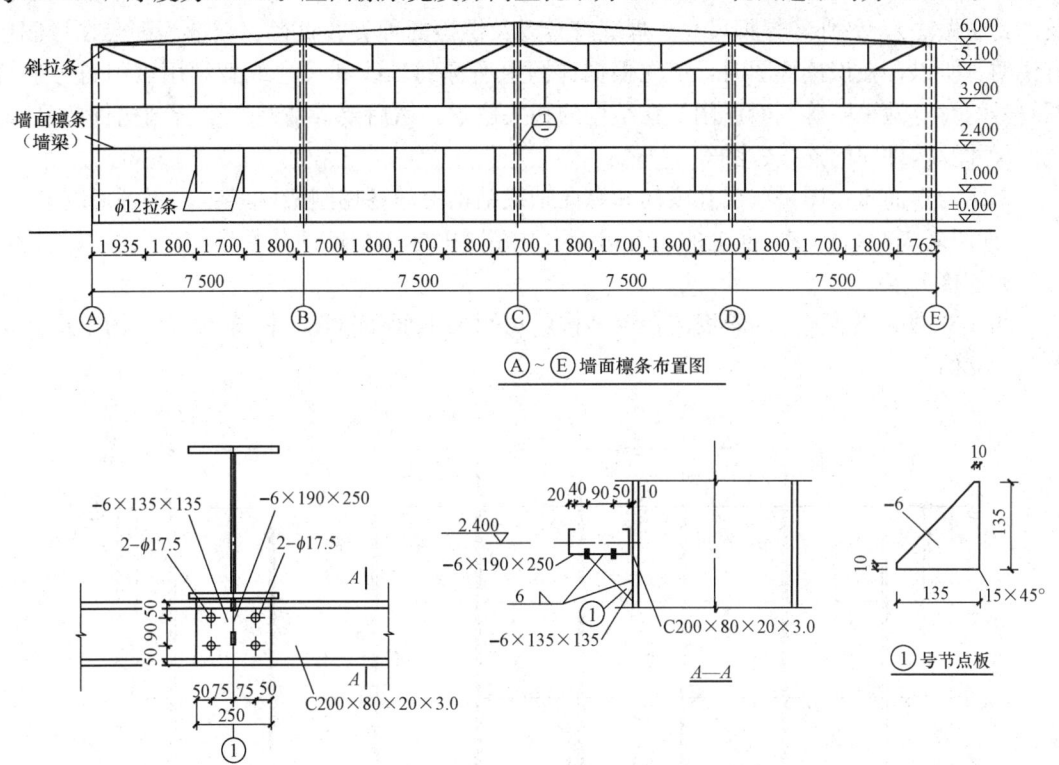

图 3-38 墙面檩条布置

由图 3-38 可知，建筑墙面采用 C180×60×20×3.0 C 型钢作墙梁，墙平放在檩托上。首先在刚架柱上用两只直径为 12 mm 的普通螺栓和 h_f＝6 mm 的角焊缝固定一块檩托板（焊接 T 形板），然后再将檩条用 4 只直径为 12 mm 的普通螺栓固定在这块檩托板上。各檩条间距由下往上依次为"1 400 mm""1 500 mm""1 200 mm""900 mm"，其中 1 500 mm 也为窗户高度。窗下檩条槽口安装时应朝下放置，窗上檩条安装时槽口则朝上放置。墙梁宽度方向上孔距为 90 mm，孔两边距均为 50 mm。从 A—A 剖面可以看出，檩托与柱采用双面角焊缝连接，焊脚尺寸为 6 mm。

6. 主刚架图与节点详图

一般门式钢结构主构件平面布置图可分为柱、梁、吊车梁平面布置图。因实际工程中门式刚架多采用变截面形式，故要绘制构件图来表达构件的外形、几何尺寸及杆件的截面尺寸。

刚架图有时可利用门式刚架结构自身的对称性进行标注，主要标注了其变截面柱和变截面斜梁的外形和几何尺寸、定位轴线和标高，以及柱截面与定位轴线的相关尺寸等。

一般而言，在构件拼接处、不同结构材料的连接处及需要特殊标记的部位，往往是借助节点详图来深入说明。对于一个单层单跨的门式刚架结构，它的主要节点详图包括梁柱节点详图、梁梁节点详图、屋脊节点详图以及柱脚节点详图等。

节点详图能够清晰地表示各构件的相互连接关系与及构件特点，以及在整个结构上的相关位置（即标出轴线编号、相关尺寸、主要控制标高、构件编号或截面规格、节点板厚度及加劲肋做法）。另外，焊脚尺寸、焊缝符号以及螺栓的种类、直径、数量等都会在详图中有说明。所以，在识读详图时，应先根据详图上所标的轴线和尺寸或者利用索引符号和详图符号的对应性来明确判断详图所在结构的相关位置，然后要弄清楚图中所画构件的品种、截面尺寸及构件间的连接方法等。

钢结构立面布置图是取出在横向和纵向轴线结构上的各榀刚架（框架），用各榀刚架（框架）立面图来表达结构在立面上的布置情况，并在图中标注构件的截面形状、尺寸以及构件之间的连接节点。

图 3-39 所示为某 25 m 跨度的轻钢结构厂房刚架平面布置图；图 3-40 所示为单层无吊车桁架立面图。

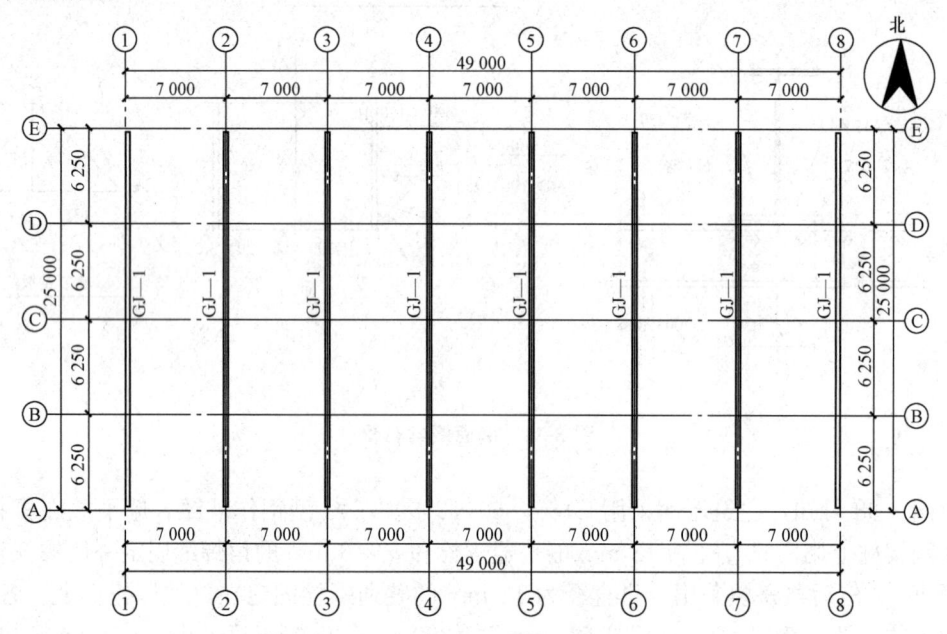

图 3-39　某 25m 跨度的轻钢结构厂房刚架平面布置图

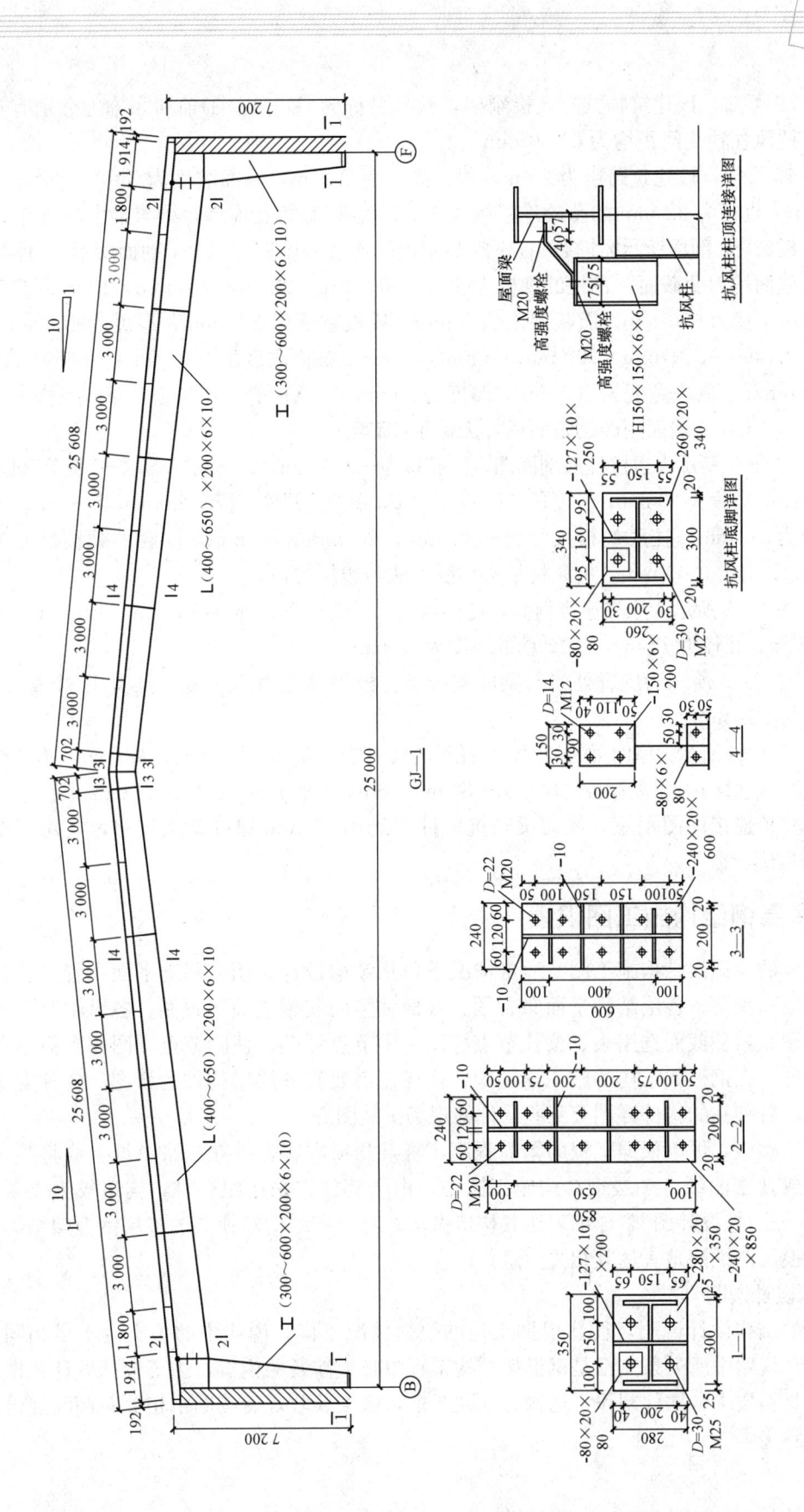

图 3-40 单层无吊车桁架立面布置图

由图 3-39 可知，该建筑物共有 8 榀刚架，编号名称为 GJ—1。①轴和⑧轴上分别有三根抗风柱，抗风柱轴线间距均为 6 250 mm。

由图 3-40 可知，该建筑跨度为 25 m，檐口高度为 7.2 m，屋面坡度为 1∶10。梁与柱由两块有 14 个直径为 22 mm 的孔的连接板（2—2 剖面所示）相互连接，梁与梁由两块有 10 个孔的连接板（3—3 剖面所示）连接，柱下端与基础的连接采用铰接（1—1 剖面所示）。刚架钢柱和钢梁截面均为变截面，钢柱的规格为（300～600）mm×200 mm×8 mm×10 mm（截面高度由 300 mm 变为 600 mm，腹板厚度为 8 mm，翼板宽度为 200 mm，厚度为 10 mm），钢梁的规格为（400～650）mm×200 mm×6 mm×10 mm（截面高度由 400 mm 变为 650 mm，腹板厚度为 6 mm，翼板宽度为 200 mm，厚度为 10 mm）。从屋脊处第二道檩条与屋脊中心线的距离为 351 mm。墙面用砖砌筑而成，无檩条（墙梁）。

图 3-40 中 1—1 所示为边柱柱底剖面图，柱底板为－280 mm×20 mm×350（"－"表示钢板，宽度为 280 mm，厚度为 20 mm，长度是 350 mm）。M25 指地脚螺栓直径为 25 mm，$D-30$ 表示开孔的直径为 30 mm。柱底垫板尺寸为－80 mm×20 mm×80 mm，柱底加劲板尺寸为－127 mm×10 mm×200 mm。抗风柱柱脚详图读法与边柱类似。

图 3-40 中 2—2 所示为梁柱连接剖面，连接板的尺寸为－240 mm×20 mm×850 mm，共 14 个 M20 螺栓，孔径为 22 mm，加劲肋的厚度为 10 mm。

图 3-40 中 3—3 所示为屋脊处梁与梁的连接板，板的厚度为 20 mm，共有 10 个螺栓，水平孔间距为 120 mm。

图 3-40 中 4—4 所示为屋面梁的剖面，檩托板的尺寸是－150 mm×6 mm×200 mm，有 4 个 M12 螺栓，直径为 14 mm，隅撑板的尺寸为－80 mm×6 mm×80 mm，孔径为 14 mm。

抗风柱柱顶连接详图示意，屋面梁与抗风柱之间用 10 mm 厚弹簧板连接，共用 4 个 M20 的高强度螺栓。

五、多层钢结构施工图识读

一套完整的钢框架结构施工图，通常情况下包括结构设计说明、基础平面布置图及其详图、柱平面布置图、各层结构平面布置图、各横轴竖向支撑立面布置图、各纵轴竖向支撑立面布置图、梁柱截面选用表、梁柱节点详图、梁节点详图、柱脚节点详图和支撑节点详图等。另外，在钢框架结构的施工详图中，往往还需要有各层梁构件的详图、各种支撑的构件详图、各种柱的构件详图及某些构件的现场拼装图等。

在实际工程中，可以根据工程的繁简程度，将某几项内容合并在一张图纸上或将某一项内容拆分成几张图纸。多层钢结构施工图中，由于其往往采用组合柱，构造较为复杂，故需单独的一张"柱设计图"来详细表达其构造做法。对于有结构转换层的多层钢框架结构，还需结构转换层图纸清楚表达其相关信息。

1. 结构设计说明

钢框架的结构设计说明，往往根据工程的繁简情况不同，说明中的条文也不尽相同。工程结构设计说明中所列条文都是钢框架结构工程中必须涉及的内容，主要包括设计依据，设计荷载，材料要求，构件制作、运输、安装要求，施工验收，后续图中相关图例的规定，主要构件材料表等。

2. 柱平面布置图

柱平面布置图是反映结构柱在建筑平面中的位置，用粗实线反映柱子的截面形式，根据柱子断面尺寸的不同，给柱进行不同的编号，并且标出柱子断面中心线与轴线的关系尺寸，以便给柱子定位。对于柱截面中板件尺寸的选用，往往另外用列表方式表示。图 3-41 所示为某三层钢框架别墅的底层柱网布置图，主要表达了本工程底层柱的布置情况。

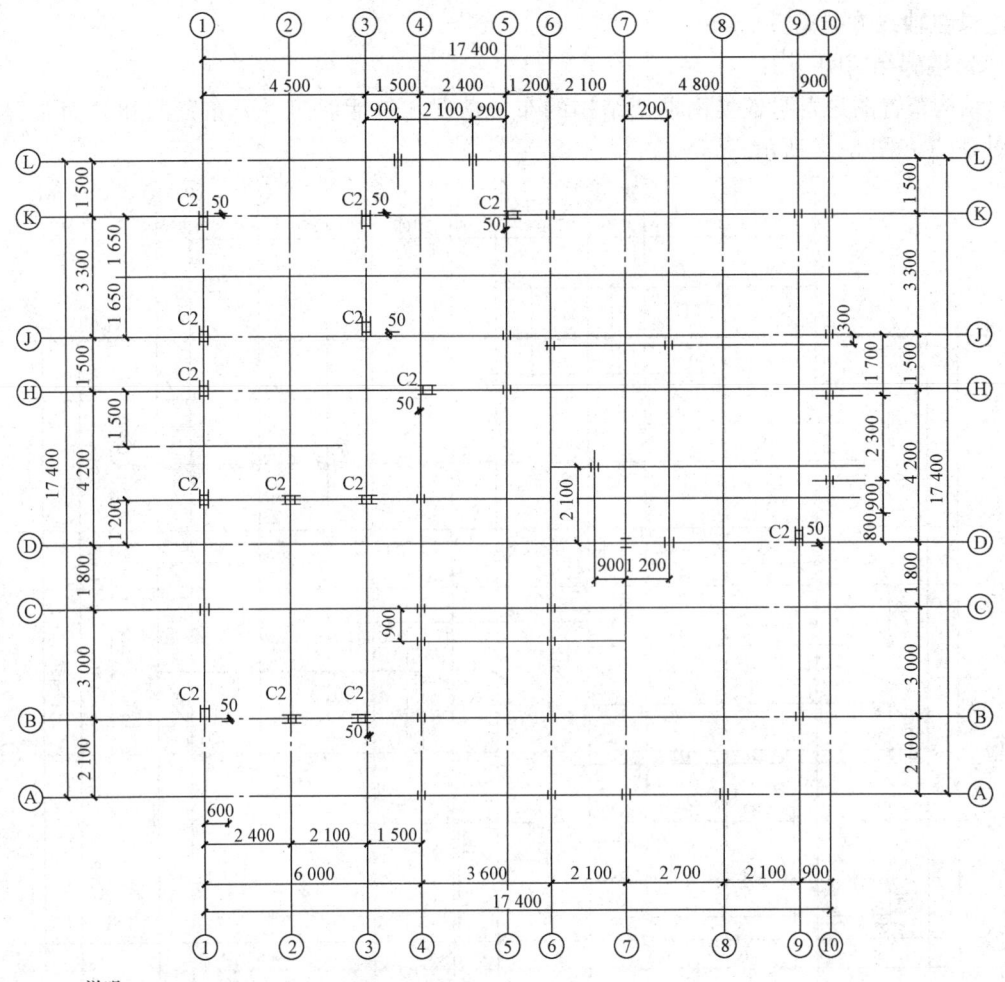

说明：
1. 未注明柱为C1，材质为Q235，规格为H100×100×6×8；
2. 柱C2的材质为Q235，规格为2H100×100×4.5×8，采用2H100×100×4.5×6拼接，方式如图3-42所示；
3. 除特殊注明外，梁柱中的线均为轴线对中。

图 3-41 某三层钢框架别墅底层柱网布置图

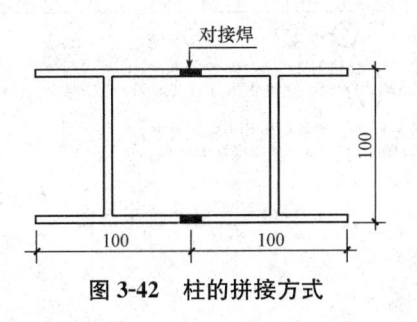

图 3-42 柱的拼接方式

由图 3-41 可知，柱的类型包括未注明的柱 C1 和已注明的柱 C2；柱 C1 的截面为 H100×100×6×8 的焊接 H 型钢，柱 C2 的截面为 2 个 H100×100×4.5×8 的焊接 H 型钢将翼缘对接焊接组合而成，本层柱 C1 共 28 个，柱 C2 共 14 个；图中还明确了每一根柱的具体位置，例如，最西南角上的柱 C2，它位于轴线①和轴线⑧相交的位置，柱的长边沿着轴线①放置，且柱中心线与轴线①重合，柱的短边沿着轴线⑧布置，且柱的南侧外边缘在轴线⑧以南 50 mm。

3. 结构布置图

结构布置图是表明各类钢框架结构的布置情况，包括框架平面布置图和立面布置图，如图 3-43 和图 3-44 所示。

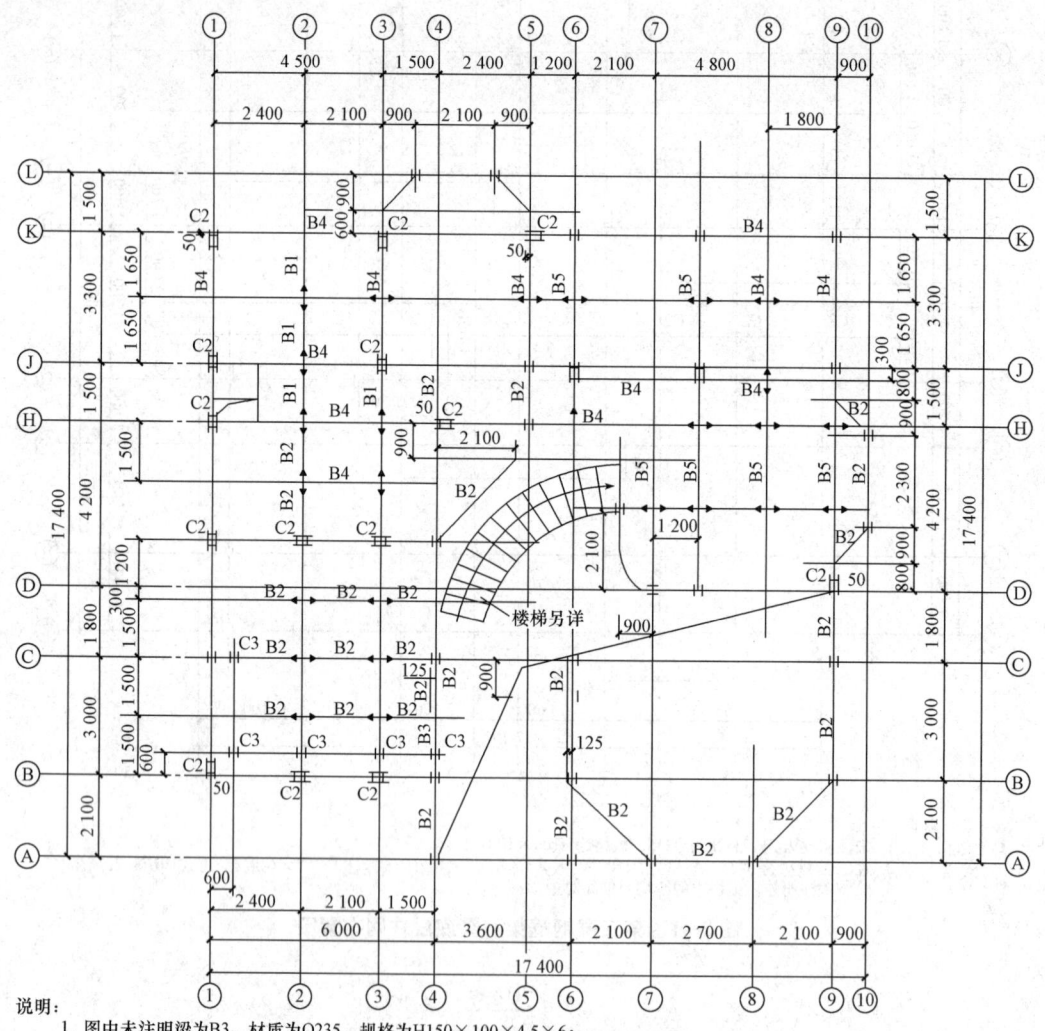

说明：
1. 图中未注明梁为 B3，材质为 Q235，规格为 H150×100×4.5×6；
2. 已注明梁 B1、B2、B4、B5 材质均为 Q235，规格分别为 H100×50×3.2×4.5、H150×100×3.2×4.5、H200×100×4.5×6、H250×150×4.5×6；
3. 除特殊注明外，本层梁顶标高为 3.000，梁柱轴线均与轴线对齐；
4. 柱材质为 Q235，规格为 H100×100×4.5×8，柱顶标高为 3.380。

图 3-43　二层结构平面图

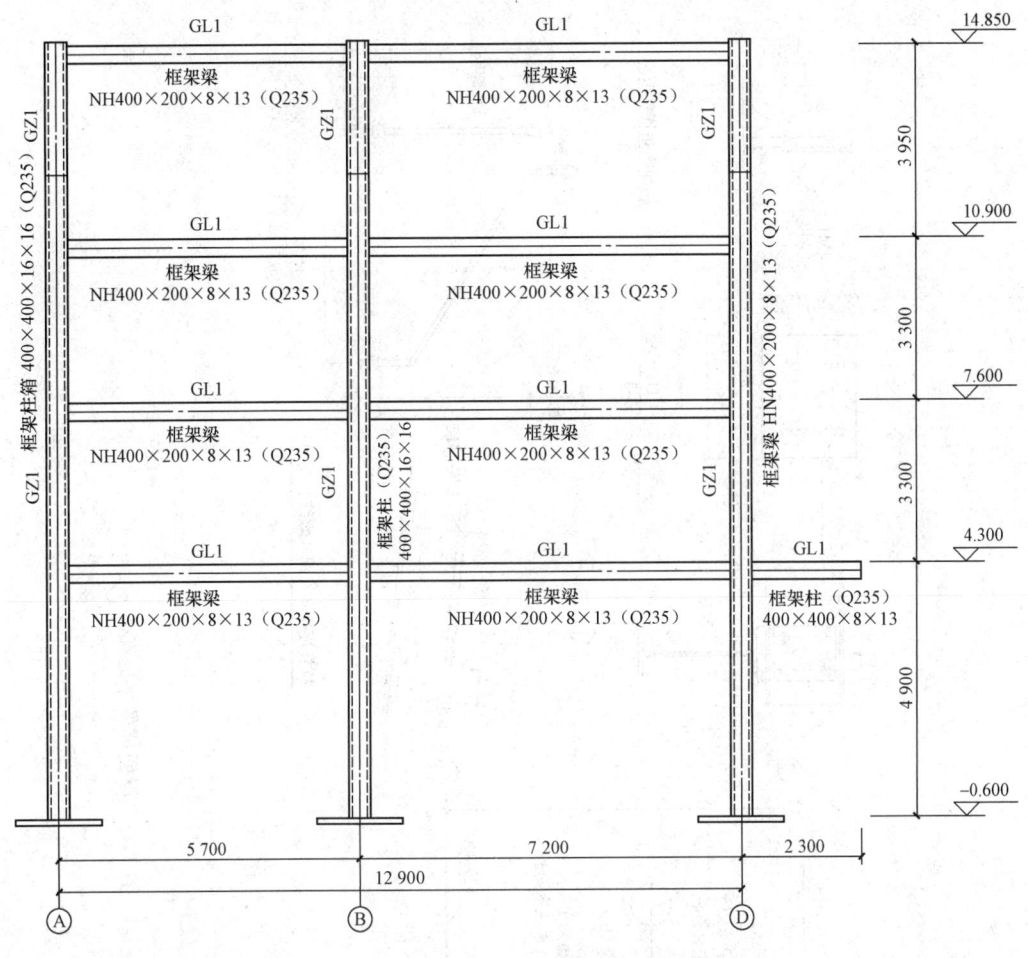

图 3-44 立面布置图

由图 3-43 可知，梁的类型有 B1～B5 五种，本层楼面所有梁的标高相等，均为 3.000 m；除边梁(轴线①、轴线⑨梁)以及阳台挑梁(轴线⑨外侧和轴线⑩外侧挑梁)与柱的连接采用铰接方式外，梁与柱的连接多采用刚性连接；除顶梁柱(⑧轴略偏向©轴的四根柱 C3 以及⊕轴略偏向⑥轴的四根柱 C1)外，柱多为上下贯通式。

由图 3-44 可知，该框架结构共 4 层，底层层高为 4.3 m，二、三层层高均为 3.3 m，顶层层高为 3.950 m，房屋的单榀框架式两跨(跨度分别为 5.7 m 和 7.2 m)结构，由框架柱和框架梁构成，其中框架柱采用了 400×400 的箱形截面(壁厚为 16 mm)、框架梁采用了中等翼缘的 H 型钢(400×200×8×13)，二层楼面梁在轴线⑩外有一根长度为 2.3 m 的悬臂梁。梁柱相交处采用的是柱贯通式，底层柱高度从柱脚底板上表面开始起算，柱高为 4.900 m。

4. 屋面檩条平面布置图

屋面檩条平面布置图主要表达檩条的平面布置位置、檩条的间距及檩条的标高，如图 3-45 所示。

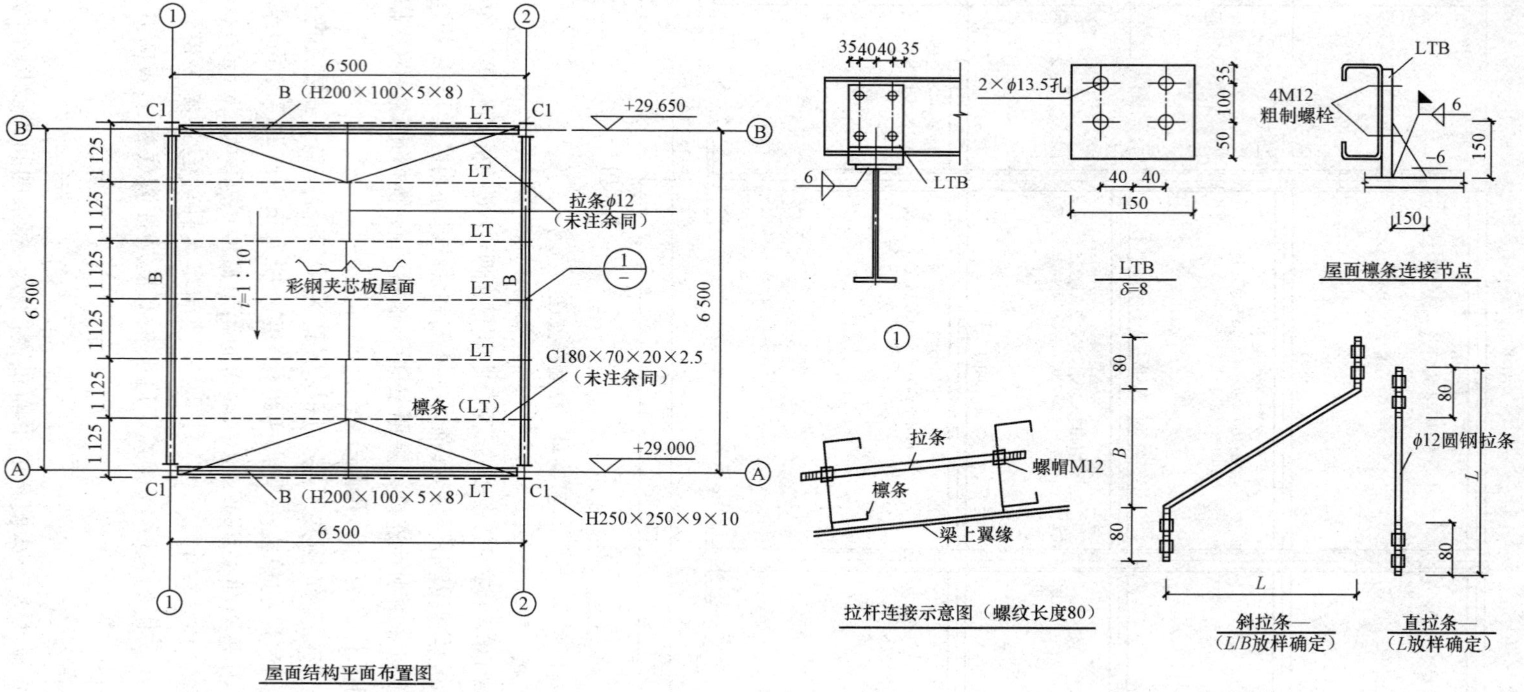

图 3-45 屋面檩条平面布置

由图 3-45 可知，它是一个单向坡屋面，坡度是 1∶10。屋面有 4 根梁 B(规格是 H200×100×5×8)，和彩钢压型板形成一个封闭平面，梁 B 与柱 C1(规格是 H250×250×9×10)的侧面相连；通过节点详图可知，屋面檩条采用 4M12 粗制螺栓与 LTB 板相连，LTB 板与梁 B 之间则采用现场双面角焊缝焊接的方式连接；观察屋面结构平面图可以看出，檩条间距为 1 125 mm、长度为 6 500 mm，檩条间设置一道直拉条拉结，在近Ⓐ、Ⓑ轴线位置区域还沿着角部各设置了 2 根斜拉条。

5. 楼梯施工详图

对于楼梯施工图，首先要弄清楚各构件之间的关系，其次要明确各构件之间的连接问题。钢结构楼梯多为梁板式的楼梯，因此，它的主要构件有踏步板、梯斜梁、平台梁和平台柱等。图 3-46 所示为斜楼梯一层施工图。

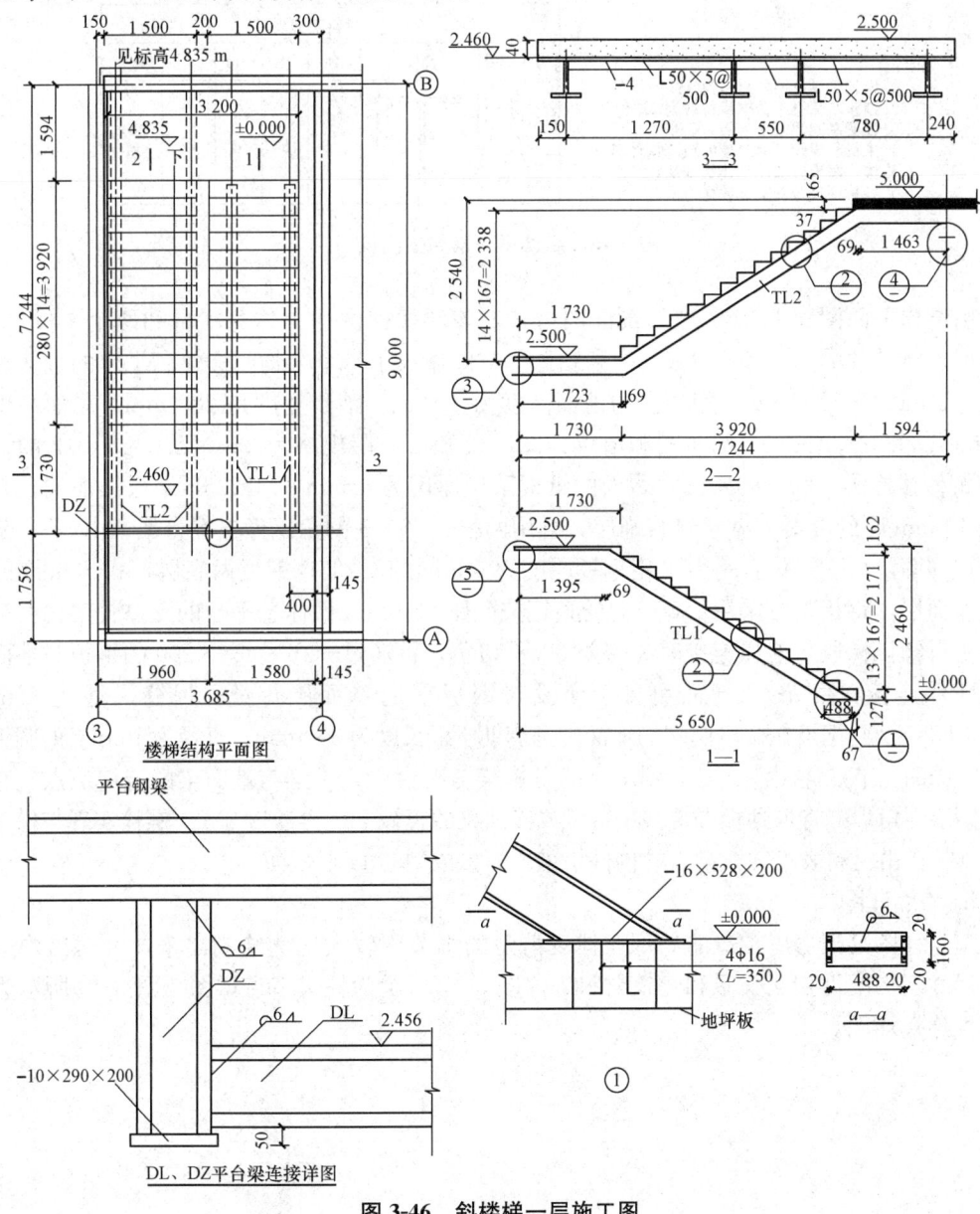

图 3-46 斜楼梯一层施工图

说明：
1. 楼梯钢梁及钢柱材料为Q345B。
2. 踏步及休息平台钢板材料为Q235。
3. 梯梁基础混凝土等级为C30。
4. 未标注焊脚尺寸厚度为最薄构件厚度。
5. 楼梯踏步做法详见建筑做法。
6. 各构件尺寸以实际放样为准。

材料明细表

构件编号	简图	H	B	t_1	t_2	备注
DL		250	160	6	12	焊接H型钢
DZ						
TL1						
TL2						

图 3-46 斜楼梯一层施工图(续)

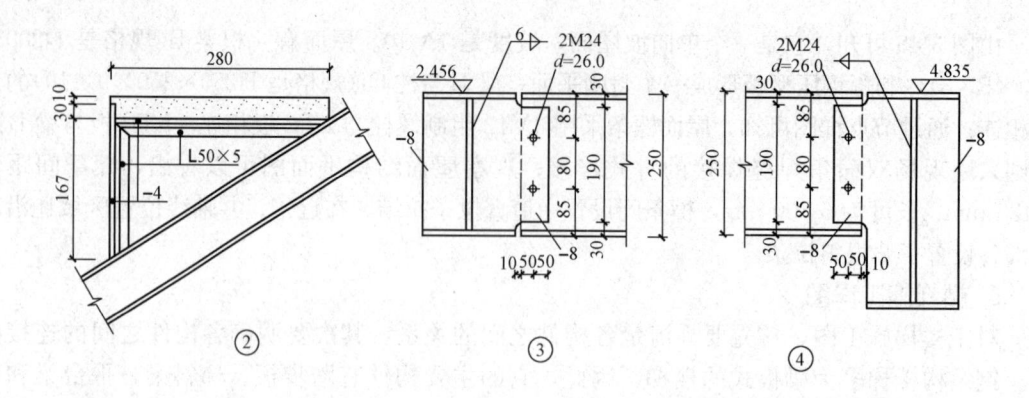

由结构平面图和1—1、2—2剖面图可知，该斜楼梯由一个休息平台和两个14级的梯段组成。楼梯井的宽度是550 mm，利用这一空间做成了一个杂物间。休息平台的轴线尺寸为3 685 mm×1 730 mm，距离室内地面高度为2.5 m。踏步宽度是280 mm，踢面高度是167 mm；由1—1、2—2剖面图和节点详图②可知，采用规格为250×160×6×12的焊接H型钢做楼梯梁，踏步的踏面、踢面的钢板采用厚度为4 mm的Q235B钢板做面层，其上浇筑40 mm厚的混凝土做建筑装饰层，且用两根L50×5的角钢做支撑骨架；由3—3剖面和节点详图②可知，休息平台采用钢板厚度为4 mm的Q235B钢板做底层，40 mm厚的混凝土做面层，钢板下方采用L50×5的角钢按间距500 mm做休息平台的支撑骨架；由节点详图①可知，梯段与地面连接时先需要30.8°切角，再通过—16×528×200的钢板与地面内的预埋件连接。由a—a剖面可知，梯段与钢板采用单面围焊缝，焊缝尺寸为6 mm，—16×528×200钢板在梯段两端的地面内是借助4根长度为350 mm、直径为16 mm的圆钢材连接牢固的；节点详图③、④分别示意的是梯梁与平台梁、梯梁与楼面梁的连接节点。它们均采用双面角焊缝将加劲板焊接在平台梁或楼面梁的腹板上，再通过2M24螺栓实现与梯梁的铰接连接；由材料表可知，梁、柱构件均采用焊接成型的H形截面。

6. 节点详图

节点详图是把房屋构造的局部要体现清楚的细节用较大比例绘制出来，表达出构造做法、尺寸、构配件相互关系和建筑材料等。图 3-47 所示为柱脚节点详图，图 3-48 所示为梁柱刚性连接详图。

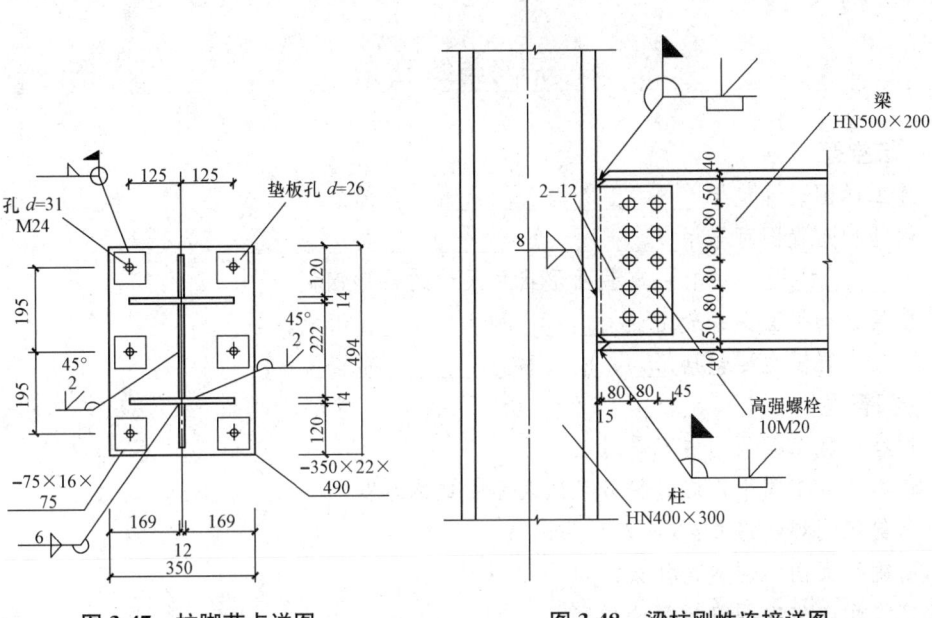

图 3-47　柱脚节点详图　　　　图 3-48　梁柱刚性连接详图

由图 3-47 可知，柱脚节点共需直径为 24 mm 的螺栓 6 个，每个螺栓下放置 1 块垫板，垫板居中开一个孔，孔径为 26 mm。柱翼缘板和腹板需开单边 V 形 45°坡口，与底板间拼焊时留 2 mm 拼接缝加劲板，与翼缘板和柱底板的角焊缝采用双面焊，焊缝尺寸均为 6 mm。柱垫板采用单面现场围焊。

由图 3-48 可知，节点采用栓焊结合连接，节点处传递弯矩，为刚性连接。钢柱为热轧中翼缘 H 型钢，截面高度为 400 mm，宽度为 300 mm。钢梁为热轧窄翼缘 H 型钢，截面高度为 500 mm，宽度为 200 mm。梁翼缘与柱翼缘为对接焊缝连接，焊缝为带坡口有垫块的对接焊缝，焊缝标注无数字时，表示焊缝按构造要求开口，符号"▶"表示焊缝为现场或工厂施焊。"2—12"表示梁腹板与柱翼缘板是通过两块 12 mm 厚的连接板连接起来的，连接板分别位于梁腹板两侧。连接板与柱翼缘为双面角焊缝连接，焊缝厚度为 8 mm，连接板其他位置的焊缝标注无数字时，表示连接板满焊。节点采用高强度螺栓摩擦型连接，螺栓共 10 个，直径为 20 mm。

本章小结

在建筑钢结构中，钢结构施工图一般可分为钢结构设计图和钢结构施工详图两种。钢结构设计图应根据钢结构施工工艺、建筑要求进行初步设计，然后制订施工设计方案，并进行计算，根据计算结果编制而成。钢结构施工详图是直接供制造、加工及安装使用的施工用图，是直接根据结构设计图编制的工厂施工及安装详图，有时也含有少量连接、构造等计算。施工图识读时，应在熟悉钢结构施工图常用符号的基础上，按要求先看目录，再检查图纸内容是否齐全，然后按从上往下、从左往右、从外往里、由大到小、由粗到细、图样与说明对照、建施与结施结合的方法读图，必要时还要参照设备图进行读图。

85

思考与练习

一、填空题

1. 施工详图设计包括_____与_____两部分。
2. 钢结构布置图可采用_____、_____及_____。
3. _____是一种有一定截面形状和尺寸的条形钢材。
4. 楼层结构平面图一般由_____和_____组成。
5. 檩条布置图主要包括_____和_____布置图。

二、问答题

1. 钢结构施工详图的内容是什么？
2. 钢结构施工图中，焊缝符号可以表示哪些内容？
3. 如何识别焊缝符号？
4. 基础平面图的内容是什么？
5. 门式刚架施工图包括哪些内容？

第四章 钢结构连接工程

知识目标

通过本章内容的学习,了解钢结构焊缝连接、普通螺栓连接及高强度螺栓连接方法的工艺过程;熟悉钢结构焊接接头形式、焊接缺陷及钢结构连接质量检验标准与检验方法;掌握钢结构焊缝连接、普通螺栓连接和高强度螺栓连接的工艺要求和质量要求。

技能目标

通过本章内容的学习,能够按照相关规范要求进行钢结构的焊接、普通螺栓连接及高强度螺栓连接施工。

第一节 钢结构焊接连接

焊接连接是现代钢结构最主要的连接方法,是通过电弧产生高温,将构件连接边缘及焊条金属熔化,冷却后凝成一体,形成牢固连接。焊接连接的优点有:构造简单,制造省工;不削弱截面,经济;连接刚度大,密闭性能好;易采用自动化作业,生产效率高。其缺点是:焊缝附近有热影响区,该处材质变脆;在焊件中产生焊接残余应力和残余应变,对结构工作常有不利影响;焊接结构对裂纹很敏感,裂缝易扩展,尤其在低温下易发生脆断。另外,焊接连接的塑性和韧性较差,施焊时可能会产生缺陷,使结构的疲劳强度降低。

一、焊接工艺过程

焊接结构种类繁多,其制造、用途和要求有所不同,但所有的结构都有着大致相近的生产工艺过程。

(1)生产准备。生产准备包括审查与熟悉施工图纸,了解技术要求,进行工艺分析,制定生产工艺流程、工艺文件、质量保证文件,进行工艺评定及工艺方法的确认、原材料及辅助材料的订购、焊接工艺装备的准备等。

(2)金属材料的预处理。金属材料的预处理包括材料的验收、分类、储存、矫正、除锈、表面保护处理、预落料等工序,以便为焊接结构生产提供合格的原材料。

(3)备料及成形加工。备料及成形加工包括画线、放样、号料、下料、边缘加工、冷热成形加工、端面加工及制孔等工序,以便为装配与焊接提供合格的元件。

(4)装配与焊接。装配与焊接包括欲焊部位清理、装配、焊接等工序。装配是将制造好的各个元件,采用适当的工艺方法,按安装施工图的要求组合在一起。焊接是指将组合好的构件,用选定的焊接方法和正确的焊接工艺进行焊接加工,使之连接成为一个整体,以便使金属材料最终变成所要求的金属结构。装配与焊接是整个焊接结构生产过程中两个最重要的工序。

(5)质量检验与安全评定。焊接结构生产过程中,产品质量十分重要,质量检验应贯穿于生产的全过程,全面质量管理必须明确三个基本观点,以此来指导焊接生产的检验工作,即:一是树立下道工序是用户、工作对象是用户、用户第一的观点;二是树立预防为主、防检结合的观点;三是树立质量检验是全企业每个员工的本职工作的观点。

二、焊接常用方法及其选用

(一)焊接常用方法

1. 焊条电弧焊

焊条电弧焊是最常用的熔焊方法之一,其构成如图 4-1 所示。在焊条末端和工件之间燃烧的电弧所产生的高温使药皮、焊芯和焊件熔化,药皮熔化过程中产生的气体和熔渣,不仅使熔池与电弧周围的空气隔绝,而且和熔化了的焊芯、母材发生一系列冶金反应,使熔池金属冷却结晶后形成符合要求的焊缝。

(1)焊条电弧焊的优点:设备简单,维护方便,可用交流弧焊机或直流弧焊机进行焊接,购置设备的投资少,而且维护方便,凡焊条能够达到的地方都能进行焊接,应用范围广,选用合适的焊条可以焊接低碳钢、低合金高强钢、高合金钢及有色金属。不仅可焊接同种金属、异种金属,还可以在普通钢上堆焊具有耐磨、耐腐蚀、高硬度等特殊性能的材料。

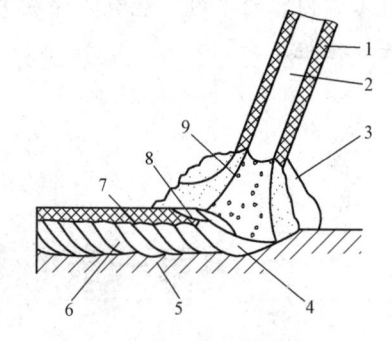

图 4-1 焊条电弧焊构成示意

1—药皮;2—焊芯;3—保护气;4—熔池;5—母材;
6—焊缝;7—渣壳;8—熔渣;9—熔滴

(2)焊条电弧焊的缺点如下:

1)对焊工要求高。焊条电弧焊的焊接质量,除靠选用合适的焊条、焊接参数及焊接设备外,还要靠焊工的操作技术和经验保证,在相同的工艺设备条件下,技术水平高、经验丰富的焊工能焊出优良的焊缝。

2)劳动条件差。主要靠焊工的手工操作控制焊接的全过程,焊工不仅要完成引弧、运条、收弧等动作,而且要随时观察熔池,根据熔池情况,不断地调整焊条角度、摆动方式和幅度及电弧长度等。在整个焊接过程中,焊工需要手脑并用、精神高度集中,在有毒的烟尘及金属和金属氧氮化合物的蒸气和高温环境中工作,劳动条件是比较差的,要加强劳动保护。

3)生产效率低。焊材利用率不高,熔敷率低,难以实现机械化和自动化生产。

(3)焊条电弧焊焊前准备:焊前准备主要包括坡口的制备、欲焊部位的清理、焊条焙烘、预热等。因焊件材料不同等因素,焊前准备工作也不相同。下面以碳钢及普通低合金钢为例加以说明。

1)坡口的制备:应根据焊件的尺寸、形状与本厂的加工条件综合考虑。目前,工厂中常用剪切、气割、刨边、车削、碳弧气刨等方法制备坡口。

2)欲焊部位的清理:对于焊接部位,焊前要清除水分、铁锈、油污、氧化皮等杂物,以利于获得高质量的焊缝。清理时,可根据被清物的种类及具体条件,分别选用钢丝刷刷、砂轮磨或喷丸处理等手工或机械方法,也可用除油剂(汽油、丙酮)清洗的化学方法,必要时,也可用氧-乙炔焰烘烤清理的办法,以去除焊件表面油污和氧化皮。

3)焊条焙烘:焊条的焙烘温度因药皮类型不同而异,应按焊条说明书的规定进行。低氢型焊条的焙烘温度为 300 ℃~350 ℃,其他焊条为 70 ℃~120 ℃。温度低了,达不到去除水分的目的;温度过高,容易引起药皮开裂,焊接时成块脱落,而且药皮中的组成物会分解或氧化,直接影响焊接质量。焊条焙烘一般采用专用的烘箱,应遵循使用多少烘多少,随烘随用的原则,烘后的焊条不宜在露天放置过久,可放在低温烘箱或专用的焊条保温筒内。

4)焊前预热:是指焊接开始前对焊件的全部或局部进行加热的工艺措施。预热的目的是降低焊接接头的冷却速度,以改善组织,减小应力,防止焊接缺陷。焊件是否需要预热及预热温度的选择,要根据焊件材料、结构的形状与尺寸而定。整体预热一般在炉内进行;局部预热可用火焰加热、工频感应加热或红外线加热。

(4)焊接参数的选择。焊接时,为保证焊接质量而选定的诸物理量,如焊接电流、电弧电压和焊接速度等总称为焊接工艺参数。

1)焊条直径的选择。为了提高生产效率,应尽可能地选用直径较大的焊条。但用直径过大的焊条焊接,容易造成未焊透或焊缝成型不良等缺陷。选用焊条直径应考虑焊件的位置及厚度。平焊位置或厚度较大的焊件应选用直径较大的焊条,较薄焊件应选用直径较小的焊条。焊条直径与焊件厚度的关系见表4-1。另外,在焊接同样厚度的T形接头时,选用的焊条直径应比对接接头的焊条直径大些。

表 4-1　焊条直径与焊件厚度的关系　　　　　　　　　　　　　　　　　　mm

焊件厚度	2	3	4~5	6~12	>13
焊条直径	2	3.2	3.2~4	4~5	4~6

2)焊接电流的选择。在选择焊接电流时,要考虑焊条直径、药皮类型、焊件厚度、接头类型、焊接位置、焊道层次等。一般情况下,焊条直径越粗,熔化焊条所需的热量越大,则需要的焊接电流越大。每种直径的焊条都有一个最合适的焊接电流范围。常用焊条焊接电流的参考值见表4-2。

表 4-2　各种直径焊条使用焊接电流的参考值

焊条直径/mm	1.6	2.0	2.5	3.2	4.0	5.0	5.8
焊接电流/A	0~25	40~65	50~80	100~130	160~210	200~270	260~300

还可以根据选定的焊条直径用经验公式计算焊接电流，即

$$I = 10d^2 \tag{4-1}$$

式中　I——焊接电流(A)；

　　　d——焊条直径(mm)。

通常在焊接打底焊道时，特别是在焊接单面焊双面成型的焊道时，使用的焊接电流较小，才便于操作和保证背面焊道的质量；在焊接填充焊道时，为了提高效率，保证熔合好，通常都使用较大的焊接电流；而在焊接盖面焊道时，为防止咬边和获得较美观的焊道，使用的焊接电流应稍小些。

3) 电弧电压的选择。电弧电压主要影响焊缝的宽窄，电弧电压越高，焊缝越宽，因为焊条电弧焊时，焊缝宽度主要靠焊条的横向摆动幅度来控制，因此，电弧电压的影响不明显。

一般情况下，电弧长度等于焊条直径的1/2～1倍，相应的电弧电压为16～25 V。碱性焊条的电弧长度应为焊条直径的1/2，酸性焊条的电弧长度应等于焊条直径。

4) 焊接速度的选择。焊接速度就是单位时间内完成焊缝的长度。焊条电弧焊时，在保证焊缝具有所要求的尺寸和外形，以及保证熔合良好的原则下，焊接速度由焊工根据具体情况灵活掌握。

5) 焊接层数的选择。在厚板焊接时，必须采用多层焊或多层多道焊。多层焊的前一条焊道对后一条焊道起预热作用，而后一条焊道对前一条焊道起热处理作用(退火和缓冷)，有利于提高焊缝金属的塑性和韧性。每层焊道厚度不能大于4～5 mm。

2. CO_2 气体保护焊

气体保护焊是用喷枪喷出 CO_2 气体作为电弧的保护介质，使熔化金属与空气隔绝，以保持焊接过程的稳定。由于焊接时没有焊剂产生的熔渣，故便于观察焊缝的成型过程。

焊丝的材质应与母材相近，卷在焊丝盘上，作为电弧的一极。焊丝熔化后与母材熔化金属共同形成焊缝，起到填充材料的作用(图4-2)。为防止外界空气混入电弧和熔池所组成的焊接区，采用了 CO_2 气体进行保护。气体从喷嘴中流出，并且能够完全覆盖电弧及熔池。

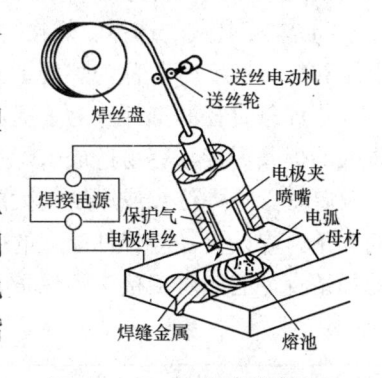

图 4-2　CO_2 气体保护焊方法

(1) CO_2 气体保护焊的优点。CO_2 气体保护焊电流密度大，热量集中，电弧穿透力强，熔深大且焊丝的熔化率高，熔敷速度快，焊后焊渣少，不需清理，因此，生产率可比手工焊提高1.4倍；CO_2 气体和焊丝的价格比较低廉，对焊前生产准备要求低，焊后清渣和校正所需的工时也少，而且电能消耗少，因此，成本比焊条电弧焊和埋弧焊低，通常只有埋弧焊和焊条电弧焊的40%～50%；CO_2 气体保护焊可以用较小的电流实现短路过渡方式。这时电弧对焊件是间断加热，电弧稳定，热量集中，焊接热输入小，焊接变形小，特别适合于焊接薄板；CO_2 气体保护焊是一种低氢型焊接方法，抗锈能力较强，焊缝的含氢量少，抗裂性能好，且不易产生氢气孔。CO_2 气体保护焊可实现全位置焊接，而且可焊工件的厚度范围较宽；CO_2 气体保护焊是一种明弧焊接方法，焊接时便于监视和控制电弧与熔池，有利于实

现焊接过程的机械化和自动化。

(2)CO_2气体保护焊的缺点。焊接过程中金属飞溅较多,焊缝外形较为粗糙。不能焊接易氧化的金属材料,且必须采用含有脱氧剂的焊丝。抗风能力差,不适用于野外作业。设备比较复杂,需要由专业队伍负责维修。

(3)CO_2气体保护焊焊前准备。焊前准备工作包括坡口设计、坡口清理两项。

1)坡口设计。CO_2气体保护焊采用细滴过渡时,电弧穿透力较大,熔深较大,容易烧穿焊件,所以对装配质量要求较严格。坡口开得要小一些,钝边适当大些,对接间隙不能超过2 mm。如果用直径1.5 mm的焊丝,钝边可留4.6 mm,坡口角度可减小到45°左右。板厚在12 mm以下时开I形坡口;大于12 mm的板材可以开较小的坡口。但是,坡口角度过小易形成梨形熔深,在焊缝中心可能产生裂缝,尤其在焊接厚板时,由于约束应力大,这种倾向会进一步增大,必须十分注意。

CO_2气体保护焊采用短路过渡时熔深小,不能按细滴过渡方法设计坡口。通常允许较小的钝边,甚至可以不留钝边。又因为这时的熔池较小,熔化金属温度低、黏度大,搭桥性能良好,所以间隙大些也不会烧穿。例如,对接接头,允许间隙为3 mm。当要求较高时,装配间隙应小于3 mm。

采用细滴过渡焊接角焊缝时,考虑熔深大的特点,其CO_2气体保护焊可以比焊条电弧焊时减小焊脚尺寸10%~20%,见表4-3。

表4-3 不同板厚焊脚尺寸

焊接方法	焊脚/mm			
	板厚6 mm	板厚9 mm	板厚12 mm	板厚16 mm
CO_2气体保护焊	5	6	7.5	10
焊条电弧焊	6	7	8.5	11

2)坡口清理。焊接坡口及其附近有污物,会造成电弧不稳,并易产生气孔、夹渣和未焊透等缺陷。

为了保证焊接质量,要求在坡口正反面的周围20 mm范围内清除水、锈、油、漆等污物。

清理坡口的方法有喷丸清理、钢丝刷清理、砂轮磨削、用有机溶剂脱脂、气体火焰加热。在使用气体火焰加热时,应注意充分地加热清除水分、氧化镀锌薄钢板和油等,切忌稍微加热就将火焰移去,这样在母材冷却作用下会生成水珠,水珠进入坡口间隙内,将产生相反的效果,造成焊缝有较多的气孔。

(4)CO_2气体保护焊焊接工艺参数的选择。CO_2气体保护焊的焊接参数主要包括焊丝直径、焊接电流、电弧电压、焊接速度、焊丝伸出长度、焊接回路电感、电源极性,以及气体流量、焊枪倾角等。

1)焊丝直径。应以焊件厚度、焊接位置及生产率的要求为依据进行选择,同时,还必须兼顾熔滴过渡的形式及焊接过程的稳定性。一般细焊丝用于焊接薄板,随着焊件厚度的增加,焊丝直径也要增加。焊丝直径的选择可参考表4-4。

表 4-4　不同焊丝直径的适用范围

焊丝直径/mm	熔滴过渡形式	焊接厚度/mm	焊缝位置
0.8	短路过渡 细滴过渡	1.5～2.3 2.5～4	全位置 水平
1.0～1.2	短路过渡 细滴过渡	2～8 2～12	全位置 水平
1.6 ≥1.6	短路过渡 细滴过渡	3～12 >6	立、横、仰 水平

2) 焊接电流。选择的依据是母材的板厚、材质、焊丝直径、施焊位置及要求的熔滴过渡形式等。焊丝直径为 1.6 mm 且短路过渡的焊接电流在 200 A 以下时，能得到飞溅小、成型美观的焊道；细滴过渡的焊接电流在 350 A 以上时，能得到熔深较大的焊道，常用于焊接厚板。焊接电流的选择见表 4-5。

表 4-5　焊接电流的选择

焊丝直径/mm	焊接电流/A	
	细颗粒过渡（电流电压 30～45 V）	短路过渡（电弧电压 16～22 V）
0.8	150～250	60～160
1.2	200～300	100～175
1.6	350～500	120～180
2.4	600～750	150～200

3) 电弧电压。电弧电压的大小直接影响熔滴过渡形式、飞溅及焊缝成型。为获得良好的工艺性能，应该选择最佳的电弧电压值，其与焊接电流、焊丝直径和熔滴过渡形式等因素有关，见表 4-6。

表 4-6　常用焊接电流及电弧电压的适用范围

焊丝直径/mm	短路过渡		滴状过渡	
	焊接电流/A	电弧电压/V	焊接电流/A	电弧电压/V
0.6	40～70	17～19		
0.8	60～100	18～19		
1	80～120	18～21		
1.2	100～150	19～23	160～400	25～35
1.6	140～200	20～24	200～500	26～40
2			200～600	27～40
2.5			300～700	28～42
3			500～800	32～44

4) 焊接速度。选择焊接速度前，应先根据母材板厚、接头和坡口形式、焊缝空间位置对焊接电流和电弧电压进行调整，达到电弧稳定燃烧的要求，然后根据焊道截面大小，来选择

焊接速度。通常采用半自动 CO_2 气体保护焊时，熟练焊工的焊接速度为 $0.3\sim0.6$ m/min。

5)焊丝伸出长度。焊丝伸出长度是焊丝进入电弧前的通电长度，这对焊丝起着预热作用。根据生产经验，合适的焊丝伸出长度应为焊丝直径的 $10\sim12$ 倍。对于不同直径和不同材料的焊丝，允许使用的焊丝伸出长度是不同的，见表 4-7。

表 4-7 焊丝伸出长度的选择

焊丝直径/mm	H08Mn2SiA	H06Cr09Ni9Ti
0.8	6～12	5～9
1.0	7～13	6～11
1.2	8～15	7～12

6)焊接回路电感。主要用于调节电流的动特性，以获得合适的短路电流增长速度 $\frac{di}{dt}$，从而减少飞溅，并调节短路频率和燃烧时间，以控制电弧热量和熔透深度。焊接回路电感值应根据焊丝直径和焊接位置来选择。

7)电源极性。CO_2 气体保护焊通常都采用直流反接，焊件接阴极、焊丝接阳极，其焊接过程稳定，焊缝成型较好。直流正接时，焊件接阳极、焊丝接阴极，主要用于堆焊、铸铁补焊及大电流高速 CO_2 气体保护焊。

8)气体流量。流量过大或过小都对保护效果有影响，易产生气孔等缺陷。CO_2 气体的流量，应根据对焊接区的保护效果来选择。通常细焊丝短路过渡焊接时，CO_2 气体的流量为 $5\sim15$ L/min，粗丝焊接时为 $15\sim25$ L/min，粗丝大电流 CO_2 气体保护焊时为 $35\sim50$ L/min。

9)焊枪倾角。这是不容忽视的因素。焊枪倾角对焊缝成型的影响如图 4-3 所示。当焊枪与焊件成后倾角时，焊缝窄，余高大，熔深较大，焊缝成型不好；当焊枪与焊件成前倾角时，焊缝宽，余高小，熔深较浅，焊缝成型好。

3. 埋弧焊

埋弧焊是电弧在颗粒状的焊剂层下，在空腔中燃烧的自动焊接方法。根据自动化程度的不同，埋弧焊又可分为自动埋弧焊和半自动埋弧焊，其区别在于自动埋弧焊的电弧移动是由专门机构控制完成的，而半自动埋弧焊电弧的移动是依靠手工操纵的。

埋弧焊是利用电弧热作为熔化热源的，焊丝外表没有药皮，熔渣是由覆盖在焊接坡口区的焊剂形成的。当焊丝与母材之间施加电压并互相接触引燃电弧后，电弧热将焊丝端部及电弧区周围的焊剂与母材熔化，形成金属熔滴、熔池及熔渣，如图 4-4 所示。

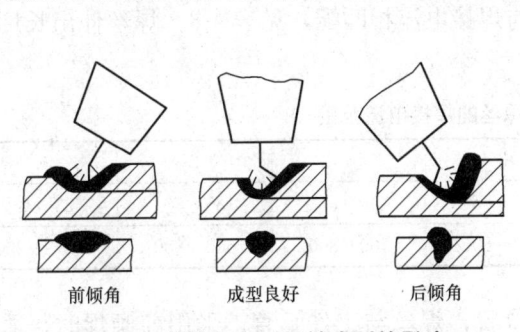

图 4-3 焊枪倾角对焊缝成型的影响

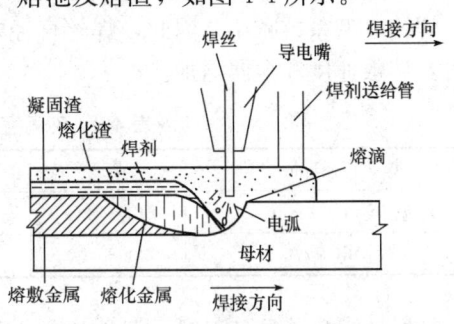

图 4-4 埋弧焊原理示意

(1)埋弧焊的优点。埋弧焊生产效率高,可采用比焊条电弧焊大的焊接电流。埋弧焊使用 $\phi 4 \sim \phi 4.5$ 的焊丝时,通常使用的焊接电流为 $600 \sim 800$ A,甚至可以达到 1 000 A。埋弧焊的焊接速度可达 $50 \sim 80$ cm/min。对厚度在 8 mm 以下的板材对接时可不用开坡口,厚度较大的板材所开坡口也比焊条电弧焊所开坡口小,从而节省了焊接材料,提高了焊接生产效率,焊缝质量好。埋弧焊时,焊接区受到焊剂和渣壳的可靠保护,与空气隔离,使熔池液体金属与熔化的焊剂有较多的时间进行冶金反应,减少了焊缝中产生的气孔、夹渣、裂纹等缺陷,使劳动条件变好。由于实现了焊接过程机械化,操作比较方便,因此,减轻了焊工的劳动强度,而且电弧是在焊剂层下燃烧的,没有弧光的辐射,烟尘也较少,改善了焊工的劳动条件。

(2)埋弧焊的缺点。埋弧焊一般只能在水平或倾斜角度不大的位置上进行焊接。在其他位置焊接需采用特殊措施,以保证焊剂能覆盖焊接区。不能直接观察电弧与坡口的相对位置,如果没有采用焊缝自动跟踪装置,焊缝容易焊偏。由于埋弧焊的电场强度较大,电流小于 100 A 时,电弧的稳定性不好,因此薄板焊接较困难。

(3)埋弧焊焊接工艺参数选择。

1)坡口的基本形式和尺寸。埋弧自动焊由于使用的焊接电流较大,对于厚度在 12 mm 以下的板材,可以不开坡口,采用双面焊接,以满足全焊透的要求。对于厚度大于 $12 \sim 20$ mm 的板材,为了达到全焊透,在单面焊后,焊件背面应清根,再进行焊接。对于厚度较大的板材,应开坡口后再进行焊接。坡口形式与焊条电弧焊基本相同,由于埋弧焊的特点,要采用较厚的钝边,以免焊穿。埋弧焊焊接接头的基本形式与尺寸,应符合国家标准《埋弧焊的推荐坡口》(GB/T 985.2—2008)的规定。

2)焊接电流。电流是决定熔深的主要因素,增大电流能提高生产率,但在一定焊速下,焊接电流过大会使热影响区过大,易产生焊瘤及焊件被烧穿等缺陷。若焊接电流过小,则熔深不足,易产生熔合不好、未焊透、夹渣等缺陷。

3)焊接电压。电压是决定熔宽的主要因素。焊接电压过大时,焊剂熔化量增加,电弧不稳,严重时会产生咬边和气孔等缺陷。

4)焊接速度。焊接速度过快时,会产生咬边、未焊透、电弧偏吹和气孔等缺陷,以及焊缝余高大而窄,成型不好。焊接速度太慢,则焊缝余高过高,形成宽而浅的大熔池,焊缝表面粗糙,容易产生满溢、焊瘤或烧穿等缺陷;焊接速度太慢且焊接电压又太高时,焊缝截面呈"蘑菇形",容易产生裂纹。

5)焊丝直径与伸出长度。焊接电流不变时,减小焊丝直径,因电流密度增加,熔深增大,焊缝成型系数减小。因此,焊丝直径要与焊接电流相匹配,见表4-8。焊丝伸出长度增加时,熔敷速度和金属增加。

表 4-8　不同直径焊丝的焊接电流范围

焊丝直径/mm	2	3	4	5	6
电流密度/(A·mm^{-2})	63~125	50~85	40~63	35~50	28~42
焊接电流/A	200~400	350~600	500~800	500~800	800~1 200

6)焊丝倾角。单丝焊时,焊件放在水平位置,焊丝与工件垂直。采用前倾焊时,适用于焊薄板。焊丝后倾时,焊缝成型不良,一般只用于多丝焊的前导焊丝。

7)焊剂层厚度与粒度。焊剂层厚度增大时，熔宽减小，熔深略有增加。焊剂层太薄时，电弧保护不好，容易产生气孔或裂纹；焊剂层太厚时，焊缝变窄，成型系数减小。焊剂颗粒度增加，熔宽加大，熔深略有减小，但颗粒度过大不利于熔池保护，易产生气孔。

4. 焊钉焊（栓焊）

栓焊是在栓钉与母材之间通过电流，局部加热熔化栓钉和局部母材，并同时施加压力挤出液态金属，使栓钉整个截面与母材形成牢固结合的焊接方法。其可分为电弧焊钉焊和储能焊钉焊两种。

(1) 电弧焊钉焊。电弧栓焊是将栓钉端头置于陶瓷保护罩内与母材接触并通以直流电，以使栓钉与母材之间激发电弧，电弧产生的热量使栓钉和母材熔化，维持一定的电弧燃烧时间后将栓钉压入母材局部熔化区内。陶瓷保护罩的作用是集中电弧热量，隔离外部空气，保护电弧和熔化金属免受氮、氧的侵入，并防止熔融金属的飞溅。

(2) 储能焊钉焊。储能焊钉焊是利用交流电使大容量的电容器充电后向栓钉与母材之间瞬时放电，达到熔化栓钉端头和母材的目的。由于电容放电能量的限制，一般用于小直径（≤12 mm）栓钉的焊接。

(二)常用焊接方法的选择

焊接施工应根据钢结构的种类、焊缝质量要求、焊缝形式、位置和厚度等选定焊接方法、焊接电焊机和电流，常用焊接方法的选择见表 4-9。

表 4-9 常用焊接方法的选择

焊接类别		使用特点	适用场合
焊条电弧焊	交流焊机	设备简单，操作灵活方便，可进行各种位置的焊接，不减弱构件截面，保证质量，施工成本较低	焊接普通钢结构，为工地广泛应用的焊接方法
	直流焊机	焊接技术与使用交流焊机相同，焊接时电弧稳定，但施工成本比采用交流焊机高	用于焊接质量要求较高的钢结构
埋弧焊		在焊剂下熔化金属的焊接，焊接热量集中，熔深大，效率高，质量好，没有飞溅现象，热影响区小，焊缝成型均匀美观；操作技术要求低，劳动条件好	在工厂焊接长度较大、板较厚的直线状贴角焊缝和对接焊缝
半自动焊		与埋弧焊机焊接基本相同，操作较灵活，但使用不够方便	焊接较短的或弯曲形状的贴角和对接焊缝
CO_2 气体保护焊		用 CO_2 或惰性气体代替焊药保护电弧的光面焊丝焊接，可全位置焊接，质量较好，熔速快，效率高，省电，焊后不用清除焊渣，但焊时应避风	薄钢板和其他金属焊接，大厚度钢柱、钢梁的焊接

三、焊接方式

钢结构焊接时，根据施焊位置的不同，有平焊、立焊、横焊和仰焊四种焊接方式。

1. 平焊

(1) 焊接前，应选择合适的焊接参数，包括焊接电流、焊条直径、焊接速度、焊接电弧长度等。

1)焊接电流应根据焊件厚度、焊接层次、焊条牌号、直径、焊工的熟练程度等因素确定。

2)为保证焊缝高度、宽度均匀一致,平焊施工时应等速焊接,以熔池中的铁水与熔渣保持等距离(2~4 mm)为宜。

3)焊接电弧长度应根据所用焊条的牌号不同而确定,一般要求电弧长度稳定不变,酸性焊条以 4 mm 长为宜,碱性焊条以 2~3 mm 长为宜。

(2)起焊时,在焊缝起点前方 15~20 mm 处的焊道内引燃电弧,将电弧拉长 4~5 mm,对母材进行预热后带回到起焊点,把熔池填满到要求的厚度后方可施焊。

(3)焊接时,焊条的运行角度应根据两焊件的厚度确定。焊条角度有两个方向:第一是焊条与焊接前进方向的夹角为 60°~75°,如图 4-5(a)所示。第二是焊条与焊件左右侧夹角有两种情况,当两焊件厚度相等时,焊条与焊件的夹角均为 45°,如图 4-5(b)所示;当两焊件厚度不等时,如图 4-5(c)所示,焊条与较厚焊件一侧的夹角应大于焊条与较薄焊件一侧的夹角。

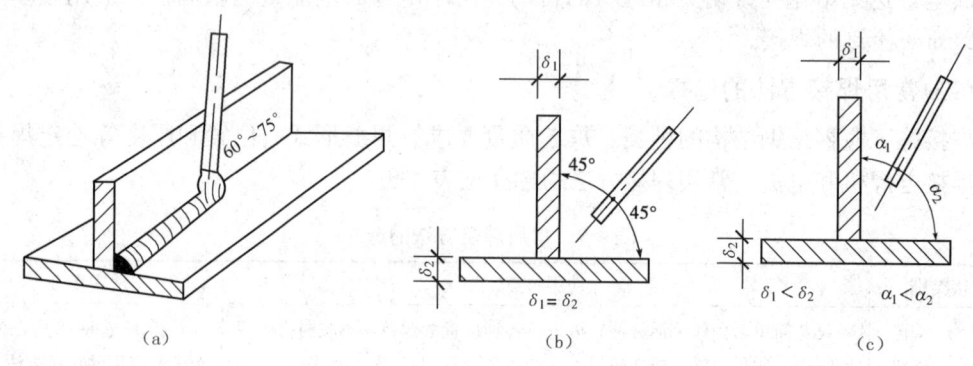

图 4-5 平焊焊条角度

(a)焊条与前进方向夹角;(b)焊条与焊件左右侧夹角(相等);(c)焊条与焊件左右侧夹角(不等)

(4)焊接过程中由于换焊条等因素再施焊时,其接头方法与起焊方法相同。只有先把熔池上的熔渣清除干净方可引弧。

(5)收弧时,每条焊缝应焊到末尾将弧坑填满后,往焊接方向的相反方向带弧,使弧坑甩在焊道里边,以防弧坑咬肉。

(6)整条焊缝焊完后即可清除熔渣,经焊工自检确无问题后才可转移地点继续焊接。

2. 立焊

立焊的基本操作过程与平焊相同,但应注意下述问题:

(1)立焊宜采用短弧焊接,弧长一般为 2~4 mm。在相同条件下,焊接电流比平焊电流小 10%~15%。

(2)立焊时,为避免焊条熔滴和熔池内金属下淌,宜采用较细直径的焊条,并根据接头形式和熔池温度灵活运用运条方法。

(3)焊接时,应根据焊件厚度正确选用焊条角度。当两焊接件厚度相等时,焊条与焊件左右方向夹角均为 45°,如图 4-6(a)所示;当两焊接件厚度不等时,焊条与较厚焊件一侧的夹角应大于较薄一侧,如图 4-6(b)所示;焊条与下方垂直平面的夹角宜为 60°~80°,如图 4-6(c)所示,使电弧略微向上吹向熔池中心。

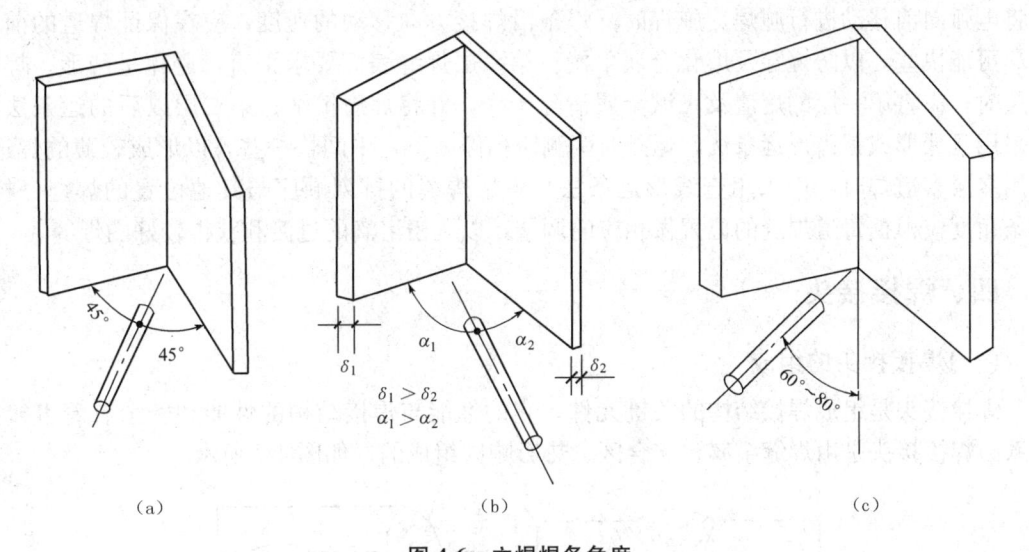

图 4-6 立焊焊条角度
(a)焊件厚度相等；(b)焊件厚度不等；(c)焊条与垂直面形成角度

(4)当焊到末尾时，宜采用挑弧法将弧坑填满，把电弧移至熔池中央停弧。严禁将弧坑甩在一边。为防止咬肉，应压低电弧变换焊条角度，即焊条与焊件垂直或电弧稍向下吹。

3. 横焊

(1)横焊与立焊基本相同，焊接电流比同条件平焊的电流小 10%～15%，电弧长度为 2～4 mm。

(2)横焊时，焊条角度应向下倾斜，其角度为 70°～80°，防止铁水下坠。根据两焊件的厚度不同，可适当调整焊条角度。焊条与焊接前进方向为 70°～90°。

(3)横焊时，由于熔化金属受重力作用下流至坡口处，形成未熔合和层间夹渣，因此，应采用较小直径的焊条和短弧施焊。

(4)采用多层多道焊时，虽能防止铁水下流，但外观不易整齐。

(5)施工时，为防止在坡口上边缘形成咬肉，下边缘形成下坠，操作时应在坡口上边缘稍停做稳弧动作，并以选定的焊接速度焊至坡口下边缘，做微小的横拉稳弧动作，然后迅速带至上坡口，如此匀速进行。

4. 仰焊

(1)仰焊与立焊、横焊基本相同，焊条与焊件的夹角和焊件的厚度有关。焊条与焊接方向成 70°～80°，宜用小电流短弧焊接。

(2)仰焊时必须保持最短的电弧长度，以使熔滴在很短时间内过渡到熔池中，在表面张力的作用下，很快与熔池的液体金属汇合，促使焊缝成型。

(3)为减小熔池面积，应选择比平焊时还小的焊条直径和焊接电流。若电流与焊条直径太大，易造成熔化金属向下淌落；如电流太小，则根部不易焊透，易产生夹渣及焊缝不良等缺陷。

(4)仰脸对接焊时，宜采用多层焊或多层多道焊。焊第一层时，采用直径 $\phi 3.2$ 的焊条和直线形或直线往返形运条法。开始焊时，应用长弧预热起焊处(预热时间与焊接厚度、钝边及间隙大小有关)，烤热后，迅速压短电弧于坡口根部，稍停 2～3 s，以便焊透根部，然后将电弧向前移动进行施焊。施焊时，焊条沿焊接方向移动的速度，应在保证焊透的前提下尽可能快些，以防烧穿及熔化金属下淌。第一层焊缝表面要求平直，避免呈凸形。焊第二层时，应将第一层的熔渣及飞溅金属清除干净，并将焊瘤铲平；第二层以后的运条法均可采用月牙形或锯齿形运条法，运条时两侧应稍停一下，中间快一些，以形成较薄的焊道。采用多层多道焊时，可采用直线形运条法。各层焊缝的排列顺序与其他位置的焊缝一样。焊条角度应根据每道焊缝的位置做相应的调整，以利于溶滴的过渡和获得较好的焊缝。

四、焊接接头

(一)焊接接头的组成

焊接接头是组成焊接结构的关键元件，它的性能与焊接结构的性能和安全有着直接的关系。焊接接头是由焊缝金属、熔合区、热影响区组成的，如图 4-7 所示。

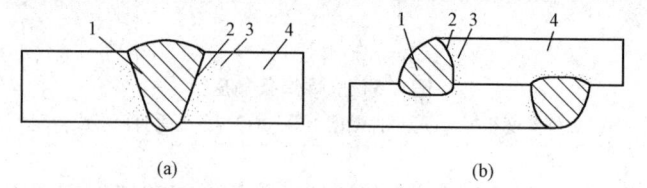

图 4-7　熔焊焊接接头的组成
(a)对接接头断面图；(b)搭接接头断面图
1—焊缝金属；2—熔合区；3—热影响区；4—母材

(二)焊缝的基本形式

焊缝是构成焊接接头的主体部分，有对接焊缝和角焊缝两种基本形式。

1. 对接焊缝

在对接焊缝的拼接处，当焊件的宽度不同或厚度在一侧相差 4 mm 以上时，应分别在宽度方向或厚度方向从一侧或两侧做成坡度不大于 1∶2.5 的斜角(图 4-8)；当厚度不同时，焊缝坡口形式应根据较薄焊件厚度相关要求取用。

对于较厚的焊件($t \geqslant 20$ mm，t 为钢板厚度)，应采用 V 形缝、U 形缝、K 形缝、X 形缝。其中，V 形缝和 U 形缝为单面施焊，但在焊缝根部还需补焊。对于没有条件补焊时，要事先在根部加垫板(图 4-9)。当焊件可随意翻转施焊时，使用 K 形缝和 X 形缝较好。

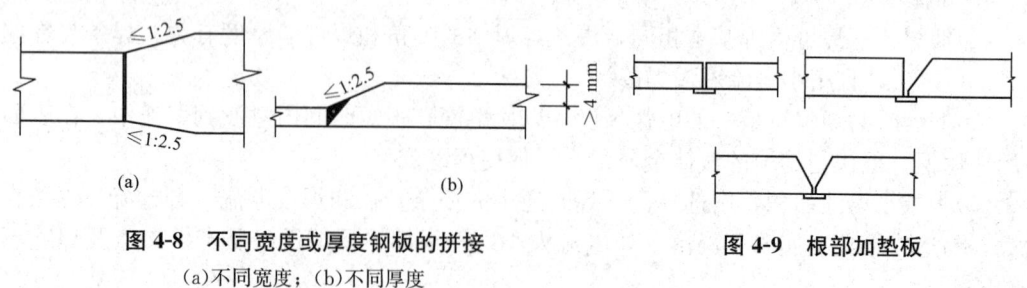

图 4-8　不同宽度或厚度钢板的拼接
(a)不同宽度；(b)不同厚度

图 4-9　根部加垫板

在钢板厚度或宽度有变化的焊接中，为了使构件传力均匀，应在板的一侧或两侧做成坡度不大于 1∶4 的斜角，形成平缓的过渡，如图 4-10 所示。

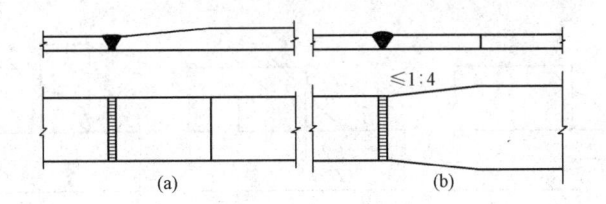

图 4-10 不同厚度或宽度的钢板连接
(a)改变厚度；(b)改变宽度

当采用部分焊透的对接焊缝时，应在设计图中注明坡口的形式和尺寸，其计算厚度 h_e 不得小于 $1.5\sqrt{t}$，t 为较大的焊件厚度。在直接承受动力荷载的结构中，垂直于受力方向的焊缝不宜采用部分焊透的对接焊缝。

钢板拼接采用对接焊缝时，纵横两个方向的对接焊缝可采用十字形交叉或 T 形交叉；当为 T 形时，交叉点的间距不得小于 200 mm，如图 4-11 所示。

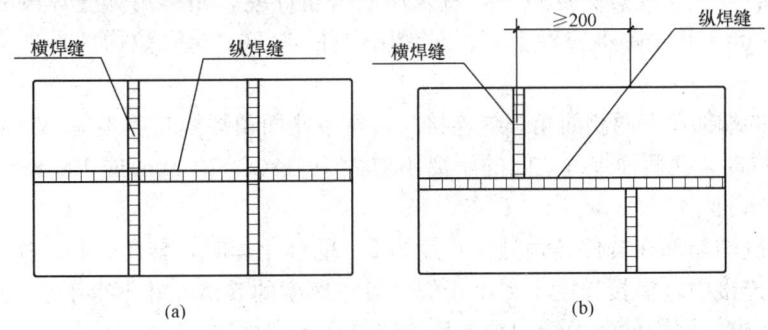

图 4-11 钢板拼接
(a)十字形交叉；(b)T 形交叉

2. 角焊缝

(1)角焊缝的形式。角焊缝主要用于两个不在同一平面的焊件连接，可分为平行于力作用方向的侧面角焊缝、垂直于力作用方向的正面角焊缝和与力作用方向成斜角的斜向角焊缝，如图 4-12 所示。角焊缝通常有三种主要截面形式，即普通型焊缝、凹面型焊缝和平坦型焊缝，如图 4-13 所示。

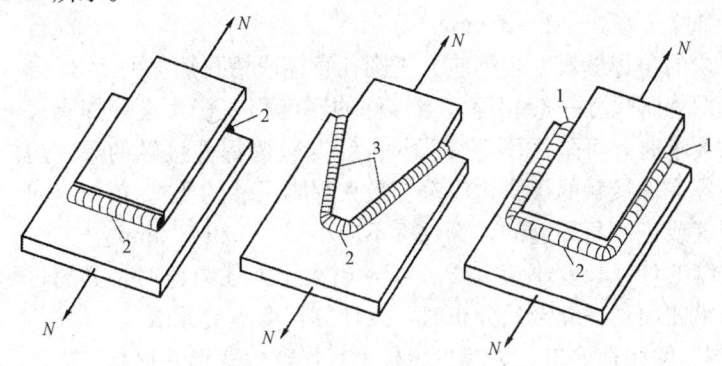

图 4-12 角焊缝的受力形式
1—侧面角焊缝；2—正面角焊缝；3—斜向角焊缝

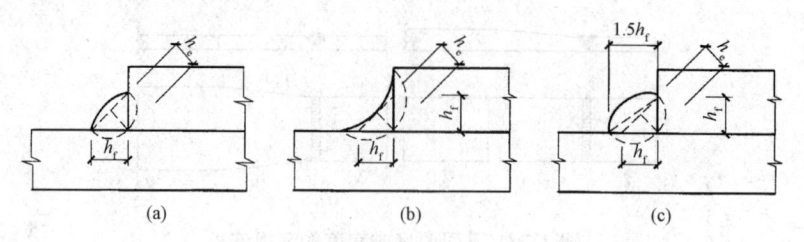

图 4-13　角焊缝的截面形式
(a)普通型；(b)凹面型；(c)平坦型

(2)角焊缝的构造。

1)一般规定。钢结构角焊缝的构造应符合下列规定：

①在直接承受动力荷载的结构中，角焊缝表面应做成普通型或凹面型。焊脚尺寸的比例：正面角焊缝宜为 1∶1.5(长边顺内力方向)；侧面角焊缝可为 1∶1。

②在次要构件或次要焊缝连接中，可采用断续角焊缝。断续角焊缝焊段的长度不得小于 $10h_f$ 或 50 mm，其净距不应大于 $15t$(对受压构件)或 $30t$(对受拉构件)，t 为较薄焊件的厚度。

③当板件的端部仅有两侧面角焊缝连接时，每条侧面角焊缝长度不应小于两侧面角焊缝之间的距离；同时，两侧面焊缝之间的距离不应大于 $16t$($t>12$ mm)或 190 mm($t\leqslant 12$ mm)，t 为较薄焊件的厚度。

2)当角焊缝的端部在构件转角处作长度为 $2h_f$ 的绕角焊时，转角处必须连续施焊。

3)在搭接连接中，搭接长度不得小于焊件较小厚度的 5 倍，并不得小于 25 mm。

(2)尺寸要求。钢构件角焊缝的构造尺寸应符合下列规定：

1)角焊缝的焊脚尺寸 h_f 不应小于 $1.5\sqrt{t}$，t 为较厚焊件厚度(当采用低氢型碱性焊条施焊时，t 可采用较薄焊件的厚度)。但对埋弧自动焊，最小焊脚尺寸可减小 1 mm；对 T 形连接的单面角焊缝，应增加 1 mm。当焊件厚度等于或小于 4 mm 时，最小焊脚尺寸应与焊件厚度相同。

2)角焊缝的焊脚尺寸不应大于较薄焊件厚度的 1.2 倍(钢管结构除外)，但板件(厚度为 t)边缘的角焊缝最大焊脚尺寸还应符合下列要求：

当 $t\leqslant 6$ mm 时，$h_f\leqslant t$；

当 $t>6$ mm 时，$h_f\leqslant t-(1\sim 2)$ mm。

圆孔或槽孔内的角焊缝尺寸也不应大于圆孔直径或槽孔短径的 1/3。

3)角焊缝的两焊脚尺寸一般相等。当焊件的厚度相差较大且等焊脚尺寸不能符合最大(最小)焊脚尺寸要求时，可采用不等焊脚尺寸，与较薄焊件接触的焊脚边应符合最小焊脚尺寸要求，与较厚焊件接触的焊脚边应符合最大焊脚尺寸的要求。

4)侧面角焊缝或正面角焊缝的计算长度不应小于 $8h_f$ 和 40 mm。

5)侧面角焊缝的计算长度不应大于 $60h_f$，当大于上述数值时，其超过部分在计算中不予考虑。若内力沿侧面角焊缝全长分布时，其计算长度不受此限。

(3)单面角焊缝的构造要求。为减少腹板因焊接产生变形并提高工效，当 T 形接头的腹板厚度不大于 8 mm 且不要求全熔透时，可采用单面角焊缝(图 4-14)。单面角焊缝应符合下列规定：

1)单面角焊缝适用于仅承受剪力的焊缝。
2)单面角焊缝仅可用于承受静态荷载和间接动态荷载的、非露天和不接触强腐蚀性介质的结构构件。
3)焊脚尺寸、焊喉及最小根部熔深应符合表4-10的要求。

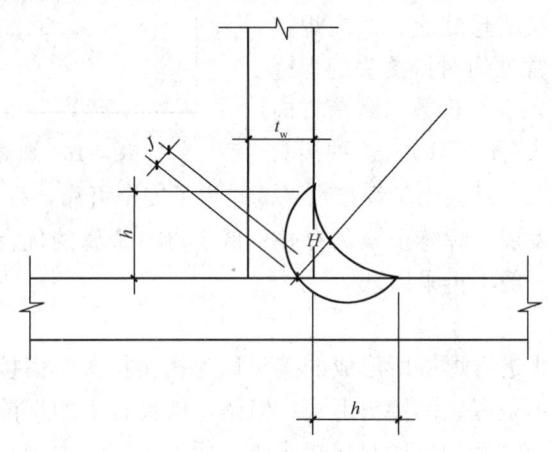

图 4-14 单面角焊缝参数

表 4-10 单面角焊缝参数   mm

腹板厚度 t_w	最小焊脚尺寸 h	有效厚度 H	最小根部熔深 J（焊丝直径1.2~2.0）
3	3	2.1	1.0
4	4	2.8	1.2
5	5	3.5	1.4
6	5.5	3.9	1.6
7	6	4.2	1.8
8	6.5	4.6	2.0

4)经工艺评定合格的焊接参数、方法不得变更。
5)柱与底板的连接、柱与牛腿的连接、梁端板的连接、起重机梁及支承局部悬挂荷载的吊架等,除非设计有专门规定,否则不得采用单面角焊缝。

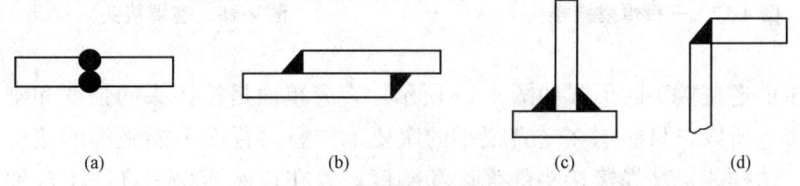

(三)焊接接头的基本形式

焊接接头的基本形式有四种:对接接头、搭接接头、T形接头和角接接头(图4-15)。选用接头形式时,应该熟悉各种接头的优点、缺点。

图 4-15 焊接接头的基本形式
(a)对接接头;(b)搭接接头;(c)T形接头;(d)角接接头

1. 对接接头

两焊件表面构成大于或等于135°、小于或等于180°夹角,即两板件相对端面焊接而形成的接头称为对接接头。

对接接头从强度角度看是比较理想的接头形式,也是广泛应用的接头形式之一。在焊接结构上和焊接生产中,常见的对接接头的焊缝轴线与载荷方向相垂直,也有少数与载荷方向成斜角的斜焊缝对接接头(图4-16),这种接头的焊缝承受较低的正应力。过去由于焊接水平低,为了安全可靠,往往采用这种斜缝对接。但是,随着焊接技术的发展,焊缝金属具有并不低于母材金属的优良性能,而斜缝对接因浪费材料的工时,所以一般不再采用。

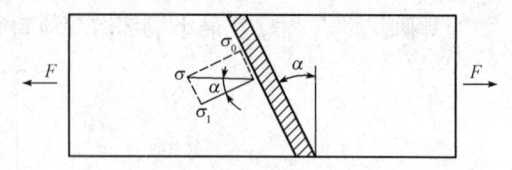

图 4-16 斜焊缝对接接头

2. 搭接接头

两板件部分重叠起来进行焊接所形成的接头称为搭接接头。搭接接头的应力分布极不均匀,疲劳强度较低,不是理想的接头形式。但是,搭接接头的焊前准备和装配工作比对接接头简单得多,其横向收缩量也比对接接头小,所以,在受力较小的焊接结构中仍能得到广泛的应用。搭接接头中,最常见的是角焊缝组成的搭接接头,一般用于 12 mm 以下的钢板焊接。除此之外,还有开槽焊、塞焊、锯齿状搭接等多种形式。

开槽焊搭接接头的结构形式如图 4-17 所示。先将被连接件加工成槽形孔,然后用焊缝金属填满该槽,开槽焊焊缝断面为矩形,其宽度为被连接件厚度的 2 倍,开槽长度应比搭接长度稍短一些。当被连接件的厚度不大时,可采用大功率的埋弧焊或 CO_2 气体保护焊。

塞焊是在被连接的钢板上钻孔,用来代替开槽焊的槽形孔,用焊缝金属将孔填满使两板连接起来,如图 4-18 所示。当被连接板厚小于 5 mm 时,可以采用大功率的埋弧焊或 CO_2 气体保护焊直接将钢板熔透而不必钻孔。这种接头施焊简单,特别是对于一薄一厚的两焊件连接最为方便,生产效率较高。

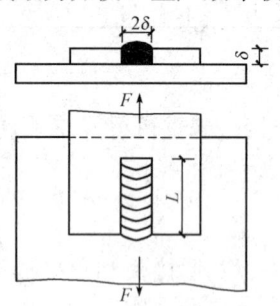

图 4-17 开槽焊搭接接头

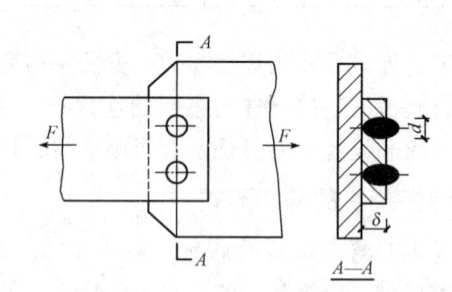

图 4-18 塞焊接头

锯齿缝单面搭接接头的形式如图 4-19 所示。直缝单面搭接接头的强度和刚度比双面搭接接头低得多,所以,只能用在受力很小的次要部位。对背面不能施焊的接头,可用锯齿形焊缝搭接,这样能提高焊接接头的强度和刚度。若在背面施焊困难,用这种接头形式比较合理。

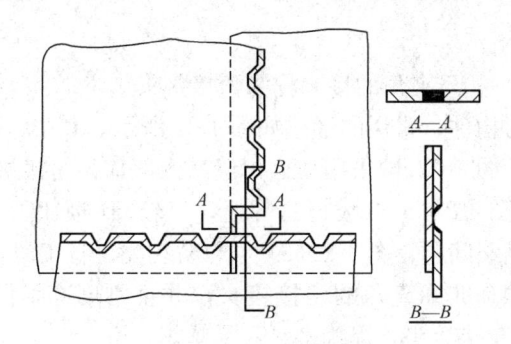

图 4-19　锯齿缝单面搭接接头

3. T形接头

T形接头是将相互垂直的被连接件，用角焊缝连接起来的接头，此接头一个焊件的端面与另一个焊件的表面构成直角或近似直角，如图 4-20 所示。这种接头是典型的电弧焊接头，能承受各种方向的力和力矩，如图 4-21 所示。

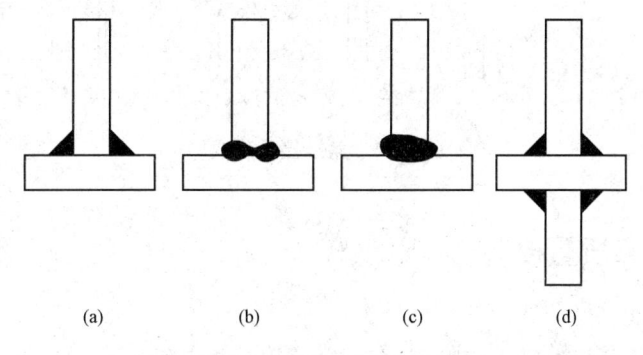

图 4-20　T形(十字)接头

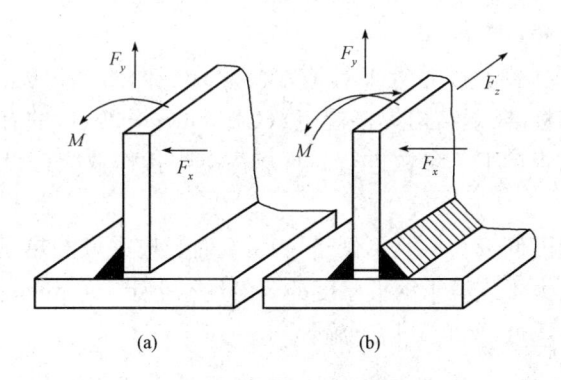

图 4-21　T形接头的承载能力

T形接头应避免采用单面角焊接，因为这种接头的根部有很深的缺口，承载能力低[图 4-20(a)]。对较厚的钢板，可采用 K 形坡口[图 4-20(b)]，根据受力状况决定是否需要焊透。对要求完全焊透的 T 形接头，采用单边 V 形坡口[图 4-20(c)]从一面焊，焊后的背面清根焊满，比采用 K 形坡口施焊可靠。

4. 角接接头

两板件端面构成 30°~135°夹角的接头称为角接接头。

角接接头多用于箱形构件，常用的形式如图 4-22 所示。其中，图 4-22(a) 是最简单的角接接头，但承载能力差；图 4-22(b) 采用双面焊缝从内部加强角接接头，承载能力较大，但通常不用；图 4-22(c) 和图 4-22(d) 开坡口易焊透，有较高的强度，而且在外观上具有良好的棱角，但应注意层状撕裂问题；图 4-22(e)、(f) 易装配、省工时，是最经济的角接接头；图 4-22(g) 是保证接头具有准确直角的角接接头，并且刚度高，但角钢厚度应大于板厚；图 4-22(h) 是最不合理的角接接头，焊缝多且不易施焊。

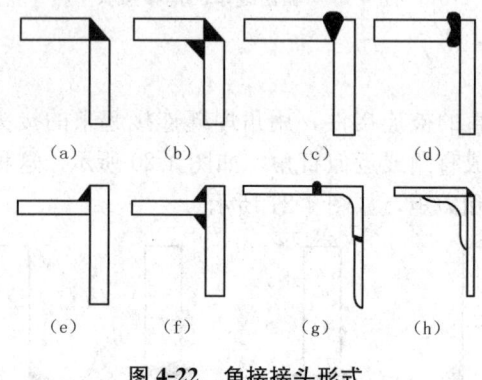

图 4-22 角接接头形式

五、焊接施工质量控制

1. 焊接作业条件

焊接时，作业区环境温度不应低于 -10 ℃，相对湿度不应大于 90%，当手工电弧焊和自保护药芯焊丝电弧焊时，焊接作业区最大风速不应超过 8 m/s；当气体保护电弧焊时，焊接作业区最大风速不应超过 2 m/s。

焊接前，应采用钢丝刷、砂轮等工具清除待焊处表面的氧化皮、铁锈、油污等杂物。焊缝坡口宜按现行国家标准《钢结构焊接规范》(GB 50661—2011) 的有关规定进行检查。焊接作业应按工艺评定的焊接工艺参数进行。现场高空焊接作业应搭设稳固的操作平台和防护棚。

当焊接作业环境温度低于 0 ℃ 且不低于 -10 ℃ 时，应采取加热或防护措施，应将焊接接头和焊接表面各方向大于或等于钢板厚度的 2 倍且不小于 100 mm 范围内的母材，加热到规定的最低预热温度且不低于 20 ℃ 后再施焊。

2. 定位焊

构件定位焊接必须由具有焊接合格证的电焊工人操作；定位焊接的操作方法应采用回焊引弧、落弧填满弧坑。定位焊焊缝的厚度不应小于 3 mm，不宜超过设计焊缝厚度的 2/3；长度不宜小于 40 mm 和接头中较薄部件厚度的 4 倍；间距宜为 300~600 mm。定位焊缝与正式焊缝应具有相同的焊接工艺和焊接质量要求。多道定位焊焊缝的端部应为阶梯状。采用钢衬垫板的焊接接头，定位焊应在接头坡口内进行。定位焊焊接时，预热温度宜高于正式施焊预热温度 20 ℃~50 ℃。

3. 引弧板、引出板和衬垫板

当引弧板、引出板和衬垫板为钢材时，应选用屈服强度不大于被焊钢材标称强度的钢材，且焊接性应相近。焊接接头的端部应设置焊缝引弧板、引出板。焊条电弧焊和气体保护电弧焊焊缝引出的长度应大于 25 mm，埋弧焊焊缝引出的长度应大于 80 mm。焊接完成并完全冷却后，可采用火焰切割、碳弧气刨或机械等方法除去引弧板、引出板，并修磨平整，严禁用锤击落。

钢衬垫板应与接头母材密贴连接，其间隙不应大于 1.5 mm，并应与焊缝充分熔合，手工电弧焊和气体保护电弧焊时，钢衬垫板厚度不应小于 4 mm；埋弧焊焊接时，钢衬垫板厚度不应小于 6 mm；电渣焊时，钢材垫板厚度不应小于 25 mm。

4. 预热和道间温度控制

预热和道间温度应根据钢材的化学成分、接头的拘束状态、热输入大小、熔敷金属含氢量及所采用的焊接方法等综合因素确定或进行焊接试验。预热和道间温度的控制宜采用电加热、火焰加热和红外线加热等加热方法，应采用专用的测温仪器测量。预热的加热区域应在焊接坡口两侧，宽度应为焊件施焊处板厚的 1.5 倍以上，且不应小于 100 mm。温度测量点：当为非封闭空间构件时，宜在焊件受热面的背面离焊接坡门两侧不小于 75 mm 处；当为封闭空间构件时，宜在正面离焊接坡口两侧不小于 100 mm 处。Ⅲ 类、Ⅳ 类钢材及调质钢的预热温度、道间温度的确定，应符合钢厂提供的指导性参数要求。

常用钢材采用中等热输入焊接时，最低预热温度宜符合表 4-11 的要求。

表 4-11 常用钢材最低预热温度要求　　　　　　　　　　　　　　　　　℃

钢材类别	接头最厚部件的板厚 t/mm					
	$t \leqslant 20$	$20 < t \leqslant 40$	$40 < t \leqslant 60$	$60 < t \leqslant 80$	$t > 80$
Ⅰ[①]	—	—	40	50	80
Ⅱ	—	20	60	80	100
Ⅲ	20	60	80	100	120
Ⅳ[②]	20	80	100	120	150

注：1. 焊接热输入为 15~25 kJ/cm，当热输入每增大 5 kJ/cm 时，预热温度可比表中温度降低 20 ℃；
2. 当采用非低氢焊接材料或焊接方法焊接时，预热温度应比表中规定的温度提高 20 ℃；
3. 当母材施焊处温度低于 0 ℃ 时，应根据焊接作业环境、钢材牌号及板厚的具体情况将表中预热温度适当增加，且应在焊接过程中保持这一最低道间温度；
4. 焊接接头板厚不同时，应按接头中较厚板的板厚选择最低预热温度和道间温度；
5. 焊接接头材质不同时，应按接头中较高强度、较高碳当量的钢材选择最低预热温度；
6. 本表不适用于供货状态为调质处理的钢材，控轧控冷（TMCP）钢最低预热温度可由试验确定；
7. "—"表示焊接环境在 0 ℃ 以上时，可不采取预热措施。
① 铸钢除外，Ⅰ 类钢材中的铸钢预热温度宜参照 Ⅱ 类钢材的要求确定。
② 仅限于 Ⅳ 类钢材中 Q460、Q460GJ 钢。

电渣焊和气电立焊在环境温度为 0 ℃ 以上施焊时可不进行预热；但板厚大于 60 mm 时，宜对引弧区域的母材预热且预热温度不应低于 50 ℃。

焊接过程中，最低道间温度不应低于预热温度；静载结构焊接时，最大道间温度不宜超过 250 ℃；需进行疲劳验算的动荷载结构和调质钢焊接时，最大道间温度不宜超过 230 ℃。

5. 焊接变形的控制

(1)焊接变形的种类。在钢结构焊接过程中，构件发生的变形主要有三种，即与焊缝垂直的横向收缩、与焊缝平行的纵向收缩和角变形(即绕焊缝线回转)。由于构件的形状、尺寸、周界条件和施焊条件并不相同，焊接过程中产生的变形也很复杂，主要有图 4-23 所示的几种。

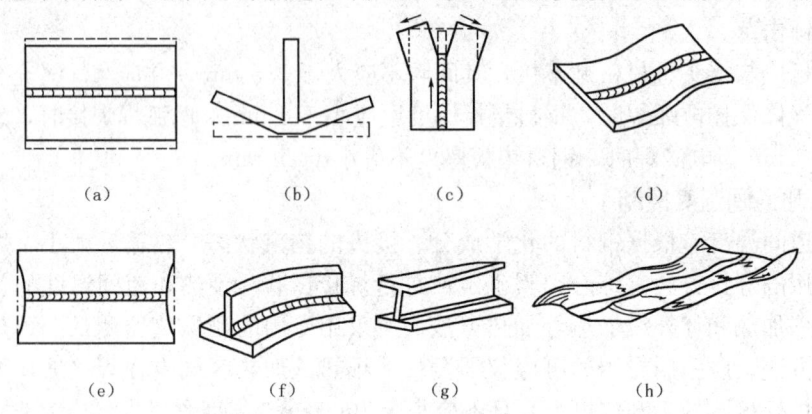

图 4-23　各种焊接变形示意

(a)横向收缩——垂直于焊缝方向的收缩；
(b)角变形(横向变形)——厚度方向非均匀热分布造成的紧靠焊缝线的变形；
(c)回转变形——由热膨胀而引起的板件在平面内的角变形；
(d)压曲变形——焊后构件在长度方向上的失稳；(e)纵向收缩——沿焊缝方向的收缩；
(f)纵向弯曲变形——焊后构件在穿过焊缝线并与板件垂直的平面内的变形；
(g)扭曲变形——焊后构件产生的扭曲；(h)波浪变形——当板件变薄时，在板件整体平面上造成的压曲变形

(2)焊接变形控制要点。采用的焊接工艺和焊接顺序应使构件的变形和收缩最小，可采用下列控制变形的焊接顺序：

1)对接接头、T形接头和十字接头，在构件放置条件允许或易于翻转的情况下，宜双面对称焊接；有对称截面的构件，宜对称于构件中性轴焊接；有对称连接杆件的节点，宜对称于节点轴线的同时对称焊接。

2)非对称双面坡口焊缝，宜先焊深坡口侧部分焊缝，然后焊满浅坡口侧，最后完成深坡口侧焊缝。特厚板宜增加轮流对称焊接的循环次数。

3)长焊缝宜采用分段退焊法、跳焊法或多人对称焊接法。

构件焊接时，宜采用预留焊接收缩余量或预置反变形方法控制收缩和变形，收缩余量和反变形值宜通过计算或试验确定。构件装配焊接时，应先焊收缩量较大的接头、后焊收缩量较小的接头，接头应在拘束较小的状态下焊接。多组件构成的组合构件应采取分部组装焊接，矫正变形后再进行总装焊接。对于焊缝分布相对于构件的中性轴明显不对称的异形截面的构件，在满足设计要求的条件下，可采用调整填充焊缝熔敷量或补偿加热的方法。

6. 焊后消氢热处理

当要求进行焊后消氢热处理时，消氢热处理的加热温度应为 250 ℃～350 ℃，保温时间应根据工件板厚按每 25 mm 板厚不小于 0.5 h，且总保温时间不得小于 1 h 确定。达到保温时间后，应缓冷至常温。

7. 焊后消除应力处理

(1) 焊接应力的产生。在钢结构焊接时，产生的应力主要有以下三种：

1) 热应力(或称温度应力)。这是在不均匀加热和冷却过程中产生的。它与加热的温度及其不均匀程度、材料的热物理性能，以及构件本身的刚度有关。

2) 组织应力(或称相变应力)。这是在金属相变时由于体积的变化而引起的应力。例如，奥氏体分解为珠光体或转变为马氏体时都会引起体积的膨胀，这种膨胀受周围材料的约束，结果产生了应力。

3) 外约束应力。这是由结构自身的约束条件所造成的应力，包括结构形式、焊缝的布置、施焊顺序、构件的自重、冷却过程中其他受热部位的收缩，以及夹持部件的松紧程度，都会使焊接接头承受不同的应力。

通常将 1) 和 2) 两种应力称为内约束应力，根据焊接的先后将焊接过程中焊件内产生的应力称为瞬时应力。焊接后，在焊件中留存下来的应力称为残余应力，同理，残留下来的变形就称为残余变形。

(2) 焊后消除应力的方法与要求。设计或合同文件对焊后消除应力有要求时，需经疲劳验算的动荷载结构中承受拉应力的对接接头或焊缝密集的节点或构件，宜采用电加热器局部退火和加热炉整体退火等方法进行消除应力处理；如仅为稳定结构尺寸，可采用振动法消除应力。

焊后热处理应符合现行行业标准《碳钢、低合金钢焊接构件 焊后热处理方法》(JB/T 6046—1992)的有关规定。当采用电加热器对焊接构件进行局部消除应力热处理时，还应符合下列要求：

(1) 使用配有温度自动控制仪的加热设备，其加热、测温、控温性能应符合使用要求；

(2) 构件焊缝每侧面加热板(带)的宽度应至少为钢板厚度的 3 倍，且不应小于 200 mm；

(3) 加热板(带)以外构件两侧宜用保温材料适当覆盖。

用锤击法消除中间焊层应力时，应使用圆头手锤或小型振动工具进行，不应对根部焊缝、盖面焊缝或焊缝坡口边缘的母材进行锤击。用振动法消除应力时，应符合现行行业标准《焊接构件振动时效工艺参数选择及技术要求》(JB/T 10375—2002)的有关规定。

六、焊接接头处理

1. 全熔透和部分熔透焊接

T 形接头、十字形接头、角接接头等要求全熔透的对接和角接组合焊缝，其加强角焊缝的焊脚尺寸不应小于 $t/4$(图 4-24)，设计有疲劳验算要求的吊车梁或类似构件的腹板与上翼缘连接焊缝的焊脚尺寸应为 $t/2$，且不应大于 10 mm[图 4-24(d)]。焊脚尺寸的允许偏差为 0~4 mm。

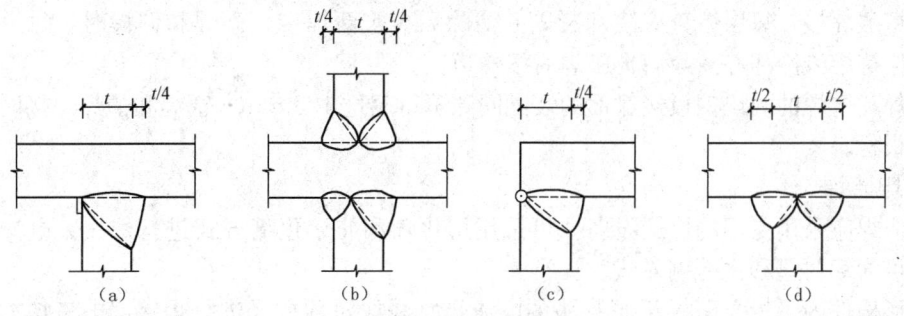

图 4-24 焊脚尺寸

全熔透坡口焊缝对接接头的焊缝余高，应符合表 4-12 的规定。

表 4-12　对接接头的焊缝余高　　　　　　　　　　　　　　　　　　　mm

设计要求焊缝等级	焊缝宽度	焊缝余高
一、二级焊缝	<20	0～3
	≥20	0～4
三级焊缝	<20	0～3.5
	≥20	0～5

全熔透双面坡口焊缝可采用不等厚的坡口深度，较浅坡口深度不应小于接头厚度的 1/4。

部分熔透焊接应保证设计文件要求的有效焊缝厚度。T 形接头和角接接头中部分熔透坡口焊缝与角焊缝构成的组合焊缝，其加强角焊缝的焊脚尺寸应为接头中最薄板厚的 1/4，且不应超过 10 mm。

2. 角焊缝接头

由角焊缝连接的部件应密贴，根部间隙不宜超过 2 mm；当接头的根部间隙超过 2 mm 时，角焊缝的焊脚尺寸应根据根部间隙值增加，但最大不应超过 5 mm。

当角焊缝的端部在构件上时，转角处宜连续包角焊，起弧和熄弧点距焊缝端部宜大于 10.0 mm；当角焊缝端部不设置引弧板和引出板的连续焊时，起熄弧点（图 4-25）距离焊缝端部宜大于 10 mm，弧坑应填满。

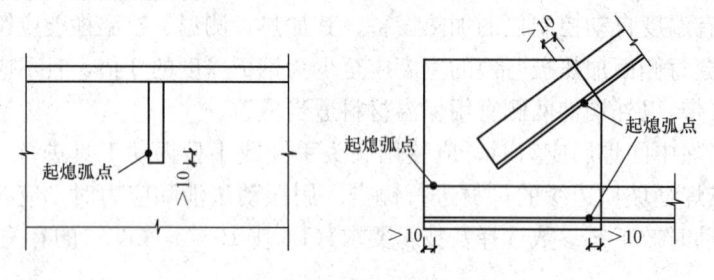

图 4-25　起熄弧点位置

间断角焊缝每焊段的最小长度不应小于 40 mm，焊段之间的最大间距不应超过较薄焊件厚度的 24 倍，且不应大于 300 mm。

3. 塞焊和槽焊

塞焊和槽焊可采用手工电弧焊、气体保护电弧焊及自保护电弧焊等焊接方法。平焊时，应分层熔敷焊接，每层熔渣应冷却凝固并清除后再重新焊接；立焊和仰焊时，每道焊缝焊完后，应待熔渣冷却并清除后再施焊后续焊道。

塞焊和槽焊的两块钢板接触面的装配间隙不得超过 1.5 mm。塞焊和槽焊焊接时严禁使用填充板材。

4. 电渣焊

电渣焊应采用专用的焊接设备，可采用熔化嘴和非熔化嘴方式进行焊接。电渣焊采用的衬垫可为钢衬垫和水冷铜衬垫。

箱形构件内隔板与面板 T 形接头的电渣焊宜采取对称方式进行焊接。电渣焊衬板与母材的定位焊宜采用连续焊。

5. 栓钉焊

栓钉应采用专用焊接设备进行施焊。首次栓钉焊接时，应进行焊接工艺评定试验，并确定焊接工艺参数。

栓钉焊施工时，每班焊接作业前，应至少试焊 3 个栓钉，检查合格后，再正式施焊。

当受条件限制而不能采用专用设备焊接时，栓钉可采用焊条电弧焊和气体保护电弧焊焊接，并按相应的工艺参数施焊，其焊缝尺寸应通过计算确定。

七、焊接质量检验

1. 检验方法

焊接检验应分为自检和监检。自检，是施工单位在制造、安装过程中，由本单位具有相应资质的检测人员或委托具有相应检验资质的检测机构进行的检验；监检，是业主或其代表委托具有相应检验资质的独立第三方检测机构进行的检验。钢结构焊接常用的检验方法有破坏性检验和非破坏性检验两种，可根据钢结构的性质和对焊缝质量的要求进行选择：对重要结构或要求焊缝金属强度与被焊金属强度的对接焊接等，必须采用较为精确的检验方法。焊缝的质量等级不同，其检验的方法和数量也不相同，可参见表 4-13 的规定。对于不同类型的焊接接头和不同的材料，可根据图纸要求或有关规定，选择一种或几种检验方法。

表 4-13 焊缝不同质量级别的检查方法

焊缝质量级别	检查方法	检查数量	备注
一级	外观检查	全部	有疑点时用磁粉复验
	超声波检查	全部	
	X射线检查	抽查焊缝长度的2%，至少应有一张底片	缺陷超出规范规定时，应加倍透照，如不合格，应100%的透照
二级	外观检查	全部	有疑点时，用 X 射线透照复验，如发现有超标缺陷，应用超声波全部检查
	超声波检查	抽查焊缝长度的50%	
三级	外观检查	全部	

2. 检验程序

焊接检验的一般程序包括焊前检验、焊中检验和焊后检验。

(1)焊前检验。应至少包括下列内容：

1)按设计文件和相关标准的要求对工程中所用钢材、焊接材料的规格、型号(牌号)、材质、外观及质量证明文件进行确认；

2)焊工合格证及认可范围确认；

3)焊接工艺技术文件及操作规程审查；

4)坡口形式、尺寸及表面质量检查；

5)构件的形状、位置、错边量、角变形、间隙等检查；

6)焊接环境、焊接设备等条件确认；

7)定位焊缝的尺寸及质量认可；

8)焊接材料的烘干、保存及领用情况检查；

9)引弧板、引出板和衬垫板的装配质量检查。

(2)焊中检验。应至少包括下列内容：

1)实际采用的焊接电流、焊接电压、焊接速度、预热温度、层间温度及后热温度和时间等焊接工艺参数与焊接工艺文件的符合性检查；

2)多层多道焊焊道缺欠的处理情况确认；

3)采用双面焊清根的焊缝，应在清根后进行外观检查及规定的无损检测；

4)多层多道焊中焊层、焊道的布置及焊接顺序等检查。

(3)焊后检验。应至少包括下列内容：

1)焊缝的外观质量与外形尺寸检查；

2)焊缝的无损检测；

3)焊接工艺规程记录及检验报告审查。

3. 检验前准备与焊缝检验抽样

焊接检验前应根据结构所承受的荷载特性、施工详图及技术文件规定的焊缝质量等级要求编制检验和试验计划。由技术负责人批准并报监理工程师备案。检验方案应包括检验批的划分、抽样检验的抽样方法、检验项目、检验方法、检验时机及相应的验收标准等内容。

焊缝检验抽样方法应符合下列规定：

(1)焊缝处数的计数方法：工厂制作焊缝长度不大于 1 000 mm 时，每条焊缝应为 1 处；长度大于 1 000 mm 时，以 1 000 mm 为基准，每增加 300 mm 焊缝数量应增加 1 处；现场安装焊缝每条焊缝应为 1 处。

(2)检验批的确定：制作焊缝以同一工区(车间)按 300~600 处的焊缝数量组成检验批；多层框架结构可以每节柱的所有构件组成检验批；安装焊缝以区段组成检验批；多层框架结构以每层(节)的焊缝组成检验批。

(3)抽样检验除设计指定焊缝外，应采用随机取样方式取样，且取样应覆盖该批焊缝中所包含的所有钢材类别、焊接位置和焊接方法。

4. 外观检测

(1)一般规定。

1)所有焊缝应冷却到环境温度后方可进行外观检测。

2)外观检测采用目测方式，裂纹的检查应辅以 5 倍放大镜并在合适的光照条件下进行，必要时可采用磁粉探伤或渗透探伤检测，尺寸的测量应用量具、卡规。

3)栓钉焊接接头的焊缝外观质量应符合要求。外观质量检验合格后，进行打弯抽样检查，合格标准：当栓钉弯曲至 30°时，焊缝和热影响区不得有肉眼可见的裂纹，检查数量不应小于栓钉总数的 1‰ 且不少于 10 个。

4)电渣焊、气电立焊接头的焊缝外观成型应光滑，不得有未熔合、裂纹等缺陷；当板厚小于 30 mm 时，压痕、咬边深度不应大于 0.5 mm；板厚不小于 30 mm 时，压痕、咬边深度不应大于 10 mm。

(2)承受静荷载结构焊接焊缝外观检测。

1)焊缝外观质量应满足表 4-14 的规定。

表 4-14　焊缝外观质量要求

检验项目	焊缝质量等级		
	一级	二级	三级
裂纹	不允许		
未焊满	不允许	≤0.2 mm+0.02t 且≤1 mm，每 100 mm 长度焊缝内未焊满累积长度≤25 mm	≤0.2 mm+0.04t 且≤2 mm，每 100 mm 长度焊缝内未焊满累积长度≤25 mm
根部收缩	不允许	≤0.2 mm+0.02t 且≤1 mm，长度不限	≤0.2 mm+0.04t 且≤2 mm，长度不限
咬边	不允许	深度≤0.05t 且≤0.5 mm，连续长度≤100 mm，且焊缝两侧咬边总长≤10%焊缝全长	深度≤0.1t 且≤1 mm，长度不限
电弧擦伤	不允许		允许存在个别电弧擦伤
接头不良	不允许	缺口长度≤0.05t 且≤0.5 mm，每 1 000 mm 长度焊缝内不得超过 1 处	缺口深度≤0.1t 且≤1 mm，每 1 000 mm 长度焊缝内不得超过 1 处
表面气孔	不允许		每 50 mm 长度焊缝内允许存在直径≤0.4t 且≤3 mm 的气孔 2 个；孔距应≥6 倍孔径
表面夹渣	不允许		深≤0.2t，长≤0.5t 且≤20 mm

注：t 为母材厚度。

2）焊缝外观尺寸检测。对接与角接组合焊缝（图 4-26），加强角焊缝尺寸 h_k 不应小于 $t/4$ 且不应大于 10 mm，其允许偏差应为 $h_k{}_{\ 0}^{+0.4}$。对于加强焊角尺寸也大于 8.0 mm 的角焊缝，其局部焊脚尺寸允许低于设计要求值 10 mm，但总长度不得超过焊缝长度的 10%；焊接 H 形梁腹板与翼缘板的焊缝两端在其两倍翼缘板宽度范围内，焊缝的焊脚尺寸不得低于设计要求值；焊缝余高应符合焊缝超声波检测的相关要求。对接焊缝与角焊缝余高及错边允许偏差应符合表 4-15 的规定。

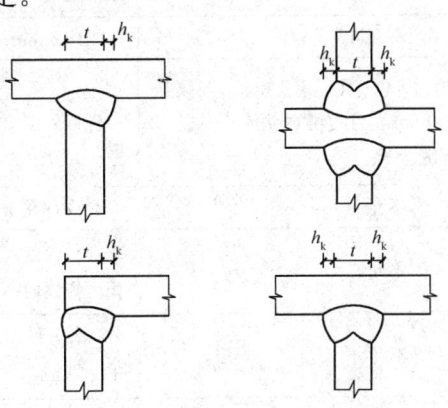

图 4-26　对接与角接组合焊缝

表 4-15　角焊缝焊脚尺寸允许偏差

序号	项目	示意图	允许偏差 一、二级	允许偏差 三级
1	对接焊缝余高(C)		$B<20$ 时，C 为 $0\sim3$；$B\geqslant20$ 时，C 为 $0\sim4$	$B<20$ 时，C 为 $0\sim3.5$；$B\geqslant20$ 时，C 为 $0\sim5$
2	对接焊缝错边(Δ)		$\Delta<0.1t$ 且 $\leqslant2.0$	$\Delta<0.15t$ 且 $\leqslant3.0$
3	角焊缝余高(C)		$h_f\leqslant6$ 时，C 为 $0\sim1.5$；$h_f>6$ 时，C 为 $0\sim3.0$	

（3）需疲劳验算结构的焊缝外观质量检测。焊缝的外观质量应无裂纹、未熔合、夹渣、弧坑未填满及超过表 4-16 的规定缺陷。焊缝的外观尺寸应符合表 4-17 的规定。

表 4-16　焊缝外观质量要求

检验项目	焊缝质量等级 一级	二级	三级
裂纹	不允许		
未焊满	不允许		$\leqslant0.2$ mm$+0.02t$ 且 $\leqslant1$ mm，每 100 mm 长度焊缝内未焊满累积长度$\leqslant25$ mm
根部收缩	不允许		$\leqslant0.2$ mm$+0.02t$ 且 $\leqslant1$ mm，长度不限
咬边	不允许	深度$\leqslant0.05t$ 且$\leqslant0.3$ mm，连续长度$\leqslant100$ mm，且焊缝两侧咬边总长$\leqslant10\%$焊缝全长	深度$\leqslant0.1t$ 且$\leqslant0.5$ mm，长度不限
电弧擦伤	不允许		允许存在个别电弧擦伤
接头不良	不允许		缺口深度$\leqslant0.05t$ 且$\leqslant0.5$ mm，每 1 000 mm 长度焊缝内不得超过 1 处
表面气孔	不允许		直径<1.0 mm，每米不多于 3 个，间距不小于 20 mm
表面夹渣	不允许		深$\leqslant0.2t$，长$\leqslant0.5t$ 且$\leqslant20$ mm

续表

检验项目	焊缝质量等级		
	一级	二级	三级

注：1. t 为母材厚度。
　　2. 桥面板与弦杆角焊缝、桥面板侧的桥面板与 U 形肋角焊缝、腹板侧受拉区竖向加劲肋角焊缝的咬边缺陷应满足一级焊缝的质量要求。

表 4-17　焊缝外观尺寸要求　　　　　　　　　　　　　　　　　　mm

项目	焊缝种类	允许偏差
焊脚尺寸	主要角焊缝①（包括对接与角接组合焊缝）	$h_f{}_{\ 0}^{+2.0}$
	其他角焊缝	$h_f{}_{-1.0}^{+2.0}$②
焊缝高低差	角焊缝	任意 25 mm 范围高低差≤2.0 mm
余高	对接焊缝	焊缝宽度 b≤20 mm 时，≤2.0 mm 焊缝宽度 b>20 mm 时，≤3.0 mm
余高铲磨后	表面高度	高于母材表面不大于 0.5 mm 低于母材表面不大于 0.3 mm
	表面粗糙度	横向对接焊缝	不大于 50 μm

① 主要角焊缝是指主要杆件的盖板与腹板的连接焊缝；
② 手工焊角焊缝全长的 10% 允许 $h_f{}_{-1.0}^{+3.0}$。

5. 无损检测

焊缝无损探伤不但具有探伤速度快、效率高、轻便实用的特点，而且对焊缝内危险性缺陷（包括裂缝、未焊透、未熔合）检验的灵敏度较高，成本也低，只是探伤结果较难判定，受人为因素影响大，且探测结果不能直接记录存档。焊缝无损检测报告签发人员必须持有现行国家标准《无损检测　人员资格鉴定与认证》(GB/T 9445—2015)规定的 2 级或 2 级以上资格证书。

(1) 承受静荷载结构焊接焊缝无损检测。无损检测应在外观检测合格后进行。Ⅲ、Ⅳ类钢材及焊接难度等级为 C、D 级时，应以焊接完成 24 h 后无损检测结果作为验收依据；钢材标称屈服强度不小于 690 MPa 或供货状态为调质状态时，应以焊接完成 48 h 后无损检测结果作为验收依据。对于设计要求全焊透的焊缝，其内部缺陷的检测应符合下列规定：

1) 一级焊缝应进行 100% 的检测，其合格等级不应低于超声波检测要求中 B 级检验的Ⅱ级要求；

2) 二级焊缝应进行抽检，抽检比例不应小于 20%，其合格等级不应低于超声波检测要求中 B 级检测的Ⅲ级要求；

3) 三级焊缝应根据设计要求进行相关的检测。

(2) 需疲劳验算结构的焊缝无损检测。无损检测应在外观检查合格后进行。

1) Ⅰ、Ⅱ类钢材及焊接难度等级为 A、B 级时，应以焊接完成 24 h 后的检测结果作为验收依据，Ⅲ、Ⅳ类钢材及焊接难度等级为 C、D 级时，应以焊接完成 48 h 后的检测结果作为验收依据。

2)板厚不大于 30 mm(不等厚对接时,按较薄板计)的对接焊缝,除按规定进行超声波检测外,还应采用射线检测抽检其接头数量的 10%且不少于 1 个焊接接头。

3)板厚大于 30 mm 的对接焊缝,除按规定进行超声波检测外,还应增加接头数量的 10%且不少于 1 个焊接接头,按检验等级为 C 级、质量等级为不低于一级的超声波检测,检测时焊缝余高应磨平,使用的探头折射角应有一个为 45°,探伤范围应为焊缝两端各 500 mm。焊缝长度大于 1 500 mm 时,中部应加探 500 mm。当发现超标缺陷时,应加倍检验。

4)用射线和超声波两种方法检验同一条焊缝,必须达到各自的质量要求,该焊缝方可判定为合格。

6. 超声波检测

超声波是一种人耳听不到的高频率(20 kHz 以上)声波。探伤超声波是利用由压电效应原理制成的压电材料超声换能器而获得的。用于建筑钢结构焊缝超声波探伤的主要波形是纵波和横波。超声波检测设备及工艺要求应符合现行国家标准《焊缝无损检测 超声检测技术、检测等级和评定》(GB/T 11345—2013)的有关规定。

(1)一般规定。

1)对接及角接接头的检验等级应根据质量要求分为 A、B、C 三级,检验的完善程度 A 级最低,B 级一般,C 级最高,应根据结构的材质、焊接方法、使用条件及承受载荷的不同,合理选用检验级别。

2)对接及角接接头检验范围如图 4-27 所示,A 级检验采用一种角度探头在焊缝的单面单侧进行检验,只对能扫查到的焊缝截面进行探测,一般不要求做横向缺陷的检验。当母材厚度大于 50 mm 时,不得采用 A 级检验。B 级检验采用一种角度探头在焊缝的单面双侧

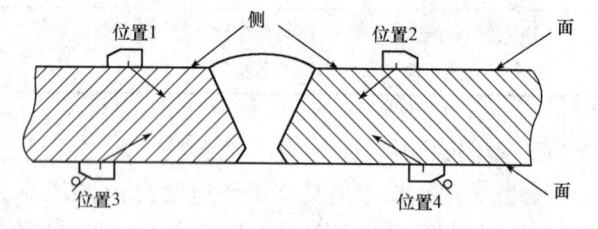

图 4-27 超声波检测位置

进行检验,受几何条件限制时,应在焊缝单面、单侧采用两种角度探头(两角度之差大于 15°)进行检验。母材厚度大于 100 mm 时,应采用双面双侧检验,受几何条件限制时,应在焊缝双面单侧采用两种角度探头(两角度之差大于 15°)进行检验,检验应覆盖整个焊缝截面。条件允许时,应做横向缺陷检验。C 级检验至少应采用两种角度探头在焊缝的单面双侧进行检验。同时应做两个扫查方向和两种探头角度的横向缺陷检验。母材厚度大于 100 mm 时,应采用双面双侧检验。检查前应将对接焊缝余高磨平,以便探头在焊缝上做平行扫查。焊缝两侧斜探头扫查经过母材部分应采用直探头做检查。当焊缝母材厚度不小于 100 mm,或窄间隙焊缝母材厚度不小于 40 mm 时,应增加串列式扫查。

(2)承受静荷载结构焊接焊缝超声波检测。

1)检验灵敏度应符合表 4-18 的规定。

表 4-18　距离—波幅曲线

厚度/mm	判废线/dB	定量线/dB	评定线/dB
3.5～150	$\phi 3 \times 40$	$\phi 3 \times 40 - 6$	$\phi 3 \times 40 - 14$

2)缺陷等级评定应符合表 4-19 的规定。

表 4-19　超声波检测缺陷等级评定

评定等级	检验等级 A	检验等级 B	检验等级 C
	板厚 t/mm		
	3.5～50	3.5～150	3.5～150
Ⅰ	$2t/3$；最小 8 mm	$t/3$；最小 6 mm，最大 40 mm	$t/3$；最小 6 mm，最大 40 mm
Ⅱ	$3t/4$；最小 8 mm	$2t/3$；最小 8 mm，最大 70 mm	$2t/3$；最小 8 mm，最大 50 mm
Ⅲ	$<t$；最小 16 mm	$3t/4$；最小 12 mm，最大 90 mm	$3t/4$；最小 12 mm，最大 75 mm
Ⅳ	超过Ⅲ级者		

3)当检测板厚在 3.5～8 mm 范围时，其超声波检测的技术参数应按现行行业标准《钢结构超声波探伤及质量分级法》(JG/T 203—2007)执行。

4)焊接球节点网架、螺栓球节点网架及圆管 T、K、Y 节点焊缝的超声波探伤方法及缺陷分级应符合现行行业标准《钢结构超声波探伤及质量分级法》(JG/T 203—2007)的有关规定。

5)箱形构件隔板电渣焊焊缝无损检测，除应符合无损检测的相关规定外，还应按规定进行焊缝焊透宽度、焊缝偏移检测。

6)对超声波检测结果有疑义时，可采用射线检测验证。

7)下列情况之一宜在焊前用超声波检测 T 形、十字形、角接接头坡口处的翼缘板，或在焊后进行翼缘板的层状撕裂检测：

①发现钢板有夹层缺陷；

②翼缘板、腹板厚度不小于 20 mm 的非厚度方向性能钢板；

③腹板厚度大于翼缘板厚度且垂直于该翼缘板厚度方向的工作应力较大。

(3)需疲劳验算结构的焊缝外观质量检测。检测范围和检验等级应符合表 4-20 的规定。距离-波幅曲线灵敏度及缺陷等级评定应符合表 4-21 和表 4-22 的规定。

表 4-20　焊缝超声波检测范围和检验等级

焊缝质量级别	探伤部位	板厚 t/mm	检验等级
一、二级横向对接焊缝	全长	10≤t≤46	B
	—	46＜t≤80	B(双面双侧)
二级纵向对接焊缝	焊缝两端各 1 000 mm	10≤t≤46	B
	—	46＜t≤80	B(双面双侧)
二级角焊缝	两端螺栓孔部位延长 500 mm，板梁主梁及纵、横梁跨中加探 1 000 mm	10≤t≤46	B(双面单侧)
	—	46＜t≤80	B(双面单侧)

表 4-21　超声波检测距离-波幅曲线灵敏度

焊缝质量等级	板厚 t/mm	判废线/dB	定量线/dB	评定线/dB
对接焊缝一、二级	10≤t≤46	$\phi3\times40-6$	$\phi3\times40-14$	$\phi3\times40-20$
	46＜t≤80	$\phi3\times40-2$	$\phi3\times40-10$	$\phi3\times40-16$

续表

焊缝质量等级		板厚 t/mm	判废线/dB	定量线/dB	评定线/dB
全焊透对接与角接组合焊缝一级		$10 \leq t \leq 80$	$\phi 3 \times 40 - 4$	$\phi 3 \times 40 - 10$	$\phi 3 \times 40 - 16$
			$\phi 6$	$\phi 3$	$\phi 2$
角焊缝二级	部分焊透对接与角接组合焊缝	$10 \leq t \leq 80$	$\phi 3 \times 40 - 4$	$\phi 3 \times 40 - 10$	$\phi 3 \times 40 - 16$
	贴角焊缝	$10 \leq t \leq 25$	$\phi 1 \times 2$	$\phi 1 \times 2 - 6$	$\phi 1 \times 2 - 12$
		$25 < t \leq 80$	$\phi 1 \times 2 + 4$	$\phi 1 \times 2 - 4$	$\phi 1 \times 2 - 10$

注：1. 角焊缝超声波检测采用铁路钢桥制造专用柱孔标准试块或其校准过的其他孔形试块；
2. $\phi 6$、$\phi 3$、$\phi 2$ 表示纵波探伤的平底孔参考反射体尺寸。

表 4-22　超声波检测缺陷等级评定

焊缝质量等级	板厚 t/mm	单个缺陷指示长度	多个缺陷的累计指示长度
对接焊缝一级	$10 \leq t \leq 80$	$t/4$，最小可为 8 mm	在任意 $9t$，焊缝长度范围不超过 t
对接焊缝二级	$10 \leq t \leq 80$	$t/2$，最小可为 10 mm	在任意 $4.5t$，焊缝长度范围不超过 t
全焊透对接与角接组合焊缝一级	$10 \leq t \leq 80$	$t/3$，最小可为 10 mm	—
角焊缝二级	$10 \leq t \leq 80$	$t/2$，最小可为 10 mm	—

注：1. 母材板厚不同时，按较薄板评定；
2. 缺陷指示长度小于 8 mm 时，按 5 mm 计。

7. 承受静荷载结构焊接焊缝的表面检测

下列情况之一应进行表面检测：

(1)设计文件要求进行表面检测；

(2)外观检测发现裂纹时，应对该批中同类焊缝进行 100% 的表面检测；

(3)外观检测怀疑有裂纹缺陷时，应对怀疑的部位进行表面检测；

(4)检测人员认为有必要时。

铁磁性材料应采用磁粉检测表面缺陷。不能使用磁粉检测时，应采用渗透检测。

8. 其他检测

(1)射线检测。应符合现行国家标准《焊缝无损检测　射线检测　第 1 部分：X 和伽玛射线的胶片技术》(GB/T 3323.1—2019)的有关规定，射线照相的质量等级不应低于 B 级的要求。承受静荷载结构的焊接一级焊缝评定合格等级不应低于Ⅱ级的要求，二级焊缝评定合格等级不应低于Ⅲ级的要求；需疲劳验算结构的焊缝，内部质量等级不应低于Ⅱ级。

(2)磁粉检测应符合有关规定，合格标准应符合焊缝外观检测的有关规定。

(3)渗透检测应符合有关规定，合格标准应符合焊缝外观检测的有关规定。

9. 抽样检验结果判定

抽样检验应按下列规定进行结果判定：

(1)抽样检验的焊缝数不合格率小于 2% 时，该批验收合格；

(2)抽样检验的焊缝数不合格率大于 5% 时，该批验收不合格；

(3)除第(5)条情况外，抽样检验的焊缝数不合格率为 2%～5% 时，应加倍抽检，且必须在原不合格部位两侧的焊缝延长线各增加1处,在所有抽检焊缝中不合格率小于3%时,该批验收合格,大于3%时,该批验收不合格;

(4)批量验收不合格时,应对该批余下的全部焊缝进行检验;

(5)检验发现1处裂纹缺陷时,应加倍抽查。在加倍抽检焊缝中未再检查出裂纹缺陷时,该批验收合格;检验发现多于1处裂纹缺陷或加倍抽查又发现裂纹缺陷时,该批验收不合格,应对该批余下焊缝全数进行检查。

八、焊接缺陷返修

经过焊接质量检验不合格的焊接部位,应按规定进行返修至检查合格。

(一)焊接缺陷的定义与分类

在焊接接头中的不连续性、不均匀性以及其他不健全等缺陷,统称为焊接缺陷。在焊接接头中产生的不符合标准要求的焊接缺陷称为焊接缺陷。

在焊接结构(件)中,评定焊接接头质量优劣的依据是缺陷的种类、大小、数量、形态、分布及危害程度。按国家标准《金属熔化焊接头缺陷分类及说明》(GB/T 6417.1—2005),可将熔焊缺陷分为裂纹、空穴、固体夹杂、未熔合及未焊透、形状和尺寸不良及其他缺陷六类。焊接接头中常见缺陷的名称及检验方法见表4-23。

表4-23 焊接接头中常见缺陷的名称及检验方法

常见焊接缺陷	特征	产生原因	检验方法	解决方法
焊缝形状及尺寸不符合要求	焊接变形造成焊缝形状翘曲或尺寸超差	(1)焊接顺序不当; (2)焊接前未留收缩余量	目视检查 量具检查	用机械方法或加热方法校正
咬边	沿焊缝的母材部位产生沟槽或凹陷	(1)焊接工艺参数选择不当; (2)焊接件角度不当; (3)电弧偏吹; (4)焊接零件位置安放不当	目视检查 宏观金相检验	轻微的咬边用机械方法修锉,严重的进行补焊
焊瘤	熔化金属流淌到缝外,未熔化的母材形成金属瘤	(1)焊接工艺参数选择不当; (2)立焊时运条不当	目视检查 宏观金相检验	通过手工或机械方法除去多余的堆积金属
烧穿	熔化金属从坡口背面留出,形成穿孔	(1)焊件装配不当; (2)焊接电流过大; (3)焊接速度过缓; (4)操作技术不熟练	目视检查 X射线探伤	消除烧穿孔洞边的残余金属,补焊填平孔洞
气孔	熔渣池中的气泡在凝固时未能溢出,瘤焊后残留下空穴	(1)焊件和焊接材料有油污; (2)焊接区域保护不好,焊接电流过小,弧长过长	目视检查 X射线探伤 金相检验	铲去气孔处的焊缝金属,然后进行补焊

续表

常见焊接缺陷	特征	产生原因	检验方法	解决方法
夹渣	焊缝残留在焊缝中的熔渣	(1)焊接材料质量不好； (2)焊接电流太小； (3)熔渣密度过大； (4)多层焊时熔渣未消除	X射线探伤 超声探伤 金相检验	铲去夹渣处的焊缝金属，然后进行补焊
未焊透	母材与焊缝金属之间没有完全融合	(1)焊接电流过小； (2)焊接速度过快； (3)坡口角度间隙过小； (4)操作技术不佳	目视检查 X射线探伤 超声探伤 金相检验	铲去未焊透的焊缝金属，然后进行补焊
弧坑	焊缝熄弧处的低洼部分	操作时熄弧太快，未反复向熄弧处补充金属	目视检查	在弧坑处补焊
夹钨	钨极进入焊缝中的钨粒	焊接时钨极与熔池金属接触	目视检查 X射线探伤	挖去夹钨处的缺陷金属，重新焊接
裂纹 热裂纹	沿晶界面出现，裂纹断口处有氧化色	(1)母材抗裂性能差； (2)焊接材料质量差； (3)焊缝内拉应力过大； (4)焊接工艺参数选择不当	目视检查 X射线探伤 超声探伤 金相检验 超声检验	在裂纹两端钻止裂孔或铲除裂纹处的焊缝金属，进行补焊
裂纹 冷裂纹	断口无氧化色，有金属光泽	(1)焊接结构设计不合理； (2)焊缝金属中扩散氢含量过大		
裂纹 再热裂纹	沿晶界且局限在热影响区的过热区中	(1)焊后的热处理不当； (2)材料性能尚未完全掌握		
层状撕裂	沿平行于板面呈分层分布的金属夹杂物方向扩展	(1)材质本身存在层状夹杂物； (2)焊接接头含氧量较大	金相检验 超声检验	(1)严格控制钢板的硫含量； (2)降低焊缝金属氢含量
凹坑	焊缝表面或焊缝背面形成的低于母材表面的局部低洼	焊接电流太大且焊接速度太快	目视检查	铲去焊缝金属并重新焊接，T形接头和开敞性较好的对接焊缝，可在背面直接补焊

(二)焊接缺陷对质量的影响

焊接缺陷对结构质量的影响主要是对静载强度、疲劳强度、脆性断裂等的影响。

1. 焊接缺陷对静载强度的影响

大量的试验表明，圆形缺陷所引起的强度降低与缺陷造成的承载截面的减小成正比。若焊缝中出现成串或密集气孔，由于气孔的截面较大，还可能伴随着焊缝力学性能的下降

(如氧化等)使强度明显降低，因此，成串气孔要比单个气孔更加危险。夹渣对强度的影响与其形状和尺寸有关。同样，呈连续的细条状且排列方向垂直于受力方向的夹渣要比单个小球状夹渣更加危险。裂纹、未熔合和未焊透比气孔和夹渣的危害更大，它们不仅降低了结构的有效承载截面面积，而且更重要的是产生了应力集中，有诱发脆性断裂的可能。尤其是裂纹，在其尖端存在着缺口效应，容易出现三向应力状态，会导致裂纹的失稳和扩展，以致造成整个结构的断裂，所以，裂纹是焊接结构中最危险的缺陷。

2. 焊接缺陷对疲劳强度的影响

缺陷对疲劳强度的影响比对静载强度的影响大得多。例如，气孔引起的承载截面减小10%时，疲劳强度的下降幅度可达50%。焊缝内的平面型缺陷（如裂纹、未熔合、未焊透）由于应力集中系数较大，因而对疲劳强度的影响较大。含裂纹的结构与占同样面积的气孔的结构相比，前者的疲劳强度比后者降低15%。对未焊透来讲，随着其面积的增加，疲劳强度明显下降。焊缝内部的球状夹渣、气孔，当其面积较小、数量较少时，对疲劳强度的影响不大，但当夹渣形成尖锐的边缘时，则对疲劳强度的影响十分明显。咬边对疲劳强度的影响比气孔、夹渣大得多。另外，焊缝的成型不良，焊趾区、焊根的未焊透，错边和角变形等外部缺陷都会引起应力集中，很容易产生疲劳裂纹而造成疲劳破坏。通常疲劳裂纹是从表面引发的，因此，当缺陷露出表面或接近表面时，其疲劳强度的下降要比缺陷埋藏在内部的明显得多。

3. 焊接缺陷对脆性断裂的影响

脆断是一种低应力下的破坏，而且具有突发性，事先难以发现和加以预防，故危害最大。一般认为，结构中缺陷造成的应力集中越严重，脆性断裂的危险性越大。裂纹对脆性断裂的影响最大，其影响程度不仅与裂纹的尺寸、形状有关，而且与其所在的位置有关。如果裂纹位于高值拉应力区，就容易引起低应力破坏；若裂纹位于结构的应力集中区，则更危险。另外，错边和角变形能引起附加的弯曲应力，对结构的脆性破坏也有影响，并且角变形越大，破坏应力越低。

4. 焊接缺陷引起的应力集中

焊缝中的气孔一般呈单个球状或条虫形，因此，气孔周围应力集中并不严重；而焊接接头中的裂纹常常呈扁平状，如果加载方向垂直于裂纹的平面，则裂纹两端会引起严重的应力集中。焊缝中的夹杂物具有不同的形状和包含不同的材料，但其周围的应力集中与空穴相似。若焊缝中存在着密集气孔或夹渣，在负载作用下，如果出现气孔间或夹渣之间的连通（即产生豁口），则将导致应力区的扩大和应力值的上升。焊缝的形状不良、角焊缝的凸度过大及错边、角变形等焊接接头的外部缺陷，也都会引起应力集中或者产生附加应力。

(三)焊接缺陷返修方法与要求

焊缝检出缺陷后，必须明确标定缺陷的位置、性质、尺寸、深度部位，制订相应的焊缝返修方法。

1. 外观缺陷返修

外观缺陷的返修比较简单，当焊缝表面缺陷超过相应质量验收标准时，对气孔、夹渣、焊瘤、余高过大等缺陷，应用砂轮打磨、铲凿、钻、铣等方法去除，必要时应进行焊补；对焊缝尺寸不足、咬边、弧坑未填满等缺陷，应进行焊补。

119

2. 无损检测缺陷返修

经无损检测确定焊缝内部存在超标缺陷时，应进行返修。返修应符合下列规定：

(1)返修前应由施工企业编写返修方案。

(2)应根据无损检测确定的缺陷位置、深度，用砂轮打磨或碳弧气刨清除缺陷。缺陷为裂纹时，碳弧气刨前应在裂纹两端钻止裂孔并清除裂纹及其两端各 50 mm 长的焊缝或母材。

(3)清除缺陷时，应将刨槽加工成四侧边斜面角大于 10°的坡口，并修整表面、磨除气刨渗碳层。必要时，应用渗透探伤或磁粉探伤方法确定裂纹是否彻底清除。

(4)焊补时，应在坡口内引弧，熄弧时应填满弧坑。多层焊的焊层之间接头应错开，焊缝长度应不小于 100 mm；当焊缝长度超过 500 mm 时，应采用分段退焊法。

(5)返修部位应连续焊成，如中断焊接时，应采取后热、保温措施，防止产生裂纹。再次焊接前宜用磁粉或渗透探伤方法检查，确认无裂纹后方可继续补焊。

(6)焊接修补的预热温度应比相同条件下正常焊接的预热温度高，并应根据工程节点的实际情况确定是否需要采用超低氢型焊条焊接或进行焊后消氢处理。

(7)焊缝正、反面各作为一个部位，同一部位返修不宜超过两次。

(8)对两次返修后仍不合格的部位应重新制订返修方案，经工程技术负责人审批并报监理工程师认可后方可执行。

(9)返修焊接应填报返修施工记录及返修前后的无损检测报告，作为工程验收及存档资料。

钢结构焊接施工常见问题与处理措施

第二节 钢结构紧固件连接

一、连接件加工及摩擦面处理

(1)连接件螺栓孔可分为静止螺栓孔和普通螺栓孔。螺栓孔的精度、孔壁表面粗糙度、孔径及孔距的允许偏差等，应符合《钢结构工程施工质量验收标准》(GB 50205—2020)的有关规定。

(2)螺栓孔距超出规定的允许偏差时，可采用与母材相匹配的焊条补焊，并应经无损检测合格后重新制孔，每组孔中经补焊重新钻孔的数量不得超过改组螺栓数量的 20%。

(3)高强度螺栓连接处的钢板表面处理方法及除锈等级应符合设计要求。连接处钢板表面应平整、无焊接飞溅、无毛刺、无油污。经处理后的摩擦型高强度螺栓连接的摩擦面抗滑移系数应符合设计要求。

(4)高强度螺栓连接处的摩擦面可根据设计抗滑移系数的要求选择处理工艺，抗滑移系数必须满足设计要求。采用手工砂轮打磨时，打磨方向应与受力方向垂直，且打磨范围应不小于螺栓孔径的4倍。经处理后的摩擦面应采取防止沾染脏物和油污的保护措施，严禁在高强度螺栓连接处摩擦面上做标记。

(5)钢结构制作和安装单位应按国家现行标准《钢结构工程施工质量验收标准》(GB 50205—2020)和《钢结构高强度螺栓连接技术规程》(JGJ 82—2011)的规定，分别进行高强度螺栓连接摩擦面的抗滑移系数试验和复验，现场处理的构件摩擦面应单独进行摩擦面抗滑移系数试验，其结果应符合设计要求。当高强度螺栓连接节点按承压型连接或张拉型连接进行强度设计时，可不进行摩擦面抗滑移系数的试验。

(6)摩擦面的抗滑移系数应按下列规定进行检验：

1)制造厂和安装单位应分别以钢结构制造批为单位进行抗滑移系数检验。检验批可按分部工程或子分部工程每2 000 t用量的钢结构为一批，不足2 000 t用量的钢结构视为一批。选用含有涂层摩擦面的两种及两种以上表面处理工艺时，每种处理工艺均需检验抗滑移系数，每批3组试件。

2)抗滑移系数试验用的试件应由制造厂加工，试件与所代表的钢结构构件应为同一材质、同批制作、采用同一摩擦面处理工艺、具有相同的表面或涂层状态，应在同一环境条件下存放。

3)抗滑移系数试件宜采用双摩擦面的二栓拼接拉力试件(图4-28)，试件钢板的厚度t_1、t_2应根据钢结构工程中有代表性的板材厚度来确定；试件的设计应保证摩擦面在滑移之前，试件钢板的净截面处于弹性状态。

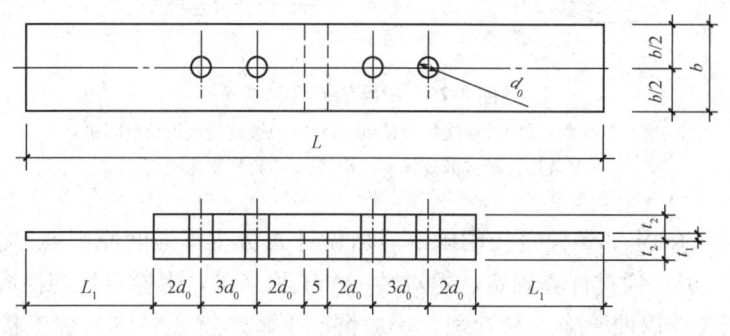

图4-28 抗滑移系数试件

4)抗滑移系数应在拉力试验机上进行并测出其滑移荷载。试验时，试件的轴线应与试验机夹具中心严格对中。

5)抗滑移系数μ应按式(4-2)计算，抗滑移系数μ的计算结果应精确到小数点后2位，高强度螺栓预拉力实测值P_t误差应小于或等于2%，试验时应控制在预应力值P的0.95~1.05倍。

$$\mu = \frac{N}{n_f \cdot \sum P_t} \tag{4-2}$$

式中 N——滑移荷载(kN)；

n_f——传力摩擦面数目，$n_f=2$；

P_t——高强度螺栓预拉力实测值；

$\sum P_t$——强度与试件滑移荷载一侧对应的高强度螺栓预拉力之和。

6)抗滑移系数检验的最小值严禁小于设计规定值。当不符合上述规定时,构件摩擦面应重新处理,处理后的构件摩擦面应按规定重新检验。

二、普通螺栓连接

1. 施工技术准备

普通螺栓连接施工前应熟悉图纸,掌握设计对普通紧固件的技术要求,熟悉施工详图,核实普通紧固件连接的孔距、钉距以及排列方式。如有问题,应及时反馈给设计部门,还要分规格统计所需的普通紧固件数量。

2. 普通螺栓的选用

(1)螺栓的破坏形式。螺栓的可能破坏形式如图 4-29 所示。

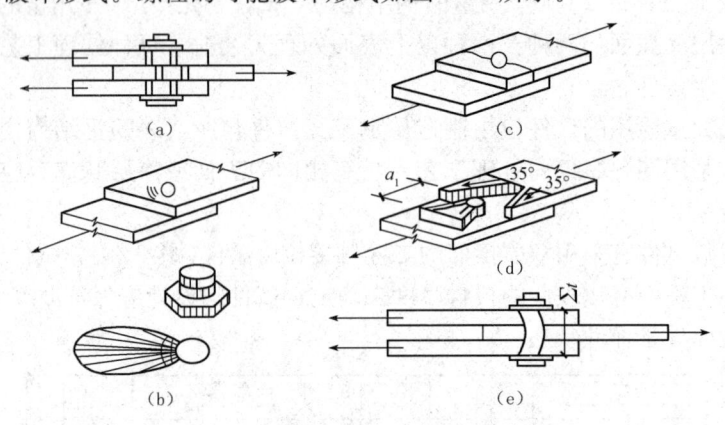

图 4-29 螺栓的破坏形式
(a)螺杆被剪断;(b)被连接板被挤压破坏;(c)被连接板被拉(压)破坏;
(d)被连接板被剪破坏——拉豁;(e)栓杆受弯破坏

(2)螺栓直径的确定。螺栓直径的确定应由设计人员按等强度原则参照《钢结构设计标准》(GB 50017—2017)通过计算确定,但对某一个工程来讲,螺栓直径规格应尽可能少,有的还需要适当归类,以便于施工和管理。一般情况下,螺栓直径应与被连接件的厚度相匹配。表 4-24 为不同的连接厚度所推荐选用的螺栓直径。

表 4-24　不同的连接厚度推荐选用的螺栓直径　　　　　　　　　　mm

连接件厚度	4～6	5～8	7～11	10～14	13～21
推荐螺栓直径	12	16	20	24	27

(3)螺栓长度的确定。连接螺栓的长度应根据连接螺栓的直径和厚度确定。螺栓长度指的是螺栓头内侧到尾部的距离,一般为 5 mm 进制,可按式(4-3)计算:

$$L=\delta+m+nh+C \tag{4-3}$$

式中　δ——被连接件的总厚度(mm);
　　　m——螺母厚度(mm);
　　　n——垫圈个数;
　　　h——垫圈厚度(mm);
　　　C——螺纹外露部分长度(以 2～3 丝扣为宜,≤5 mm)(mm)。

3. 螺栓的排列与构造要求

螺栓的排列应遵循简单紧凑、整齐划一和便于安装紧固的原则，通常采用并列和错列两种形式，如图 4-30 所示。并列简单，但栓孔削弱截面较大；错列可减少截面削弱，但排列较繁。无论采用哪种排列，螺栓的中距、端距及边距都应满足表 4-25 的要求。

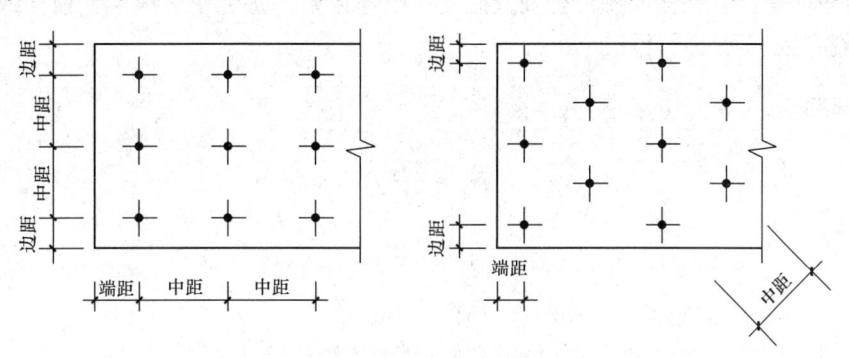

图 4-30 螺栓排列形式

表 4-25 螺栓中距、端距及边距

序号	项目	内 容
1	受力要求	螺栓任意方向的中距以及边距和端距均不应过小，以免构件在承受拉力作用时，加剧孔壁周围的应力集中和防止钢板过度削弱而使承载力过低，造成沿孔与孔或孔与边间拉断或剪断。当构件承受压力作用时，顺压力方向的中距不应过大，否则螺栓间钢板可能因失稳形成鼓曲
2	构造要求	螺栓的中距不应过大，否则钢板不能紧密贴合。外排螺栓的中距以及边距和端距更不应过大，以防止潮气侵入引起锈蚀
3	施工要求	螺栓间应有足够距离以便于转动扳手，拧紧螺母

4. 普通螺栓连接计算

(1) 在普通螺栓或铆钉受剪的连接中，每个普通螺栓或铆钉的承载力设计值应取受剪承载力和承压承载力设计值中的较小者。

受剪承载力设计值：

普通螺栓

$$N_v^b = n_v \frac{\pi d^2}{4} f_v^b \tag{4-4}$$

铆钉

$$N_v^r = n_v \frac{\pi d_0^2}{4} f_v^r \tag{4-5}$$

承压承载力设计值：

普通螺栓

$$N_c^b = d \sum t \cdot f_c^b \tag{4-6}$$

铆钉

$$N_c^r = d_0 \sum t \cdot f_c^r \tag{4-7}$$

式中　n_v——受剪面数目；

　　　d——螺栓杆直径(mm)；

　　　d_0——铆钉孔直径(mm)；

123

$\sum t$——在不同受力方向中一个受力方向承压构件总厚度的较小值(mm);

f_v^b, f_c^b——螺栓的抗剪和承压强度设计值(N/mm²);

f_v^r, f_c^r——铆钉的抗剪和承压强度设计值(N/mm²)。

(2)在普通螺栓、锚栓或铆钉杆轴方向受拉的连接中,每个普通螺栓、锚栓或铆钉的承载力设计值应按下列公式计算:

普通螺栓
$$N_t^b = \frac{\pi d_e^2}{4} f_t^b \tag{4-8}$$

锚栓
$$N_t^a = \frac{\pi d_e^2}{4} f_t^a \tag{4-9}$$

铆钉
$$N_t^r = \frac{\pi d_0^2}{4} f_t^r \tag{4-10}$$

式中 d_e——螺栓或锚栓在螺纹处的有效直径(mm);

f_t^b, f_t^a, f_t^r——普通螺栓、锚栓和铆钉的抗拉强度设计值(N/mm²)。

(3)同时承受剪力和杆轴方向拉力的普通螺栓和铆钉,应分别符合下列公式的要求:

普通螺栓
$$\sqrt{\left(\frac{N_v}{N_v^b}\right)^2 + \left(\frac{N_t}{N_t^b}\right)^2} \leqslant 1 \tag{4-11}$$

$$N_v \leqslant N_c^b \tag{4-12}$$

铆钉
$$\sqrt{\left(\frac{N_v}{N_v^r}\right)^2 + \left(\frac{N_t}{N_t^r}\right)^2} \leqslant 1 \tag{4-13}$$

$$N_v \leqslant N_c^r \tag{4-14}$$

式中 N_v, N_t——某个普通螺栓或铆钉所承受的剪力和拉力(N);

N_v^b, N_t^b, N_c^b——一个普通螺栓的受剪、受拉和承压承载力设计值(N/mm²);

N_v^r, N_t^r, N_c^r——一个铆钉的受剪、受拉和承压承载力设计值(N/mm²)。

5. 普通螺栓连接施工

(1)一般要求。普通螺栓作为永久性连接螺栓时,应符合下列要求:

1)一般的螺栓连接。螺栓头和螺母下面应放置平垫圈,从而增大承压面积。螺栓头下面放置的垫圈一般不应多于两个,螺母下面放置的垫圈一般不应多于一个。

2)对于承受动荷载或重要部位的螺栓连接,应按设计要求放置弹簧垫圈,且必须放置在螺母一侧。

3)对于设计有要求防松动的螺栓,锚固螺栓应采用有防松装置的螺母或弹簧垫圈或者人工方法采取防松措施。

(2)螺栓的布置。螺栓的布置应使各螺栓受力合理,同时要求各螺栓尽可能远离形心和中性轴,以便充分和均衡地利用各个螺栓的承载能力。对螺栓间的间距确定,既要考虑螺栓连接的强度与变形等要求,又要考虑便于装拆的操作要求。各螺栓间及螺栓中心线与机件之间应留有扳手操作空间。螺栓或铆钉的最大、最小容许距离应符合表4-26的要求。

表 4-26　螺栓或铆钉的最大、最小容许距离

名称	位置和方向			最大容许距离（取两者的较小值）	最小容许距离
中心间距	外排（垂直内力方向或顺内力方向）			$8d_0$ 或 $12t$	$3d_0$
	中间排	垂直内力方向		$16d_0$ 或 $24t$	
		顺内力方向	构件受压力	$12d_0$ 或 $18t$	
			构件受拉力	$16d_0$ 或 $24t$	
	沿对角线方向				
中心至构件边缘距离	顺内力方向			$4d_0$ 或 $8t$	$2d_0$
	垂直内力方向	剪切边或手工气割边			$1.5d_0$
		轧制边、自动气割或锯割边	高强度螺栓		$1.5d_0$
			其他螺栓或铆钉		$1.2d_0$

注：1. d_0 为螺栓或铆钉的孔径，t 为外层较薄板件的厚度。
　　2. 钢板边缘与刚性构件（如角钢、槽钢等）相连的螺栓或铆钉的最大间距，可按中间排的数值采用。
　　3. 计算螺栓引起的截面削弱时可取 $d+4$ mm 和 d_0 的较大者。

（3）螺栓孔加工。螺栓连接前，须对螺栓孔进行加工，可根据连接板的大小采用钻孔或冲孔加工。冲孔一般只用于较薄钢板和非圆孔的加工，而且要求孔径一般不小于钢板的厚度。

1）钻孔前，将工件按图样要求画线，检查后打样冲眼。样冲眼应打大些，使钻头不易偏离中心。在工件孔的位置画出孔径圆和检查圆，并在孔径圆上及其中心冲出小坑。

2）当螺栓孔要求较高，叠板层数较多，同类孔距也较多时，可采用钻模钻孔或预钻小孔，再在组装时扩孔的方法。

预钻小孔直径的大小取决于叠板的层数，当叠板少于五层时，预钻小孔的直径一般小于 3 mm；当叠板层数大于五层时，预钻小孔直径应小于 6 mm。

3）对于精制螺栓（A、B 级螺栓），螺栓孔必须是Ⅰ类孔，并且具有 H12 的精度，孔壁表面粗糙度 Ra 不应大于 12.5 μm，为保证上述精度要求必须钻孔成形。

4）对于粗制螺栓（C 级螺栓）螺栓孔为Ⅱ类孔，孔壁表面粗糙度 Ra 不应大于 25 μm，其允许偏差满足一定要求。

（4）螺栓的装配。普通螺栓的装配应符合下列要求：

1）螺栓头和螺母下面应放置平垫圈，以增大承压面积。

2）每个螺栓一端不得垫两个及以上的垫圈，并不得采用大螺母代替垫圈。螺栓拧紧后，外露丝扣不应少于两扣。螺母下的垫圈一般不应多于一个。

3）对于设计有要求防松动的螺栓、锚固螺栓应采用有防松装置的螺母（双螺母）或弹簧垫圈，或用人工方法采取防松措施（如将螺栓外露丝扣打毛）。

4）对于承受动荷载或重要部位的螺栓连接，应按设计要求放置弹簧垫圈，弹簧垫圈必须设置在螺母一侧。

5）对于工字钢、槽钢类型钢应尽量使用斜垫圈，使螺母和螺栓头部的支承面垂直于螺杆。

6）双头螺栓的轴心线必须与工件垂直，通常用角尺进行检验。

7）装配双头螺栓时，首先将螺纹和螺孔的接触面清理干净，然后用手轻轻地把螺母拧

到螺纹的终止处；如果遇到拧不进的情况，不能用扳手强行拧紧，以免损坏螺纹。

8)螺母与螺钉装配时，螺母或螺钉与零件贴合的表面要光洁、平整，贴合处的表面应当经过加工，否则容易使连接件松动或使螺钉弯曲。螺母与螺钉装配时，螺母或螺钉和接触的表面之间应保持清洁，螺母孔内的脏物要清理干净。

6. 螺栓紧固及其检验

(1)紧固轴力。为了使螺栓受力均匀，应尽量减少连接件变形对紧固轴力的影响，保证节点连接螺栓的质量。为了使连接接头中螺栓受力均匀，螺栓的紧固次序应从中间开始，对称向两边进行；对大型接头应采用复拧；对 30 号正火钢制作的各种直径螺栓旋拧时，所承受的轴向允许荷载见表 4-27。

表 4-27　各种直径螺栓的允许荷载

螺栓的公称直径/mm		12	16	20	24	30	36
轴向允许轴力	无预先锁紧/N	17 200	3 300	5 200	7 500	11 900	17 500
	螺栓在荷载下锁紧/N	1 320	2 500	4 000	5 800	9 200	13 500
扳手最大允许扭矩	/(kg·cm^{-2})	320	800	1 600	2 800	5 500	9 700
	/(N·cm^{-2})	3 138	7 845	1 569	27 459	53 937	95 125

注：对于 Q235 及 45 钢，应将表中允许值分别乘以修正系数 0.75 及 1.1。

(2)成组螺母的拧紧。拧紧成组的螺母时，必须按照一定的顺序进行，并做到分次序逐步拧紧(一般分三次拧紧)；否则会使零件或螺杆产生松紧不一致，甚至变形。在拧紧长方形布置的成组螺母时，必须从中间开始，逐渐向两边对称地扩展，如图 4-31(a)所示；在拧紧方形或圆形布置的成组螺母时，必须对称地进行，如图 4-31(b)、(c)所示。

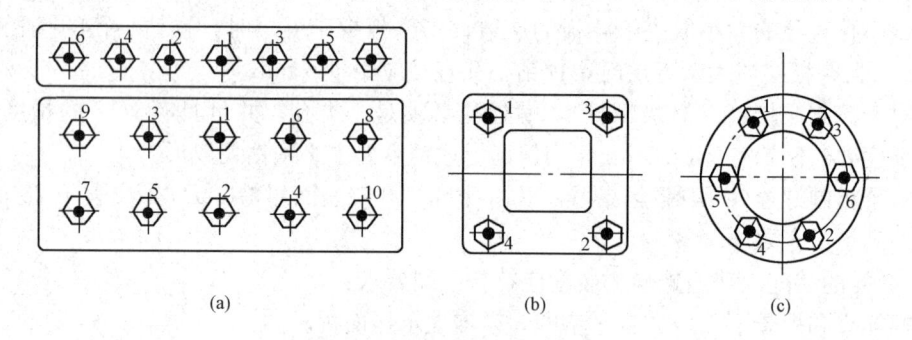

图 4-31　拧紧成组螺母的方法
(a)长方形布置；(b)方形布置；(c)圆形布置

(3)紧固质量检验。普通螺栓连接的螺栓紧固检验比较简单，一般采用锤击法。用 3 kg 小锤，一手扶螺栓头或螺母，另一手用锤敲，应保证螺栓头(螺母)不偏移、不颤动、不松动、锤声比较干脆，否则说明螺栓紧固质量不好，需要重新进行紧固施工。对接配件在平面上的差值超过 0.5～3 mm 时，应对较高的配件高出部分做成 1∶10 的斜坡，斜坡不得用火焰切割。当高度超过 3 mm 时，必须设置和该结构相同钢号的钢板做成的垫板，并用连接配件相同的加工方法对垫板的两侧进行加工。

7. 螺栓螺纹防松措施

一般螺纹连接均具有自锁性，在受静载和工作温度变化不大时，不会自行松脱。但在冲击、振动或变荷载作用下，以及在工作温度变化较大时，这种连接有可能松动，以致影响工作，甚至发生事故。为了保证连接安全、可靠，对螺纹连接必须采取有效的防松措施。

（1）增大摩擦力的防松措施。此类防松措施是使拧紧的螺纹之间不因外荷载的变化而失去压力，因而始终有摩擦阻力防止连接松脱。增大摩擦力的防松措施有安装弹簧垫圈和使用双螺母等。

（2）机械防松措施。此类防松措施是利用各种止动零件，阻止螺纹零件的相对转动来实现的。机械防松较为可靠，故应用较多。常用的机械防松措施有开口销与槽形螺母、止退垫圈与圆螺母、止动垫圈与螺母、串联钢丝等。

（3）不可拆防松措施。利用点焊、点铆等方法把螺母固定在螺栓或被连接件上，或者将螺钉固定在被连接件上，以达到防松的目的。

三、高强度螺栓连接

1. 高强度螺栓连接施工设计指标

（1）承压型高强度螺栓连接的强度设计值应按表 4-28 采用。

表 4-28　承压型高强度螺栓连接的强度设计值　　　　　　　　　　　N/mm²

螺栓的性能等级、构件钢材的牌号和连接类型			抗拉强度 f_t^b	抗剪强度 f_v^b	承压强度 f_c^b
承压型连接	高强度螺栓连接副	8.8S	400	250	—
		10.9S	500	310	—
承压型连接	连接处构件	Q235	—	—	470
		Q345	—	—	590
		Q390	—	—	615
		Q420	—	—	655

（2）高强度螺栓连接摩擦面抗滑移系数 μ 的取值应符合表 4-29 和表 4-30 的规定。

表 4-29　钢材摩擦面的抗滑移系数

连接处构件接触面的处理方法		构件的钢号			
		Q235	Q345	Q390	Q420
普通钢结构	喷砂（丸）	0.45	0.50	0.50	
	喷砂（丸）后生赤锈	0.45	0.50	0.50	
	钢丝刷清除浮锈或未经处理的干净轧制表面	0.40	0.35	0.40	
冷弯薄壁型钢结构	喷砂（丸）	0.40	0.45	—	—
	热轧钢材轧制表面清除浮锈	0.30	0.35	—	—
	冷轧钢材轧制表面清除浮锈	0.25	—	—	—

注：1. 钢丝刷除锈方向应与受力方向垂直；
　　2. 当连接构件采用不同钢号时，μ 应按相应的较低值取值；
　　3. 采用其他方法处理时，其处理工艺及抗滑移系数值均应经试验确定。

表 4-30　涂层摩擦面的抗滑移系数 μ

涂层类型	钢材表面处理要求	涂层厚度/μm	抗滑移系数
无机富锌漆	Sa2 $\frac{1}{2}$	60～80	0.40*
锌加底漆(ZINGA)			0.45
防滑防锈硅酸锌漆		80～120	0.45
聚氨酯富锌底漆或醇酸铁红漆	Sa2 及以上	60～80	0.15

注：1. 当设计要求使用其他涂层(热喷铝、镀锌等)时，其钢材表面处理要求、涂层厚度以及抗滑移系数均应经试验确定；
　　2. * 当连接板材为 Q235 钢时，对于无机富锌漆涂层，抗滑移系数 μ 值取 0.35；
　　3. 锌加底漆(ZINGA)、防滑防锈硅酸锌漆不应采用手工涂刷的施工方法。

(3) 各种高强度螺栓的预拉力设计取值应按表 4-31 采用。

表 4-31　各种高强度螺栓的预拉力 P　　　　　　　　　　　　kN

螺栓的性能等级	螺栓公称直径/mm						
	M12	M16	M20	M22	M24	M27	M30
8.8S	50	90	140	163	195	255	310
10.9S	60	110	170	210	250	320	390

(4) 高强度螺栓连接的极限承载力值应符合现行国家标准《建筑抗震设计规范(2016 年版)》(GB 50011—2010)的有关规定。

2. 施工准备

(1) 施工前应按设计文件和施工图的要求编制工艺规程和安装施工组织设计(或施工方案)，并认真贯彻执行。在设计图、施工图中均应注明所用的高强度螺栓连接副的性能等级、规格、连接形式、预拉力、摩擦面抗滑移等级以及连接后的防锈要求。高强度螺栓的有关技术参数已按有关规定进行复验合格；抗滑移系数试验也合格。

(2) 检查螺栓孔的孔径尺寸，孔边毛刺必须彻底清理干净。

(3) 高强度螺栓连接副的质量，必须达到技术条件的要求，不符合技术条件的产品不得使用。因此，每个制造批必须由制造厂出具质量保证书。

(4) 高强度螺栓连接副运到工地后，必须进行有关的力学性能检验，合格后方准使用。

1) 运到工地的大六角头高强度螺栓连接副应及时检验其螺栓荷载、螺母保证荷载、螺母及垫圈硬度、连接副的扭矩系数平均值和标准偏差，合格后方可使用。

2) 运到工地的扭剪型高强度螺栓连接副应及时检验其螺栓荷载、螺母保证荷载、螺母及垫圈硬度、连接副的紧固轴力平均值和变异系数。

(5) 大六角头高强度螺栓施工前，应按出厂批复验高强度螺栓连接副的扭矩系数，每批复验 5 套。5 套扭矩系数的平均值应为 0.11～0.15，其标准偏差应不大于 0.010。

(6) 扭剪型高强度螺栓施工前，应按出厂批复验高强度螺栓连接副的紧固轴力，每批复验 5 套。5 套紧固轴力的平均值和变异系数应符合表 4-32 的规定，变异系数可用下式计算：

$$变异系数 = \frac{标准偏差}{紧固轴力的平均值} \times 100\% \tag{4-15}$$

表 4-32　扭剪型高强度螺栓的紧固轴力

螺栓直径 d/mm		16	20	24
每批紧固轴力的平均值/kN	公称	109	170	245
	最大	120	186	270
	最小	99	154	222
紧固轴力变异系数		≤10%		

3. 高强度螺栓孔加工

高强度螺栓孔应采用钻孔，如用冲孔工艺，会使孔边产生微裂纹，降低钢结构疲劳强度，还会使钢板表面局部不平整，所以必须采用钻孔工艺。一般高强度螺栓连接是靠板面摩擦传力，为使板层密贴，有良好的面接触，孔边应无飞边、毛刺。

(1) 一般要求。

1) 画线后的零件在剪切或钻孔加工前后，均应认真检查，以防止画线、剪切、钻孔过程中，零件的边缘和孔心、孔距尺寸产生偏差；零件钻孔时，为防止产生偏差，可采用以下方法进行钻孔：

①相同对称零件钻孔时，除可选用较精确的钻孔设备进行钻孔外，还应用统一的钻孔模具来钻孔，以达到其互换性。

②对每组相连的板束钻孔时，可将板束按连接的方式、位置，用电焊临时点焊，一起进行钻孔；拼装连接时，可按钻孔的编号进行，可防止每组构件孔的系列尺寸产生偏差。

2) 零部件小单元拼装焊接时，为防止孔位移产生偏差，可将拼装件在底样上按实际位置进行拼装；为防止焊接变形使孔位移产生偏差，应在底样上按孔位选用画线或挡铁、插销等方法限位固定。

3) 为防止零件孔位偏差，对钻孔前的零件变形应认真矫正；钻孔及焊接后的变形在矫正时均应避开孔位及其边缘。

(2) 孔的分组。

1) 在节点中连接板与一根杆件相连接的孔划为一组。

2) 接头处的孔：通用接头与半个拼接板上的孔为一组；阶梯接头与两接头之间的孔为一组。

3) 两相邻节点或接头间的连接孔为一组，但不包括上述(1)、(2)两项所指的孔。

4) 受弯构件翼缘上，每米长度内的孔为一组。

(3) 孔径的选配。高强度螺栓制孔时，其孔径的大小可参照表 4-33 进行选配。

表 4-33　高强度螺栓孔径选配表　　　　　　　　　　　　　　　mm

螺栓公称直径	12	16	20	22	24	27	30
螺栓孔直径	13.5	17.5	22	24	26	30	33

(4) 螺栓孔距。零件的孔距要求应按设计执行。高强度螺栓的孔距值见表 4-34。安装时，还应注意两孔间的距离允许偏差，可参照表 4-34 所列数值来控制。

表4-34 螺栓孔距允许偏差　　　　　　　　　　　　　　　　　　　　mm

螺栓孔孔距范围	≤500	501～1 200	1 201～3 000	≥3 000
同一组内任意两孔间距离	±1.0	±1.5	—	—
相邻两组的端孔间距离	±1.5	±2.0	±2.5	±3.0

注：1. 在节点中连接板与一根杆件相连的所有螺栓孔为一组。
　　2. 对接接头在拼接板一侧的螺栓孔为一组。
　　3. 两相邻节点或接头间的螺栓孔为一组，但不包括上述两项所规定的螺栓孔。
　　4. 受弯构件翼缘上，每米长度范围内的螺栓孔为一组。

(5)螺栓孔位移处理。高强度螺栓孔位移时，应先用不同规格的孔量规分次进行检查：第一次用比孔公称直径小1.0 mm的量规检查，应通过每组孔数85%；第二次用比螺栓公称直径大0.2～0.3 mm的量规检查，应全部通过；对二次不能通过的孔应经主管设计同意后，方可采用扩孔或补焊后重新钻孔来处理。扩孔或补焊后再钻孔应符合以下要求：

1)扩孔后的孔径不得大于原设计孔径2.0 mm。

2)补孔时应用与原孔母材相同的焊条(禁止用钢块等填塞焊)补焊，每组孔中补焊重新钻孔的数量不得超过20%，处理后均应做出记录。

4. 高强度螺栓连接施工

(1)高强度大六角头螺栓连接副应由一个螺栓、一个螺母和两个垫圈组成，扭剪型高强度螺栓连接副由一个螺栓、一个螺母和一个垫圈组成，使用组合应符合表4-35的规定。

表4-35 高强度螺栓连接副的使用组合

螺栓	螺母	垫圈
10.9S	10H	HRC35～45
8.8S	8H	HRC35～45

(2)高强度螺栓长度应以螺栓连接副终拧后外露2～3扣丝为标准计算，可按下列公式计算。选用的高强度螺栓公称长度应取修约后的长度，应根据计算出的螺栓长度 l 按修约间隔5 mm进行修约。

$$l = l' + \Delta l \tag{4-16}$$

$$\Delta l = m + ns + 3p \tag{4-17}$$

式中　l'——连接板层总厚度(mm)；

　　　Δl——附加长度(mm)，或按表4-36选取；

　　　m——高强度螺母公称厚度(mm)；

　　　n——垫圈个数，扭剪型高强度螺栓为1、高强度大六角头螺栓为2；

　　　s——高强度垫圈公称厚度(mm)，当采用大圆孔或槽孔时，高强度垫圈公称厚度按实际厚度取值；

　　　p——螺纹的螺距(mm)。

表 4-36　高强度螺栓附加长度 Δl　　　　　　　　　　　　　　　　mm

高强度螺栓种类	螺栓规格						
	M12	M16	M20	M22	M24	M27	M30
高强度大六角头螺栓	23	30	35.5	39.5	43	46	50.5
扭剪型高强度螺栓	—	26	31.5	34.5	38	41	45.5

(3)高强度螺栓安装时，应先使用安装螺栓和冲钉。在每个节点上穿入的安装螺栓和冲钉数量应根据安装过程所承受的荷载计算确定，并应符合下列规定：

1)不应少于安装孔总数的 1/3；

2)安装螺栓不应少于 2 个；

3)冲钉穿入数量不宜多于安装螺栓数量的 30%；

4)不得用高强度螺栓兼作安装螺栓。

(4)高强度螺栓应在构件安装精度调整后进行拧紧。高强度螺栓安装应符合下列规定：

1)扭剪型高强度螺栓安装时，螺母带圆台面的一侧应朝向垫圈有倒角的一侧；

2)大六角头高强度螺栓安装时，螺栓头下垫圈有倒角的一侧应朝向螺栓头，螺母带圆台面的一侧应朝向垫圈有倒角的一侧。

(5)高强度螺栓现场安装时，应能自由穿入螺栓孔，不得强行穿入。当螺栓不能自由穿入时，可采用铰刀或锉刀修整螺栓孔，但不得采用气割扩孔，扩孔数量应征得设计单位同意，修整后或扩孔后的孔径不应超过螺栓直径的 1.2 倍。

(6)高强度螺栓连接副的初拧、复拧、终拧宜在 24 h 内完成。

1)高强度大六角头螺栓连接副施拧可采用扭矩法或转角法。施工时应符合下列规定：

①施工用的扭矩扳手使用前应进行校正，其扭矩相对误差不得大于±5%；校正用的扭矩扳手，其扭矩相对误差不得大于±3%；

②施拧时，应在螺母上施加扭矩；

③施拧应分为初拧和终拧，大型节点应在初拧和终拧间增加复拧。初拧扭矩可取施工终拧扭矩的 50%，复拧扭矩应等于初拧扭矩。终拧扭矩应按下式计算：

$$T_c = kP_c d \tag{4-18}$$

式中　T_c——施工终拧扭矩(N·m)；

　　　k——高强度螺栓连接副的扭矩系数平均值，取 0.110～0.150；

　　　P_c——高强度大六角头螺栓施工预拉力，可按表 4-37 选用；

　　　d——高强度螺栓公称直径(mm)。

表 4-37　高强度大六角头螺栓施工预拉力　　　　　　　　　　　　　　　kN

螺栓性能等级	螺栓公称直径/mm						
	M12	M16	M20	M22	M24	M27	M30
8.8S	50	90	140	165	195	255	310
10.9S	60	110	170	210	250	320	390

④采用转角法施工时，初拧(复拧)后连接副的终拧角度应符合表 4-38 的要求。

表 4-38　初拧(复拧)后连接副的终拧角度

螺栓长度 l	螺母转角	连接状态
$l \leqslant 4d$	1/3 圈(120°)	
$4d < l \leqslant 8d$ 或 200 mm 及以下	1/2 圈(180°)	连接形式为一层芯板加两层盖板
$8d < l \leqslant 12d$ 或 200 mm 及以上	2/3 圈(240°)	

注：1. d 为螺栓公称直径；
　　2. 螺母的转角为螺母与螺栓杆间的相对转角；
　　3. 当螺栓长度 l 超过螺栓公称直径 d 的 12 倍时，螺母的终拧角度应由试验确定。

⑤初拧或复拧后应对螺母涂画有颜色的标记。

2)扭剪型高强度螺栓连接副施拧。扭剪型高强度螺栓连接副应采用专用电动扳手施拧，施拧应分为初拧和终拧。大型节点宜在初拧和终拧间增加复拧。初拧扭矩值应按上述"1)"的计算值的 50% 计取，其中 k 取 0.13，也可按表 4-39 选用，复拧扭矩应等于初拧扭矩。终拧应以拧掉螺栓尾部梅花头为准，少数不能用专用扳手进行终拧的螺栓，可按上述"1)"的方法终拧，扭矩系数 k 应取 0.13。初拧或复拧后应对螺母涂画有颜色的标记。

表 4-39　扭剪型高强度螺栓初拧(复拧)扭矩值　　　　　　　　　　　N·m

螺栓公称直径	M16	M20	M22	M24	M27	M30
初拧(复拧)扭矩	115	220	300	390	560	760

(7)高强度螺栓连接点螺栓群初拧、复拧和终拧，应采用合理的施拧顺序。高强度螺栓和焊接混用的连接节点，当设计文件无规定时，宜按先螺栓紧固后焊接的施工顺序操作。

5. 螺栓连接检验

(1)高强度大六角头螺栓连接用扭矩法施工紧固时，应进行下列质量检查：

1)应检查终拧颜色标记，并应用 0.3 kg 重小锤敲击螺母，对高强度螺栓进行逐个检查；

2)终拧扭矩应按节点数 10% 抽查，且不应少于 10 个节点；对每个被抽查节点，应按螺栓数 10% 抽查，且不应少于 2 个螺栓；

3)检查时，应先在螺杆端面和螺母上画一直线，然后将螺母拧松约 60°；再用扭矩扳手重新拧紧，使两线重合，测得此时的扭矩应为 $0.9T_{ch} \sim 1.1T_{ch}$。T_{ch} 可按下式计算：

$$T_{ch} = kPd \tag{4-19}$$

式中　T_{ch}——检查扭矩(N·m)；
　　　P——高强度螺栓设计预拉力(kN)；
　　　k——扭矩系数。

4)发现有不符合规定时，应再扩大 1 倍检查；仍有不合格时，则整个节点的高强度螺栓应重新施拧；

5)扭矩检查宜在螺栓终拧 1 h 以后、24 h 之前完成，检查用的扭矩扳手，其相对误差不得大于 ±3%。

(2)高强度大六角头螺栓连接转角法施工紧固，应进行下列质量检查：

1)应检查终拧颜色标记，同时应用约 0.3 kg 重小锤敲击螺母，对高强度螺栓进行逐个检查；

2)终拧转角应按节点数抽查10%，且不应少于10个节点；对每个被抽查节点应按螺栓数抽查10%，且不应少于2个螺栓；

3)应在螺杆端面和螺母相对位置画线，然后全部卸松螺母，再按规定的初拧扭矩和终拧角度重新拧紧螺栓，测量终止线与原终止线画线间的角度，应符合表4-38的要求，误差在±30°内者为合格；

4)发现有不符合规定时，应再扩大1倍数量检查；仍有不合格时，则整个节点的高强度螺栓应重新施拧；

5)转角检查宜在螺栓终拧1h以后、24h之前完成。

(3)扭剪型高强度螺栓终拧检查，应以目测尾部梅花头拧断为合格。不能用专用扳手拧紧的扭剪型高强度螺栓，应按上述"(1)"的规定进行质量检查。

(4)螺栓球节点网架总拼完成后，高强度螺栓与球节点应紧固连接。螺栓拧入螺栓球内的螺纹长度不应小于螺栓直径的1.1倍，连接处不应出现有间隙、松动等未拧紧情况。

四、螺栓防松措施

1. 普通螺栓防松措施

一般螺纹连接均具有自锁性，在受静载和工作温度变化不大时，不会自行松脱。但在冲击、振动或变荷载作用下，以及在工作温度变化较大时，这种连接有可能松动，以致影响工作，甚至发生事故。为了保证连接安全、可靠，对螺纹连接必须采取有效的防松措施。

常用的防松措施有增大摩擦力、机械防松和不可拆三大类。

(1)增大摩擦力的防松措施。其措施是使拧紧的螺纹之间不因外载荷变化而失去压力，因而始终有摩擦阻力防止连接松脱。增大摩擦力的防松措施有安装弹簧垫圈和使用双螺母等。

(2)机械防松措施。此类防松措施是利用各种止动零件，阻止螺纹零件的相对转动来实现的。机械防松较为可靠，故应用较多。常用的机械防松措施有开口销与槽形螺母、止退垫圈与圆螺母、止动垫圈与螺母、串联钢丝等。

(3)不可拆防松措施。利用点焊、点铆等方法把螺母固定在螺栓或被连接件上，或者把螺钉固定在被连接件上，以达到防松的目的。

2. 高强度螺栓防松措施

(1)垫放弹簧垫圈时，可在螺母下面垫一开口弹簧垫圈，螺母紧固后，在上、下轴向产生弹性压力，可起到防松作用。为防止开口垫圈损伤构件表面，可在开口垫圈下面垫一平垫圈。

(2)在紧固后的螺母上面，增加一个较薄的副螺母，可以使两螺母之间产生轴向压力，同时也能增加螺栓、螺母凹凸螺纹的咬合自锁长度，达到相互制约而不使螺母松动。使用副螺母防松的螺栓，在安装前应计算螺栓的准确长度，待防松副螺母紧固后，应使螺栓伸出副螺母的长度不少于2个螺距。

螺栓连接施工常见问题与处理措施

(3)对永久性螺栓，可将螺母紧固后，用电焊将螺母与螺栓的相邻位置对称点焊3~4处，或将螺母与构件相点焊。

本章小结

钢结构连接主要包括焊接连接、普通螺栓连接和高强度螺栓连接。焊接连接是现代钢结构最主要的连接方法,是通过电弧产生高温,将构件连接边缘及焊条金属熔化,冷却后凝成一体,形成牢固连接。焊接具有构造简单、制造省工、不削弱截面、经济、连接刚度大、密闭性能好、生产效率高等优点。常用的焊接方法包括焊条电弧焊、CO_2气体保护焊、埋弧焊及焊钉焊(栓焊)等。螺栓连接是一种广泛使用的固定连接,具有结构简单、连接可靠、装拆方便等优点。螺栓连接主要包括普通螺栓连接和高强度螺栓连接。

思考与练习

一、填空题

1. 碱性焊条的电弧长度应_____,酸性焊条的电弧长度应_____。
2. 为防止外界空气混入电弧和熔池所组成的焊接区,采用了_____进行保护。
3. CO_2气体保护焊焊前准备工作包括_____、_____。
4. _____是电弧在颗粒状的焊剂层下,在空腔中燃烧的自动焊接方法。
5. 栓焊是_____。
6. 钢结构焊接时,根据施焊位置的不同,有_____、_____、_____和_____四种焊接方式。
7. _____是组成焊接结构的关键元件,它的性能与焊接结构的性能和安全有着直接的关系。
8. 焊缝是构成焊接接头的主体部分,有_____和_____两种基本形式。
9. 焊接接头的基本形式有_____、_____、_____和_____四种。
10. 电渣焊采用的衬垫可为_____和_____。
11. 螺栓的排列通常采用_____和_____两种形式。
12. 在普通螺栓或铆钉受剪的连接中,每个普通螺栓或铆钉的承载力设计值应取受剪承载力和承压承载力设计值中的_____。

二、选择题

1. 焊接技术人员应接受过专门的焊接技术培训,且有(　　)以上焊接生产或施工实践经验。
   A. 半年　　　　B. 一年　　　　C. 两年　　　　D. 三年
2. CO_2气体保护焊时,为了保证焊接质量,要求在坡口正反面的周围(　　)mm范围内清除水、锈、油、漆等污物。
   A. 20　　　　B. 30　　　　C. 40　　　　D. 50
3. 立焊宜采用短弧焊接,弧长一般为(　　)mm。
   A. 2~8　　　　B. 2~6　　　　C. 2~4　　　　D. 1~2

4. 横焊时，焊条角度应向下倾斜，其角度为（   ），以防止铁水下坠。
   A. 60°～70°   B. 60°～70°   C. 70°～80°   D. 80°～90°
5. 全熔透双面坡口焊缝可采用不等厚的坡口深度，较浅坡口深度不应小于接头厚度的（   ）。
   A. 1/2   B. 1/3   C. 1/4   D. 1/5
6. 高强度螺栓连接副的初拧、复拧、终拧宜在（   ）h内完成。
   A. 24   B. 36   C. 48   D. 72

三、问答题

1. 试述焊接的工艺过程。
2. 承担钢结构焊接工程的施工单位应符合哪些规定？
3. 焊条电弧焊的优点是什么？
4. CO_2气体保护焊时，清理坡口的方法有哪些？
5. 钢结构焊接时产生哪几种应力？
6. 编制钢结构补强与加固设计方案时，应具备哪些技术资料？
7. 普通螺栓的装配应符合哪些要求？
8. 螺栓连接时螺纹的防松措施有哪些？

第五章　钢结构加工制作

知识目标

通过本章内容的学习，了解钢结构加工制作前的准备工作及钢构件成品的包装、堆放与发运管理工作；熟悉钢结构零部件的加工制作过程及钢构件的组装、拼装过程；掌握钢结构零部件的加工制作内容与要求、钢构件的组装、拼装施工方法与要求及钢构件成品的检查要点。

技能目标

通过本章内容的学习，能够按照钢构件成品检查要点进行钢结构零部件的加工及拼接、组装与矫正，并能够按照要求完成钢构件的组装、拼装施工。

第一节　钢结构制作特点及工艺要点

钢结构制作的依据是设计图和国家规范。国家规范主要有《钢结构工程施工质量验收标准》（GB 50205—2020）、《钢结构焊接规范》（GB 50661—2011）及原冶金部、原机械部关于钢结构材料、辅助材料的有关标准等。另外，如网架结构、高耸结构、输电杆塔钢结构等都有相应的施工技术规程可以参照执行。钢结构制作单位根据设计图和国家有关标准编制工艺图、卡，下达到车间，工人则根据工艺图、卡生产。

一、钢结构制作特点

钢结构制作的特点是条件优、标准严、精度好、效率高。钢结构一般在工厂制作，因为工厂具有较为恒定的工作环境，有刚度大、平整度高的钢平台，精度较高的工装夹具及高效能的设备，施工条件比现场优越，易于保证质量，提高效率。

钢结构制作有严格的工艺标准，每道工序应该怎么做，允许有多大的误差，都有详细规定，特殊构件的加工，还要通过工艺试验来确定相应的工艺标准，每道工序的工人都必须按图纸和工艺标准生产，因此，钢结构加工的质量和精度与一般土建结构相比大为提高，而与其相连的土建结构部分也要有相匹配的精度或有可调节措施来保证两者的兼容。

钢结构加工可实现机械化、自动化，因而劳动生产率大为提高。另外，因为钢结构在工厂加工基本不占施工现场的时间和空间，采用钢结构也可大大缩短工期，提高施工效率。

二、钢结构制作工艺要点

钢结构制作工艺按照常规的职责范围，工艺工作有如下十个要点，抓住这十个环节，就掌握了开展工艺工作的主动权。

1. 审阅施工图纸

(1)图纸审查的目的。审查图纸是指检查图纸设计的深度能否满足施工的要求，核对图纸上构件的数量和安装尺寸，检查构件之间有无矛盾等。同时，对图纸进行工艺审核，即审查技术上是否合理，制作上是否便于施工，图纸上的技术要求按加工单位的施工水平能否实现等。另外，还要合理划分运输单元。

如果由加工单位自己设计施工详图，制图期间又已经过审查，则审图程序可相应简化。

(2)图纸审查的内容。工程技术人员对图纸进行审查的主要内容如下：

1)设计文件是否齐全。设计文件包括设计图、施工图、图纸说明和设计变更通知单等。

2)构件的几何尺寸是否齐全。

3)相关构件的尺寸是否正确。

4)节点是否清楚，是否符合国家标准。

5)标题栏内构件的数量是否符合工程总数。

6)构件之间的连接形式是否合理。

7)加工符号、焊接符号是否齐全。

8)结合本单位的设备和技术条件考虑，能否满足图纸上的技术要求。

9)图纸的标准化是否符合国家规定等。

2. 备料

备料前要深入了解材料的"质保书"，所述牌号、规格及机械性能是否与设计图纸相符，并做到以下几点：

(1)备料时，应根据施工图纸材料表算出各种材质、规格的材料净用量，再加一定数量的损耗，编制材料预算计划。

(2)提出材料预算时，需根据使用长度合理订货，以减少不必要的拼接和损耗。对拼接位置有严格要求的起重机梁翼缘和腹板等，配料时要与桁架的连接板搭配使用，即优先考虑翼缘板和腹板，将割下的余料做成小块连接板。小块连接板不能采用整块钢板切割，否则计划需用的整块钢板就可能不够用，而翼缘和腹板割下的余料则没有用处。

(3)使用前应核对每一批钢材的质量保证书，必要时应对钢材的化学成分和力学性能进行复验，以保证符合钢材的损耗率。

工程预算一般按实际所需加10％提出材料需用量。如果技术要求不允许拼接，其实际损耗还需增加。

(4)使用前，应核对来料的规格、尺寸和重量，并仔细核对材质。如需进行材料代用，必须经设计部门同意，并将图纸上所有的相应规格和有关尺寸进行修改。

137

3. 编制工艺规程

钢结构零、部件的制作是一个严密的流水作业过程，指导这个过程的除生产计划外，主要是工艺规程。工艺规程是钢结构制作中的指导性技术文件，一经制订必须严格执行，不得随意更改。

(1)工艺规程的编制要求。

1)在一定的生产规模和条件下编制的工艺规程，不但能保证图样的技术要求，而且能更可靠、更顺利地实现这些要求，即工艺规程应尽可能依靠工装设备，而不是依靠劳动者的技巧来保证产品质量和产量的稳定性。

2)所编制的工艺规程要保证在最佳经济效果下，达到技术条件的要求。因此，对于同一产品，应考虑不同的工艺方案互相比较，从中选择最好的方案，力争做到以最少的劳动量、最短的生产周期、最低的材料和能源消耗，生产出质量可靠的产品。

3)所编制的工艺规程，既要满足工艺、经济条件，又要保证使用最安全的施工方法，并尽量减轻劳动强度，减少流程中的往返性。

(2)工艺规程的内容。

1)成品技术要求。

2)为保证成品达到规定的标准而需要制订的措施如下：

①关键零件的精度要求、检查方法和使用的量具、工具。

②主要构件的工艺流程、工序质量标准、为保证构件达到工艺标准而采用的工艺措施(如组装次序、焊接方法等)。

③采用的加工设备和工艺装备。

4. 设计工艺装备

设计工艺装备主要是根据产品特点设计加工模具、装配夹具、装配胎架等。

工艺装备的生产周期较长，因此，要根据工艺要求提前做好准备，争取先行安排加工，以确保使用。工艺装备的设计方案取决于生产规模的大小、产品结构形式和制作工艺的过程等。工艺装备的制作是关系到保证钢结构产品质量的重要环节，因此，工艺装备的制作要满足以下要求：

(1)工装夹具的使用要方便、操作容易、安全可靠。

(2)结构要简单、加工方便、经济合理。

(3)容易检查构件尺寸和取放构件。

(4)容易获得合理的装配顺序和精确的装配尺寸。

(5)方便焊接位置的调整，并能迅速散热，以减少构件变形。

(6)减少劳动量，提高生产率。

5. 工艺评定及工艺试验

工艺评定能够有效控制焊接过程质量，确保焊接质量符合标准的要求。

工艺性试验一般可分为焊接性试验、摩擦面的抗滑移系数试验两类。

(1)焊接性试验。钢材可焊性试验、焊材工艺性试验、焊接工艺评定试验等均属焊接性试验，而焊接工艺评定试验是各工程制作时最常遇到的试验。

焊接工艺评定是焊接工艺的验证，属生产前的技术准备工作，是衡量制造单位是否具备生产能力的一个重要的基础技术资料。焊接工艺评定对提高劳动生产率、降低制造成本、提高产品质量、做好焊工技能培训是必不可少的,未经焊接工艺评定的焊接方法、技术参数不能用于工程施工。

焊接接头的力学性能试验以拉伸和冷弯为主,冲击试验按设计要求确定。冷弯以面弯和背弯为主,有特殊要求时应做侧弯试验。每个焊接位置的试件数量一般为拉伸、面弯、背弯及侧弯各两件;冲击试验九件(焊缝、熔合线、热影响区各三件)。

(2)摩擦面的抗滑移系数试验。当钢结构件的连接采用高强度螺栓摩擦连接时,应对连接面进行喷砂、喷丸等方法的技术处理,使其连接面的抗滑移系数达到设计规定的数值。还需对摩擦面进行必要的检验性试验,以求得对摩擦面处理方法是否正确、可靠的验证。

抗滑移系数试验可按工程量每 200 t 为一批,不足 200 t 的可视为一批。每批三组试件由制作厂进行试验,另备三组试件供安装单位在吊装前进行复验。

对构造复杂的构件,必要时应在正式投产前进行工艺性试验。工艺性试验可以是单工序,也可以是几个工序或全部工序;可以是个别零部件,也可以是整个构件,甚至是一个安装单元或全部安装构件。

通过工艺性试验获得的技术资料和数据是编制技术文件的重要依据,试验结束后应将试验数据纳入工艺文件,用以指导工程施工。

6. 技术交底

工艺编制完成后,应结合产品结构特点和技术要求,向工人技术交底。技术交底会按工程的实施阶段分为以下两个层次:

(1)第一个层次技术交底会是工程开工前的技术交底会,参加的人员主要有工程图纸的设计单位、工程建设单位、工程监理及制作单位的有关人员。

技术交底的主要内容由以下几个方面组成:①工程概况;②工程结构件的类型和数量;③图纸中关键部位的说明和要求;④设计图纸的节点情况介绍;⑤对钢材、辅料的要求和原材料对接的质量要求;⑥工程验收的技术标准说明;⑦交货期限、交货方式的说明;⑧构件包装和运输要求;⑨涂层质量要求;⑩其他需要说明的技术要求。

(2)第二层次的技术交底会是在投料加工前进行的本工厂施工人员交底会,参加的人员主要有制作单位技术、质量负责人,技术部门和质检部门的技术人员、质检人员,生产部门的负责人、施工员及相关工序的代表人员等。

此类技术交底的主要内容除上述 10 点外,还应增加工艺方案、工艺规程、施工要点、主要工序的控制方法、检查方法等与实际施工相关的内容。

这种制作过程中的技术交底会在贯彻设计意图、落实工艺措施方面起着不可替代的作用,同时也为确保工程质量创造了良好的条件。

7. 首件检验

在批量生产中,先制作一个样品,然后对产品质量做全面检查,总结经验后,再全面铺开。

8. 巡回检查

了解工艺执行情况、技术参数以及工艺装备及工艺装备使用情况,与工人沟通,及时解决施工中的技术工艺问题。

9. 基础工艺管理

(1)划分工号。根据产品的特点、工程量的大小和安装施工进度,将整个工程划分成若干个生产工号(或生产单元),以便分批投料,配套加工,生产出成品。生产工号的划分应遵循以下几点：
  1) 在条件允许的情况下，同一张图纸上的构件宜安排在同一生产工号中加工。
  2) 相同构件或特点类似、加工方法相同的构件宜放在同一生产工号中加工。如按钢柱、钢梁、桁架、支撑分类划分工号进行加工。
  3) 工程量较大的工程划分生产工号时要考虑安装施工的顺序，先安装的构件要优先安排工号进行加工，以保证顺利安装的需要。
  4) 同一生产工号中的构件数量不要过多，可与工程量统筹考虑。
  (2) 编制工艺流程表。从施工详图中摘出零件，编制出工艺流程表（或工艺过程卡）。加工工艺过程由若干个顺序排列的工序组成，工序内容是根据零件加工的性质而定的，工艺流程表就是反映这个过程的工艺文件。
  工艺流程表的具体格式虽各厂不同，但所包括的内容基本相同，其中有零件名称、件号、材料牌号、规格、件数、工序顺序号、工序名称和内容、所用设备和工艺装备名称及编号、工时定额等。除上述内容外，关键零件要标注加工尺寸和公差，重要工序要画出工序图等。
  (3) 编制工艺卡和零件流水卡。根据工程设计图纸和技术文件提出的构件成品要求，确定各加工工序的精度要求和质量要求，结合单位的设备状态和实际加工能力、技术水平，确定各个零件下料、加工的流水顺序，即编制出零件流水卡。
  零件流水卡是编制工艺卡和配料的依据。一个零件的加工制作工序是根据零件加工的性质而定的，工艺卡是具体反映这些工序的工艺文件，是直接指导生产的文件。工艺卡所包含的内容一般为：确定各工序所采用的设备；确定各工序所采用的工装模具；确定各工序的技术参数、技术要求、加工余量、加工公差、检验方法和标准，以及确定材料定额和工时定额等。
  (4) 编制车间通用工艺手册。编制车间通用工艺手册，将常用的工艺参数、规程编入手册，工人可按手册执行，不必事无巨细，样样去问工艺师，工艺师可以腾出时间学习新工艺、新技术、新材料及新设备，掌握新知识用于新产品。
  编制产品工艺，以通用工艺为基础，编制产品制作工艺时，有些内容可写"参阅通用工艺某一部分"，不必面面俱到，力求简化。
  对于批量生产的产品，可以编制专门的技术手册，人手一份，随身携带。
  10. 归档
  产品竣工后及时搞好竣工图纸，将技术资料归档，这是一项很重要的工作。

第二节　钢零件、钢部件加工

  建筑工程钢零件、钢部件的加工包括一般钢零件、钢部件加工和网架结构的节点球及杆件加工。加工前应熟悉设计文件和施工详图，应做好各项工序的工艺准备，并结合加工的实际情况编制加工工艺文件。

一、放样和号料

放样和号料这道工序，目前大部分厂家已用数控切割和数控钻孔所取代，只有中、小型厂家仍保留此道工序。

1. 放样

(1) 放样前要熟悉施工图纸，并逐个核对图纸之间的尺寸和相互关系。以 1∶1 的比例放出实样，支撑样板（样杆）作为下料、成型、边缘加工和成孔的依据。

(2) 样板一般用 0.50～0.75 mm 的镀锌薄钢板制作。样杆一般用扁钢制作，当长度较短时可用木杆。样板精度要求见表 5-1。

表 5-1　样板精度要求

项目	平行线距离和分段尺寸	宽、长度	孔距	两对角线差	加工样板的角度
偏差极限	±0.5 mm	±0.5 mm	±0.5 mm	1.0 mm	±20′

(3) 样板（样杆）上应注明工号、零件号、数量及加工边、坡口部位、弯折线和弯折方向、孔径和滚圆半径等。样板（样杆）妥善保存，直至工程结束方可销毁。

(4) 放样时，要边缘加工的工件应考虑加工预留量，焊接构件应按规范要求放出焊接收缩量。由于边缘加工时常成叠加工，尤其当长度较大时不宜对齐，所有加工边一般要留加工余量 2～3 mm。

(5) 刨边时的加工工艺参数见表 5-2。

表 5-2　刨边时的最小加工余量

钢材性质	边缘加工形式	钢板厚度/mm	最小余量/mm
低碳结构钢	剪断机剪或切割	≤16	2
低碳结构钢	气割	>16	3
各种钢材	气割	各种厚度	>3
优质高强度低合金钢	气割	各种厚度	>3

(6) 放样和样板（样杆）的允许偏差见表 5-3。

表 5-3　放样和样板（样杆）的允许偏差

项目	允许偏差
平行线距离和分段尺寸	±0.5 mm
样板长度	±0.5 mm
样板宽度	±0.5 mm
样板对角线差	1.0 mm
样杆长度	±1.0 mm
样板的角度	±20′

2. 号料

为了合理使用和节约原材料，应最大限度地提交原材料的利用率，一般常用的号料方法见表 5-4。

141

表 5-4　常用号料方法

序号	项目	内容
1	集中号料法	由于钢材的规格多种多样，为减少原材料的浪费，提高生产效率，应把同厚度的钢板零件和相同规格的型钢零件，集中在一起进行号料，这种方法称为集中号料法
2	套料法	在号料时，精心安排板料零件的形状位置，把同厚度的各种不同形状的零件和同一形状的零件进行套料，这种方法称为套料法
3	统计计算法	统计计算法是在型钢下料时采用的一种方法。号料时应将所有同规格型钢零件的长度归纳在一起，先把较长的排出来，再算出余料的长度，然后把和余料长度相同或略短的零件排上，直至整根料被充分利用为止。这种先进行统计安排再号料的方法，称为统计计算法
4	余料统一号料法	将号料后剩下的余料按厚度、规格与形状基本相同的集中在一起，把较小的零件放在余料上进行号料，此法称为余料统一号料法

钢材号料要求如下：
(1)以样板(样杆)为依据，在原材料上画出实际图形，并打上加工记号。
(2)根据配料表和样板进行套裁，尽可能节约材料。
(3)主要零件应根据构件的受力特点和加工状况，按工艺规定的方向进行号料。
(4)操作人员画线时，要根据材料厚度和切割法留出适当的切割余量。气割下料的切割余量见表 5-5。

表 5-5　切割余量表

材料厚度/mm	切割缝余量/mm
≤10	1.0～2.0
10～20	2.5
20～40	3.0
40 以上	4.0

(5)号料的允许偏差应符合表 5-6 的规定。

表 5-6　号料允许偏差

项目	允许偏差/mm
零件外形尺寸	±1.0
孔距	±0.5

二、切割

钢材在下料画线后，必须按其所需的形状和尺寸进行切割，钢材的切割可以通过冲剪、切削、气体切割、锯切、摩擦切割和高温热源来实现。

(一)钢材切割方法

钢材的切割下料应根据钢材的截面形状、厚度及切割边缘的质量要求而采用不同的切割方法。目前，常用的切割方法有机械切割、气割、等离子切割三种。其使用设备、特点及适用范围见表 5-7。

表 5-7 各种切割方法分类比较

类别	使用设备	特点及适用范围
机械切割	剪板机 型钢冲剪机	切割速度快、切口整齐、效率高，适用于薄钢板、压型钢板、冷弯檩条的切割
	无齿锯	切割速度快，可切割不同形状、不同尺寸的各类型钢、钢管和钢板，切口不光洁、噪声大，适于锯切精度要求较低的构件或下料留有余量，最后尚需精加工的构件
	砂轮锯	切口光滑、噪声大、粉尘多，适于切割薄壁型钢及小型钢管，切割材料的厚度不宜超过 4 mm
	锯床	切割精度高，适于切割各类型钢及梁、柱等型钢构件
气割	自动切割	切割精度高，速度快，在数控气割时可省去放样、画线等工序而直接切割，适于钢板切割
	手工切割	设备简单、操作方便、费用低、切口精度较差，能够切割各种厚度的钢材
等离子切割	等离子切割机	切割温度高，冲刷力大，切割边质量好，变形小，可以切割任何高熔点金属，特别是不锈钢、铝、铜及其合金等

在钢结构制造厂中，一般情况下，厚度在 12～16 mm 钢板的直线性切割常采用剪切；气割多用于带曲线的零件及厚板的切割；各类型钢以及钢管等的下料通常采用锯割，但是对于一些中、小型角钢和圆钢等，也常采用剪切或气割的方法。等离子切割主要用于熔点较高的不锈钢材料及有色金属，如铜、铝等材料的切割。

(二)钢材切割要求

钢材切割面应无裂纹、夹渣、分层和大于 1 mm 的缺棱，如图 5-1 所示。

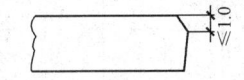

1. 钢材机械切割

钢材机械切割是一种高效率切割金属的方法，切口比较光洁、平整。一般在斜口剪床、龙门剪床、圆盘剪床等专用机床上进行。

图 5-1 机械剪切面的边缘缺棱示意图

机械剪切的零件厚度不宜大于 12.0 mm，剪切面应平整。碳素结构钢在环境温度低于－20 ℃、低合金结构钢在环境温度低于－15 ℃时，不得进行剪切、冲孔。机械剪切的允许偏差见表 5-8。

表 5-8 机械剪切的允许偏差

项目	允许偏差/mm
零件宽度、长度	±3.0
边缘缺棱	1.0
型钢端部垂直度	2.0

(1)斜口剪床剪切。一般斜口剪床适用于剪切厚度在 25 mm 以下的钢板。斜口剪床剪切施工时，上、下剪刀片之间的间隙应根据剪切钢板厚度不同进行调整，其间隙见表 5-9。

厚度越大，间隙越大。

表5-9　斜口剪床上、下剪刀片之间的间隙　　　　　　　　　　　　　　　　mm

钢板厚度	<5	6～14	15～30	30～40
刀片间隙	0.08～0.09	0.10～0.30	0.40～0.50	0.50～0.60

在斜口剪床上剪切时，为使剪刀片具有足够的剪切能力，上剪刀片沿长度方向的斜度一般为10°～15°，截面角度为75°～80°，这样可避免剪切时剪刀和钢板材料之间产生摩擦，如图5-2所示。上、下剪刀片也有5°～7°的刃口角。

(2) 龙门剪床剪切。剪切前，将钢板表面清理干净，并画出剪切线，然后将钢板放在工作台上。剪切时，首先将剪切线的两端对准下刀口。多人操作时，选定一人指挥，控制操纵机构。剪床的压紧机构先将钢板压牢后，再进行剪切，这样一次就可完成全长的剪切，而不像斜口剪床那样分几段进行。在龙门剪床上的剪切长度不能超过下刀口长度。

(3) 圆盘剪切机剪切。圆盘剪切机是剪切曲线的专用设备。圆盘剪切机的剪刀由上、下两个呈锥形的圆盘组成。上、下圆盘的位置大多数是倾斜的，并可以调节，如图5-3所示。上圆盘是主动盘，由齿轮传动，下圆盘是从动盘，固定在机座上，钢板放在两盘之间，可以剪切任意曲线形。圆盘剪切机剪切前，应先根据被剪切钢板厚度调整上、下两个圆盘剪刀的距离。

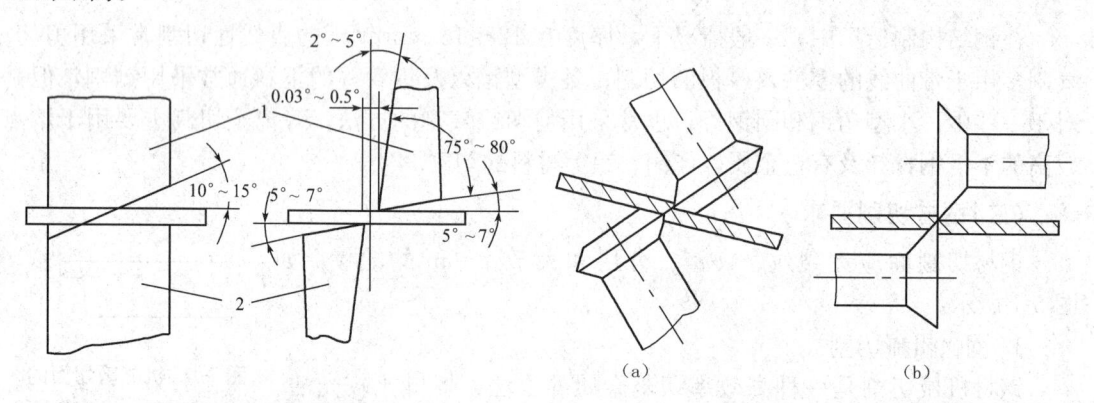

图5-2　剪切刀的角度
1—上剪刀片；2—下剪刀片

图5-3　两种不同圆盘剪切的装置
(a)倾斜式；(b)非倾斜式

2. 钢材气割

气割是根据某种金属被加热到一定温度时，在氧气流中能够剧烈燃烧氧化的原理，用割炬来进行切割的。纯铁、低碳钢、中碳钢和普通低合金钢均可采用此种方法切割。

钢材切割前，应检查工作场地是否符合安全要求，将工件表面的油污和铁锈清除干净，然后将工件垫平。工件下面应留有一定的空隙，以利于氧化铁渣的吹出。工件下面的空间不能密封，否则会在气割时引起爆炸。应注意检查切割氧气流线(风线)的方法是点燃割炬，并将预热火焰调整适当，然后打开切割氧阀门，观察切割氧流线的形状。切割氧流线应为笔直而清晰的圆柱体，并有适当的长度，这样才能使工件切口表面光滑干净、宽窄一致。如果风线形状不规则，应关闭所有的阀门，用透针或其他工具修整割嘴的内表面，使之光滑。

钢材气割时，应先点燃割炬，随即调整火焰。火焰的大小，应根据工件的厚薄调整适当，然后进行切割。当预热钢板的边缘略呈红色时，应将火焰局部移出边缘线以外，同时慢慢打开切割氧气阀门。如果预热的红点在氧流中被吹掉，此时应开大切割氧气阀门。当有氧化铁渣随氧流一起飞出时，证明已割透，这时即可进行正常切割。若遇到切割，必须从钢板中间开始，应在钢板上先割出孔，再按切割线进行切割。割孔时，应先预热要割孔的地方，如图 5-4(a)所示；然后将割嘴提起离钢板约 15 mm，如图 5-4(b)所示；再慢慢开启切割氧气阀门，并将割嘴稍侧倾并旁移，使熔渣吹出，如图 5-4(c)所示；直至将钢板割穿，再沿切割线切割，如图 5-4(d)所示。

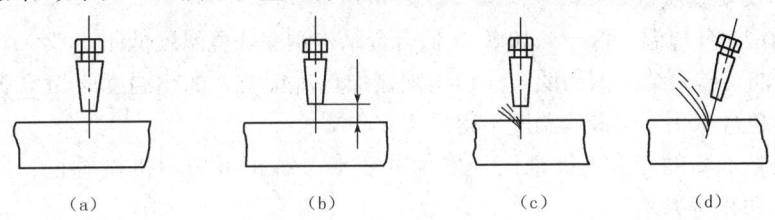

图 5-4 手工气割
(a)预热；(b)上提；(c)吹渣；(d)切割

在切割过程中，有时因嘴头过热或氧化铁渣的飞溅，使割炬嘴头堵住或乙炔供应不及时，嘴头鸣爆并发生回火现象。这时，应迅速关闭预热氧气和切割炬。如割炬内仍然发出"嘶嘶"声，说明割炬内回火尚未熄灭，这时应迅速将乙炔阀门关闭或者迅速拔下割炬上的乙炔气管，使回火的火焰气体排出。处理完毕后，应先检查割炬的射吸能力，然后方可重新点燃割炬。

切割临近终点时，嘴头应略向切割前进的反方向倾斜，以利于钢板的下部提前割透，使收尾时割缝整齐。当到达终点时，应迅速关闭切割氧气阀门并将割炬抬起，再关闭乙炔阀门，最后关闭预热氧阀门。

钢材气割的允许偏差见表 5-10。

表 5-10 钢材气割的允许偏差　　　　　　　　　　　　　　　　　mm

项目	允许偏差
零件宽度、长度	±3.0
切割面平面度	0.05t 且不大于 2.0
割纹深度	0.3
局部缺口深度	1.0

注：t 为切割面厚度。

3. 等离子切割

等离子切割是应用特殊的割炬，在电流、气流及冷却水的作用下，产生高达 20 000 ℃～30 000 ℃的等离子弧熔化金属而进行切割的方法。等离子切割注意事项如下：

(1)等离子切割的回路采用直流正接法，即工件接正，钨极接负，减少电极的烧损，以保证等离子弧的稳定燃烧。

(2)手工切割时不得在切割线上引弧，切割内圆或内部轮廓时，应先在板材上钻出 ϕ12～16 mm 的孔，切割由孔开始进行。

145

(3)自动切割时,应调节好切割规范和小车行走速度。切割过程中要保持割轮与工件垂直,避免产生熔瘤,保证切割质量。

三、矫正和成型

(一)矫正

在钢结构制作过程中,原材料变形、气割与剪切变形、焊接变形、运输变形等,将影响构件的制作及安装质量。

碳素结构钢在环境温度低于-16 ℃、低合金结构钢在环境温度低于-12 ℃时,不应进行冷矫正和冷弯曲。碳素结构钢和低合金结构钢在加热矫正时,加热温度应为700 ℃~800 ℃,最高温度严禁超过900 ℃,最低温度不得低于600 ℃。

矫正就是造成新的变形去抵消已经发生的变形。矫正可采用机械矫正、加热矫正、加热与机械联合矫正等方法。

型钢在矫正时,先要确定弯曲点的位置(又称找弯),这是矫正工作不可缺少的步骤。在现场确定型钢变形位置,常用平尺靠量,拉直粉线来检验,但多数是用目测,如图5-5所示。

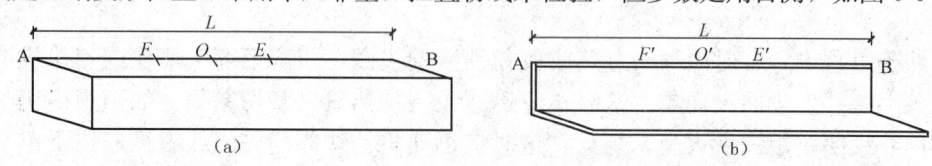

图 5-5　型钢目测弯曲点
(a)扁钢或方钢;(b)角钢

确定型钢的弯曲点时,应注意型钢自重下沉而产生的弯曲,以防影响准确查看弯曲,因此,对较长的型钢测弯要放在水平面上或放在矫架上测量。目测型钢弯曲点时,应以全长(L)中间O点为界,A、B两人分别站在型钢的各端,并翻转各面找出所测的界前弯曲点(A视E段长度、B视F段长度),然后用粉笔标注。该方法适用于有经验的工人,缺少经验者目测的误差会比较大。因此,对长度较短的型钢测弯曲点时采用直尺测量,较长的应用拉线法测量。

1. 机械矫正

机械矫正是在型钢矫直机上进行的,如图5-6所示。型钢矫直机的工作力有侧向水平推力和垂直向下压力两种。两种型钢矫直机的工作部分是由两个支承和一个推撑构成的。推撑可做伸缩运动,伸缩距离可根据需要进行控制,两个支承固定在机座上,可按型钢弯曲程度来调整两支承点之间的距离。一般矫大弯距离则大,矫小弯距离则小。在矫直机的支承、推撑之间的下平面至两端,一般安设数个带轴承的转动轴或滚筒支架设施,便于矫正较长的型钢时来回移动,省力。

2. 加热矫正

用氧-乙炔焰或其他气体的火焰对部件或构件变形部位进行局部加热,利用金属热胀冷缩的物理性能,钢材受热冷却时产生很大的冷缩应力来矫正变形。加热方式分为点状加热、线状加热和三角形加热三种。

(1)点状加热的热点呈小圆形,如图5-7所示,直径一般为10~30 mm,点距为50~100 mm,呈梅花状布局,加热后"点"的周围向中心收缩,使变形得到矫正。

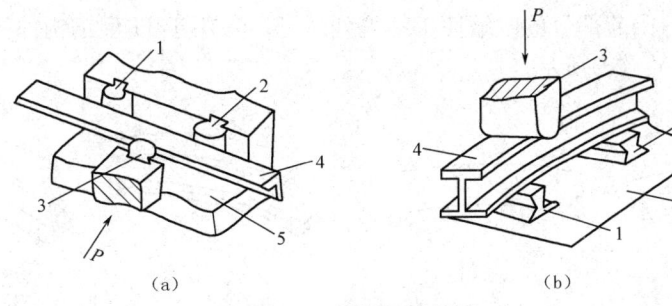

图 5-6　型钢机械矫正
(a)撑直机矫直角钢；(b)撑直机(或压力机)矫直工字钢
1，2—支承；3—推撑；4—型钢；5—平台

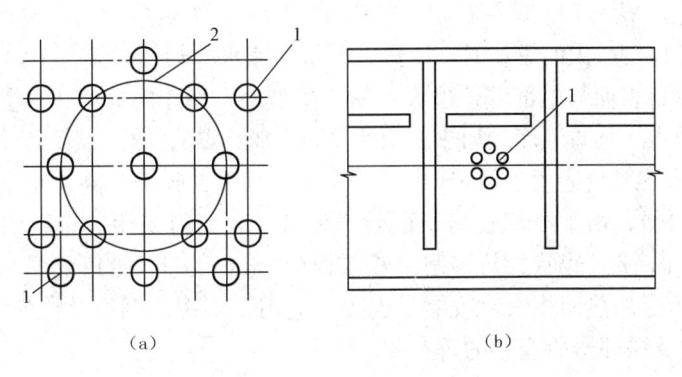

图 5-7　点状加热方式
(a)点状加热布局；(b)用点状加热矫正吊车梁腹板变形
1—点状加热点；2—梅花形布局

(2)线状加热，如图 5-8(a)、(b)所示，即带状加热，加热带的宽度不大于工件厚度的 0.5~2.0 倍。由于加热后上、下两面存在较大的温差，加热带长度方向产生的收缩量较小，横方向收缩量较大，因而产生不同收缩使钢板变直，但加热红色区的厚度不应超过钢板厚度的 1/2，常用于 H 型钢构件翼板角变形的纠正，如图 5-8(c)、(d)所示。

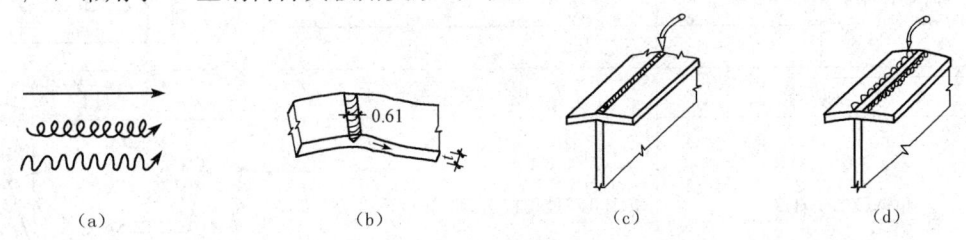

图 5-8　线状加热方式
(a)线状加热方式；(b)用线状加热矫正板变形；(c)用单加热带矫正 H 型钢梁翼缘角变形；
(d)用双加热带矫正 H 型钢梁翼缘角变形；
t—板材厚度

(3)三角形加热，如图 5-9(a)、(b)所示，加热面呈等腰三角形，加热面的高度与底边宽度一般控制在型材高度的 1/5~2/3，加热面应在工件变形凸出的一侧，三角顶在内侧，底在工件外侧边缘处，一般对工件凸起处加热数处，加热后收缩量从三角形顶点起沿等腰边逐渐增大,冷却后凸起部分的收缩使工件得到矫正,常用于 H 型钢构件的拱变形和旁弯的矫正,如图 5-9(c)、(d)所示。

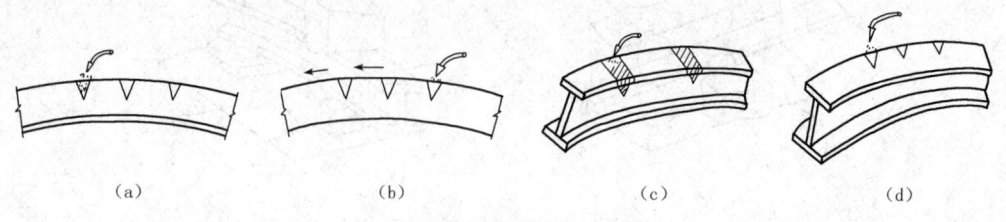

(a)　　　　　　　　(b)　　　　　　　　(c)　　　　　　　　(d)

图 5-9　三角形加热方式

(a),(b)角钢钢板；(c),(d)H 型钢构件

火焰加热温度一般为 700 ℃左右,不应超过 900 ℃,加热应均匀,不得有过热、过烧现象；火焰加热矫正厚度较大的钢材时,加热后不得用凉水冷却；对低合金钢,必须缓慢冷却。因凉水冷却会使钢材表面与内部温差过大,易产生裂纹；矫正时应将工件垫平,分析变形原因,正确选择加热点、加热温度和加热面积等,同一加热点的加热次数不宜超过 3 次。

加热矫正变形一般只适用于低碳钢、Q345 钢,对于中碳钢、高合金钢、铸铁和有色金属等脆性较大的材料,由于冷却收缩变形会产生裂纹,不得采用。点状的加热适于矫正板料局部弯曲或凹凸不平；线状加热多用于较厚板(10 mm 以上)的角变形和局部圆弧、弯曲变形的矫正；三角形加热面积大,收缩量也大,适用于型钢、钢板及构件(如屋架、吊车梁等成品)纵向弯曲及局部弯曲变形的矫正。

3. 矫正的质量要求

矫正后的钢材表面不应有明显的凹痕或损伤,划痕深度不得大于 0.5 mm,且不应超过钢材厚度允许负偏差的 1/2。钢材矫正后的允许偏差见表 5-11。

表 5-11　钢材矫正后的允许偏差　　　　　　　　　　　　　　　　　　mm

项目		允许偏差	图例
钢板的局部平面度	$t \leqslant 6$	3.0	
	$6 < t \leqslant 14$	1.5	
	$t > 14$	1.0	
型钢弯曲矢高		$l/1\,000$,且不大于 5.0	
角钢肢的垂直度		$b/100$ 双肢栓接角钢的角度不得大于 90°	
槽钢翼缘对腹板的垂直度		$b/80$	

续表

项 目	允许偏差	图 例
工字钢、H型钢翼缘对腹板的垂直度	b/100，且不大于2.0	

(二) 成型

钢结构成型加工主要采用热加工成型和冷加工成型，包括弯曲、卷板（滚圆）、折边和模具压制四种加工方法。其中，弯曲、卷板（滚圆）和模具压制等工序都涉及热加工和冷加工。

1. 弯曲加工

弯曲加工是根据构件形状的需要，利用加工设备和一定的工具、模具把板材或型钢弯制成一定形状的工艺方法。在钢结构制造中，用弯曲方法加工的构件种类非常多，可根据构件的技术要求和已有的设备条件进行选择。按钢构件的加工方法，可分为压弯、滚弯和拉弯三种：压弯适用于一般直角弯曲（V形件）、双直角弯曲（U形件），以及其他适宜弯曲的构件；滚弯适用于滚制圆筒形构件及其他弧形构件；拉弯主要用于将长条板材拉制成不同曲率的弧形构件。按构件的加热程度分类，可分为冷弯和热弯两种：冷弯是在常温下进行弯制加工，它适用于一般薄板、型钢等的加工；热弯是将钢材加热至950 ℃～1 100 ℃，在模具上进行弯制加工。它适用于厚板及较复杂形状构件、型钢等的加工。

（1）弯曲半径。在钢材弯曲过程中，弯曲件的圆角半径不宜过大，也不宜过小。过大时因回弹影响，构件精度不易保证；过小则容易产生裂纹。根据实践经验，钢板最小弯曲半径在经退火和不经退火时较合理的推荐数值见表5-12。

表5-12 板材最小弯曲半径

图示	板材	弯曲半径（R）	
		经退火	不经退火
	Q235、15号、30号钢	0.5t	t
	A5、35号钢	0.8t	0.5t
	45号钢	t	1.7t
	铜	—	0.8t
	铝	0.2t	0.8t

一般薄板材料弯曲半径R可取较小数值，$R \geqslant t$（t为板厚）。厚板材料弯曲半径R应取较大数值，$R=2t$（t为板厚）。

（2）弯曲角度。弯曲角度是指弯曲件的两翼夹角，它和弯曲半径不同，也会影响构件材料的抗拉强度。当弯曲线和材料纤维方向垂直时，材料具有较大的抗拉强度，不易发生裂纹。当材料纤维方向和弯曲线平行时,材料的抗拉强度较差,容易发生裂纹,甚至断裂。在双向弯曲时,弯曲线应与材料纤维方向成一定的夹角。随着弯曲角度的缩小,应考虑将弯曲半径适当增大。一般弯曲件长度自由公差的极限偏差和角度的自由公差推荐数值分别见表5-13和表5-14。

表5-13 弯曲件未标注公差的长度尺寸的极限偏差

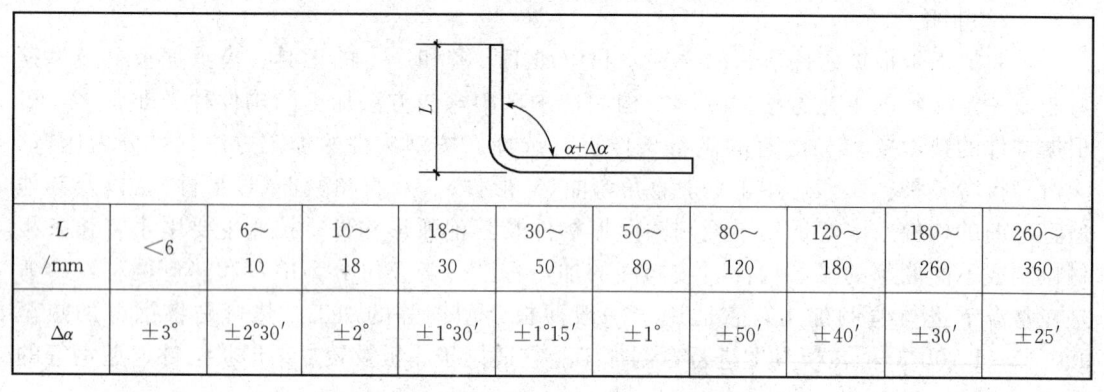

长度尺寸/mm		3～6	6～18	18～50	50～120	120～260	260～500
材料厚度/mm	<2	±0.3	±0.4	±0.6	±0.8	±1.0	±1.5
	2～4	±0.4	±0.6	±0.8	±1.2	±1.5	±2.0
	>4	—	±0.8	±1.0	±1.5	±2.0	±2.5

表5-14 弯曲件角度的自由公差

L/mm	<6	6～10	10～18	18～30	30～50	50～80	80～120	120～180	180～260	260～360
$\Delta\alpha$	±3°	±2°30′	±2°	±1°30′	±1°15′	±1°	±50′	±40′	±30′	±25′

型钢冷矫正和冷弯曲的最小曲率半径和最大弯曲矢高应符合表5-15的规定。

表5-15 型钢冷矫正和冷弯曲的最小曲率半径和最大弯曲矢高

钢材类别	图例	对应轴	矫正 r	矫正 f	弯曲 r	弯曲 f
钢板扁钢		$x-x$	$50t$	$\dfrac{l^2}{400t}$	$25t$	$\dfrac{l^2}{200t}$
		$y-y$（仅对扁钢轴线）	$100b$	$\dfrac{l^2}{800b}$	$50b$	$\dfrac{l^2}{400b}$
角钢		$x-x$	$90b$	$\dfrac{l^2}{720b}$	$45b$	$\dfrac{l^2}{360b}$
槽钢		$x-x$	$50h$	$\dfrac{l^2}{400h}$	$25h$	$\dfrac{l^2}{200h}$
		$y-y$	$90b$	$\dfrac{l^2}{720b}$	$45b$	$\dfrac{l^2}{360b}$

续表

钢材类别	图例	对应轴	矫正 r	矫正 f	弯曲 r	弯曲 f
工字钢		x-x	$50h$	$\dfrac{l^2}{400h}$	$25h$	$\dfrac{l^2}{200h}$
		y-y	$50b$	$\dfrac{l^2}{400b}$	$25b$	$\dfrac{l^2}{200b}$

注：r 为曲率半径，f 为弯曲矢高，l 为弯曲弦长，t 为钢板厚度。

(3) 型钢冷弯曲施工。型钢冷弯曲的工艺方法有滚圆机滚弯、压力机压弯，此外还有顶弯、拉弯等。各种工艺方法均应按型材的截面形状、材质规格及弯曲半径制作相应的胎模，经试弯符合要求方准正式加工。

采用大型设备弯制时，可用模具一次压弯成型；采用小型设备压较大圆弧时，应多次冲压成型，边压边移位，边用样板检查直至符合要求为止。

(4) 弯曲变形的回弹。弯曲过程是在材料弹性变形后，再达到塑性变形的过程。在塑性变形时，外层受拉伸，内层受压缩，拉伸和压缩使材料内部产生应力。应力的产生，造成材料变形过程中存在一定的弹性变形，在失去外力作用时，材料就会产生一定程度的回弹。

影响回弹大小的因素很多，必须在理论计算下结合试验，采取相应的措施。掌握回弹规律，减少或基本消除回弹，或使回弹后恰能达到设计要求。影响弯曲变形回弹的因素如下：

1) 材料的机械性能：屈服强度越高，其回弹就越大。
2) 变形程度：弯曲半径(r)和材料厚度(t)之比，r/t 的数值越大，回弹越大。
3) 摩擦情况：材料表面和模具表面之间摩擦，直接影响坯料各部分的应力状态，大多数情况下会增大弯曲变形区的拉应力，则回弹减小。
4) 变形区域：变形区域越大，回弹越大。

(5) 钢管弯曲成型的允许偏差见表 5-16。

表 5-16 钢管弯曲成型的允许偏差   mm

项目	允许偏差
直径	$\pm d/200$ 且 $\leqslant \pm 5.0$
构件长度	± 3.0
管口圆度	$d/200$ 且 $\leqslant 5.0$
管中间圆度	$d/100$ 且 $\leqslant 8.0$
弯曲矢高	$l/1\,500$ 且 $\leqslant 5.0$

注：d 为钢管直径。

2. 卷板施工

卷板也就是滚圆钢板，实际上就是在外力的作用下，使钢板的外层纤维伸长、内层纤维缩短而产生弯曲变形(中层纤维不变)。当圆筒半径较大时，可在常温状态下卷圆；如半径较小或钢板较厚时，应将钢板加热后卷圆。

卷圆是在卷板机(又称滚板机、轧圆机)上进行的，它主要用于卷圆各种容器、大直径焊接管道和高炉壁板等。常用的卷板机有三辊卷板机和四辊卷板机两类，其中三辊卷板机又可分为对称式和不对称式两种。由于卷板是在卷板机上进行连续三点滚弯的，利用卷板机可将板料弯成单曲率或双曲率的制件。

(1)钢板剩余直边。板料在卷板机上弯曲时，两端边缘总有剩余直边。理论的剩余直边数值与卷板机的形式有关，见表5-17。

表5-17　理论剩余直边的大小

设备类别		卷板机		压力机
弯曲方式	对称弯曲	不对称弯曲		模具压弯
		三辊	四辊	
剩余直边　冷弯时	L	(1.5~2)t	(1~2)t	1.0t
热弯时	L	(1.0~1.5)t	(0.75~1)t	0.5t

表中，L 为侧辊中心距的一半，t 为板料厚度。实际上，剩余直边要比理论值大：一般对称弯曲时，为$(6\sim20)t$；不对称弯曲时，为对称弯曲时的 $1/10\sim1/6$。

(2)钢板卷圆。根据卷制时板料温度的不同，分为冷卷、热卷与温卷三种，可根据板料的厚度和设备条件等来选择卷板的方法。

1)在冷卷前必须清除板料表面的氧化皮，并涂上保护涂料。

2)热卷时宜采用中性火焰，缩短高温下板料的停留时间，并采用防氧涂料等办法，尽量减少氧化皮的产生。

3)卷板设备必须保持干净，轴辊表面不得有锈皮、毛刺、棱角或其他硬性颗粒。

4)由于剩余直边在矫圆时难以完全消除，并造成较大的焊接应力和设备负荷，一般应对板料进行预弯，使剩余直边弯曲到所需的曲率半径后再卷弯。预弯可在三辊、四辊或预弯水压机上进行。

5)将预弯的板料置于卷板机上滚弯时，为防止产生歪扭，应将板料对中，使板料的纵向中心线与辊筒轴线保持严格的平行。

6)卷板时，应不断吹扫内、外侧剥落的氧化皮，矫圆时应尽量减少反转次数等。

7)非铁金属、不锈钢和精密板料卷制时，最好固定专用设备并将轴辊磨光，消除棱角和毛刺等，必要时用厚纸板或专用涂料保护工作表面。

(3)圆柱面卷弯。圆柱面的卷弯一般有冷卷、热卷和温卷三种情况：冷卷时由于钢板的回弹，卷圆时必须施加一定的过卷量，在达到所需地过卷量后，还应来回多卷几次。高强度钢材由于回弹较大，最好在最终卷弯前进行退火处理。卷弯过程中，应不断地用样板检验弯板两端的曲率半径。冷卷时必须控制变形量。一般认为，当碳素钢板的厚度大于或等于内径的1/40时，应进行热卷。为了克服冷、热卷板的不足，吸取冷、热卷板的优点，工程实践中便出现了温卷的新工艺。温卷将钢板加热至500 ℃~600 ℃，它比冷卷时拥有更好的塑性，同时减少卷板机超载的可能，又减轻氧化皮的危害，操作比热卷方便。

(4)矫圆。圆筒卷弯焊接后会发生变形,所以必须进行矫圆。矫圆分为加载、滚圆和卸载三个步骤。先根据经验或计算,将辊筒调节到所需要的最大矫正曲率的位置,使板料受压。板料在辊筒的矫正曲率下,来回滚卷1~2圈,要着重滚卷近焊缝区,使整圈曲率均匀一致,然后在滚卷的同时逐渐退回辊筒,使工件在逐渐减少矫正载荷下多次滚卷。

3. 折边加工

在钢结构制作中,把构件的边缘压弯成倾角或一定形状的操作称为折边。折边广泛用于薄板构件,薄板经折边后可以大大提高结构的强度和刚度。

常用的折边加工机械为板料折边机,板料折边机在结构上具有窄而长的滑块,配合一些狭而长的通用或专用模具和挡料装置,将下模固定在折边机的工作台上。折边机的上模安装在上滑块上,下模则置于工作台上。板料在上、下模之间,利用上模向下时产生的压力,完成较长的折边加工工作。

(1)机械操作要点。为了确保安全生产,在机器开动前,要清除机械设备周围的障碍物,上、下模具间不准堆放任何工具等物件,对机械设备应加注润滑油并检查设备各部分工作是否正常,发现问题应及时修理。确保电气绝缘与接地必须良好。开动机器后,待电动机和飞轮的转速正常后,再开始工作。不允许超负荷工作。满负荷时,必须把板料放在两立柱中间,使两边负荷均匀。保证上、下模之间有间隙,间隙值的大小按折板的要求决定,但不得小于被折板料的厚度,以免发生"卡住"现象,造成事故。折板板件的表面不准有焊疤与毛刺。

(2)板料折边施工。

1)钢板进行冷弯加工时,最低室温一般不得低于0 ℃,16Mn钢材不得低于5 ℃,各种低合金钢和合金钢根据其性能酌情而定。

2)构件如采用热弯,须加热至1 000 ℃~1 100 ℃,低合金钢加热温度为700 ℃~800 ℃。当热弯工件温度下降至550 ℃时,应停止工作。

3)折弯时,要经常检查模具的固定螺栓是否松动,以防止模具移位。如发现移位,应立即停止工作,及时调整固定。

4)折弯时,应避免一次大力加压成型,而应逐次渐增加度数,最后用样板检查,千万不能使折边角度过大,造成往复反折,损伤构件。折弯过程中,应注意经常用样板对构件进行检验。

5)在弯制多角的复杂构件时,事先要考虑好折弯的顺序,一般是由外向内依次弯曲。如果折边顺序不合理,将会造成后面的弯角无法折弯。在弯制大批量构件时,须加强首个结构件的质量控制。

4. 模具压制

模具压制是在压力设备上利用模具使钢材成型的一种工艺方法。钢材及构件成型的好坏与精度,完全取决于模具的形状尺寸和制造质量。当室温低于-20 ℃时,应停止施工,以免钢板冷脆而产生裂缝。

根据模具的加工形式,模具可分为简易模、连续模和复合模三类。简易模适用于一般精度要求的单件或小批量生产;连续模主要是在中批或大批量生产中级精度、加工形状复杂和特殊形状的零件时采用;复合模主要是在中批或大批量生产中级或高级精度、零件几何形状与尺寸受到模具结构与强度限制时采用。

(1)模具的安装位置。模具在压力机上的安装位置一般有两种,即上模和下模。上模也称凸模,由螺栓装置固定在压力机压柱的横梁上。下模也称凹模,由螺栓固定在压力机的工作台上。上、下模的安装必须做到上模中心与压柱中心重合,使压柱的作用力均匀地分布在压模上,下模的位置要根据上模来确定,上、下模中心一定相吻合,以保证压制零件形状和精度的准确。

(2)模具的加工工序。

1)冲裁模见表5-18中a项,采用在压力机上使板料或型材分离的加工工艺。其主要工序有落料成型、冲切成型等。

2)弯曲模见表5-18中b项,采用在压力机上使板料或型材弯曲的加工工艺。其主要工序有压弯、卷圆等。

3)拉深模见表5-18中c项,采用在压力机上使板料轴对称、非对称或变形拉深的加工工艺。其轴对称工序有拉深,变薄拉深等。

4)压延模见表5-18中d项,采用在压力机上对钢材进行冷挤压或温热挤压的加工工艺。其主要工序有压延、起伏、胀形及施压等。

5)其他成型模见表5-18中e项,采用在压力机上对板料半成品进行再成型的加工工艺。其主要再成型工序有翻边、卷边、扭转、收口、扩口、整形等。

表5-18 模具分类示意图

编号	工序		图例	图解
a	冲裁	落料		用模具沿封闭线冲切板料,冲下的部分为工件,其余部分为废料
		冲孔		用模具沿封闭线冲切板材,冲下的部分是废料
b	弯曲	压弯		用模具使材料弯曲成一定形状
		卷圆		将板料端部卷圆

续表

编号	工序	图 例	图 解
c	拉深		将板料压制成空心工件，壁厚基本不变
	变薄拉深		用减小直径与壁厚增加工件高度的方法来改变空心件的尺寸，以得到要求的底厚、壁薄的工件
d	压延		将拉伸或成型后的半成品边缘部分多余材料切掉；将一块圆形平板料坯压延成一面开口的圆筒
	起伏		在板料或工件上压出筋条、花纹或文字，在起伏处的整个厚度上都有变薄
	胀形		使空心件(或管料)的一部分沿径向扩张，呈凸肚形
	施压		利用擀棒或滚轮将板料毛坯擀压成一定形状（分变薄和不变薄两种）

续表

编号	工序	图例	图解
e	其他成型	孔的翻边	将板料或工件上有孔的边缘翻成竖立边缘
		外缘翻边	将工件的外缘翻成圆弧或曲线状的竖立边缘
		卷边	将空心件的边缘卷成一定的形状
		扭转	将平板坯料的一部分相对于另一部分扭转一个角度
		收口	将空心件的口部缩小
		扩口	将空心件的口部扩大，常用于管子
		整形	将形状不太准确的工件矫正成型

四、边缘加工

在钢结构制造中,为了保证焊缝质量和工艺性焊透以及装配的准确性,不仅需将钢板边缘刨成或铲成坡口,还需要将边缘刨直或铣平。

1. 加工部位

在钢结构制造中,常需要做边缘加工的部位主要包括以下几个方面:

(1)起重机梁翼缘板、支座支承面等具有工艺性要求的加工面。

(2)设计图样中有技术要求的焊接坡口。

(3)尺寸精度要求严格的加颈板、隔板、腹板及有孔眼的节点板等。

2. 加工方法

(1)铲边。对加工质量要求不高、工作量不大的边缘加工,可以采用铲边。铲边有手工铲边和机械铲边两种。手工铲边的工具有手锤和手铲等,机械铲边的工具有风动铲锤和铲头等。

(2)刨边。对钢构件边缘刨边主要是在刨边机上进行的,常用的刨边机具为B81120A型刨边机。钢构件刨边加工分为直边和斜边两种。钢构件刨边加工的余量随钢材的厚度、钢板的切割方法而不同。

(3)有些构件的端部可采用铣边(端面加工)的方法代替刨边。铣边是为了保持构件(如起重机梁、桥梁等接头部分,钢柱或塔架等的金属抵承部位)的精度,能使其力由承压面直接传至底板支座,以减小连接焊缝的焊脚尺寸。这种铣削加工,一般是在端面铣床或铣边机上进行的。端面铣削也可在铣边机上进行加工,铣边机的结构与刨边机相似,但加工时用盘形铣刀代替刨边机走刀箱上的刀架和刨刀,生产效率较高。

3. 加工要求

边缘加工应符合下列要求:

(1)坡口型式和尺寸应根据图样和构件的焊接工艺进行。除机械加工方法外,可采用气割或等离子弧切割方法,用自动或半自动气割机切割。

(2)当用气割方法切割碳素钢和低碳合金钢的坡口时,对屈服强度小于 400 N/mm^2 的钢材,应将坡口上的熔渣氧化层等清除干净,并将影响焊接质量的凹凸不平处打磨平整;对屈服强度大于或等于 400 N/mm^2 的钢材,应将坡口表面及热影响区用砂轮打磨,除净硬质层。

(3)当用碳弧气割方法加工坡口或清除焊根时,对刨槽内的氧化层、淬硬层或铜迹必须彻底打磨干净。

(4)刨边应使用刨边机,将需切削的板材固定在作业台上,由安装在移动刀架上的刨刀来切削板材的边缘。刨边加工的余量随钢材的厚度、钢板的切割方法的不同而不同,一般的刨边加工余量为 2~4 mm。

(5)铣边利用滚铣切削原理,对钢板焊前的坡口、斜边、直边、U形边应同时一次铣削成形,比刨边提高工效 1.5 倍且能耗少,操作维修方法方便。

(6)边缘加工的允许偏差应符合表 5-19 的规定。

表 5-19　边缘加工的允许偏差

项目	允许偏差
零件宽度、长度	±1.0 mm
加工边直线度	$l/3\ 000$，且不大于 2.0 mm
加工面垂直度	$0.025t$，且不大于 0.5 mm
加工面表面粗糙度	$Ra \leqslant 50\ \mu m$

五、制孔

螺栓孔分为精致螺栓孔（A、B 级螺栓孔——Ⅰ类孔）和普通螺栓孔（C 级螺栓孔——Ⅱ类孔）。精致螺栓孔的螺栓直径与孔径相等，其孔的精度与孔壁表面粗糙要求较高，一般先钻小孔，板叠组装后铰孔才能达到质量标准；普通螺栓孔包括高强度螺栓孔、普通螺栓孔、半圆头铆钉孔等，孔径应符合设计要求，其精度与孔粗糙程度比 A、B 级螺栓孔要求略低。

1. 制孔方法

钢结构制作中，常用的加工方法有钻孔、冲孔、铰孔、扩孔等，施工时可根据不同的技术要求合理选用。

（1）钻孔。钻孔是钢结构制作中普遍采用的方法，能用于任何规格的钢板、型钢的孔加工。

（2）冲孔。冲孔是在冲孔机（冲床）上进行的，一般只能在较薄的钢板或型钢上冲孔。

（3）铰孔。铰孔是用铰刀对已经粗加工的孔进行精加工，以提高孔的光洁度和精度。

（4）扩孔。扩孔是用麻花钻或扩孔钻将工件上原有的孔进行全部或局部扩大，主要用于构件的拼装和安装。

2. 制孔要求

（1）构件制孔宜采用钻孔，钻孔是在钻床等机械上进行。利用钻床进行多层板钻孔时，应采取有效的防止窜动措施。钻孔前应磨好钻头，并合理地选择切削余量。钻孔的优点是螺栓孔孔壁损伤较小，质量较好，当证明某些材料质量、厚度和孔径冲孔后不会引起脆性影响时，可采用冲孔，冲的孔径必须大于板厚。

（2）钻透孔用平钻头，钻不透孔用尖钻头。当板叠较厚、直径较大或材料强度较高时，则应使用可以降低切削力的群钻钻头，便于排屑和减少钻头的磨损。

（3）当批量大，孔距精度要求较高时，采用钻模。钻模有通用型、组合型和专用钻模。

（4）长孔可用两端钻孔中间氧割的办法加工，但孔的长度必须大于孔直径的 2 倍。

（5）高强度螺栓孔应采用钻成孔。高强度螺栓连接板上所有螺栓孔，均应采用量规或者游标卡尺检查，其通过率如下：

1）用比孔的公称直径小 1.0 mm 的量规检查，每组至少应通过 85%；用比螺栓直径大 0.3 mm 的量规检查，应全部通过。

2）按上述方法检查时，凡量规不能通过的孔，必须经施工图编制单位同意后，方可扩钻或补焊后重新钻孔。扩钻后的孔径不得大于原设计孔径 2.0 mm。补焊时,应用与母材力学性能相当的焊条,严禁用钢块填塞。每组孔中补焊重新钻孔的数量不得超过 20%。处理后的孔应做好记录。

(6)A、B 级螺栓孔(Ⅰ类孔)应具有 H12 的精度,孔壁表面粗糙度 Ra 不应大于 12.5 μm。其孔径的允许偏差应符合表 5-20 的规定。C 级螺栓孔(Ⅱ类孔),孔壁表面粗糙度 Ra 不应大于 25 μm,其允许偏差应符合表 5-21 的规定。螺栓孔孔距的允许偏差应符合表 5-22 的规定,超出规定时应采用与母材材质相匹配的焊条补焊后重新制孔。

表 5-20　A、B 级螺栓孔径的允许偏差　　　　　　　　　　　　　　　　mm

序号	螺栓公称直径、螺栓孔直径	螺栓公称直径允许偏差	螺栓孔直径允许偏差	检查数量	检验方法
1	10～18	0.00 −0.18	+0.18 0.00	按钢构件数量抽查 10%,且不应少于 3 件	用游标深度尺或孔径量规检查
2	18～30	0.00 −0.21	+0.21 0.00		
3	30～50	0.00 −0.25	+0.25 0.00		

表 5-21　C 级螺栓孔的允许偏差　　　　　　　　　　　　　　　　　　mm

项　目	允许偏差	检查数量	检验方法
直　径	+1.0 0.0	按钢构件数量抽查 10%,且不少于 3 件	用游标深度尺或孔径量规检查
圆　度	2.0		
垂直度	0.03t,且不大于 2.0		

注:t 为钢板厚度。

表 5-22　螺栓孔距的允许偏差　　　　　　　　　　　　　　　　　　　mm

螺栓孔孔距范围	≤500	501～1 200	1 201～3 000	>3 000
同一组内任意两孔间距离	±1.0	±1.5	—	—
相邻两组的端孔间距离	±1.5	±2.0	±2.5	±3.0

六、螺栓球和焊接球加工

1. 螺栓球加工

螺栓球是连接各杆件的零件,可分为螺栓球、半螺栓球及水雷球,宜采用 45 号钢锻造成型。螺栓球节点主要是由钢球、高强度螺栓、锥头或封板、套筒、螺钉和钢管等零件组成,如图 5-10 所示。

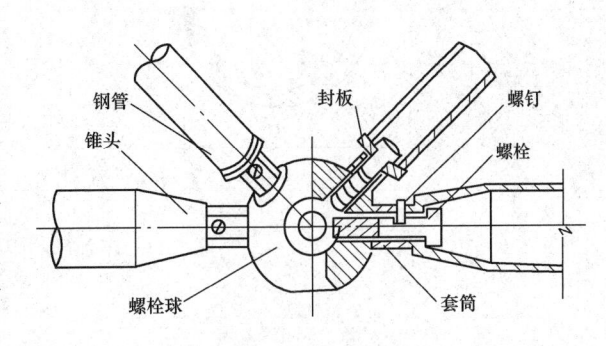

图 5-10　螺栓球节点

螺栓球宜热锻成型,加热温度宜为 1 150 ℃～1 250 ℃,终锻温度不得低于 800 ℃,成型后螺栓球不应有裂纹、褶皱和过烧。螺栓球加工的允许偏差应符合表 5-23 的规定。

表 5-23　螺栓球加工的允许偏差　　　　　　　　　　　　　　　　　mm

项目		允许偏差
球直径	$D\leqslant120$	+2.0 −1.0
	$D>120$	+3.0 −1.5
球圆度	$D\leqslant120$	1.5
	$120<D\leqslant250$	2.5
	$D>250$	3.5
同一轴线上两铣平面平行度	$D\leqslant120$	0.2
	$D>120$	0.3
铣平面距球中心距离		±0.2
相邻两螺栓孔中心线夹角		±30′
两铣平面与螺栓孔轴线垂直度		0.005r

注：r 为螺栓球半径；D 为螺栓球直径。

2. 焊接球加工

焊接球为空心球体,由两个半球拼接对焊而成。焊接球可分为不加肋和加肋两类(图 5-11 和图 5-12)。钢网架重要节点一般均为加肋焊接球,加肋形式有加单肋,垂直双肋等。所以加肋圆球组装前,还应加肋、焊接。注意加肋高度不应超过球内表面,以免影响拼装。

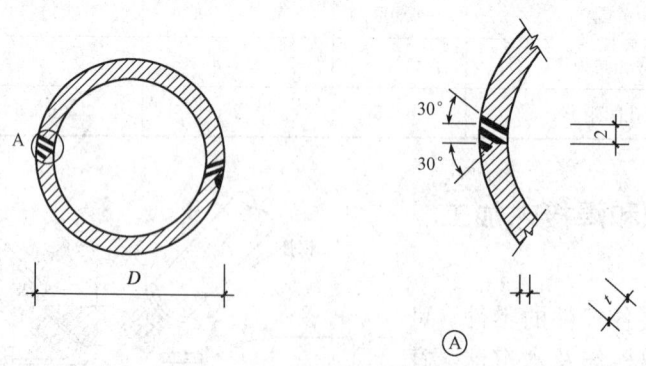

图 5-11　不加肋的焊接球

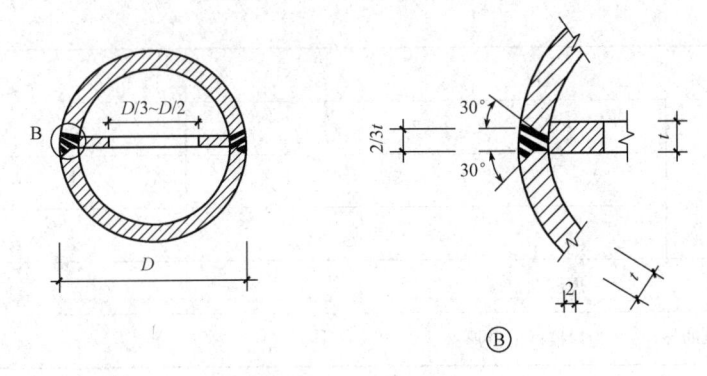

图 5-12 加肋的焊接球

(1)焊接球下料时控制尺寸,并应放出适当余量。

(2)焊接球材料用加热炉加热到 1 000 ℃～1 100 ℃之间的适当温度,放到半圆胎具内,逐步压制成半圆形球,成型后,从胎具上取出冷却,并用样板修正,留出拼接余量。压制过程采取均匀加热的措施,压制时氧化镀锌薄钢板应及时清理,并应经机械加工坡口焊接成圆球。焊接后的成品球表面应光滑平整,不应有局部凸起或褶皱。

(3)焊接球拼接为全熔透焊缝,焊缝质量等级按设计要求。拼好的圆球放在焊接胎具上,胎具两边各打一个小孔固定圆球,并能慢慢旋转。圆球旋转一圈,调整各项焊接参数,用埋弧焊(也可以用气体保护焊)对焊接球进行多层多道焊接。

(4)焊接空心球加工的允许偏差应符合表 5-24 的规定。

表 5-24　焊接空心球加工的允许偏差　　　　　　　　　　　　　　　mm

项目		允许偏差
球直径	$D \leqslant 300$	±1.5
	$300 < D \leqslant 500$	±2.5
	$500 < D \leqslant 800$	±3.5
	$D > 800$	±4.0
球圆度	$D \leqslant 300$	1.5
	$300 < D \leqslant 500$	2.5
	$500 < D \leqslant 800$	3.5
	$D > 800$	4.0
壁厚减薄量	$t \leqslant 10$	$0.18t$ 且不大于 1.5
	$10 < t \leqslant 16$	$0.15t$ 且不大于 2.0
	$16 < t \leqslant 22$	$0.12t$ 且不大于 2.5
	$22 < t \leqslant 45$	$0.11t$ 且不大于 3.5
	$t > 45$	$0.08t$ 且不大于 4.0

续表

项目		允许偏差
对口错边量	$t \leq 20$	1.0
	$20 < t \leq 40$	2.0
	$t > 40$	3.0
焊缝余高		0~1.5

注：D 为焊接球的外径；t 为焊接球的壁厚。

七、钢管加工

钢管段是组成短圆柱节点的一部分，另外，短圆柱节点还包括内部加劲板和连接杆件，如图 5-13 所示。

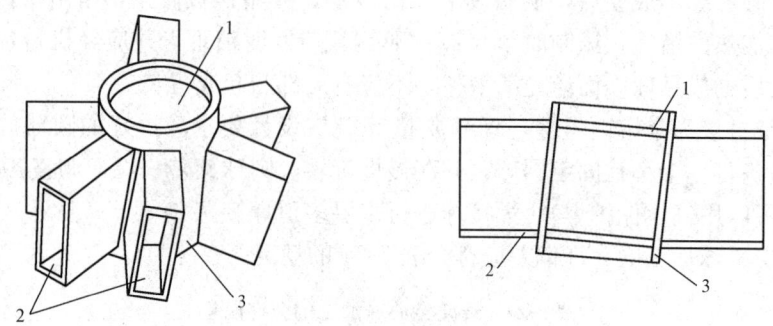

图 5-13 短圆柱节点
1—内部加劲板；2—连接杆件；3—钢管段

1. 钢管卷制、压制成型

在管桁架结构中，直径较大、壁厚较厚的钢管可采用卷翻或压制成型方法进行加工，其质量应符合现行国家标准《钢结构工程施工质量验收标准》(GB 50205—2020)的规定。

(1)为防止板材表面损伤，卷制钢管前要将板材和辊轮表面的异物清理干净。

(2)钢管卷制宜采用卷板机沿钢板纵向卷曲成型，并应采用埋弧焊或 CO_2 气体保护焊方法制成管节。根据钢管长度不同，可由若干管节对接接长后形成钢管，对接处的焊缝可采用埋弧焊或 CO_2 气体保护焊。钢管的纵向和环向对接焊缝应为全熔透焊缝。卷制的钢管错边量应 $t/10$，且不应大于 3 mm。

(3)钢管压制宜采用专用生产线沿垂直于钢板轧制方向逐步折弯成型。压下量、压下力和钢板进给量应根据钢材强度等级、板厚、板宽控制，应保证在压制过程中钢板全长方向的平直度。成型时钢板的送进步长应均匀。

(4)钢管压制成型后应采用埋弧自动焊方法进行纵缝的焊接。

2. 圆钢管加工

(1)圆钢管接长加工宜采用车床或多维数控相贯线切割机下料、加工坡口，并宜在专用胎架上进行焊接；接头处应设衬管，焊缝应达到一级质量要求。

（2）圆钢管的平端口加工宜采用车床或数控相贯线切割机下料、加工坡口。矩形管的平端口可采用仿形切割或手工切割下料和加工坡口；方钢管的平端口可采用数控相贯线切割机下料、加工坡口。

（3）圆钢管的相贯线加工宜采用数控相贯线切割机下料、加工坡口，相贯线的坡口应为带有连续渐变角度的光滑坡口。

（4）圆钢管加工允许偏差应符合表 5-25 的规定。

表 5-25　圆钢管加工允许偏差　　　　　　　　　　　　　mm

项目		允许偏差	检验方法	图例
直径	$d \leqslant 250$	±1.0	用钢尺和卡尺检查	—
	$d > 250$	$\pm d/250$，且不大于±4.0		
长度	$L \leqslant 5\,000$	±1.0	用钢尺检查	
	$5\,000 < L \leqslant 10\,000$	±2.0		
	$L > 10\,000$	±3.0		
圆度	$d \leqslant 250$	1.0	用卡尺和游标卡尺检查	
	$d > 250$	$d/250$，且不大于 4.0		
相贯线切口	$d \leqslant 250$	±1.0	用套模和游标卡尺检查	—
	$d > 250$	±2.0		
管端面对管轴线的垂直度		$d/500$，且不大于 3.0	用直尺和样板检查	
弯曲矢高		$L/1\,500$，且不大于 3.0	用直尺检查	

续表

项目	允许偏差	检验方法	图例
对口错边	$t/10$，且不大于 3.0	用直尺检查	
壁厚	$t/10$	用卡尺检查	—
坡口角度	$0\sim+5°$	用焊缝量规检查	—

注：d 为钢管直径；L 为钢管长度；t 为钢管壁厚。

3. 矩形管加工

(1) 矩形管的接长加工可采用锯切或气割的方式下料、加工坡口，也可采用仿形切割机进行加工。方钢管的接长加工可采用数控相贯线切割机下料、加工坡口。

(2) 矩形管的相贯线加工宜采用数控相贯线切割机下料、加工坡口，坡口应连续光滑；不能使用切割机加工的矩形管的相贯线可采用仿形切割或手工气割下料、加工坡口，加工时可按 1∶1 放样并制作样板，号料画线后进行切割。

(3) 矩形管加工允许偏差应符合表 5-26 的规定。

表 5-26 矩形管加工允许偏差   mm

项目		允许偏差	检验方法	图例
截面尺寸	$b(h)\leqslant500$	±2.0	用钢尺和卡尺检查	
	$d(h)>500$	±3.0		
对角线差		3.0		—
长度	$L\leqslant5\,000$	±1.0	用钢尺检查	
	$5\,000<L\leqslant10\,000$	±2.0		
	$L>10\,000$	±3.0		
弯曲矢高		$\leqslant L/1\,500$，且 $\leqslant5.0$	用直尺检查	
扭曲		$h(b)/250$，且 $\leqslant5.0$		

续表

项目		允许偏差	检验方法	图例
相贯线切口	$b(h) \leqslant 250$	±1.0	用套模和游标卡尺检查	—
	$b(h) > 250$	±2.0		
翼缘板倾斜度	$b(h) \leqslant 400$	1.5	用直尺、角尺和钢尺检查	
	$b(h) \leqslant 400$	3.0		
端面对轴线垂直度		$h(b)/500$,且≤3.0	用直尺和样板检查	
端面局部不平度		1.0		
板面局部变形	$t \leqslant 14$	3.0	用直尺和钢尺检查	
	$t \geqslant 14$	2.0		

注：b、h 为矩形管截面尺寸；L 为矩形管长度；t 为矩形管壁厚。

4. 钢管弯曲加工

(1)钢管弯曲加工应在直管检验合格后进行。钢管弯曲成型后，不应存在裂纹、过烧、分层等缺陷，表面不应有明显皱褶，局部凹凸度不应大于 1 mm。

(2)直缝焊接钢管弯曲时，其纵向焊缝宜避开受拉区，可放置在侧面区域。

(3)钢管的弯曲方法应根据截面尺寸、弯曲半径和设备条件确定，可分为冷弯和热弯，热弯可采用中频弯曲。钢管弯曲宜优先采用冷弯，当冷弯不能满足要求时，可采用热弯。

(4)碳素结构钢在环境温度低于 −16 ℃、低合金高强度结构钢在环境温度低于 −12 ℃ 时，不应进行冷弯曲。

(5)钢管的冷弯宜采用型弯机或液压机等进行弯曲加工；当钢管规格小于 $\phi 550$ mm × 25 mm 时，可采用型弯机弯曲，当钢管规格大于 $\phi 550$ mm × 25 mm 时可采用大吨位的液压机弯曲。钢管的冷弯曲应根据工艺试验确定回弹量。

(6)中频弯管速度宜为 100 mm/min，弯曲时宜连续进行，中途不宜停顿。

(7)钢管中频弯曲成形后应冷却，对碳素结构钢可采用空气强迫冷却或水冷；对低合金高强度结构钢应采用空气强迫冷却，严禁用水冷却。

(8)钢管弯曲加工允许偏差应符合表 5-27 的规定。

表 5-27　钢管弯曲加工允许偏差　　　　　　　　　　　　　　　　mm

项目		允许偏差	检验方法	图例
直径	$d \leqslant 250$	±1.0	用钢尺和卡尺检查	—
	$d > 250$	$\pm d/250$，且不大于±4.0		
管口及连接处圆度	$d \leqslant 250$	1.0	用卡尺和游标卡尺检查	
	$d > 250$	$\pm d/250$，且不大于±4.0		
其他处圆度	$d \leqslant 250$	2.0		
	$d > 250$	$\pm d/125$，且不大于±6.0		
管端面对管轴线的垂直度		$d/500$，且不大于 3.0	用角尺、塞尺和百分表检查	
弯曲矢高		$L/1\,500$，且不大于 5.0	用拉线、直角尺和钢尺或样板检查	
弯管平面度（扭曲、平面外弯曲）		$L/1\,500$，且不大于 5.0	用水准仪、经纬仪、全站仪检查	—

注：d 为钢管直径；L 为钢管长度。

八、其他构件制作

(1)支座底板、劲板等宜采用半自动气割机或数控切割机下料，钢管宜采用管子车床下料、剖口；支座宜在专用胎具上组装、焊接；焊接可采用焊条电弧焊或 CO_2 气体保护焊，焊缝应符合设计和现行国家标准《钢结构焊接规范》(GB 50661—2011)的规定。支托板、劲板等宜采用半自动气割机或数控切割机下料，钢管宜采用管子车床下料、加工坡口。支托宜在专用胎具上组装、焊接；焊接可采用焊条电弧焊或 CO_2 气体保护焊，所有焊缝应符合设计和现行国家标准《钢结构焊接规范》(GB 50661—2011)的规定。

(2)索节点可采用铸造、锻造、焊接等方法加工成毛坯，并应经车削、铣削、刨削、钻孔镗孔等机械加工而成。索节点的普通螺纹应符合现行国家标准《普通螺纹　基本尺寸》(GB/T 196—2003)和《普通螺栓　公差》(GB/T 197—2018)中有关 7H/6g 的规定，梯形螺纹应符合现行国家标准《梯形螺纹》(GB/T 5796—2005)中 8H/7e 的有关规定。

(3)钢管段可采用管子车床或多维数控相贯线切割机加工；杆件端部加工宜采用多维数控相贯线切割机切割、加工坡口，矩形钢管和 H 型钢杆件端部加工宜按 1∶1 放样并制作检验样板画线后，采用仿形或半自动气割机进行切割、加工坡口。杆件端部相贯线的坡口角度应连续、光滑。短圆柱节点内部加劲板焊接宜采用焊条电弧焊或CO_2气体保护焊，焊缝质量应符合设计及现行国家标准《钢结构焊接规范》(GB 50661—2011)的规定。钢管段与杆件之间连接焊缝应符合设计及现行国家标准《钢结构焊接规范》(GB 50661—2011)的规定。

(4)嵌入式毂节点可由毂体、杆端嵌入件、盖板、中心螺栓、平垫圈和弹簧垫圈等组成(图5-14)。嵌入式毂节点的毂体、杆端嵌入件、盖板、中心螺栓的材料应符合设计和相应标准的规定。产品质量应符合现行行业标准《单层网壳嵌入式毂节点》(JG/T 136—2016)的规定。

(5)杆端嵌入件铸造时，钢水应连续浇铸，浇铸温度与型壳温度应适宜。铸造完成后宜用数控机床精密加工成型。杆端嵌入件表面不应有裂纹、凹陷和突刺等缺陷。杆件与杆端嵌入件对接焊缝宜采用焊条电弧焊或CO_2气体保护焊方法焊接，焊缝质量应符合设计或现行国家标准《钢结构焊接规范》(GB 50661—2011)的规定。杆端嵌入件组装后允许偏差应符合表5-28的规定。

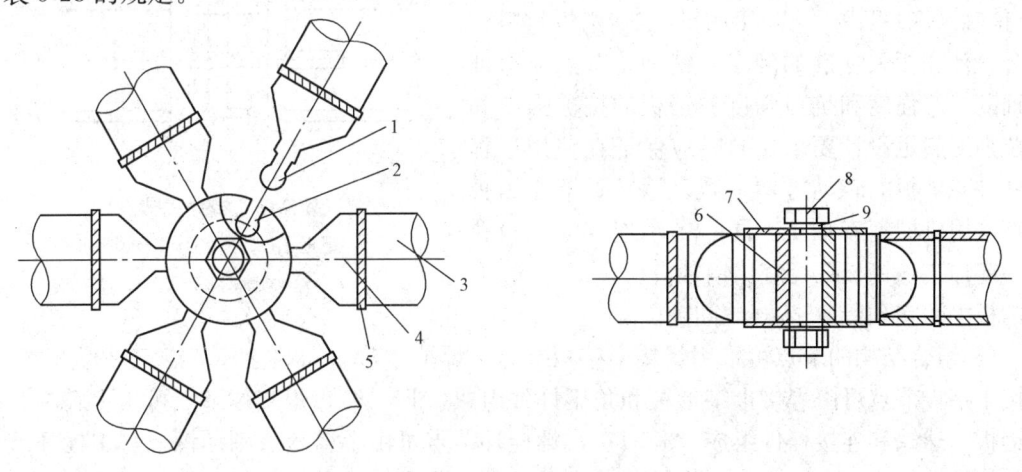

图5-14 嵌入式毂节点
1—嵌入榫；2—毂体嵌入槽；3—杆件；4—杆端嵌入件；5—连接焊缝；
6—毂体；7—盖板；8—中心螺栓；9—平垫圈、弹簧垫圈

表5-28 杆端嵌入件组装允许偏差   mm

项目	允许偏差
杆件组装长度 L	±1.0
焊缝余高	0，+2.0
杆端嵌入件倾角 φ（嵌入榫的中线与嵌入件轴线的垂线之间的夹角）	±30′

(6)毂体宜采用圆钢用锯床下料，并采用数控机床进行毂体嵌入槽的加工。嵌入式毂节点尺寸允许偏差应符合表5-29的规定。

表 5-29 嵌入式毂节点尺寸允许偏差

项目	允许偏差
嵌入槽圆孔对分布圆中心线的平行度	0.3 mm
分布圆直径	±0.3 mm
直槽部分对圆孔平行度	0.2 mm
毂体嵌入槽间夹角	±20′
毂体端面对嵌入槽分布圆中心线的端面跳动	0.3 mm
端面间平行度	0.5 mm

(7)销轴式节点可由销板Ⅰ、销轴和销板Ⅱ组成(图 5-15)。销轴材料应符合设计和现行国家标准《销轴》(GB/T 882—2008)的规定。销板材料应符合设计和相关标准的规定。销轴式节点应保证销轴的抗弯强度和抗剪强度、销板的抗剪强度和抗拉强度满足设计要求，同时应保证在使用过程中杆件与销板的转动方向一致。销轴式节点销板孔宜采用机械精密加工。同一销轴连接的销板孔宜一起加工，销板孔径宜比销轴直径大 1~2 mm。各销板之间宜预留 2~5 mm 间隙。

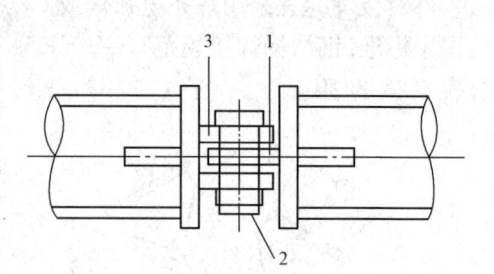

图 5-15 销轴式节点
1—销板Ⅰ；2—销轴；3—销板Ⅱ

(8)组合结构的节点可采用焊接十字板节点、焊接球节点和螺栓环节点三种形式之一，焊接十字板节点可由焊接十字形板和角钢杆件组成(图 5-16)，焊接球节点可由上盖板、圆形钢板、球缺和连接杆件组成(图 5-17)，螺栓环节点可由上盖板、圆形钢板、螺栓环节点和连接杆件组成(图 5-18)。组合结构节点零部件材料及其品种、规格，应符合设计及国家现行有关材料标准的要求。组合结构节点的加工尺寸允许偏差应符合现行国家标准《钢结构工程施工质量验收标准》(GB 50205—2020)的规定。

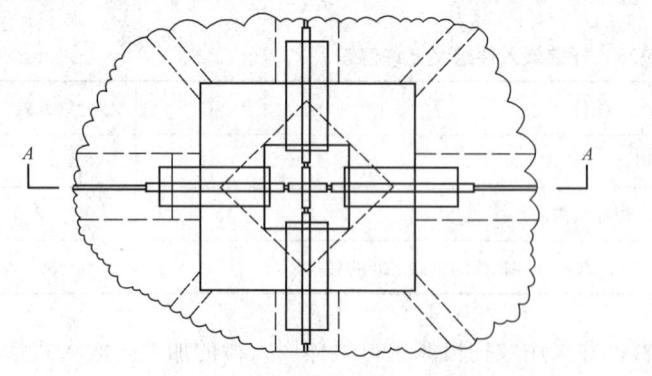

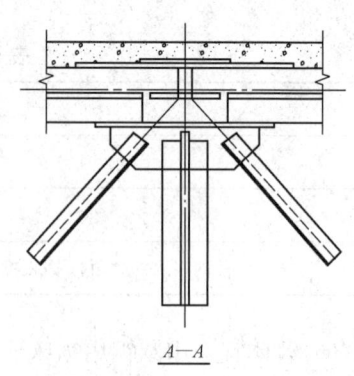

图 5-16 焊接十字板节点构造

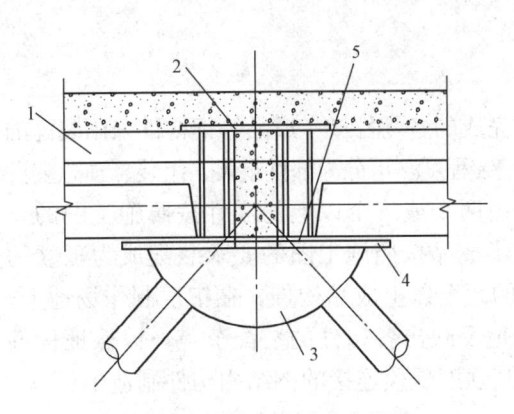

图 5-17　焊接空心球节点构造
1—钢筋混凝土带肋板；2—上盖板；3—球缺节点；
4—圆形钢板；5—板肋底部预埋钢板

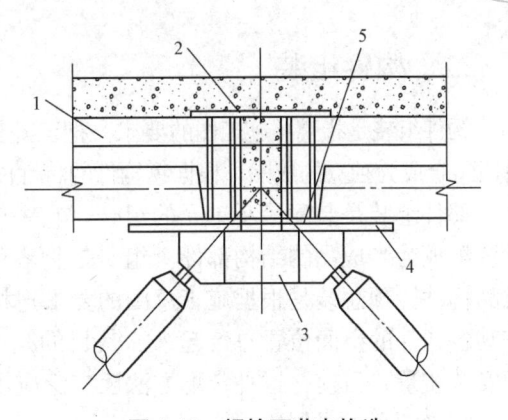

图 5-18　螺栓环节点构造
1—钢筋混凝土带肋板；2—上盖板；3—螺栓环节点；
4—圆形钢板；5—板肋底部预埋钢板

第三节　钢构件组装

一、部件拼接

钢零件与钢部件加工
常见问题与处理措施

板材、型材的拼接应在构件组装前进行。焊接 H 型钢的翼缘板拼接缝和腹板拼接缝的间距不宜小于 200 mm。翼缘板拼接长度不应小于 600 mm，腹板拼接宽度不应小于 300mm，长度不应小于 600 mm。箱形构件的侧板拼接长度不应小于 600 mm，相邻两侧板拼接缝的间距不宜小于 200 mm；侧板在宽度方向不宜拼接，当宽度超过 2 400 mm 确需拼接时，最小拼接宽度不宜小于板宽的 1/4。

设计无特殊要求时，用于次要构件的热轧型钢可采用直口全熔透焊接拼接，其拼接长度不应小于 600 mm。

钢管接长时，相邻管节或管段的纵向焊缝应错开，错开的最小距离（沿弧长方向）不应小于钢管壁厚的 5 倍，且不应小于 200 mm。钢管接长时，每个节间宜为一个接头，最短接长长度应符合下列规定：

(1)当钢管直径 $d \leqslant 500$ mm 时，不应小于 500 mm。
(2)当钢管直径 500 mm$<d \leqslant 1\,000$ mm 时，不应小于直径 d。
(3)当钢管直径 $d > 1\,000$ mm 时，不应小于 1 000 mm。
(4)当钢管采用卷制方式加工成型时，可有若干个接头，但最短接长长度应符合上述(1)~(3)的要求。

部件拼接焊缝应符合设计文件的要求，当设计无要求时，应采用全熔透等强对接焊缝。

二、构件组装

构件组装是指遵照施工图的要求，把已经加工完成的各零件或半成品等钢构件采用装配的手段组合成为独立的成品。根据钢构件的特性以及组装程度，可分为部件组装、组装、预总装。

部件组装是装配最小单元的组合，它一般是由两个或三个以上的零件按照施工图的要求装配成为半成品的结构部件。组装是把零件或半成品按照施工图的要求装配成为独立的成品构件。预总装是根据施工总图的要求把相关的两个以上成品构件，在工厂制作场地上，按其各构件的空间位置总装起来。其目的是客观地反映出各构件的装配节点，以保证构件的安装质量。目前，这种装配方法已广泛应用在高强度螺栓连接的钢结构构件制造中。

1. 构件组装方法

构件组装宜在组装平台、组装支承架或专用设备上进行。组装平台及组装支承架应有足够的强度和刚度，并应便于构件的装卸、定位。在组装平台或组装支承架上宜画出构件的中心线、端面位置线、轮廓线和标高线等基准线。

构件组装可采用地样组装法、胎模装配法、仿形复制装配法和专用设备装配法等方法，组装时可采用立装、卧装等方式。

(1) 地样组装法，也称为画线组装法，是钢构件组装中最简便的装配方法。它是根据图纸画出各组装零件具体装配定位的基准线，然后进行各零件相互之间的装配。这种组装方法只适用于少批量零部件的组装。

(2) 胎模装配法，是用胎模把各零部件固定在其装配的位置上，然后焊接定位，使其一次性成型，是目前大批量构件组装普遍采用的组装方法之一，装配质量高、工效快。如焊接工字形截面(H形)构件等的组装。

(3) 仿形复制装配法，是先用地样法组装成单面(片)的结构，并点焊定位，然后翻身作为复制胎模，在其上装配另一单面的结构，往返2次组装。该法多用于双角钢等横断面互为对称的桁架结构，具体操作是：用1∶1的比例在装配平台上放出构件实样，并按位置放上节点板和填板，然后在其上放置弦杆和腹杆的一个角钢，用点焊定位后翻身，即可作为临时胎模。以后其他屋架均可先在其上组装半片屋架，然后翻身组装另外半片成为整个屋架。

(4) 立装，是根据构件的特点及其零件的稳定位置，自上而下或自下而上地装配。该法用于放置平稳、高度不大的结构或大直径圆筒。

(5) 卧装，是将构件平卧进行装配。用于断面不大，但长度较大的细长构件。

2. 构件组装要求

(1) 构件组装间隙应符合设计和工艺文件要求，当设计和工艺文件无规定时，组装间隙不宜大于2.0 mm。

(2) 焊接构件组装时应预设焊接收缩量，并应对各部件进行合理的焊接收缩量分配。重要或复杂的构件宜通过工艺性试验确定焊接收缩量。

(3) 设计要求起拱的构件，应在组装时按规定的起拱值进行起拱，起拱允许偏差为起拱值的0%～10%，且不应大于10 mm。设计未要求但施工工艺要求起拱的构件，起拱允许偏差不应大于起拱值的±10%，且不应大于±10 mm。

(4) 桁架结构组装时，杆件轴线交点偏移不应大于3 mm。

(5) 吊车梁和吊车桁架组装、焊接完成后不应允许下挠。吊车梁的下翼缘和重要受力构件的受拉面不得焊接工装夹具、临时定位板、临时连接板等。

(6)拆除临时工装夹具、临时定位板、临时连接板等,严禁用锤击落,应在距离构件表面 3~5 mm 处采用气割切除,对残留的焊疤应打磨平整,且不得损伤母材。

(7)构件端部铣平后顶紧接触面,应有 75% 以上的面积密贴,应用 0.3 mm 的塞尺检查,其塞入面积应小于 25%,边缘最大间隙不应大于 0.8 mm。

三、构件焊接

钢结构制作的焊接多数采用埋弧自动焊,部分焊缝采用气体保护焊或电渣焊,只有短焊缝或不规则焊缝采用手工焊。

埋弧自动焊适用于较长的接料焊缝或组装焊缝,它不仅效率高,而且焊接质量好,尤其是将自动焊与组装结合起来的组焊机,生产效率更高。

气体保护焊机多为半自动,焊缝质量好,速度快,焊后无熔渣,故效率较高。但其弧光较强,且必须防风操作。在制造厂一般将其用于中、长焊缝。

电渣焊是利用电流通过熔渣所产生的电阻热熔化金属进行焊接。它适用于厚度较大钢板的对接焊缝,且不用开坡口。其焊缝匀质性好,气孔、夹渣较少,所以,一般多将其用于厚壁截面。如箱形柱内位于梁上、下翼缘处的横隔板焊缝等。

焊接完的构件若检验变形超过规定,如焊接 H 型钢,翼缘一般在焊后会产生向内弯曲,应予矫正。

四、构件端部加工

(1)构件端部加工应在构件组装、焊接完成并经检验合格后进行。构件的端面铣平加工可用端铣床加工。

(2)构件的端部铣平加工应符合下列规定:

1)应根据工艺要求预先确定端部铣削量,铣削量不应小于 5 mm。

2)应按设计文件及现行国家标准《钢结构工程施工质量验收标准》(GB 50205—2020)的有关规定,控制铣平面的平面度和垂直度。端部铣平的允许偏差应符合表 5-30 的规定。

表 5-30　端部铣平的允许偏差　　　　　　　　　　　　　　　　　　mm

项目	允许偏差
两端铣平时构件长度	±2.0
两端铣平时零件长度	±0.5
铣平面的平面度	0.3
铣平面对轴线的垂直度	$l/1\,500$

(3)设计要求顶紧的接触面应有 75% 以上的面积密贴,且边缘最大间隙不大于 0.8 mm。

(4)外露铣平面和顶紧接触面应有防锈保护。

五、构件加工

(1)构件外形矫正宜采取先总体后局部、先主要后次要、先下部后上部的顺序。

(2)构件外形矫正可采用冷矫正和热矫正。当设计有要求时,矫正方法和矫正温度应符合设计文件要求。当设计文件无要求时,碳素结构钢构件在环境温度低于−16 ℃、低合金钢构件在环境温度低于−16 ℃时,不应进行冷矫正;碳素结构钢和低合金钢构件在加热矫正时,加热温度应为 700 ℃～800 ℃,最高温度严禁超过 900 ℃,最低温度不得低于 600 ℃。

(3)当采用火焰矫正组焊后的变形时,同一部位加热不宜超过两次,加热温度不得超过正火温度,低合金钢加热矫正后应缓慢冷却。

(4)构件的外形尺寸主控项目的允许偏差应符合表 5-31 的规定。

表 5-31　钢构件外形尺寸主控项目的允许偏差　　　　　　　　　　　　　　　mm

项目	允许偏差
单层柱、梁、桁架受力支托(支承面)表面至第一个安装孔距离	±1.0
多节柱铣平面至第一个安装孔距离	±1.0
实腹梁两端最外侧安装孔距离	±3.0
构件连接处的截面几何尺寸	±3.0
柱、梁连接处的腹板中心线偏移	2.0
受压构件(杆件)弯曲矢高	$l/1\,000$,且不大于 10.0

(5)构件的外形尺寸一般项目的允许偏差应符合表 5-32～表 5-38 的规定。

表 5-32　单节钢柱外形尺寸的允许偏差　　　　　　　　　　　　　　　　　　mm

项目		允许偏差	检验方法	图例
柱底面到柱端与桁架连接的最上一个安装孔距离 l		$\pm l/1\,500$ 且不超过 ±15.0	用钢尺检查	
柱底面到牛腿支承面距离 l_1		$\pm l_1/2\,000$ 且不超过 ±8.0		
牛腿面的翘曲 Δ		2.0	用拉线、直角尺和钢尺检查	
柱身弯曲矢高		$H/1\,200$,且不大于 12.0		
柱身扭曲	牛腿处	3.0	用拉线、吊线和钢尺检查	—
	其他处	8.0		
柱截面几何尺寸	连接处	±3.0	用钢尺检查	
	非连接处	±4.0		

续表

项	目	允许偏差	检验方法	图 例
翼缘对腹板的垂直度	连接处	1.5	用直角尺和钢尺检查	
	其他处	$b/100$，且不大于 5.0		
柱脚底板平面度		5.0	用 1 m 直尺和塞尺检查	
柱脚螺栓孔中心对柱轴线的距离		3.0	用钢尺检查	

表 5-33 多节钢柱外形尺寸的允许偏差　　　　　　　　　　mm

项	目	允许偏差	检验方法	图 例
一节柱高度 H		±3.0	用钢尺检查	
两端最外侧安装孔距离 l_3		±2.0		
铣平面到第一个安装孔距离 a		±1.0		
柱身弯曲矢高 f		$H/1500$，且不大于 5.0	用拉线和钢尺检查	
一节柱的柱身扭曲		$h/250$，且不大于 5.0	用拉线、吊线和钢尺检查	
牛腿端孔到柱轴线距离 l_2		±3.0	用钢尺检查	
牛腿的翘曲或扭曲 Δ	$l_2 \leqslant 1000$	2.0	用拉线、直角尺和钢尺检查	
	$l_2 > 1000$	3.0		
柱截面尺寸	连接处	±3.0	用钢尺检查	
	非连接处	±4.0		
柱脚底板平面度		5.0	用 1 m 直尺和塞尺检查	

续表

项 目		允许偏差	检验方法	图 例
翼缘板对腹板的垂直度	连接处	1.5	用直角尺和钢尺检查	
	其他处	$b/100$，且不大于 3.0		
柱脚螺栓孔对柱轴线的距离 a		3.0	用钢尺检查	
箱形截面连接处对角线差		3.0		
箱形、十字形柱身板垂直度		$h(b)/150$，且不大于 5.0	用直角尺和钢尺检查	

表 5-34　焊接实腹钢梁外形尺寸的允许偏差　　　　　　　　　　mm

项 目		允许偏差	检验方法	图 例
梁长度 l	端部有凸缘支座板	0 −5.0	用钢尺检查	
	其他形式	$±l/2\,500$，且不超过 ±5.0		
端部高度 h	$h≤2\,000$	±2.0		
	$h>2\,000$	±3.0		
拱度	设计要求起拱	$±l/5\,000$	用拉线和钢尺检查	
	设计未要求起拱	10.0 −5.0		
侧弯矢高		$l/2\,000$，且不大于 10.0		
扭曲		$h/250$，且不大于 10.0	用拉线、吊线和钢尺检查	
腹板局部平面度	$t≤6$	5.0	用 1 m 直尺和塞尺检查	
	$6<t<14$	4.0		
	$t≥14$	3.0		

续表

项目		允许偏差	检验方法	图例
翼缘板对腹板的垂直度		$b/100$，且不大于 3.0	用直角尺和钢尺检查	—
吊车梁上翼缘与轨道接触面平面度		1.0	用 200 mm、1 m 直尺和塞尺检查	—
箱形截面对角线差		3.0	用钢尺检查	
箱形截面两腹板至翼缘板中心线距离 a	连接处	1.0	用钢尺检查	
	其他处	1.5		
梁端板的平面度（只允许凹进）		$h/500$，且不大于 2.0	用直角尺和钢尺检查	—
梁端板与腹板的垂直度		$h/500$，且不大于 2.0	用直角尺和钢尺检查	—

表 5-35　钢桁架外形尺寸的允许偏差　　　　　　　　　　　　　　　　　　　　mm

项目		允许偏差	检验方法	图例
桁架最外端两个孔或两端支承面最外侧距离 l	$l \leqslant 24$ m	+3.0 −7.0	用钢尺检查	
	$l > 24$ m	+5.0 −10.0		
桁架跨中高度		±10.0		
桁架跨中拱度	设计要求起拱	$\pm l/5\,000$	用拉线和钢尺检查	
	设计未要求起拱	+10.0 −5.0		
相邻节间弦杆弯曲（受压除外）		$l_1/1\,000$		

续表

项 目	允许偏差	检验方法	图 例
支承面到第一个安装孔距离 a	±1.0	用钢尺检查	
檩条连接支座间距 a	±3.0		

表 5-36　钢管构件外形尺寸的允许偏差　　　　　　　　　mm

项 目	允许偏差	检验方法	图 例
直径 d	$±d/250$，且不超过±5.0	用钢尺检查	
构件长度 l	±3.0		
管口圆度	$d/250$，且不大于5.0		
管端面管轴线的垂直度	$d/500$，且不大于3.0	用角尺、塞尺和百分表检查	
弯曲矢高	$l/1\,500$，且不大于5.0	用拉线、吊线和钢尺检查	
对口错边	$t/10$，且不大于3.0	用拉线和钢尺检查	

注：对方矩形管，d 为长边尺寸。

表 5-37　墙架、檩条、支撑系统钢构件外形尺寸的允许偏差　　　　　　　　　mm

项 目	允许偏差	检验方法
构件长度 l	±4.0	用钢尺检查
构件两端最外侧安装孔距离 l_1	±3.0	
构件弯曲矢高	$l/1\,000$，且不大于10.0	用拉线和钢尺检查
截面尺寸	+5.0 −2.0	用钢尺检查

表 5-38　钢平台、钢梯和防护钢栏杆外形尺寸的允许偏差　　　　　　　mm

项目	允许偏差	检验方法	图例
平台长度和宽度	±5.0	用钢尺检查	
平台两对角线差 $\mid l_1 - l_2 \mid$	6.0	用钢尺检查	
平台支柱高度	±3.0		
平台支柱弯曲矢高	5.0	用拉线和钢尺检查	
平台表面平面度（1m 范围内）	6.0	用 1 m 直尺和塞尺检查	
梯梁长度 l	±5.0	用钢尺检查	
钢梯宽度 b	±5.0		
钢梯安装孔距离 a	±3.0		
钢梯纵向挠曲矢高	$l/1\,000$	用拉线和钢尺检查	
踏步（棍）间距 a_1	±3.0	用钢尺检查	
栏杆高度	±5.0		
栏杆立柱间距	±5.0		

第四节　钢构件预拼装

钢结构预拼装时，不仅要防止构件在拼装过程中产生应力变形，而且也要考虑构件在运输过程中可能受到的损害，必要时应采取一定的防范措施，尽量把损害降到最低。

一、钢构件预拼装方法

1. 平装法

平装法适用于拼装跨度较小、构件相对刚度较大的钢结构，如长 18 m 以内的钢柱、跨度 6 m 以内的天窗架及跨度 21 m 以内的钢屋架的拼装。

平装法操作方便，不需要稳定加固措施，也不需要搭设脚手架。焊缝大多数为平焊缝，焊接操作简易，焊缝质量易于保证，校正及起拱方便、准确。

2. 立拼拼装法

立拼拼装法可适用于跨度较大、侧向刚度较差的钢结构，如长 18 m 以上的钢柱、跨度 9~12 m 的天窗架及跨度 24 m 以上的钢屋架的拼装。

立拼拼装法可一次拼装多榀，块体占地面积小，不用铺设或搭设专用操作平台或枕木墩，节省材料和工时，省去翻身工序，质量易于保证，不用增设专供块体翻身、倒运、就位、堆放的起重设备，缩短了工期。但需搭设一定数量的稳定支架，块体校正、起拱较难，钢构件的连接节点及预制构件的连接件的焊接立缝较多，增加了焊接操作的难度。

3. 利用模具拼装法

模具是指符合工件几何形状或轮廓的模型（内模或外模）。用模具来拼装组焊钢结构，具有产品质量好、生产效率高等许多优点。对成批的板材结构、型钢结构，应当考虑采用模具拼装。

桁架结构的装配模，往往是以两点连直线的方法制成的，其结构简单，使用效果好。

二、钢构件预拼装要求

预拼装前，单个构件应检查合格。当同一类型构件较多时，可选择一定数量的有代表性的构件进行预拼装。

1. 计算机辅助模拟预拼装

（1）构件除可采用实体预拼装外，还可采用计算机辅助模拟预拼装方法，模拟构件或单元的外形尺寸应与实物几何尺寸相同。

（2）当采用计算机辅助模拟预拼装的偏差超过现行国家标准《钢结构工程施工质量验收标准》（GB 50205—2020）的有关规定时，应按实体预拼装要求进行。

2. 实体预拼装

（1）预拼装场地应平整、坚实；预拼装所用的临时支承架、支承凳或平台，应经测量准确定位，并应符合工艺文件要求。重型构件预拼装所用的临时支承结构应进行结构安全验算。

（2）预拼装单元可根据场地条件、起重设备等选择合适的几何形态进行预拼装。

（3）构件应在自由状态下进行预拼装。

（4）构件预拼装应按设计图的控制尺寸定位，对有预起拱、焊接收缩等的预拼装构件，应按预起拱值或收缩量的大小对尺寸定位进行调整。

（5）采用螺栓连接的节点连接件，必要时可在预拼装定位后进行钻孔。

（6）当多层板采用高强度螺栓或普通螺栓连接时，宜先使用不少于螺栓孔总数 10% 的

钢构件组装施工常见问题与处理措施

冲钉定位，再采用临时螺栓紧固。临时螺栓在一组孔内不得少于螺栓孔数量的 20%，且不应少于 2 个。预拼装时，应使板层密贴。螺栓孔应采用试孔器进行检查，并应符合下列规定：

1）当采用比孔公称直径小 1.0 mm 的试孔器检查时，每组孔的通过率不应小于 85%；

2）当采用比螺栓公称直径大 0.3 mm 的试孔器检查时，通过率应为 100%。

(7) 预拼装检查合格后，应在构件上标注中心线、控制基准线等标记，必要时可设置定位器。

三、钢梁拼装

1. T 形梁拼装

T 形梁结构多是用厚度相同的钢板，以设计图纸标注的尺寸制成的。根据工程实际需要，T 形梁的结构有的相互垂直，也有倾斜一定角度的，如图 5-19 所示。T 形梁的立板通常称为腹板，与平台面接触的底板称为翼板或面板，上面的称为上翼板，下面的称为下翼板。

T 形梁拼装时，应先定出翼板中心线，再按腹板厚度画线定位，该位置就是腹板和翼板结构接触的连接点（基准线）。如果是垂直的 T 形梁，可用直角尺找正，并在腹板两侧按 200~300 mm 距离交错点焊；如果属于倾斜一定角度的 T 形梁，就用同样角度样板进行定位。按设计规定进行点焊。T 形梁两侧经点焊完成后，为了防止焊接变形，可在腹板两侧临时用增强板将腹板和翼板点焊固定，以增加刚性，减小变形。在焊接时，为防止焊接变形，可采用对称分段退步焊接方法焊接角焊缝。

2. 工字钢梁、槽钢梁拼装

工字钢梁和槽钢梁都是由钢板组合的工程结构梁，它们的组合连接形式基本相同，仅型钢的种类和组合成型的形状不同，如图 5-20 所示。

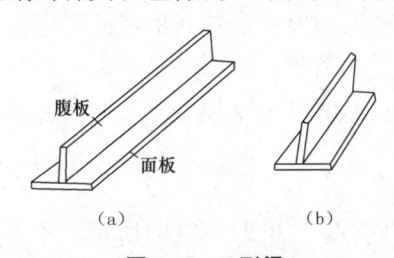

图 5-19　T 形梁
(a) 垂直梁；(b) 倾斜梁

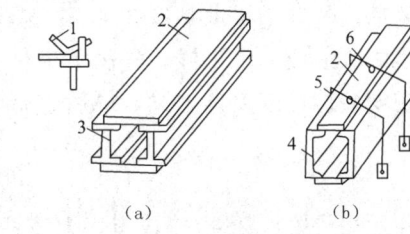

图 5-20　工字钢梁、槽钢梁拼装
(a) 工字钢梁；(b) 槽钢梁
1—撬杠；2—面板；3—工字钢；4—槽钢；
5—龙门梁；6—压紧工具

工字钢梁和槽钢梁在拼装组合时，应按图纸标注的尺寸、位置在面板和型钢连接位置处进行画线定位。面板宽度较窄时，为使面板与型钢垂直和稳固，可用与面板同厚度的垫板临时垫在底面板（下翼板）两侧来增加面板与型钢的接触面，以防止型钢向两侧倾斜。

焊接前，应用直角尺或水平尺检验侧面与平面是否垂直，几何尺寸正确后，方可按一定距离进行点焊。拼装上面板时，以下面板为基准。为保证上、下面板与型钢严密贴合，如果接触面间隙大，可用撬杠或卡具压严靠紧，然后再进行点焊和焊接，如图 5-20 中的 1、5、6 所示。

3. 箱形梁拼装

箱形梁的结构有钢板组成的，也有型钢与钢板混合结构组成的，但多数箱形梁的结构是采用钢板结构成型的。箱形梁是由上下面板、中间隔板及左右侧板组成的。箱形梁拼装如图 5-21 所示。

箱形梁的拼装过程是先在底面板画线定位，如图 5-21(a)所示；按位置拼装中间定向隔板，如图 5-21(b)所示。拼装时，应将两端和中间隔板与面板用型钢条临时点固，以防止移动和倾斜，然后以各隔板的上平面和两侧面为基准，同时拼装箱形梁左右立板。两侧立板的长度，要以底面板的长度为准靠齐并点焊(如两侧板与隔板侧面接触间隙过大时，可用活动型卡具夹紧，再进行点焊)。最后拼装梁的上面板，如果上面板与隔板上平面接触间隙大、误差多时，可用手砂轮将隔板上端找平，并用]形卡具压紧进行点焊和焊接，如图 5-21(d)所示。

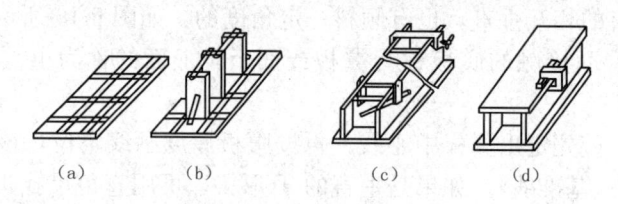

图 5-21　箱形梁拼装
(a)箱形梁的底板；(b)装定向隔板；(c)加侧立板；(d)装好的箱形梁

四、钢柱拼装

(一)施工步骤

1. 平装

先在柱的适当位置用枕木搭设 3~4 个支点，如图 5-22(a)所示。各支承点高度应拉通线，使柱轴线中心线成一水平线，先吊下节柱找平，再吊上节柱，使两端头对准，然后找中心线，并把安装螺栓或夹具上紧，最后进行接头焊接。采取对称施焊，焊完一面再翻身焊另一面。

2. 立拼

在下节柱适当位置设 2~3 个支点，上节柱设 1~2 个支点，如图 5-22(b)所示，各支点用水平仪测平垫平。拼装时先吊下节，使牛腿向下，并找平中心，再吊上节，使两节的接头端相对准，然后找正中心线，并将安装螺栓拧紧，最后进行接头焊接。

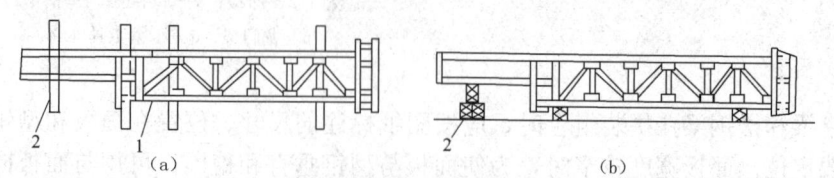

图 5-22　钢柱的拼装
(a)平装拼装法；(b)立装拼装法
1—拼接点；2—枕木

(二)柱底座板和柱身组合拼装

柱底座板与柱身组合拼装时,应将柱身按设计尺寸先进行拼装焊接,使柱身达到横平竖直,符合设计和验收标准的要求。如果不符合质量要求,可进行矫正以达到质量要求。为防止在拼装时发生位移,应将事先准备好的柱底板按设计规定尺寸,分清内外方向画结构线并焊挡铁定位。

柱底板与柱身拼装之前,必须将柱身与柱底板接触的端面用刨床或砂轮加工平整,同时将柱身分几点垫平,如图 5-23 所示,使柱身垂直柱底板,使安装后受力匀称,避免产生偏心压力,以达到质量要求。拼装时,将柱底座板用角钢头或平面型钢按位置点固,作为定位倒吊挂在柱身平面,并用直角尺检查垂直度及间隙大小,待合格后进行四周全面点固。为防止焊接变形,应采用对角或对称方法进行焊接。

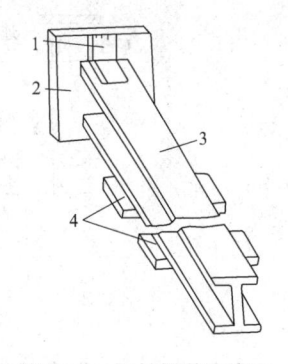

图 5-23 钢柱拼装示意
1—定位角钢;2—柱底板;
3—柱身;4—水平垫基

如果柱底板左右有梯形板,可先将底板与柱端接触焊缝焊完后再组装梯形板,并同时焊接,这样可避免梯形板妨碍底板缝的焊接。

五、钢屋架拼装

钢屋架多数用底样采用仿效方法进行拼装,这种方法具有效率高、质量好、便于组织流水作业等优点。因此,对于截面对称的钢结构,如梁、柱和框架等,都可应用。

首先,应按设计尺寸,并按长、高尺寸,以 1/1 000 预留焊接收缩量,在拼装平台上放出拼装底样,如图 5-24 所示。因为屋架在设计图纸的上、下弦处不标注起拱量,所以才放底样,按跨度比例画出起拱,然后在底样上按图画好角钢面宽度、立面厚度,作为拼装时的依据。如果在拼装时,角钢的位置和方向能记牢,其立面的厚度可省略不画,只画出角钢面的宽度即可。放好底样后,将底样上各位置上的连接板用电焊点牢,并用挡铁定位,作为第一次单片屋架拼装基准的底模。接着,就可将大小连接板按位置放在底模上。

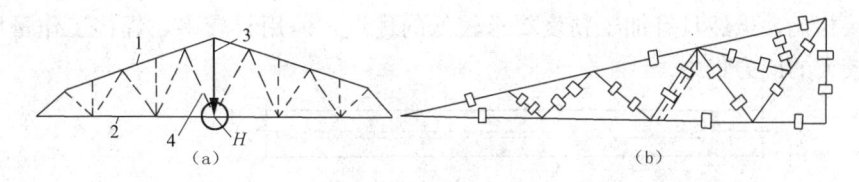

图 5-24 屋架拼装示意
(a)拼装底样;(b)屋架拼装
H—起拱抬高位置;1—上弦;2—下弦;3—立撑;4—斜撑

屋架的上、下弦及所有的立、斜撑,限位板放到连接板上面,进行找正对齐,用卡具夹紧点焊。待全部点焊牢固,可用起重机做翻转 180°,这样就可以该扇单片屋架为基准仿效组合拼装,如图 5-25 所示。

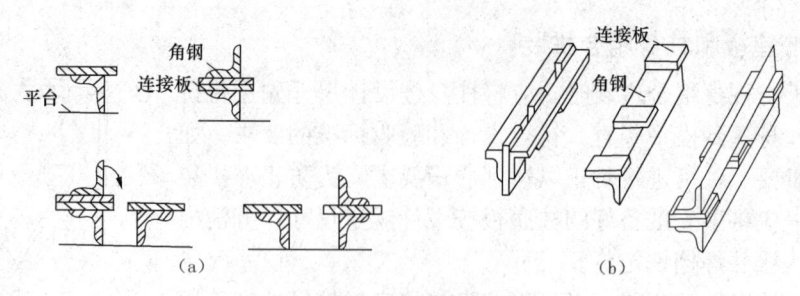

图 5-25 屋架仿效拼装示意
(a)仿形过程;(b)复制的实物

拼装时,应给下一步运输和安装工序创造有利条件。除按设计规定的技术说明外,还应结合屋架的跨度(长度),做整体拼装或按节点分段进行拼装。屋架拼装一定要注意平台的水平度,如果平台不平,可在拼装前用仪器或拉粉线调整垫平,否则,拼装成的屋架在上、下弦及中间位置将会产生侧向弯曲。

对特殊动力厂房屋架,为适应生产性质的要求强度,一般不采用焊接,而用铆接。

六、梁的拼接

梁的拼接有工厂拼接和工地拼接两种形式。

1. 工厂拼接

由于钢材尺寸的限制,需将梁的翼缘或腹板接长或拼大,这种拼接在工厂中进行,故称工厂拼接。工厂拼接多为焊接拼接,由钢材尺寸确定其拼接位置。拼接时,为防止焊缝密集与交叉,翼缘拼接与腹板拼接最好不要在一个剖面上。腹板和翼缘通常都采用对接焊缝拼接,如图 5-26 所示。腹板的拼接焊缝与平行它的加劲肋间至少应相距 $10t_w$。

拼接焊缝可用直缝或斜缝:用直焊缝拼接比较省料,但如焊缝的抗拉强度低于钢板的强度,则可将拼接位置布置在应力较小的区域;采用斜焊缝时,斜焊缝可布置在任何区域,但较费料,尤其是在腹板中。另外,也可以用拼接板拼接,如图 5-27 所示。这种拼接与对接焊缝拼接相比,虽然具有加工精度要求较低的优点,但用料较多,焊接工作量增加,而且会产生较大的应力集中。

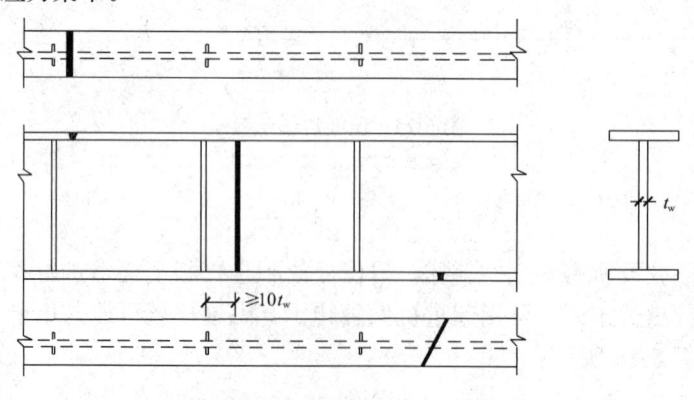

图 5-26 梁用对接焊缝的拼接

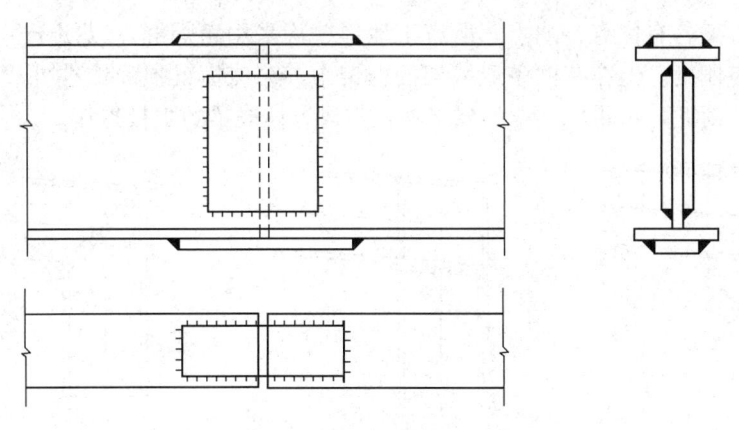

图 5-27 梁用拼接板的拼接

为了使拼接处的应力分布接近于梁截面中的应力分布,防止拼接处的翼缘受超额应力,腹板拼接板的高度应尽量接近腹板的高度。

2. 工地拼接

由于运输或安装条件的限制,需将梁分段进行制作和运输,然后在工地拼装,这种拼接称为工地拼接。工地拼接的位置主要由运输和安装条件确定,一般布置在弯曲应力较低处。为便于分段运输,翼缘和腹板应基本上在同一截面处断开。拼接构造端部平齐,如图 5-28(a)所示,能防止运输时碰损,但其缺点是上、下翼缘及腹板在同一截面拼接会形成薄弱部位。翼缘和腹板的拼接位置略为错开一些,如图 5-28(b)所示,受力情况较好,但运输时端部凸出部分应加以保护,以免碰损。

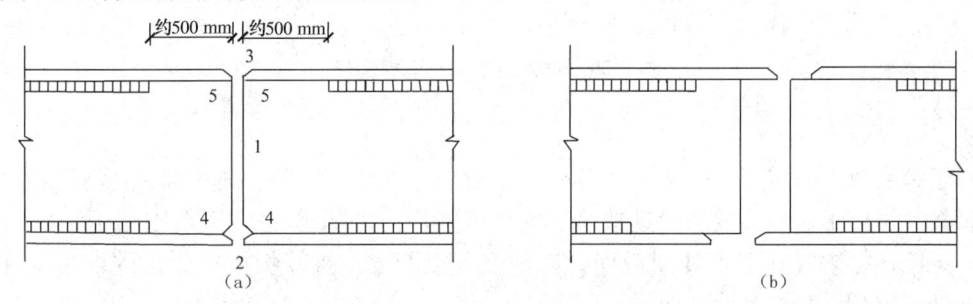

图 5-28 焊接梁的工地拼接
(a)拼接端部平齐;(b)拼接端部错开

焊接梁的工地对接缝拼接处,上、下翼缘的拼接边缘均宜做成向上的 V 形坡口,以便俯焊。为了使焊缝收缩比较自由,减小焊接残余应力,应留一段(长度 500 mm 左右)翼缘焊缝在工地焊接,并采用合适的施焊程序。

对于较重要的或受动力荷载作用的大型组合梁,考虑到现场施焊条件较差,焊缝质量难以保证,其工地拼接宜用摩擦型高强度螺栓连接。

七、框架横梁与柱的连接

框架横梁与柱直接连接时,可采用螺栓连接,也可采用焊缝连接,其连接方案大致有柱到顶与梁连接、梁延伸与柱连接和梁柱在角中线连接,如图 5-29 和图 5-30 所示。这三种工地安装连接方案各有优点、缺点。所有工地焊缝均采用角焊缝，以便于拼装，另加拼接盖板可加强节点刚度。但在有檩条或墙架的框架中，会使横梁顶面或柱外立面不平，产生构造上的麻烦，对此，可将柱或梁的翼缘伸长与对方柱或梁的腹板连接。

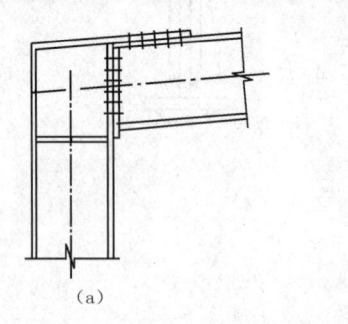

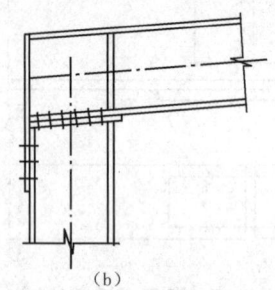

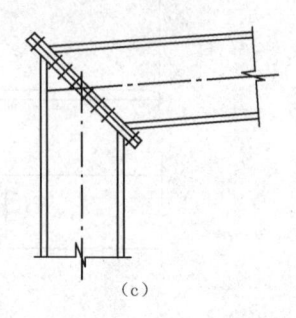

图 5-29　框架角的螺栓连接
(a)柱到顶与梁连接；(b)梁延伸与柱连接；(c)梁、柱在角中线连接

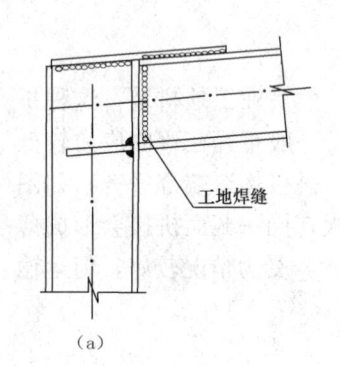

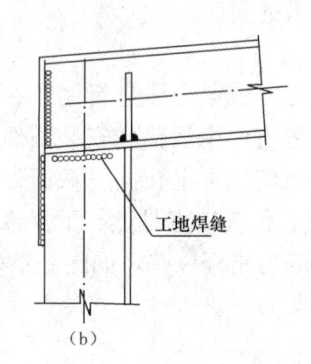

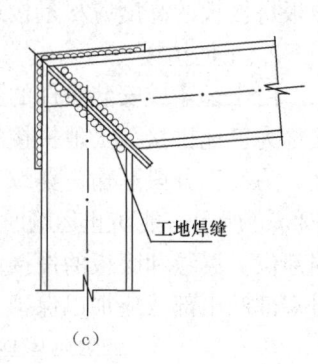

图 5-30　框架角的工地焊缝连接
(a)柱到顶与梁连接；(b)梁延伸与柱连接；(c)梁、柱在角中线连接

对于跨度较大的实腹式框架，由于构件运输单元的长度限制，通常需在屋脊处做一个工地拼接，可用工地焊缝或螺栓连接。工地焊缝需用内外加强板，横梁之间的连接用凸缘结合。螺栓连接则宜在节点处变截面，以加强节点刚度。拼接板放在受拉的内角翼缘处，变截面处的腹板设有加劲肋，如图 5-31 所示。

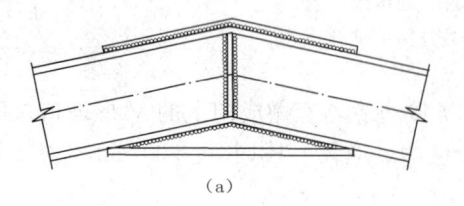

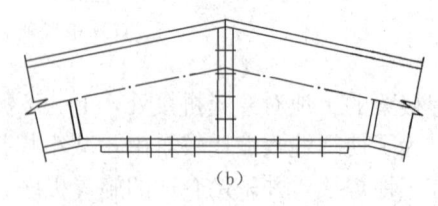

图 5-31　框架顶的工地拼接
(a)焊缝连接；(b)螺栓连接

第五节　特殊构件制作

钢结构特殊构件包括钢板剪力墙、铸钢件、钢拉杆及异形柱、梁等。特殊构件的制作除符合本章"第二节～第四节"的相关要求外，还应按本节要求操作。

钢结构预拼装施工
常见问题与处理措施

一、钢板剪力墙制作

钢板剪力墙构件在制作前应制订专项工艺方案。

1. 下料

钢板剪力墙构件下料应符合下列规定：

(1)钢板剪力墙的本体钢板下料时，应按照焊接要求及现场连接方式预留端铣及焊接收缩余量，确保制作及安装完成后满足设计尺寸要求；

(2)下料及坡口加工时宜采取同步对称切割等措施，钢板下料后的平整度和旁弯变形应满足设计和相关标准要求。

2. 制孔

钢板剪力墙构件制孔应符合下列规定：

(1)底板的地脚螺栓孔、灌浆孔可采用数控火焰切割进行加工，切割时应预设切割缝补偿。现场地脚螺栓埋设有偏差时，宜待现场实测后调整开孔及定位尺寸。

(2)剪力墙与柱或剪力墙之间采用高强度螺栓连接的，可采取连接板数控套钻，在后续装配或预拼装时，应将连接板定位于节点区域进行套钻，并做好编号和定位标记。

3. 组装

(1)钢板剪力墙在整体组装前，宜对暗柱、暗梁等部件进行单独组装、焊接和矫正，合格后再进行大组装焊接(图 5-32)。

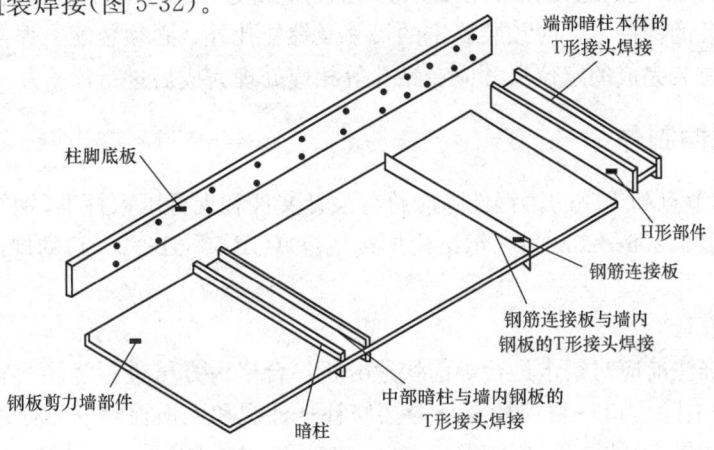

图 5-32　钢板剪力墙组装

(2)整体组装应符合下列规定：

1)组装顺序应先装配暗梁和墙板，并进行焊接、矫正；再装配、焊接外侧暗柱，焊接暗梁与立柱间的焊缝，使主框架形成整体；然后定位焊接剪力墙钢板；最后装配预先钻孔及焊好栓钉的侧向钢板剪力墙；

2)钢板剪力墙的连接板，宜采用分段连接板；连接板可采用铰链形式连接在本体构件上；钢板剪力墙上的高强度螺栓连接面可采用二次抛丸。

4. 焊接

钢板剪力墙焊接应符合下列规定：

(1)钢板剪力墙与暗柱、暗梁或底板的焊接宜采用分段退焊；

(2)在焊接过程中，对钢板剪力墙的自由边可采用角钢加强控制焊接变形措施；

(3)对厚度较薄的钢板剪力墙，栓钉焊接宜在钢板周围与其他零件焊接完毕，组合成整体后进行，栓钉可采用隔行跳焊的方式。

5. 端铣

钢板剪力墙端铣应符合下列规定：

(1)对采用横向现场焊接连接的钢板剪力墙的上表面，应进行端铣加工；

(2)端铣应在构件加工完成后整体进行，当构件截面尺寸较大时，也可采取暗柱、剪力墙等部件分别端铣，再以端铣面为基准进行整体组装；

(3)端铣前应以暗梁或暗柱牛腿上表面为基准面，确定端铣位置基准线。

6. 矫正

钢板剪力墙矫正应符合下列规定：

(1)钢板剪力墙在制作过程中，应在全部零件、部件切割、焊接完成后进行矫正；

(2)构件或部件应在矫正合格后进行端铣。

7. 预拼装

钢板剪力墙的预拼装应符合下列规定：

(1)钢板剪力墙宜在出厂前进行预拼装；

(2)根据工艺要求，部分零件的切断尺寸和高强度螺栓孔的定位尺寸可留至预拼装时进行确定，剪力墙钢板上的螺栓孔可在预拼装时通过相应连接板进行定位套钻；

(3)参与预装的构件，除应预装确定的尺寸及螺栓孔外，必须装配、焊接、矫正合格；

(4)通过预拼装完成的定位尺寸应在钻孔等相应处理完成后进行尺寸复测。

二、铸钢件制作

用于钢结构节点和支座的铸钢件除应符合设计文件和现行国家标准《钢结构工程施工质量验收标准》(GB 50205—2020)、《钢结构焊接规范》(GB 50661—2011)的规定外，还应符合下列规定。

1. 钢铸件加工

(1)铸钢件浇注前应对钢水进行炉前快速分析，合格后方可进行浇注。宜按钢液熔炼→铸造→表面清理去除冒口→目视检查→焊接修补→外观和无损检测→热处理→无损检测→出厂或机加工(如果有)的流程制造。

(2)钢液熔炼、铸造工艺、铸造方法、热处理、无损检测等应符合供需双方商定的规范和技术要求的规定。当订货方要求时，供方应提供除铸件质量证明文件外，还需提供热处理记录曲线。

(3)铸钢件尺寸要求应符合下列规定：

1)铸钢件毛坯尺寸和壁厚公差、未注尺寸公差应符合设计文件的规定，当设计无规定时，尺寸公差应符合现行国家标准《铸件 尺寸公差、几何公差与机械加工余量》(GB/T 6414—2017)中CT11级的要求，壁厚公差和错型值不应大于1.5 mm。

2)铸钢件打磨、气割和机械加工的尺寸偏差应符合设计文件的规定。当设计无规定时，打磨或气割加工的允许偏差应符合表5-39的规定。

表5-39　气割、坡口的允许偏差　　　　　　　　　　　　　　　　　　mm

项目	允许偏差
零件宽度、长度	±3.0
切割面平面度	0.05t，且不大于2
割纹深度	0.3
局部缺口深度	1.0
端面垂直度	2.0
坡口角度	±5° 0
钝边	±1.0

3)车削、镗铣等机械加工尺寸允许公差应符合现行国家标准《产品几何技术规范(GPS) 线性尺寸公差 ISO 代号体系 第1部分：公差、偏差和配合的基础》(GB/T 1800.1—2020)中IT11级的要求，且表面粗糙度 Ra 不应大于25 μm。

4)端口圆和孔的机械加工允许偏差应符合表5-40的规定。

表5-40　端口圆和孔的机械加工允许偏差　　　　　　　　　　　　　　mm

项目	允许偏差
端口圆直径	0 −2.0
孔直径	+2.0 0
圆度	$d/200$，且不大于2.0
端面垂直度	$d/200$，且不大于2.0
管口曲线	2.0
同轴度	1.0
相邻两轴夹角	30′

注：d 为铸钢节点端口圆直径或孔径。

5)平面、端面、边缘等机械加工允许偏差应符合表5-41的规定。

表 5-41　平面、端面、边缘等机械加工允许偏差　　　　　　　　　　mm

项目	允许偏差
宽度、长度	±1.0
平面平行度	0.5
加工面对轴线的垂直度	$L/1\,500$，且不大于 2.0
平面度	$0.3/m^2$
加工边直线度	$L/300$，且不大于 2.0
相邻两边夹角	30′

注：L 为平面的边长。

2. 钢铸件质量检验

钢铸件外部和内部质量要求与无损检测应符合下列规定：

(1) 钢铸件应逐件进行外观目视检查和合同规定的内部质量检验。

(2) 铸钢件表面应清理干净，不得有粘砂、氧化皮、裂纹等缺陷。对不符合验收规范要求的表面气孔、冷隔、疏松、缩孔、夹砂和凹坑应按规定的程序进行返工或修补。铸钢件表面的粗糙度 Ra 应达到 $25\sim50\,\mu m$。

(3) 铸钢件内部不得有超过设计文件或现行规范、规程规定的缩孔、缩松、疏松、气孔、夹杂物、裂纹等缺陷。有不合格缺陷时，宜采用机械方法或碳弧气刨彻底去除，并应按照批准的焊补工艺规程进行焊补。焊补工艺规程应进行工艺评定并报订货方或监理工程师批准。清除缺陷后的焊补坡口角度不应小于 45°，且底部边角应为不小于 6 mm 的圆弧状。对焊接用铸钢件，当为焊补制备的凹坑深度超过铸件壁厚的 40% 或 25 mm（二者中取较小者）时，应经设计同意并报监理工程师备案。对铸造裂纹深度超过铸钢件壁厚 70% 或两次焊补达不到设计或规范要求的铸钢件为废件，不得进行修复处理。

(4) 铸钢件内部质量应按照现行国家标准《铸钢件 超声检测 第 1 部分：一般用途铸钢件》(GB/T 7233.1—2009) 的规定进行超声波检验，铸钢件与其他钢构件连接处 150 mm 范围内缺欠合格等级应为 2 级，其他部位应为 3 级。铸钢件表面目视检查有疑义、设计规范或合同规定需要进行表面无损检测时，应按照现行国家标准《铸钢铸铁件 磁粉检测》(GB/T 9444—2019) 或《铸钢铸铁件 渗透检测》(GB/T 9443—2019) 的规定进行，其合格等级为铸钢件与其他钢构件连接部位应为 2 级，其他部位应为 3 级。

3. 钢铸件焊接

铸钢件焊接应符合下列规定：

(1) 铸钢件与钢构件之间焊接时，所选焊接材料必须满足性能较低母材的要求，并应进行焊接工艺评定。当相同牌号材料生产厂家不同时，也应进行焊接工艺评定。

(2) 铸钢件组装、焊接材料准备、焊接施工工艺等要求应符合本书"第四章第一节"的相关要求。

(3) 铸钢件和钢结构件焊接后，焊缝及热影响区超声波检查验收标准应符合设计文件和现行国家标准《钢结构焊接规范》(GB 50661—2011) 的要求。当发现铸钢件侧向热影响区存在线状不合格缺欠时，应返工并重新检查；对非线状缺欠应按照现行国家标准《铸钢

件　超声检测　第1部分：一般用途铸钢件》(GB/T 7233.1—2009)规定的2级要求，重新进行检查和判定。当对铸钢件侧向焊接热影响区进行返工两次及以上时，应进行返工工艺评定。

(4)对因焊接导致的变形进行矫正时，不宜对铸钢件侧向进行局部加热。

三、钢拉杆制作

钢拉杆应由锚具和杆体组成，钢拉杆零部件所使用的原材料应符合现行国家标准和设计要求。

1. 锚具的加工与检测

锚具的加工和检测应符合下列规定：

(1)锚具的本体可采用铸造或锻造工艺，其技术要求应符合现行行业标准《大型低合金钢铸件　技术条件》(JB/T 6402—2018)、《冶金设备制造通用技术条件　锻件》(YB/T 036.7—1992)的规定。

(2)锚具受力构件应进行超声波探伤检测，当锚具采用锻件时，超声波探伤应按现行国家标准《钢锻件超声检测方法》(GB/T 6402—2008)的规定执行，达到B级合格，或按现行国家标准《锻轧钢棒超声检测方法》(GB/T 4162—2008)的规定执行，达到B级合格；当锚具采用铸件时，超声波探伤应按现行国家标准《铸钢件　超声检测　第1部分：一般用途铸钢件》(GB/T 7233.1—2009)的规定执行，达到3级合格。

(3)锚具受力构件应进行磁粉探伤检测，当锚具采用锻件时，磁粉探伤应按现行行业标准《重型机械通用技术条件　第15部分：锻钢件无损探伤》(JB/T 5000.15—2007)的规定执行，达到2级合格；当锚具采用铸件时，磁粉探伤应按现行国家标准《铸钢铸铁件　磁粉检测》(GB/T 9444—2019)的规定执行，达到2级合格。

(4)锚具的几何尺寸应符合设计图纸的要求。

2. 杆体的加工与检测

杆体的加工和检测应符合下列规定：

(1)杆体应进行整体调质处理，每炉热处理均依据《钢及钢产品　力学性能试验取样位置及试样制备》(GB/T 2975—2018)进行取样，所测力学性能应符合设计要求；

(2)杆体喷涂前，应进行抛丸除锈处理，达到现行国家标准《涂覆涂料前钢材表面处理　表面清洁度的目视评定　第2部分：已涂覆过的钢材表面局部清除原有涂层后的处理等级》(GB/T 8923.2—2008)中的Sa2.5级；

(3)杆体应按现行国家标准《钢锻件超声检测方法》(GB/T 6402—2008)的规定执行，达到3级合格；

(4)杆体螺纹部分磁粉探伤，应按现行行业标准《重型机械通用技术条件　第15部分：锻钢件无损探伤》(JB/T 5000.15—2007)的规定执行，达到2级合格。

四、异形柱、梁的制作

1. 异形柱制作

异形柱可包括三箱形、田字形、多腔形、五边形及复合型等截面形式，见表5-42。

表 5-42 异形柱截面形式

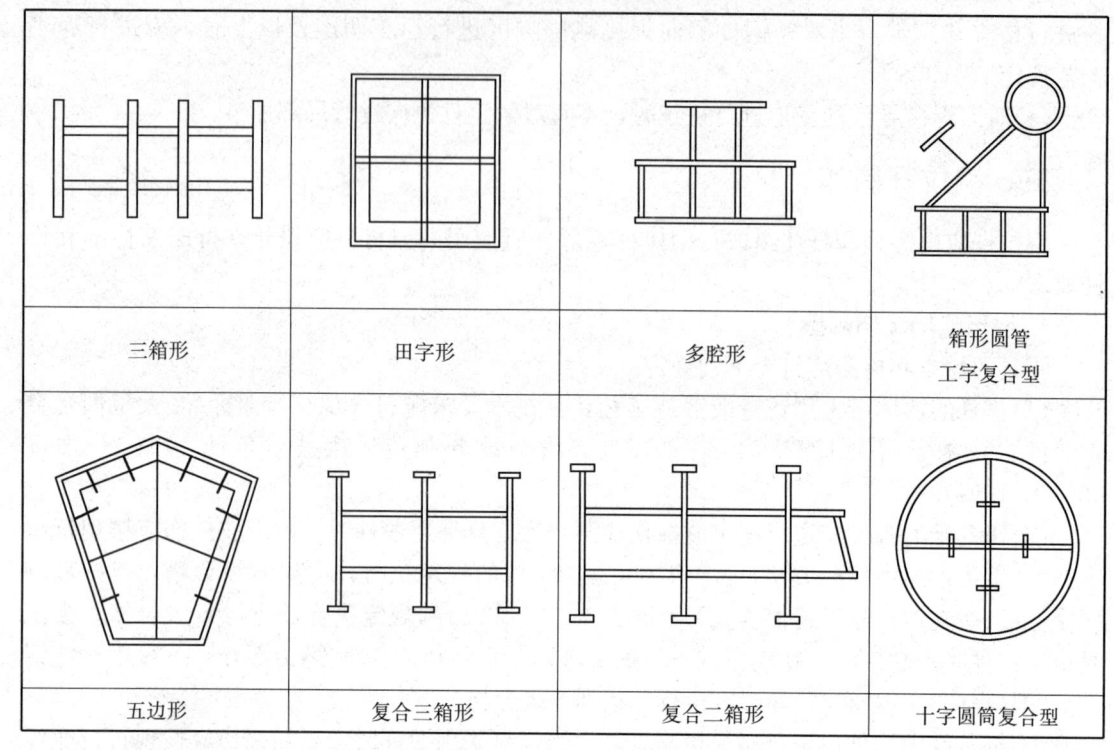

三箱形	田字形	多腔形	箱形圆管工字复合型
五边形	复合三箱形	复合二箱形	十字圆筒复合型

(1) 异形柱制作应编制专项工艺方案，充分考虑装配顺序、装配精度和焊接变形控制对产品质量的影响。需要设置胎架的，胎架需经质检员验收合格后方可使用，异形板材使用数控切割机排版下料。

(2) 对于截面大且结构复杂的异形柱，宜采用先部件后总装的方法，在组装焊接过程中，可以加入临时支撑来保证构件的位置精度和减小焊接变形。

(3) 根据截面形式和构件长度，异形柱的组装可选用立装和卧装两种方式。

(4) 异形柱外形尺寸的允许偏差应根据设计文件要求，编制专项验收标准。当设计和合同没有明确异形构件的验收标准时，可参照表 5-43 和表 5-44，或者以专项论证的形式确定。

表 5-43 构件本体单部件的允许尺寸偏差　　　　　　　　　　　　　　mm

类型	项目		允许偏差	检验方法
所有类型	截面尺寸 $h(b)$	连接处	±3.0	钢尺检查
		非连接处	±4.0	
工字形	翼板、腹板的垂直度	连接处	1.5	直角尺和钢尺检查
		其他处	$b/100$，且≤5.0	
箱形	截面对角线差	连接处	3.0	钢尺检查
箱形、十字形	本体板间的垂直度	连接处	$h(b)/150$，且≤5.0	直角尺和钢尺检查
圆管	直径 d	连接处	$±d/500$，±5.0	钢尺检查
	管口圆度	连接处	$d/500$，且≤5.0	
	管面对管轴的垂直度	连接处	$d/500$，且≤3.0	焊缝量规检查

表 5-44　组合截面外形尺寸允许偏差　　　　　　　　　　　　　　　mm

项目	允许偏差
构件长度 H	±3.0
柱身弯曲矢高 f	H/1 500，且≤5.0
柱身扭曲	h/250，且≤5.0
柱身各零部件组装位置偏移量	±3.0
组合截面尺寸	H(b)/250，±10.0

注：h 为截面高度；b 为截面宽度；H 为构件长度。

2. 空间曲线箱形梁制作

空间曲线箱形梁制作应符合以下规定：

(1)空间曲线箱形梁宜采用专用软件将翼板与腹板展开，采用数控切割机下料，下料时需要放一定的加工余量。

(2)空间弧形板成形加工宜采取卷板机＋油压机(配置专用模具)局部整形技术。根据成形要求在腹板上划出控制线。先采用卷板机进行成形弯弧，然后在油压机逐步整形至设计要求。成形后钢板要检验是否符合设计弯弧要求。

(3)组装和预拼装在平台上需先放出大样，然后吊至胎架上进行，胎架应具有一定的承重性，并用水准仪调整标高。环梁预拼装后在对接处做好标记，或者安装临时连接板，以便现场对接定位。

第六节　钢构件成品检查、包装与运输

一、钢构件成品检查

由于结构件在整个结构中所处的位置不同，受力状态不同，所以在制作过程中的要求也就不同。因此，钢构件成品的检查项目各不相同，要视工程的具体情况而定。若无特殊要求，其检查项目基本按该产品的国家标准或部颁标准、技术图纸规定、设计要求的技术条件及使用状况而决定，主要内容是外形尺寸、连接的相关位置、变形量及外观质量等，同时，也包括各部位的细节及需要时的试拼装结果。成品检查工作应在材料质量保证书、工艺措施、各道工序的自检、专检记录等前期工作完备无误的情况下进行。

（一）吊车梁检查

1. 焊缝检查

吊车梁的焊缝因受冲击和疲劳影响，其上翼缘板与腹板的连接焊缝要求全熔透，一般视板厚大小开成 V 形或 K 形坡口。焊后要对焊缝进行超声波探伤检查，探伤比例应按设计文件的规定执行。如若设计的要求为抽检，检查时应重点检查两端的焊缝，其长度不应小于梁高，梁中间应再抽检 300 mm 以上的长度。若抽检发现超标缺陷，应对该焊缝进行全部检查。由于板料尺寸所限,吊车梁钢板需要拼接时,翼缘板与腹板的拼缝要错开 200 mm 以上,拼缝要错开加劲肋 200 mm 以上。拼接缝要求与母材等强度,全熔透焊接,并进行超声波探伤的检查。

吊车梁加劲肋的端部焊法一般有两种不同的处理方法,检查时可视设计要求而定:

(1)对加劲肋的端部进行围焊,以避免在长期使用过程中,其端部产生疲劳裂缝。

(2)要求加劲肋的端部留有 20~30 mm 不焊,以减弱端部的应力。

检查中要注意设计的不同要求:为提高吊车梁焊缝的抗疲劳能力,手工焊焊条应采用低氢型。对于只做外观检查的角焊缝,必要时可增加磁粉探伤或着色探伤检查,以排除检查中的判断疑点。

2. 外形尺寸控制

吊车梁外形尺寸控制,原则上是长度负公差,高度正公差,上、下翼缘板边缘要整齐光洁,切忌有凹坑,上翼缘板的边缘状态是检查重点,要特别注意。无论吊车梁是否要求起拱,焊后都不允许下挠。要注意控制吊车梁上翼缘板与轨道接触面的平面度不得大于 1.0 mm。

(二)钢柱检查

(1)钢柱柱顶承受屋面静荷载,钢柱上的悬臂(牛腿)承受由吊车梁传递下来的动荷载,通过柱身传到柱脚底板。悬臂部分及相关的支承肋承受变动荷载,一般采用 K 形坡口焊缝,并且应保证全熔透。对于悬臂及其相关部分的焊缝质量检查,应是成品检查的重点。由于板材尺寸不能满足需要而进行拼接时,拼接焊缝必须全熔透,保证与母材等强度。一般情况下,除外观质量的检查外,上述两类焊缝要进行超声波探伤的内部质量检查,检查时应予注意。

(2)柱端、悬臂等有连接的部位,要注意检查相关尺寸,特别是高强度螺栓连接时,更要加强控制。另外,柱底板的平直度、钢柱的侧弯等要注意检查控制。

(3)设计图要求柱身与底板要刨平顶紧的,要按国家规范的要求对接触面进行磨光顶紧的检查,以确保力的有效传递。

(4)钢柱柱脚不采用地脚螺栓,而直接插入基础预留孔。二次灌浆固定的,要注意检查插入混凝土部分不得涂漆。

(5)箱形柱一般都设置内部加劲肋。为确保钢柱尺寸,并起到加强作用,内劲板需经加工刨平、组装焊接几道工序。由于柱身封闭后无法检查,应注意加强工序检查,内劲板加工刨平、装配贴紧情况,以及焊接方法和质量均应符合设计要求。

(6)空腹钢柱(格构柱)的检查要点同实腹钢柱。由于空腹钢柱截面复杂,要经多次加工、小组装,再总装到位。因此,空腹柱在制作中各部位尺寸的配合十分重要,在其质量控制检查中要侧重于单体构件的工序检查,只要各部件的工序检查符合质量要求,钢柱的总体尺寸就会比较容易控制。

(三)钢屋架检查

1. 中心线偏移检查

在钢屋架的检查中,要注意检查节点处各型钢中心线交点的重合状况。中心线的偏移会造成局部弯矩,影响钢屋架的正常工作状态,造成钢结构工程的隐患。产生中心线偏移的原因,可能是组装胎具变形或装配时杆件未靠紧胎模。如中心线偏移超出规定的允许偏差(3 mm),应及时提供数据,请设计人员进行验算,如不能使用,应拆除更换。

2. 焊缝检查

钢屋架上的连接焊缝较多,但每段焊缝的长度又不长,极易出现各种焊接缺陷。因此,要加强对钢屋架焊缝的检查工作，特别是对受力较大的杆件焊缝，要做重点检查控制，其焊缝尺寸和质量标准必须满足设计要求和国家规范的规定。钢屋架的上、下弦角钢一般都较大，其肢边的圆角半径也比较大。当图纸要求的焊缝高度较小时($h_f=5$ mm 或 6 mm)，其肢间焊缝尺寸在检查中难以测量，而且角钢截面大、刚性强，在焊缝收缩应力的作用下，即使无外力作用，也易产生收缩裂纹。这种裂纹在检查中不易被发现，应加强对这些部位的观察。鉴于上述问题，在施工中采取一些措施是可以避免的。如对其进行加大焊缝的处理，第一遍的焊接只填满圆角，再焊一遍达到焊缝成型。按此法焊接，其焊角高度一般要大于角钢肢边厚度的1/2。

3. 连接部位孔的检查

为保证安装工作的顺利进行，检查中要严格控制连接部位孔的加工，孔位尺寸要在允许的公差范围之内，对于超过允许偏差的孔要及时做出相应的技术处理。

4. 其他检查

设计要求起拱的，必须满足设计规定，检查中要控制起拱尺寸及其允许偏差，特别是吊车桁架，即使未要求起拱处理，组焊后的桁架也严禁下挠；由两个角钢背靠背组焊的杆件，其夹缝部位在组装前应按要求除锈、涂漆，检查中对这些部位应给予注意。

钢结构制造单位在成品出厂时应提供钢结构出厂合格证书及技术文件，包括施工图和设计变更文件(设计变更的内容应在施工图中相应部位注明)，制作中对技术问题处理的协议文件，钢材、连接材料和涂装材料的质量证明书和试验报告，焊接工艺评定报告，高强度螺栓摩擦面抗滑移系数试验报告，焊缝无损检验报告及涂层检测资料，主要构件验收记录，预拼装记录(需预拼装时)，构件发运和包装清单。这些证书、文件是作为建设单位的工程技术档案的一部分而存档备案的，并非所有工程中都有，而是根据各工程的实际情况，按规范有关条款和工程合同规定的有关内容提供资料。

二、钢构件包装与标记

(1)钢构件包装前，应在构件明显部位印制构件编号，编号应与施工图的编号一致。重大构件还应标注重量、重心位置和定位标记。钢构件包装应经产品检验合格，随车文件齐全，漆膜完全干燥方可进行。

(2)钢构件包装应具有足够强度，保证钢构件能够经受多次装卸，运输无损坏、变形、精度降低、锈蚀、残失，能安全可靠地运抵目的地。

(3)钢构件包装设计的尺寸结构，选用形式应科学合理、重量适宜，便于封装、开启、搬运、堆放，并要求经济、美观。

(4)一个包装单位的构件重量和长度按合同约定或者由装卸起重能力决定，一般情况下，构件质量 $Q \leqslant 5$ t、长度 $L \leqslant 12$ m，作为一个包装单位，同类、同层、段、节构件可合并成一个包装单位，对下弦、支撑、吊杆、桁架、托架等，扶梯、格栅、连接扳、托架吊杆等，要求 $Q_总 \leqslant 5$ t 时，可归成若干个包装单位。构件包装的要求如下：

1)散件出厂的构件，应采用钢带打捆，钢带应用专用打包机打紧，若杆件较长，应多设置几个捆扎点。要保证在运输时，构件无窜动且坚固、可靠。

2)对于大构件的钢柱和横梁，采取单独包装，在构件的上下配有木块，采用双头螺栓将木块固定在构件上，每个构件至少配置两处，但应标明吊点位置，以正确指导构件的装卸。

3)高强度螺栓和连接螺栓按成套的形式进行供货，采用木箱单独包装。打包时应注意保护涂装油漆,且每一包构件均应有相应的清单,以便于现场核查、装配。

(5)包装的注意事项。

1)油漆干燥,零部件的标记清晰,方可进行打包;打包时应注意保护涂装油漆,且每一包构件均应有相应的清单,以便于现场核查、装配。

2)包装时应保证构件不变形、不损坏、不散失,需水平放置,以防变形。

3)待运物堆放需平整、稳妥、垫实,搁置在干燥、无积水处,防止锈蚀;构件应按种类、安装顺序分区存放,以便于查找。

4)相同、相似的构件叠放时,各层钢构件的支点应在同一垂直线上,防止钢构件被压坏或者变形。底部垫枕应具有足够的支撑面,防止支点下沉。

(6)带螺纹的产品应对螺纹部涂上防锈剂,并加包裹或用塑料套管护套。经镗铣加工的平面、销轴和销轴孔、管内端部内壁等,宜加以保护。

(7)对特长、特宽、特重、特殊结构形状及高精度要求产品,应用专用设计包装装置。

(8)包装标志:大型包装的重心点、起吊位置、防雨防潮标记、工程项目号、供货号、货号、品名、规格、数量、重量、生产厂号、体积(长宽高)、收发地点、单位、运输号码等。

(9)标志应正确、清晰、整齐、美观、色泽鲜明,不易褪色剥落,一般用油漆,与构件色泽不同,在规定部位进行手刷或者喷刷。标志文字、图案规格大小,应视所包装构件而定。

(10)包装同样需要检验合格,方可发运出厂。包装清单应与实物相一致,以便接货、检验、验收。

三、钢构件运输

(1)运输构件应按收货地点(市内、市外、境外)及构件几何形状、重量确定运输形式(铁路、公路、水路)。

(2)按合同规定计划和安装单位确定的吊装先后顺序要求制订运输计划,并根据钢结构的安装顺序分单元成套(批、节、段、区域)运输至工地。同一安装批应尽量安排同期、同批运输,如同一安装批构件不能同批运输,则宜从安装顺序考虑,先运柱后运梁,再运支撑、梯子等。

(3)市内运输,根据构件的长度、重量、形状选用车辆。公路运输过程中应采取有效措施,绑捆稳固,构件不发生变形,不损伤涂装。

(4)特殊构件运输,应事先做路线踏勘,对沿途路面、桥梁、涵洞、公共设施做有效防护、加固、避让。

(5)必须遵守国家对水路、陆路、铁路运输管理的各项规定、法则、法令。

(6)钢构件运输应满足合同的进度要求,设定详细的运输计划。

(7)重点项目运输构件时宜采用远程监控无线传输技术[二维码技术+北斗卫星(GPS)定位系统]。

本章小结

建筑工程钢结构制作主要是对钢结构零部件进行加工、组装、拼接与预拼装。建筑工程钢零件、钢部件的加工包括一般钢零件、钢部件加工和网架结构的节点球及杆件加工。

钢结构预拼装时，不仅要防止构件在拼装过程中产生应力变形，而且也要考虑构件在运输过程中可能受到的损害，必要时应采取一定的防范措施，尽量把损害降到最低。钢结构制作后，应对成品进行检查，并按要求包装与运输。

思考与练习

一、填空题

1. 工艺性试验一般可分为＿＿＿＿＿、＿＿＿＿＿两类。
2. 焊接接头的力学性能试验以＿＿＿＿＿和＿＿＿＿＿为主。
3. 钢结构零、部件加工号料的方法包括＿＿＿＿＿、＿＿＿＿＿、＿＿＿＿＿和＿＿＿＿＿。
4. 常用的钢材切割方法有＿＿＿＿＿、＿＿＿＿＿、＿＿＿＿＿三种。
5. 钢材机械切割一般在＿＿＿＿＿、＿＿＿＿＿、＿＿＿＿＿等专用机床上进行。
6. 钢结构成型加工主要采用＿＿＿＿＿和＿＿＿＿＿。
7. 螺栓孔分为＿＿＿＿＿和＿＿＿＿＿。
8. 螺栓球是连接各杆件的零件，可分为＿＿＿＿＿、＿＿＿＿＿及＿＿＿＿＿。

二、选择题

1. 抗滑移系数试验可按工程量每(　　)t为一批，不足(　　)t的可视为一批。
   A. 100　　　　　B. 200　　　　　C. 300　　　　　D. 400
2. 在钢结构制造厂中，一般情况下，厚度在(　　)mm钢板的直线性切割常采用剪切。
   A. 6～10　　　　B. 8～12　　　　C. 10～14　　　　D. 12～16
3. 机械剪切的零件厚度不宜大于(　　)mm。
   A. 12.0　　　　B. 15.0　　　　C. 20.0　　　　D. 22.0
4. 一般斜口剪床适用于剪切厚度在(　　)mm以下的钢板。
   A. 25　　　　　B. 35　　　　　C. 45　　　　　D. 55
5. 跨度较小、构件相对刚度较大的钢结构，如长18 m以内的钢柱、跨度6 m以内的天窗架及跨度21 m以内的钢屋架的拼装可采用(　　)。
   A. 平装法　　　B. 立拼拼装发　　C. 利用模具拼装法　D. 以上方法都适用

三、问答题

1. 钢结构制作时，工程技术人员对图纸进行审查的内容包括哪些？
2. 钢结构制作工艺装备应满足哪些要求？
3. 钢结构制作技术交底的内容包括哪些？
4. 等离子切割时应注意哪些问题？
5. 在钢结构制作中，常用的加工方法有哪些？
6. 钢构件组装的方法有哪些？
7. 在特殊构件制作过程中，构件组装应符合哪些要求？

第六章 钢结构安装

知识目标

通过本章内容的学习，了解钢结构安装前应做的准备工作，熟悉钢结构构件、单层厂房、多层及高层钢结构及大跨度空间钢网架结构的安装过程，掌握钢结构安装工艺操作内容、工艺要点和质量检查要求。

技能目标

通过本章内容的学习，能够按要求完成钢梁、钢柱、桁架（屋架）等钢结构构件的安装，掌握单层厂房、多层及高层钢结构及大跨度空间钢网架结构的安装要领及安装注意事项。

第一节 钢结构安装施工准备

一、图纸会审与设计变更

1. 图纸会审

为了熟悉和掌握图纸的内容和要求，解决钢结构安装施工过程中的矛盾和协作，发现并更正图纸中的差错和遗漏，提出不便于钢结构安装施工的设计内容并进行洽商和更正。

钢结构安装前应进行图纸会审。

（1）图纸会审的内容包括以下两个方面：

1）由总工程师主持图纸会审。

2）会审前有关人员要认真熟悉和学习施工图，有关专业要进行翻样。结合施工能力和设备、装备情况找出图纸问题，对现场有关的情况要进行调查研究，将可能出现的技术难题和质量隐患消灭在萌芽状态。

（2）图纸会审的步骤可分为以下三个阶段：

1）学习阶段。学习图纸主要是摸清钢结构安装工程的规模和工艺流程、结构形式和构造特点、主要材料和特殊材料、技术标准和质量要求及坐标和标高等。

2)初审阶段。掌握钢结构安装工程的基本情况后,分工种详细核对各工种的详图,核查有无错、漏等问题,并对相关经济与安全等问题提出初步修改意见。

3)会审阶段。会审指各专业之间对施工图的审查。在初审的基础上,各专业之间核对图纸是否相符、有无矛盾,以便消除差错。对图纸中相关的经济与安全等问题,提出修改意见。同时,应研究设计中提出的新结构、新技术、新材料实现的可能性,采取的必要措施。

(3)图纸会审要抓住以下几个重点:

1)设计是否符合现行国家有关政策和本地区的实际情况。

2)工程的结构是否符合安全、消防、可靠性、经济性方面的原则,有哪些合理的改进意见。

3)本单位的技术特长和机械装备能力、施工现场条件是否满足安全施工要求。

4)图纸各部位尺寸、标高是否统一,图纸说明是否一致,设计的尺寸是否满足施工要求。

5)工程的结构、设备安装等各专业图纸之间是否有矛盾,钢筋细部节点是否符合施工要求。

2. 设计变更

施工图纸在使用前、使用后均会出现由于建设单位要求,或现场施工条件的变化,或国家政策法规的改变等而引起的设计变更。设计变更无论出于何种原因,由谁提出,都必须征得建设单位同意并办理书面变更手续。设计变更的出现会对工期和费用产生影响,在实施时应严格按规定办事,以明确责任,避免出现索赔事件,从而不利于施工。

二、施工组织设计与文件资料准备

1. 施工组织设计

施工组织设计是依据合同文件、设计文件、调查资料、技术标准及建设单位提供的条件、施工单位自有情况、企业总工计划、国家法规等资料进行编制的。其内容包括:工程概况及特点介绍;施工程序和工艺设计;施工机械的选择及吊装方案;施工现场平面图;施工进度计划;劳动组织、材料、机具需用量计划;质量措施、安全措施、降低成本措施等。

2. 文件资料准备

钢结构安装工程需要准备的文件资料见表6-1。

表6-1 钢结构安装工程需要准备的文件资料

项目	具体内容
设计文件	包括钢结构设计图、建筑图、相关基础图、钢结构施工总图、各分部工程施工详图、其他有关图纸及技术文件
记录	包括图纸会审记录、支座或基础检查验收记录、构件加工制作检查记录等
文件资料	包括施工组织设计,施工方案或作业设计,材料、成品质量合格证明文件及性能检测报告等

三、中转场地的准备

钢结构安装现场应设置专门的构件堆场,并应采取防止构件变形及表面污染的保护措施。设置构件堆场的作用主要有三个方面：一是储存制造厂的钢构件（工地现场没有条件储存大量构件）；二是根据安装施工流水顺序进行构件配套，组织供应；三是对钢构件质量进行检查和修复，保证将合格的构件送到现场。

钢结构通常在专门的钢结构加工厂制作，然后运至工地，经过组装后进行吊装。钢结构构件应按安装程序保证及时供应，现场场地应能满足堆放、检验、油漆、组装和配套供应的需要。

四、钢构件的准备

1. 钢构件核查

钢构件核查主要是清点构件的型号、数量，并按设计和规范要求对构件质量进行全面检查，包括构件强度与完整性（有无严重裂缝、扭曲、侧弯、损伤及其他严重缺陷）；外形和几何尺寸，平整度；埋设件、预留孔的位置、尺寸和数量；接头钢筋吊环、埋设件的稳固程度和构件的轴线等是否准确，有无出厂合格证。如有超出设计或规范规定的偏差，应在吊装前纠正。

2. 构件编号

现场构件进行脱模，排放；场外构件进场及排放，并按图纸对构件进行编号。不易辨别上下、左右、正反的构件，应在构件上用记号注明，以免吊装时搞错。

3. 弹线定位

在构件上根据就位、校正的需要弹好就位和校正线。柱弹出三面中心线、牛腿面与柱顶面中心线、±0.000线（或标高准线）。吊点位置：基础杯口应弹出纵横轴线；吊车梁、屋架等构件应在端头与顶面及支承处弹出中心线和标高线；在屋架或屋面梁上弹出天窗架、屋面板或檩条的安装就位控制线，在两端及顶面弹出安装中心线。

4. 构件接头准备

（1）准备和分类清理好各种金属支撑件及安装接头用连接板、螺栓、铁件和安装垫铁；施焊必要的连接件，如屋架、吊车梁垫板、柱支撑连接件及其余与柱连接相关的连接件，以减少高空作业。

（2）清除构件接头部位及埋设件上的污物、铁锈。

（3）对于需组装拼装及临时加固的构件，按规定要求使其达到具备吊装条件。

（4）在基础杯口底部，根据柱子制作的实际长度（从牛腿至柱脚尺寸）误差，调整杯底标高，用1:2水泥砂浆找平，标高允许误差为±5 mm，以保持吊车梁的标高在同一水平面上；当预制柱采用垫板安装或重型钢柱采用杯口安装时，应在杯底设垫板处局部抹平，并加设小钢垫板。

（5）柱脚或杯口侧壁未划毛的，要在柱脚表面及杯口内稍加凿毛处理。

（6）钢柱基础，要根据钢柱实际长度、牛腿间距离、钢板底板平整度检查结果，在柱基础表面浇筑标高块（块呈十字式或四点式）。标高块强度不应小于30 MPa，表面埋设16~20 mm厚的钢板。基础上表面也应凿毛。

五、基础、支承面和预埋件

（1）钢结构安装前应对建筑物的定位轴线、基础轴线和标高、地脚螺栓位置等进行检查，并应办理交接验收。当基础工程分批进行交接时，每次交接验收不应少于一个安装单元的柱基基础，并应符合下列规定：
1）基础混凝土强度应达到设计要求；
2）基础周围回填夯实应完毕；
3）基础的轴线标志和标高基准点应准确、齐全。
（2）基础顶面直接作为柱的支承面、基础顶面预埋钢板（或支座）作为柱的支承面时，其支承面、地脚螺栓（锚栓）的允许偏差应符合表6-2的规定。

表6-2　支承面、地脚螺栓（锚栓）位置的允许偏差　　　　　　　　mm

项　　目		允许偏差
支承面	标高	±3.0
	水平度	$l/1\ 000$
地脚螺栓（锚栓）	螺栓中心偏移	5.0
预留孔中心偏移		10.0

（3）钢柱脚采用钢垫板作支承时，应符合下列规定：
1）钢垫板面积应根据混凝土抗压强度、柱脚底板承受的荷载和地脚螺栓（锚栓）的紧固拉力计算确定；
2）垫板应设置在靠近地脚螺栓（锚栓）的柱脚底板加劲板或柱肢下，每个地脚螺栓（锚栓）侧应设1～2组垫板，每组垫板不得多于5块；
3）垫板与基础面和柱底面的接触应平整、紧密；当采用成对斜垫板时，其叠合长度不应小于垫板长度的2/3；
4）柱底二次浇灌混凝土前垫板间应焊接固定。
（4）锚栓及预埋件安装应符合下列规定：
1）宜采取锚栓定位支架、定位板等辅助固定措施。
2）锚栓和预埋件安装到位后，应可靠固定。当锚栓埋设精度较高时，可采用预留孔洞、二次埋设等工艺；
3）锚栓应采取防止损坏、锈蚀和污染的保护措施。
4）钢柱地脚螺栓紧固后，外露部分应采取防止螺母松动和锈蚀的措施。
5）当锚栓需要施加预应力时，可采用后张拉法，张拉力应符合设计文件的要求，并应在张拉完成后进行灌浆处理。

钢结构工程地脚螺栓的埋设与稳固要求

六、起重设备及吊具准备

钢结构安装宜采用塔式起重机、履带式起重机、汽车式起重机等常规起重设备，当选用液压提升、顶升设备时，应编制专项施工方案，并应经评审后再组织实施。起重设备的选用应根据施工条件、结构特点、起重设备性能、作业效率等因素综合确定。起重设备需要附着或支承在结构上时，应得到原设计单位的同意，并应进行结构安全验算。起重机械站位作业时，一般设置路基箱等措施。特殊情况，如基坑边、既有结构面等工况下，应对路基进行验算。钢结构吊装作业必须满足技术方案的工况条件，而且在起重设备的额定起重量范围内。钢结构施工选择提升或顶升工艺时，应进行模拟分析，确定提升(顶升)点布置，选择液压设备的型号，设计加固措施并进行验算。塔式起重机在安装和拆除时，应有专项技术方案。用于吊装的钢丝绳、吊装带、卸扣、吊钩等吊具应经检查合格，并应在其额定许用荷载范围内使用。

1. 常规起重设备

(1)凡新购、大修、改造、新安装、停用时间超过规定的起重机械，均应报当地安全监督部门，并委托有资质的特种设备检测机构检验合格，经同意后方可使用。

(2)起重机在每班开始作业时，应先试吊，确认制动器灵敏、可靠后，方可进行作业。作业时不得擅自离岗和保养机车。

(3)起重机的选择应满足起重量、起重高度、工作半径的要求，同时，起重臂的最小杆长应满足跨越障碍物进行起吊时的操作要求。

(4)自行式起重机的使用应符合下列规定：

1)起重机工作时的停放位置应与沟渠、基坑保持安全距离，且作业时不得停放在斜坡上进行。

2)作业前应将支腿全部伸出，并支垫牢固；调整支腿应在无载荷时进行，并将起重臂全部缩回转至正前或正后，方可调整；作业过程中发现支腿沉陷或其他不正常情况时，应立即放下吊物，调整后，方可继续作业。

3)启动时应先将主离合器分离，待运转正常后再合上主离合器进行空载运转，确认正常后，方可开始作业。

4)工作时起重臂的最大和最小仰角不得超过其额定值，如无相应资料时，最大仰角不得超过78°，最小仰角不得小于45°。

5)起重机变幅应缓慢平稳，严禁猛起猛落；起重臂未停稳前，严禁变换挡位和同时进行两种动作。

6)当起吊载荷达到或接近最大额定载荷时，严禁下落起重臂。

7)汽车式起重机进行吊装作业时，行走驾驶室内不得有人，吊物不得超越驾驶室上方，并严禁带载行驶。

8)伸缩式起重臂的伸缩，应符合下列规定：

①起重臂的伸缩，一般应于起吊前进行，当必须在起吊过程中伸缩时，则起吊荷载不得大于其额定值的50%；

②起重臂伸出后的上节起重臂长度不得大于下节起重臂长度，且起重臂的仰角不得小于总长度的相应规定值；

③在伸起重臂的同时，应相应下降吊钩，并必须满足动、定滑轮组之间的最小规定距离。

9)起重机制动器的制动鼓表面磨损达到1.5~2.0 mm或制动带磨损超过原厚度的50%时，应予更换。

10)起重机的变幅指示器、力矩限制器和限位开关等安全保护装置，必须齐全、完整、灵活、可靠，严禁随意调整、拆除，或以限位装置代替操作机构。

11)作业完毕或下班前,应按规定将操作杆置于空挡位置,起重臂全部缩回原位,转至顺风方向,并降至40°~60°,收紧钢丝绳,挂好吊钩或将吊钩落地,然后将各制动器和保险装置固定,关闭发动机,驾驶室加锁后,方可离开。冬季还应将水箱、水套中的水放尽。

12)塔式起重机的使用应符合国家现行标准《塔式起重机安全规程》(GB 5144—2006)、《建筑施工塔式起重机安装、使用、拆卸安全技术规程》(JGJ 196—2010)及《建筑机械使用安全技术规程》(JGJ 33—2012)中的相关规定。

(5)钢结构吊装不宜采用抬吊。当构件重量超过单台起重设备的额定起重量范围时,构件可采用抬吊的方式吊装。采用抬吊方式时,应符合下列规定:

1)起重设备应进行合理的负荷分配,构件重量不得超过两台起重设备额定起重量总和的75%,单台起重设备的负荷量不得超过额定起重量的80%;

2)吊装作业应进行安全验算并采取相应的安全措施,应有经批准的抬吊作业专项方案;

3)吊装操作时应保持两台起重设备升降和移动同步,两台起重设备的吊钩、滑车组均应基本保持垂直状态。

2. 非常规起重设备

(1)液压提升(顶升)设备需提供合格证、性能参数表和维修保养记录,使用应符合以下规定:

1)提升起重工艺,应根据现场条件选择并通过计算设置合理的支撑点,设计支撑与加固结构须进行验算。顶升工艺的基础与支撑面应进行验算,其顶升支架应按施工荷载分布选择。

2)提升(顶升)点应分布在原结构单元主承载位置,确保结构提升(顶升)过程受力均匀,无超规范的变形。节点选择宜避开嵌补量大的位置,并通过验算确定节点的加固方案。

3)各提升(顶升)点同步匀速,通过传感器进行电脑控制,一般控制在3~5 m/h以内,通过变形监测适时调整各点位速度与高差,一般不大于20 mm。

4)试提升(顶升)依据解除主体结构与支架等结构的连接,按20%、40%、60%、70%、80%、90%、95%、100%逐级加载至结构脱离。

5)初提升(顶升)在结构地面脱架时、离开架体300~500 mm时,分别进行检查,其中包括薄弱环节构件变形、焊缝节点质量及提升点位置钢绞线节点等检查。无误后,按每500~1 000 mm进行一次检查。

6)对于复杂结构,提升(顶升)过程在模拟分析的重要位置设置监测点,其中包括内应力监测和结构变形监测。

7)提升用钢绞线应符合国际标准 ASTM A416-87a,其抗拉强度、几何尺寸和表面质量都应得到严格保证。

8)液压泵站主要为油缸提供驱动,其选择应满足提升油缸驱动数量、提升速度、提升过程同步性调节和控制模式要求。

9)油缸锚具必须在紧锚状态,提升过程中不应有下锚松动作,除非在需要下放时,方可打开下锚。

(2)卷扬机的使用应符合下列规定:

1)手摇卷扬机只可用于小型构件吊装、拖拉吊件或拉紧缆风绳等。钢丝绳牵引速度应为0.5～3 m/min，并严禁超过其额定牵引力。

2）大型构件的吊装必须采用电动卷扬机，钢丝绳的牵引速度应为7～13 m/min，并严禁超过其额定牵引力。

3）卷扬机使用前，应对各部分详细检查，确保棘轮装置和制动器完好，变速齿轮沿轴转动，啮合正确，无杂声和润滑良好，如有问题，应及时修理解决，否则严禁使用。

4）卷扬机应当安装在吊装区外，水平距离应大于构件的安装高度，并搭设防护棚，保护操作人员能清楚地看见指挥人员的信号。

5）起重用钢丝绳应与卷扬机卷筒轴线方向垂直，钢丝绳的最大偏离角不得超过6°，导向滑轮到卷筒的距离不得小于18 m，也不得小于卷筒宽度的15倍。

6）用于起吊作业的卷筒在吊装构件时，卷筒上的钢丝绳必须最小保留5圈。

7）卷扬机的电气线路应经常检查，保证电机运转良好，电磁抱闸和接地安全有效，无漏电现象。

8）电动卷扬机的牵引力和钢丝绳速度应按下列公式计算：

①卷筒上钢丝绳的牵引力：

$$F = 1.02 \times P_H / v \tag{6-1}$$

$$\eta = \eta_0 \times \eta_1 \times \eta_2 \times \cdots \times \eta_n \tag{6-2}$$

式中　F——牵引力(kN)；

　　　P_H——电动机的功率(kW)；

　　　v——钢丝绳速度(m/s)；

　　　η——总效率；

　　　η_0——卷筒效率，当卷筒装在滑动轴承上时，取$\eta_0=0.94$；当装在滚动轴承上时，取$\eta_0=0.96$；

　　　$\eta_1, \eta_2, \cdots, \eta_n$——传动机构效率，按表6-3选用。

表6-3　传动机构的效率

传动机构		效率
卷筒	滑动轴承	0.94～0.96
	滚动轴承	0.96～0.98
一对圆柱齿轮传动	开式传动 滑动轴承	0.93～0.95
	开式传动 滚动轴承	0.95～0.96
	闭式传动 滑动轴承	0.95～0.96
	稀油润滑 滚动轴承	0.96～0.98

②钢丝绳速度：

$$v = \pi D \omega \tag{6-3}$$

$$\omega = \omega_H i / 60 \tag{6-4}$$

$$i = n_z / n_B \tag{6-5}$$

式中　v——钢丝绳速度(m/s)；

　　　D——卷筒直径(m)；

　　　ω——卷筒转速(r/s)；

ω_H——电动机转速(r/s);
i——传动比;
n_z——所有主动轮齿数的乘积;
n_B——所有被动轮齿数的乘积。

3. 吊索具

(1)钢丝绳吊索应符合下列规定:

1)钢丝绳吊索应符合现行国家标准《一般用途钢丝绳吊索特性和技术条件》(GB/T 16762—2009)、插编索扣应符合现行国家标准《钢丝绳吊索 插编索扣》(GB/T 16271—2009)中所规定的一般用途钢丝绳吊索特性和技术条件等的规定。

2)吊索宜采用 6×37 型钢丝绳制作成环式或 8 股头式(图 6-1),其长度和直径应根据吊物的几何尺寸、重量和所用的吊装工具、吊装方法确定;使用时可采用单根、双根、四根或多根悬吊形式。

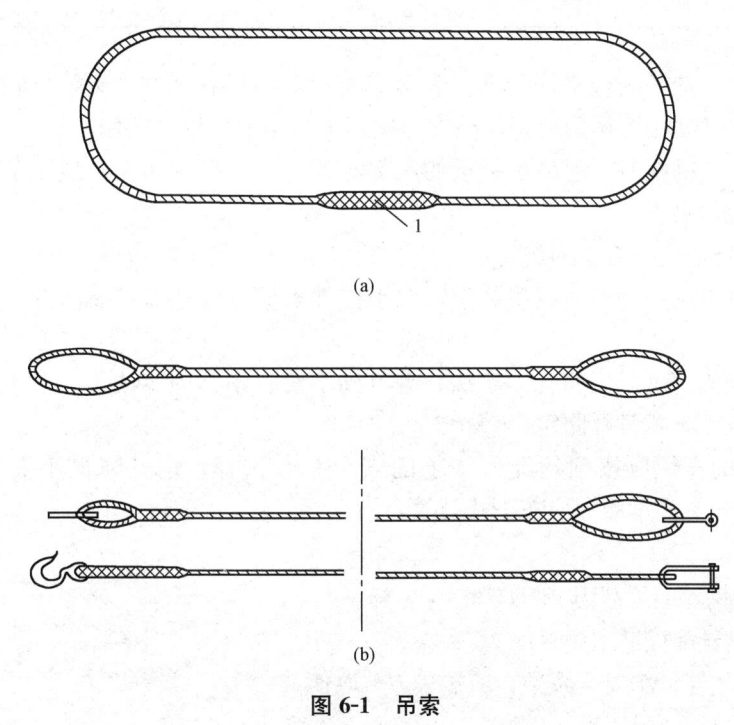

图 6-1 吊索
(a)环状吊索;(b)8 股头吊索

3)吊索的绳环或两端的绳套应采用编插接头,压接接头的长度不应小于钢丝绳直径的 20 倍,且不应小于 300 mm。8 股头吊索两端的绳套可根据工作需要装上桃形环、卡环或吊钩等吊索附件。

4)当利用吊索上的吊钩、卡环钩挂重物上的起重吊环时,吊索的安全系数不应小于 6;当用吊索直接捆绑重物,且吊索与重物棱角之间已采取妥善的保护措施时,吊索的安全系数应取 6~8;当起吊重、大或精密的重物时,除应采取妥善保护措施外,吊索的安全系数应取 10。

5)吊索与所吊构件间的水平夹角宜大于 45°。

(2)吊索附件应符合下列规定：

1)套环应符合现行国家标准《钢丝绳用普通套环》(GB/T 5974.1—2006)和《钢丝绳用重型套环》(GB/T 5974.2—2006)的规定。

2)使用套环时，应将套环的承载能力与表6-4中降低后的钢丝绳承载能力相比较，取较小值。

表6-4 使用套环时的钢丝绳强度降低率表

钢丝绳直径/mm	经过梨形环后强度降低率/%
10~16	5
19~28	15
32~38	20
42~50	25

3)吊钩应有制造厂的合格证明书，表面应光滑，不得有裂纹、刻痕、剥裂、锐角等现象存在，否则严禁使用；吊钩应每年检查一次，不合格者应停止使用。

4)活动卡环在绑扎时，起吊后销子的尾部应朝下，使吊索在受力后压紧销子，其容许荷载应按出厂说明书采用。

(3)吊具的选用应符合下列规定：

1)吊装索具可选用钢丝绳或吊装带，对于构件表面有外观保护要求的，可优先选用吊装带形式；

2)吊装索具固定可采用捆扎固定法、夹具固定法、吊耳固定法等。对于重型构件，宜采用焊接吊耳或工具式吊耳固定。

(4)钢丝绳的直径应按钢丝绳所要求的安全系数选择，钢丝绳最小安全系数应参见表6-5，所选钢丝绳的承载力应按下式计算：

$$S_{max} \leqslant S_p/n \tag{6-6}$$

式中 S_{max}——钢丝绳承载力(kN)；

S_p——钢丝绳破断力(kN)；

n——钢丝绳最小安全系数，应按表6-5取值。

表6-5 钢丝绳最小安全系数

类型	特性和使用范围		最小安全系数
臂架式起重机	机构的工作级别	M1~M3	4
		M4	4.5
		M5	5
各种用途的钢丝绳	缆风绳		4
	捆绑构件		8~9
	绳索		6~8

(5)横吊梁应采用Q235和Q345钢材，应经过设计计算。

(6)吊装作业中使用的白棕绳应符合下列规定：

1)必须由剑麻的茎纤维搓成，并不得涂油；其规格和破断拉力应符合产品说明书的规定。

2)只可用作起吊轻型构件（如钢支撑）、受力不大的缆风绳和溜绳。

3)穿绕滑轮的直径根据人力或机械动力等驱动形式的不同，应大于白棕绳直径的10倍或30倍。麻绳有结时，不得穿过滑车狭小之处；长期在滑车使用的白棕绳，应定期改变穿绳方向，以使绳的磨损均匀。

4)整卷白棕绳应根据需要长度切断绳头，切断前必须用钢丝或麻绳将切断口扎紧，严防绳头松散。

5)使用中发生的扭结应立即抖直；如有局部损伤，应切去损伤部分。

6)当绳不够长时，必须采用编接接长。

7)捆绑有棱角的物件时，必须垫以木板或麻袋等物。

8)使用中不得在粗糙的构件上或地下拖拉，并应严防砂、石屑嵌入，磨伤白棕绳。

9)编接绳头绳套时，编接前每股头上应用绳扎紧，编接后相互搭接长度：绳套不得小于白棕绳直径的15倍，绳头不得小于30倍。

10)白棕绳在使用时不得超过其容许拉力，容许拉力应按下式计算：

$$[F_z] = F_z / K \tag{6-7}$$

式中 $[F_z]$——白棕绳的容许拉力(kN)；

F_z——白棕绳的破断拉力(kN)（见厂家说明书）；

K——白棕绳的安全系数，按表6-6采用。

表6-6 白棕绳的安全系数

用途	安全系数
一般小型构件（过梁、空心板及5 kN重以下等构件）	≥6
5～10 kN重吊装作业	10
作捆绑吊索	≥12
作缆风绳	≥6

(7)采用的纤维绳索、聚酯复丝绳索应符合现行国家标准《纤维绳索通用要求》(GB/T 21328—2007)、《纤维绳索 聚酯3股、4股、8股和12股绳索》(GB/T 11787—2017)和《纤维绳索 有关物理和机械性能的测定》(GB/T 8834—2016)的相关规定。

(8)吊装作业中钢丝绳的使用、检验和报废等应符合现行国家标准《重要用途钢丝绳》(GB 8918—2006)、《钢丝绳通用技术条件》(GB/T 20118—2017)和《起重机 钢丝绳 保养、维护、检验和报废》(GB/T 5972—2016)中的相关规定。

(9)卸扣的选择依据国家现行标准《一般起重用D形和弓形锻造卸扣》(GB/T 25854—2010)，钢结构吊装宜采用弓形卸扣和六角头螺纹销轴，其使用应符合下列规定：

1)卸扣的型号根据构件重量、钢丝绳直径、吊装孔直径、吊耳或吊孔位置钢板厚度选择；

2)作业前，应检查卸扣是否匹配，连接处应牢固，销轴拧紧；

3)起吊过程不得有较大冲击或碰撞；

4)以卸扣承载的钢丝绳间最大夹角小于120°;

5)作用力沿着卸扣的中心轴线,避免弯曲、不稳定的载荷及超载;

6)卸扣在钢丝绳索具配套作用捆绑索具使用时,卸扣的销轴部分应与钢丝绳索具的索眼进行连接;

7)根据使用频率、工况条件恶劣程度,应确定合理的检查周期,每半年检查一次。

(10)滑轮和滑轮组的使用应符合下列规定:

1)使用前,应检查滑轮的轮槽、轮轴、夹板、吊钩等各部件有无裂缝和损伤,滑轮转动是否灵活,润滑是否良好。

2)滑轮应按其标定的允许荷载值使用,应满足表6-7的规定。对起重量不明的滑轮,应先进行估算,并经负载试验合格后,方可使用。

表6-7 滑轮容许荷载

滑轮直径/mm	容许荷载/kN								钢丝绳直径/mm	
	单门	双门	三门	四门	五门	六门	七门	八门	适用	最大
70	5	10	—	—	—	—	—	—	5.7	7.7
85	10	20	30	—	—	—	—	—	7.7	11
115	20	30	50	80	—	—	—	—	11	14
135	30	50	80	100	—	—	—	—	12.5	15.5
165	50	80	100	160	200	—	—	—	15.5	18.5
185	—	100	160	200	—	320	—	—	17	20
210	80	—	200	—	320	—	—	—	20	23.5
245	100	160	—	320	—	500	—	—	23.5	25
280	—	200	—	—	500	—	800	—	26.5	28
320	160	—	—	500	—	—	800	—	30.5	32.5
360	200	—	—	—	800	—	—	1 000	32.5	35

3)滑轮组绳索宜采用顺穿法,但"三三"以上滑轮组应采用花穿法。滑轮组穿绕后,应开动卷扬机或驱动绞磨慢慢将钢丝绳收紧和试吊,检查有无卡绳、磨绳的地方,绳间摩擦及其他部分是否运转良好,如有问题应立即修正。

4)滑轮的吊钩或吊环应与所起吊构件的重心在同一垂直线上。如因溜绳歪拉构件,而使滑轮组歪斜,应在计算和选用滑轮组前予以考虑。

5)滑轮使用前后都应刷洗干净并擦油保养,轮轴应经常加油润滑,严防锈蚀和磨损。

6)对重要的吊装作业、较高处作业或在起重作业量较大时,不宜用钩型滑轮,应使用吊环、链环或吊梁型滑轮。

7)滑轮组的上下定、动滑轮之间应保持1.5 m的最小距离。

8)暂不使用的滑轮,应存放在干燥、少尘的库房内,在下面垫以木板,并应每三个月检查保养一次。

9)滑轮和滑轮组的跑头拉力、牵引行程和速度应按下列规定计算:

①滑轮组的跑头拉力,应按下式计算:

$$F = aQ \tag{6-8}$$

$$a = \frac{\xi^{m+n+1}(\xi-1)}{\xi^{m}-1} \tag{6-9}$$

式中　F——跑头拉力(kN)；

　　　a——滑轮组的省力系数，其值按式(6-9)计算或按表6-8选用；

　　　Q——计算荷载(kN)，等于吊重乘以动力系数1.5；

　　　m——滑轮组工作绳数；

　　　n——导向滑轮个数。当跑头由定滑轮引出时，n为实际导向滑轮组数加1；当跑头由动滑轮引出时，为实际导向滑轮组数；

　　　ξ——单个滑轮的阻力系数：滚珠轴承取1.02，有钢衬套取1.04，无衬套轴承取1.06；当$\xi=1.04$时，a值可按表6-8选用。

②滑轮跑头牵引行程和速度应按下式计算：

$$u = mh \tag{6-10}$$

$$v = mv_1 \tag{6-11}$$

式中　u——跑头牵引行程(m)；

　　　m——滑轮组工作绳数；

　　　h——吊件的上升行程(m)；

　　　v——跑头的牵引速度(m/s)；

　　　v_1——吊件的上升速度(m/s)。

③省力系数见表6-8。

表6-8　省力系数 a

工作绳索数	滑轮个数(定动滑轮之和)	导向滑车数						
		0	1	2	3	4	5	6
1	0	1.000	1.040	1.082	1.125	1.170	1.217	1.264
2	1	0.507	0.527	0.549	0.571	0.594	0.617	0.642
3	2	0.346	0.360	0.375	0.390	0.405	0.421	0.438
4	3	0.265	0.276	0.287	0.298	0.310	0.323	0.335
5	4	0.215	0.225	0.234	0.243	0.253	0.263	0.274
6	5	0.187	0.191	0.199	0.207	0.215	0.224	0.330
7	6	0.160	0.165	0.173	0.180	0.187	0.195	0.203
8	7	0.143	0.149	0.155	0.161	0.167	0.174	0.181
9	8	0.129	0.134	0.140	0.145	0.151	0.157	0.163
10	9	0.119	0.124	0.129	0.134	0.139	0.145	0.151
11	10	0.110	0.114	0.119	0.124	0.129	0.134	0.139
12	11	0.102	0.106	0.111	0.115	0.119	0.124	0.129
13	12	0.096	0.099	0.104	0.108	0.112	0.117	0.121
14	13	0.091	0.094	0.098	0.102	0.106	0.111	0.115
15	14	0.087	0.090	0.083	0.091	0.100	0.102	0.108
16	15	0.084	0.086	0.090	0.093	0.095	0.100	0.104

(11)捯链(手动葫芦)的使用应符合下列规定：
1)使用前应进行检查，捯链的吊钩、链条、轮轴、链盘等应无锈蚀、裂纹、损伤，传动部分应灵活正常，否则严禁使用；
2)起吊构件至起重链条受力后，应仔细检查，确保齿轮啮合良好、自锁装置有效后，方可继续作业；
3)在-10 ℃以下时，起重量不得超过其额定起重值的一半，其他情况下，不得超过其额定起重值；
4)应均匀和缓地拉动链条，并应与轮盘方向一致，不得斜向拽动，应防止跳链、掉槽、卡链现象发生；
5)捯链起重量或起吊构件的重量不明时，只可一人拉动链条，如一人拉不动应查明原因，严禁两人或多人一齐猛拉；
6)齿轮部分应经常加油润滑，棘爪、棘爪弹簧和棘轮应经常检查，严防制动失灵；
7)捯链使用完毕后应拆卸，清洗干净，并上好润滑油，装好后套上塑料罩挂好，妥善保管。

(12)千斤顶的使用应符合下列规定：
1)使用前后应拆洗干净，损坏和不符合要求的零件应予以更换，安装好后应检查各部配件运转是否灵活，对油压千斤顶还应检查阀门、活塞、皮碗是否完好，油液是否干净，稠度是否符合要求；若在负温情况下使用时，油液应不变稠、不结冻。
2)选择千斤顶，应符合下列规定：
①千斤顶的额定起重量应大于起重构件的重量，起升高度应满足要求，其最小高度应与安装净空相适应；
②采用多台千斤顶联合顶升时，应选用同一型号的千斤顶，每台的额定起重量不得小于所分担构件重量的1.2倍。
3)千斤顶应放在平整、坚实的地面上，底座下应垫以枕木或钢板，以加大承压面积，防止千斤顶下陷或歪斜；与被顶升构件的光滑面接触时，应加垫硬木板，严防滑落。
4)设顶处必须是坚实部位，载荷的传力中心应与千斤顶轴线一致，严禁载荷偏斜；
5)顶升时，应先轻微顶起后停住，检查千斤顶承力、地基、垫木、枕木垛是否正常，如有异常或千斤顶歪斜，应及时处理后方可继续工作；
6)顶升过程中，不得随意加长千斤顶手柄或强力硬压，每次顶升高度不得超过活塞上的标志，而且顶升高度不得超过螺丝杆丝扣或活塞总高度的3/4；
7)构件顶起后，应随起随搭枕木垛和加设临时短木块，短木块与构件间的距离应随时保持在50 mm以内，严防千斤顶突然倾倒或回油。

七、吊装技术准备

(1)认真熟悉掌握施工图纸、设计变更，组织图纸审查和会审；核对构件的空间就位尺寸和相互之间的关系。
(2)计算并掌握吊装构件的数量、单体重量和安装就位高度以及连接板、螺栓等吊装铁件数量；熟悉构件之间的连接方法。
(3)组织编制吊装工程施工组织设计或作业设计(内容包括工程概况、选择吊装机械设备、确定吊装程序、方法、进度、构件制作、堆放平面布置、构件运输方法、劳动组织、构件和物资机具供应计划、保证质量安全技术措施等)。

(4)了解已选定的起重、运输及其他辅助机械设备的性能及使用要求。

(5)进行技术交底,包括任务、施工组织设计或作业设计、技术要求、施工保证措施,现场环境(如原有建筑物、构筑物、障碍物、高压线、电缆线路、水道、道路等)情况,内外协作配合关系等。

八、材料、人员及道路临时设施准备

1. 材料

钢结构安装施工用料包括加固脚手杆、电焊、气焊设备、材料等。

2. 人员

钢结构安装施工技术人员应按吊装顺序组织施工人员进场,并进行有关技术交底、培训、安全教育。

3. 道路临时设施准备

(1)整平场地、修筑构件运输和起重吊装开行的临时道路,并做好现场排水设施。

(2)清除工程吊装范围内的障碍物,如旧建筑物、地下电缆管线等。

(3)敷设吊装用供水、供电、供气及通信线路。

(4)修建临时建筑物,如工地办公室、材料、机具仓库、工具房、电焊机房、工人休息室、开水房等。

第二节　施工测量

钢结构施工测量包括平面控制、高程控制和细部测量等。施工测量前,应根据设计施工图和钢结构安装要求,编制测量专项方案。

一、设置施工控制网

钢结构安装前应设置施工控制网。

1. 平面控制网

(1)平面控制网可根据场区地形条件和建筑物的结构形式,布设十字轴线或矩形控制网,平面布置为异形的建筑,可根据建筑物形状布设多边形控制网。

(2)建筑物的轴线控制桩应根据建筑物的平面控制网测定,定位放线可选择直角坐标法、极坐标法、角度(方向)交会法、距离交会法等方法。

(3)当建筑物高度为4层以下时,建筑物平面控制网宜采用外控法;当建筑物高度为4层及以上时,建筑物平面控制网宜采用内控法。上部楼层平面控制网的建立,应以建筑物底层控制网为基础,通过仪器竖向垂直接力投测。竖向投测宜每50~80 m设一转换点,控制点竖向投测的允许误差应符合表6-9的规定。

表6-9 控制点竖向投测的允许误差

项目		测量允许误差/mm
每层		3
总高度 H	$H \leqslant 30$ m	5
	30 m $< H \leqslant$ 60 m	8
	60 m $< H \leqslant$ 90 m	13
	90 m $< H \leqslant$ 150 m	18
	$H >$ 150 m	20

(4)轴线控制基准点投测至中间位置施工层后,应进行控制网平差校核。调整后的点位精度应满足边长相对误差达到1/20 000和相应的测角中误差±10″的要求。设计有特殊要求时,应根据限差确定其放样精度。

2. 高程控制网

(1)首级高程控制网应按闭合环线、附合路线或结点网形布设。高程测量的精度,不宜低于三等水准的精度要求。

(2)钢结构工程高程控制点的水准点,可设置在平面控制网的标桩或外围的固定物上,也可单独埋设。水准点的个数不应少于3个。

(3)建筑物标高的传递宜采用悬挂钢尺的测量方法,钢尺读数应进行温度、尺长和拉力修正。标高向上传递时宜从两处分别传递,面积较大或高层结构宜从三处分别传递。当传递的标高误差不超过±3.000 mm时,可取其平均值作为施工楼层的标高基准;超过时,则应重新传递。标高竖向传递投测的允许误差应符合表6-10的规定。

表6-10 标高竖向传递投测的允许误差

项目		测量允许误差/mm
每层		±3
总高度 H	$H \leqslant 30$ m	±5
	30 m $< H \leqslant$ 60 m	±10
	$H >$ 60 m	±12

注:表中误差不包括沉降和压缩引起的变形值。

二、施工测量与测量控制标准

(一)施工测量

1. 钢柱安装前的复测

钢柱安装施工前应进行基础复测,复测应符合下列规定:

(1)钢柱安装前应对柱基的定位轴线间距、柱基面标高和地脚螺栓位置进行技术复核。

(2)定位轴线应设置控制桩。结构定位线应与原定位轴线重合、封闭。

(3)柱基地脚螺栓检查应符合下列规定：
1)螺栓的螺纹长度应满足钢柱安装后螺母拧紧的需要；
2)螺栓垂直度误差超过规定时必须矫直；
3)螺纹不应有损伤，检查合格后在螺纹部分应采取涂油、帽套保护措施；
4)螺栓间距应满足设计要求。
(4)标高复测应符合下列要求：
1)基准标高点的设置位置四周应加以妥善保护；
2)钢柱柱基表面应进行标高实测，测得的标高偏差应在平面图上标示，作为调整的依据。

2. 钢梁安装前的复测

钢梁安装施工前应进行如下复测：
(1)钢梁安装前应对钢柱牛腿标高、核心筒预埋件位置进行技术复核；
(2)内控点向上传递时，控制网适时进行平差；
(3)钢梁预埋件检查应符合相应规定；
(4)轴线及标高偏差应满足钢梁安装后节点处焊接需要。

3. 钢柱测量

钢柱测量应满足下列要求：
(1)钢柱安装前，运用全站仪以"十"字放样法，将第一节钢柱的定位轴线在混凝土表面上放样，第二节以上钢柱的定位轴线在其下面已经固定好的钢柱柱顶上放样。标识要做到柱身上，每节钢柱必须按实际情况做好安装测量标识，主要包括钢柱与各面上下的安装标识线和标高控制线，以此作为钢柱校正测量的依据，弹线允许误差为1 mm。
(2)安装柱时，每节柱的定位轴线应从地面控制轴线直接引上，不得从下层柱的轴线引上。
(3)无论是竖直钢柱安装还是倾斜钢柱安装，校正测量顺序都是按先调标高，再调扭转，最后调垂直度来进行：
1)用水准测量的方法已经将预埋螺栓上调平螺母的标高调整到了设计标高处；待钢柱吊装就位后，用水准测量的方法复核钢柱柱身上的标高控制线，通过调整钢柱柱底板下面的调平螺母使钢柱至少三个面的标高控制线达到设计要求即可。首节以上的钢柱采取相对标高进行安装，通过量取下一节钢柱柱底标高控制线与上一节钢柱柱顶标高控制线的距离是否满足设计值来进行。
2)通过将下一节钢柱的定位轴线在上一节已经固定好的钢柱柱顶上放样后，可以量取上一节钢柱各个面与定位轴线的偏差值。利用该偏差值可以求得钢柱在 x 与 y 轴方向上的扭转值，在下一节钢柱进行扭转校正时，以柱底的安装标识为基准，将下一节钢柱向相反方向扭转予以调整，但一次不得大于3 mm。若扭转值过大，超过了3mm，应分几次调整，不允许一次到位；在满足单节柱垂直度的前提下，将钢柱与定位轴线的偏差校正至零。另外，根据现场的实际施工状况，也可以结合全站仪测量钢柱柱顶坐标来校正，使钢柱柱顶的安装标识线调整至定位轴线上。
3)根据规范的规定，单节柱垂直度允许偏差为 $H/1\,000$ 且不超过 $10\,\text{mm}$，H 为柱高。若上节柱偏离定位轴线值较大，也应分次校正，以避免单节柱垂直度超标。钢柱校正后的测量数据应在钢柱的自由状态下测得,即夹紧上、下柱的连接板,解除千斤顶等校正工具,未安装钢梁时的状态,只有自由状态下测得的数据才是有效的。

4. 钢梁测量

钢梁测量应满足下列要求:

(1)安装钢梁前,应测量钢梁连接的钢柱及邻近柱的垂直度;靠近核心筒一侧处,测量其预埋件左右及前后偏差数据,整理保存,保证在整个区域构件安装完成后,应进行整体复测。

(2)复杂构件的定位可由全站仪直接架设在控制点上进行三维坐标测定,也可由水准仪对标高、全站仪对平面坐标进行共同测控。

(3)钢梁安装测量主要是水平度校正。可用水准仪测量出同一根钢梁不同位置处的标高,然后计算得出钢梁的水平度。

(4)在钢梁就位后高强度螺栓安装的过程中,钢柱的垂直度将会发生变化,因此,要用仪器对相邻钢柱进行监测。若钢柱的单节柱垂直度以及偏离定位轴线的数值都不超出规范要求,则做好记录,不再调整。若超出规范要求,则要分析原因,再作调整。在钢柱垂直度的监测过程中,要考虑到梁柱接头的焊接造成垂直度偏差变化的趋势。一般一个梁头焊接后造成1~2 mm的收缩量,因此要预测到在钢梁安装时,钢柱垂直度虽没有超标,但焊后可能因焊接收缩而超标,提前预留焊接收缩值。

(二)测量控制标准

1. 单层钢结构施工测量控制标准

(1)钢柱安装前,应在柱身四面分别画出中线或安装线,弹线允许误差为1 mm。

(2)竖直钢柱安装时,应采用经纬仪在相互垂直的两轴线方向上,同时校测钢柱垂直度。当观测面为不等截面时,经纬仪应安置在轴线上;当观测面为等截面时,经纬仪中心与轴线之间的水平夹角不得大于15°。倾斜钢柱安装时,可采用水准仪和全站仪进行三维坐标校测。

(3)工业厂房吊车梁与轨道安装测量应符合下列规定:

1)根据厂房平面控制网,用平行借线法测定吊车梁的中心线。吊车梁中心线投测允许误差为±3 mm,梁面垫板标高允许偏差为±2 mm。

2)吊车梁上轨道中心线投测的允许误差为±2 mm,中间加密点的间距不得超过柱距的两倍,并将各点平行引测与牛腿顶部靠近柱子的侧面,作为轨道安装的依据。

3)在柱子牛腿面架设水准仪按三等水准精度要求测设轨道安装标高。标高控制点的允许误差为±2 mm,轨道跨距允许误差为±2 mm,轨道中心线(加密点)投测允许误差为±2 mm,轨道标高点允许误差为±1 mm。

(4)钢屋架安装后应有垂直度、直线度、标高、挠度(起拱)等实测记录。

2. 多层及高层钢结构施工测量控制标准

(1)多层及高层钢结构安装前,应对建筑物的定位轴线、底层柱的位置线、柱底基础标高进行复核,合格后方能开始安装;

(2)每节钢柱的控制轴线应从基准控制轴线的转点引测,不得从下层柱的轴线引出;

(3)安装钢梁前,应测量钢梁两端柱的垂直度变化,还应监测邻近各柱因梁连接而产生的垂直度变化；在整个区域构件安装完成后，应进行整体复测；

(4)钢结构施工测量时，应考虑构件由日照、焊接、沉降等引起的伸缩或弯曲变形，并应采取相应措施。安装过程中，宜对下列项目进行观测并做记录：

1)由于柱、梁焊缝收缩引起柱身垂直度偏差值；

2)钢柱受日照温差、风力影响的变形；

3)塔式起重机附着或爬升对结构垂直度的影响；

4)沉降差异和压缩变形对建筑物整体变形的影响。

(5)复杂构件的定位可由全站仪直接架设在控制点上进行三维坐标测定，也可由水准仪对标高、全站仪对平面坐标进行共同测控；

(6)主体结构的整体垂直度允许偏差为 $H/2\,500+10$ mm(H 为高度)，且不应大于 50 mm；主体结构的整体平面弯曲允许偏差为 $L/1\,500$ mm，且不应大于 25 mm；

(7)建筑钢结构的高度在 150 m 以上时，整体垂直度宜采用 GPS 或相应方法进行测量复核。

3. 高耸钢结构施工测量控制标准

(1)高耸钢结构的施工控制网宜在地面布设成田字形、圆形或辐射形。

(2)由平面控制点投测到上部直接测定施工轴线点，应采用不同测量法校核，其测量允许误差为 4 mm。

(3)标高±0.000 以上塔身铅垂度的测设宜使用激光铅垂仪，接收靶在标高 100 m 处收到的激光仪旋转 360°画出的激光点轨迹圆直径应小于 10 mm。

(4)高耸钢结构标高低于 100 m 时，宜在塔身中心点设置铅垂仪；标高为 100~200 m 时，宜设置四台铅垂仪；标高为 200 m 以上时，宜设置包括塔身中心点在内的五台铅垂仪。铅垂仪的点位应从塔的轴线点上直接测定，并应用不同的测设方法进行校核。

(5)激光铅垂仪投测到接收靶的测量允许误差应符合表 6-11 的要求。有特殊要求的高耸钢结构，其允许误差应由设计和施工单位共同确定。

表 6-11 激光铅垂仪投测到接收靶的测量允许偏差

塔高/m	50	100	150	200	250	300	350
高耸结构验收允许偏差/mm	57	85	110	127	143	165	—
测量允许误差/mm	10	15	20	25	30	35	40

(6)高耸钢结构施工到 100 m 高度时，宜进行日照变形观测；并绘制出日照变形曲线，列出最小日照变形区间。

(7)高耸钢结构标高的测定，宜用钢尺沿塔身铅垂方向往返测量，并宜对测量结果进行尺长、温度和拉力修正，精度应高于 1/10 000。

(8)高度在 150 m 以上的高耸钢结构，整体垂直度宜采用 GPS 进行测量复核。

第三节　构件安装

一、钢柱安装

(一)钢柱安装要求

(1)柱脚安装时，锚栓宜使用导入器或护套。

(2)首节钢柱安装后应及时进行垂直度、标高和轴线位置校正，钢柱的垂直度可采用经纬仪或线坠测量；校正合格后，钢柱应可靠固定，并应进行柱底二次灌浆，灌浆前应清除柱底板与基础面之间的杂物。

(3)首节以上的钢柱定位轴线应从地面控制轴线直接引上，不得从下层柱的轴线引上；钢柱校正垂直度时，应确定钢梁接头焊接的收缩量，并应预留焊缝收缩变形值。

(4)倾斜钢柱可采用三维坐标测量法进行测校，也可采用柱顶投影点结合标高进行测校，校正合格后宜采用刚性支撑固定。

(二)钢柱安装施工

1. 放线

钢柱安装前应设置标高观测点和中心线标志，同一工程的观测点和标志设置位置应一致，并应符合下列规定：

(1)标高观测点的设置。标高观测点的设置以牛腿(肩梁)支撑面为基准，设在柱的便于观测处。无牛腿(肩梁)柱，应以柱顶端与屋面梁连接的最上一个安装孔中心为基准。

(2)中心线标志的设置。在柱底板上表面上行线方向设一个中心标志，列线方向两侧各设一个中心标志。在柱身表面上行线和列线方向各设一个中心线，每条中心线在柱底部、中部(牛脚或肩梁部)和顶部各设一处中心标志。双牛腿(肩梁)柱在行线方向两个柱身表面分别设中心标志。

2. 确定吊装机械

根据现场实际选择好吊装机械后，方可进行吊装。吊装时，要将安装的钢柱按位置、方向放到吊装(起重半径)位置。

目前，安装所用的吊装机械，大部分用履带式起重机、轮胎式起重机及轨道式起重机吊装柱子。如果场地狭窄，不能采用上述机械吊装，可采用抱杆或架设走线滑车进行吊装。

3. 吊点的设置

钢柱安装属于竖向垂直吊装，为使吊起的钢柱保持下垂，便于就位，需根据钢柱的种类和高度确定绑扎点。钢柱吊点一般采用焊接吊耳、吊索绑扎、专用吊具等。钢柱的吊点位置及吊点数应根据钢柱形状、断面、长度、起重机性能等具体情况确定。为了保证吊装时索具安全，吊装钢柱时，应设置吊耳。吊耳应基本通过钢柱重心的铅垂线。吊耳的设置如图 6-2 所示。

钢柱一般采用一点正吊。吊点应设置在柱顶处，吊钩通过钢柱重心线，钢柱易于起吊、对线、校正。当受起重机臂杆长度、场地等条件限制时，吊点可放在柱长 1/3 处斜吊。由于钢柱倾斜，起吊、对线、校正较难控制。具有牛腿的钢柱，绑扎点应靠牛腿下部；无牛腿的钢柱按其高度比例，绑扎点设在钢柱全长 2/3 的上方位置处。

防止钢柱边缘的锐利棱角在吊装时损伤吊绳，应用适宜规格的钢管割开一条缝，套在棱角吊绳处，或用方形木条垫护。注意绑扎牢固，并易拆除。

4. 吊装作业

根据现场实际条件选择好吊装机械后，方可进行吊装。吊装前应将待安装钢柱按位置、方向放到吊装（起重半径）位置。为了防止钢柱根部在起吊过程中变形，钢柱吊装一般采用双机抬吊，主机吊在钢柱上部，辅机吊在钢柱根部。待柱子根部离地一定距离(2 m 左右)后，辅机停止起钩，主机继续起钩和回转，直至把柱子吊直后，辅机松钩。对于重型钢柱，可采用双机递送抬吊或三机抬吊、一机递送的方法吊装；对于很高和细长的钢柱，可采取分节吊装的方法，在下节柱及柱间支撑安装并校正后，再安装上节柱。

钢柱起吊前，应在柱底板向上 500～1 000 mm 处画一水平线，以便固定前后复查平面标高。

钢柱柱脚固定方法一般有两种形式：一种是基础上预埋螺栓固定，底部设钢垫板找平，如图 6-3(a)所示；另一种是插入杯口灌浆固定方式，如图 6-3(b)所示。前者当钢柱吊至基础上部时插锚固螺栓固定，多用于一般厂房钢柱的固定。后者当钢柱插入杯口后，支承在钢垫板上找平，最后固定方法同钢筋混凝土柱，用于大、中型厂房钢柱的固定。为避免吊起的钢柱自由摆动，应在柱底上部用麻绳绑好，作为牵制溜绳的调整方向。

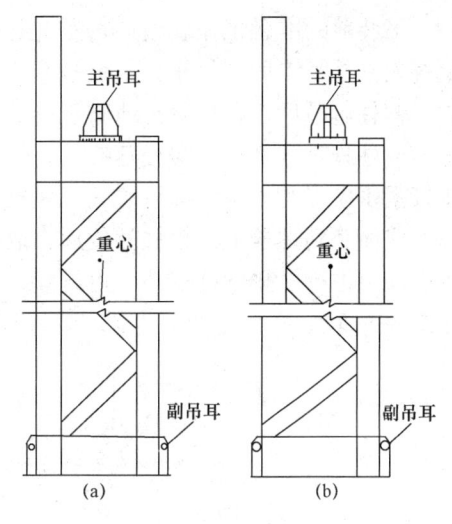

图 6-2 吊耳的设置
(a)永久吊环；(b)工具式吊耳

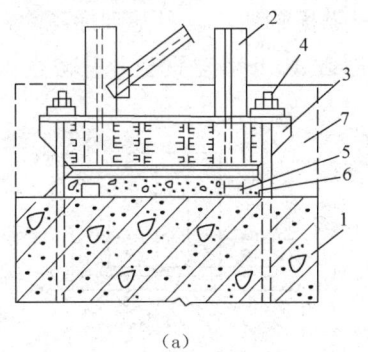

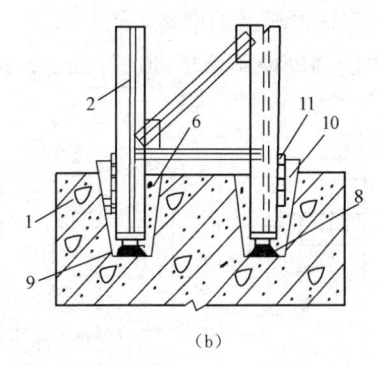

图 6-3 钢柱柱脚形式和安装固定方法
(a)用预埋地脚螺栓固定；(b)用杯口二次灌浆固定
1—柱基础；2—钢柱；3—钢柱脚；4—地脚螺栓；5—钢垫板；
6—二次灌浆细石混凝土；7—柱脚外包混凝土；8—砂浆局部粗找平；
9—焊于柱脚上的小钢套墩；10—钢楔；11—35 mm 厚硬木垫板

吊装前的准备工作就绪后，首先进行试吊。吊起一端高度为 100～200 mm 时应停吊，检查索具是否牢固和吊车稳定板是否位于安装基础上。

钢柱起吊后，在柱脚距地脚螺栓或杯口 30～40 cm 时扶正，使柱脚的安装螺栓孔对准螺栓或柱脚对准杯口，缓慢落钩、就位，经过初校，待垂直偏差在 20 mm 以内，拧紧螺栓或打紧木楔临时固定，即可脱钩。钢柱柱脚套入地脚螺栓。为防止其损伤螺纹，应用薄钢板卷成筒套到螺栓上。钢柱就位后，取去套筒。

如果进行多排钢柱安装，可继续按此做法吊装其余所有的柱子。钢柱吊装调整与就位如图 6-4 所示。

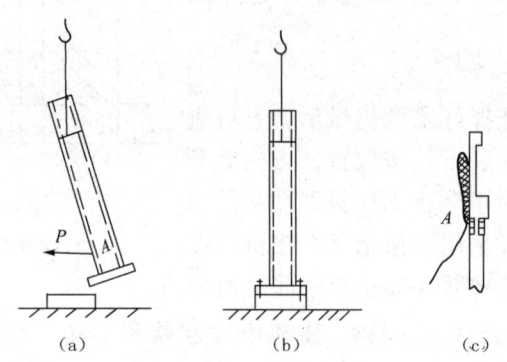

图 6-4　钢柱吊装调整与就位示意
(a)吊装调整；(b)就位；(c)牛腿柱
A—溜绳绑扎位置

吊装钢柱时，还应注意起吊半径或旋转半径。钢柱底端应设置滑移设施，以防钢柱吊起扶直时发生拖动阻力及压力作用，致使柱体产生弯曲变形或损坏底座板。当钢柱被吊装到基础平面就位时，应将柱底座板上面的纵横轴线对准基础轴线（一般由地脚螺栓与螺孔来控制），以防止其跨度尺寸产生偏差，导致柱头与屋架安装连接时，发生水平方向向内拉力或向外撑力作用，使柱身弯曲变形。

5. 多节钢柱吊装作业

吊装前，先做好柱基的准备，进行找平，画出纵横轴线，设置基础标高块，如图 6-5(a)所示，标高块的强度应不低于 30 N/mm^2；顶面埋设 12 mm 厚钢板，并检查预埋地脚螺栓位置和标高。

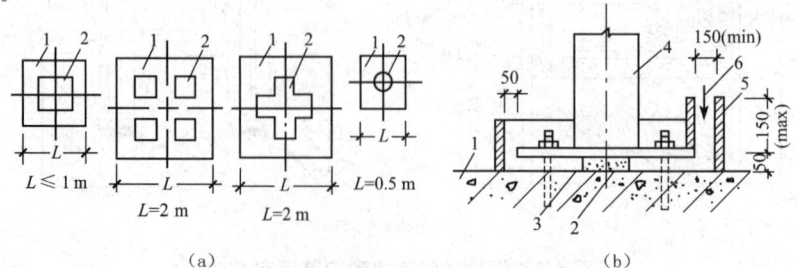

图 6-5　基础标高块设置及柱底二次灌浆
(a)基础标高块的设置；(b)柱底板二次灌浆
1—基础；2—标高块(无收缩水泥浆)；3—12 mm 厚钢板；
4—钢柱；5—模板；6—砂浆浇灌入口

钢柱多用宽翼工字形或箱形截面，前者用于高 6 m 以下柱子，多采用焊接 H 型钢，截面尺寸为 300 mm×200 mm～1 200 mm×600 mm，翼缘板厚为 10～14 mm，腹板厚度为 6～25 mm；后者多用于高度较大的高层建筑柱，截面尺寸为 500 mm×500 mm～700 mm×700 mm，钢板厚 12～30 mm。为充分利用吊车能力和减少连接，一般制成 3～4 层一节，节与节之间用坡口焊连接，一个节间的柱网必须安装三层的高度后，再安装相邻节间的柱。

钢柱吊点应设在吊耳（制作时预先设置，吊装完成后割去）处；同时，在钢柱吊装前预先在地面挂上操作挂筐、爬梯等。

钢柱的吊装，根据柱子质量高度情况采用单机吊装或双机抬吊。单机吊装时，需在柱根部垫以垫木，用旋转法起吊，防止柱根拖地和碰撞地脚螺栓，损坏螺纹；双机抬吊多采用递送法，吊离地面后，在空中进行回直，如图 6-6 所示。

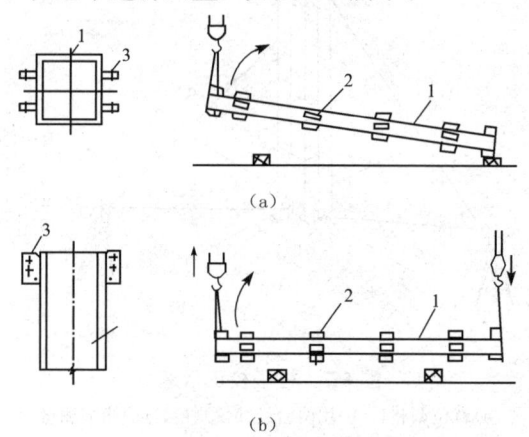

图 6-6 钢柱起吊方法
(a)单机吊装；(b)双机抬吊
1—钢柱；2—连接钢梁；3—吊耳

钢柱就位后，应立即对垂直度、轴线、牛腿面标高进行初校，安设临时螺栓，然后卸去吊索。钢柱上、下接触面之间的间隙一般不得大于 1.5 mm；如间隙为 1.6～6.0 mm，可用低碳钢的垫片垫实间隙。柱间间距偏差可用液压千斤顶与钢楔，或捯链与钢丝绳或缆风绳进行校正。

在第一节框架安装、校正、螺栓紧固后，即应进行底层钢柱柱底灌浆，如图 6-5(b)所示。先在柱脚四周立模板，将基础上表面清洗干净，清除积水；然后用高强度聚合砂浆从一侧自由灌入至密实，灌浆后，用湿草袋或麻袋护盖养护。

6. 钢柱校正

钢柱的校正工作一般包括平面位置、标高及垂直度三项内容。钢柱校正工作主要是校正垂直度和复查标高。

(1)测量工具。钢柱校正工作需用的测量工具有观测钢柱垂直度的经纬仪和线坠。其使用方法如下：

1)经纬仪测量。校正钢柱垂直度需用两台经纬仪观测，如图 6-7(b)所示。首先将经纬仪放在钢柱一侧，使纵中丝对准柱子座的基线；然后固定水平度盘的各螺钉。测钢柱的中心线，由下而上观测，若纵中心线对准，即是柱子垂直；若不对准，则需调整柱子，直到对准经纬仪纵中丝为止。

以同样方法测横线，使柱子另一面中心线垂直于基线横轴。钢柱准确定位后，即可对柱子进行临时固定工作。

2)线坠测量。图6-7(c)中用线坠测量垂直度时，因柱子较高，应采用1~2 kg质量的线坠。其测量方法是在柱的适宜高度，把型钢头事先焊在柱子侧面上(也可用磁力吸盘)，将线坠上的线头拴好，量得柱子侧面和线坠吊线之间距离，如上下一致，则说明柱子垂直，反之则说明有误差。测量时，需设法稳住线坠，其做法是将线坠放入空水桶或盛水的水桶内，注意坠尖与桶底间保持悬空距离，方能测得准确。

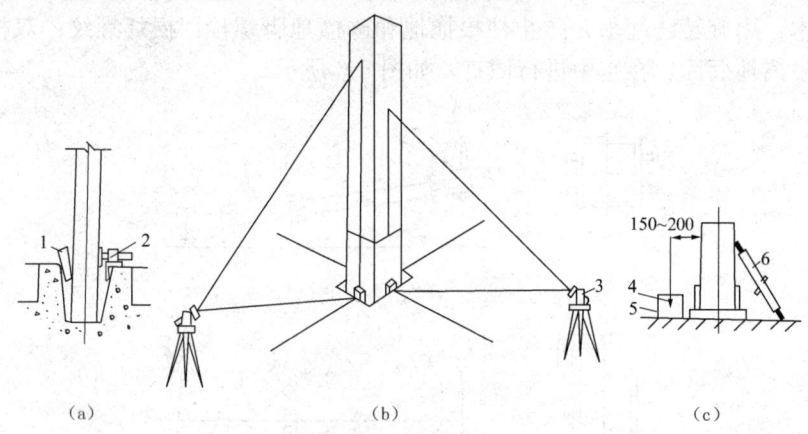

图 6-7　柱子校正示意
(a)就位调整；(b)用两台经纬仪测量；(c)线坠测量
1—楔块；2—螺钉顶；3—经纬仪；4—线坠；5—水桶；6—调整螺杆千斤顶

柱子校正除采用上述测量方法外，还可用增加或减换垫铁来调整柱子垂直度，或采取倾斜值的方法进行校正。

(2)起吊初校与千斤顶复校。钢柱吊装柱脚穿入基础螺栓后，柱子校正工作主要是对标高进行调整和对垂直度进行校正。钢柱垂直度的校正，可采用起吊初校加千斤顶复校的办法。其操作要点如下：

1)钢柱吊装到位后，应先利用起重机起重臂回转进行初校，钢柱垂直度一般应控制在20 mm以内。初校完成后，拧紧柱底地脚螺栓，起重机方可脱钩。

2)在用千斤顶复核的过程中，必须不断观察柱底和砂浆标高控制块之间是否有间隙，以防校正过程中顶升过度造成水平标高产生误差。

3)待垂直度校正完毕，再度紧固地脚螺栓，并塞紧柱子底部四周的承重校正块(每摞不得多于3块)，并用电焊点焊固定，如图6-8所示。

(3)松紧楔子和千斤顶校正。

1)柱平面轴线校正。在吊车脱钩前，将轴线误差调整到规范允许偏差范围以内，就位后如有微小偏差，在一侧将钢楔稍松动，另一侧打紧钢楔或敲打插入杯口内的钢楔，或用千斤顶侧向顶移纠正，如图6-9所示。

2)标高校正。在柱安装前，根据柱实际尺寸(以半腿面为准)，用抹水泥砂浆或设钢垫

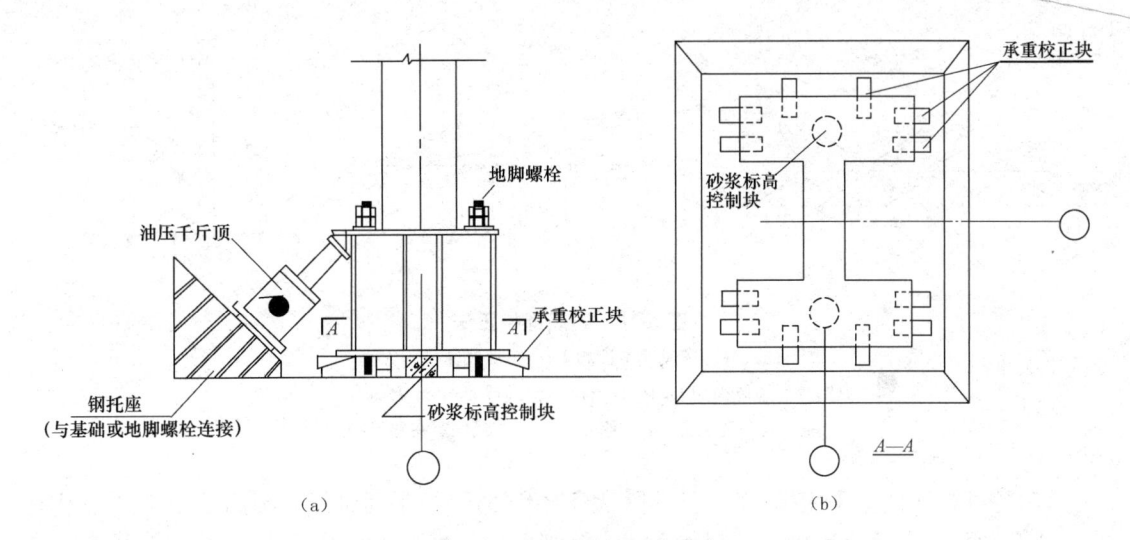

图 6-8　用千斤顶校正垂直度
(a)千斤顶校正垂直度；(b)千斤顶校正的整剖面示意

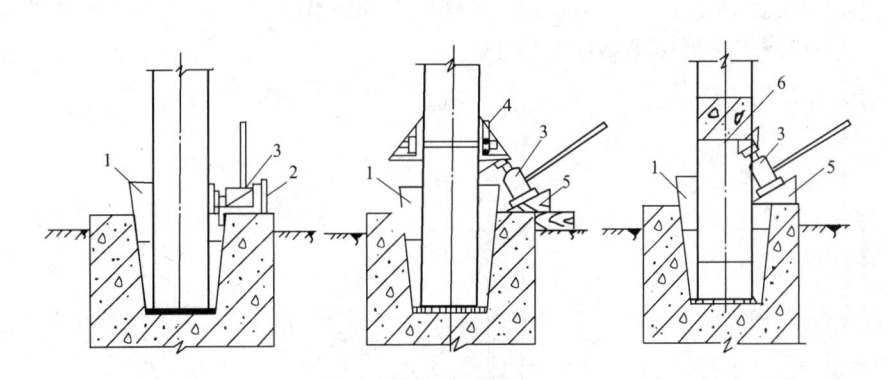

图 6-9　用千斤顶校正柱子
1—钢或木楔；2—钢顶座；3—小型液压千斤顶；4—钢卡具；5—垫木；6—柱水平肢

板来校正标高，使柱牛腿标高偏差在允许范围内。如安装后还有偏差，则在校正吊车梁时，调整砂浆层、垫板厚度予以纠正，如偏差过大，则将柱拔出重新安装。

3)垂直度校正。在杯口用紧松钢楔、设小型丝杠千斤顶或小型液压千斤顶等工具给柱身施加水平或斜向推力，使柱子绕柱脚转动来纠正偏差，如图 6-9 所示。在顶的同时，缓慢松动对面楔子，并用坚硬石子把柱脚卡牢，以防发生水平位移，校好后打紧两面的楔子，对大型柱横向垂直度的校正，可用内顶或外设卡具外顶的方法。校正以上柱应考虑温差的影响，宜在早晨或阴天情况下进行。柱子校正后，灌浆前应每边两点用小钢塞 2~3 块将柱脚卡住，以防受风力等影响转动或倾斜。

(4)缆风绳校正法。采用缆风绳校正法进行钢柱校正时，柱平面轴线、标高的校正同松紧楔子和千斤顶校正。垂直度校正是在柱头四面各系一根缆风绳，缆风绳的布置如图 6-10 所示。校正时，将杯口钢楔稍微松动、拧紧或放松缆风绳上的法兰螺栓或捯链，即可使柱子向要求方向转动。本法需较多缆风绳，操作麻烦，占用场地大，常影响其他作业进行，同时，校正后易回弹，影响精度，仅适用于柱长度不大，稳定性差的中、小型柱子。

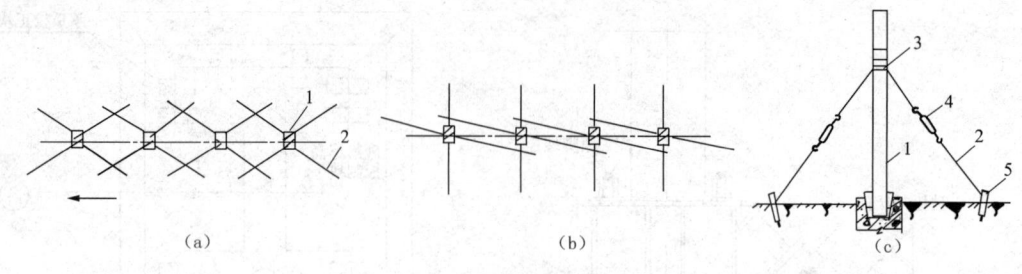

图 6-10 缆风绳校正法
(a),(b)缆风绳平面布置；(c)缆风绳校正方法
1—柱；2—缆风绳用 3Φ9～12 mm 钢丝绳或 Φ6 mm 钢筋；3—钢箍；
4—法兰螺栓或 5 kN 捯链；5—木桩或固定在建筑物上

(5)撑杆校正法。采用撑杆校正法进行钢柱校正时，柱平面轴线、标高的校正同松紧楔子和千斤顶校正。垂直度校正是利用木杆或钢管撑杆在牛腿下面校正，如图 6-11 所示。校正时敲打木楔，拉紧捯链或转动手柄，即可给柱身施加一斜向力，使柱子向箭头方向移动，同样，应稍松动对面的楔子，待垂直后，再楔紧两面的楔子。本法工具也较简单，适用于 10 m 以下的矩形或工字形中小型柱的校正。

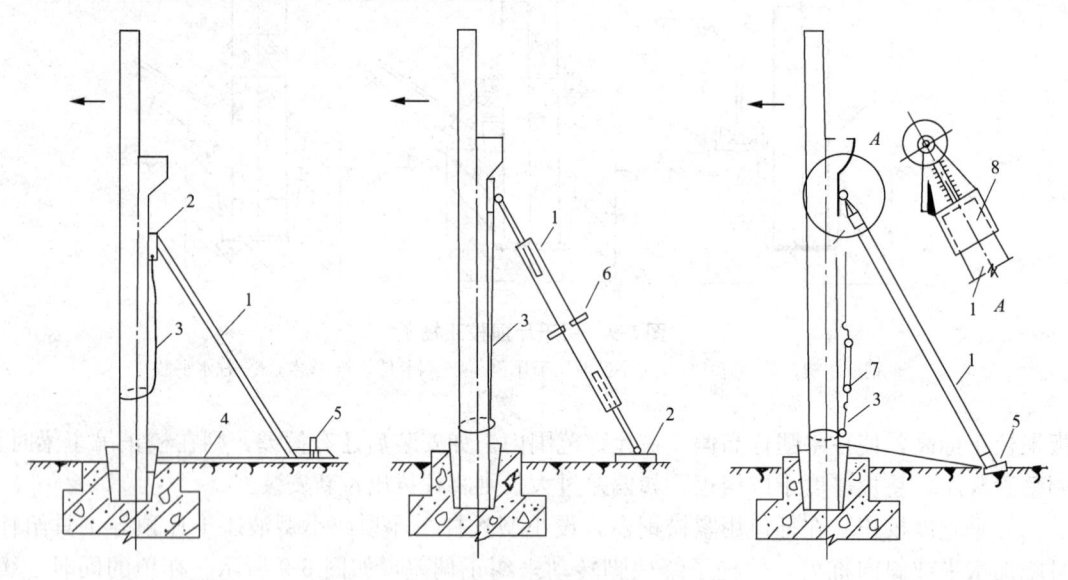

图 6-11 木杆或钢管撑杆校正柱垂直度
1—木杆或钢管撑杆；2—摩擦板；3—钢线绳；4—槽钢撑头；
5—木楔或撬杠；6—转动手柄；7—捯链；8—钢套

(6)垫铁校正法。垫铁校正法是指用经纬仪或吊线坠对钢柱进行检验，当钢柱出现偏差时，在底部空隙处塞入铁片或在柱脚和基础之间打入钢楔子，以增减垫板。采用此法校正时，钢柱位移偏差多用千斤顶校正；标高偏差可用千斤顶将底座少许抬高，然后增减垫板厚度使其达到设计要求。

钢柱校正和调整标高时，垫不同厚度垫铁或偏心垫铁的重叠数量不准多于 2 块，一般要求厚板在下面、薄板在上面。每块垫板要求伸出柱底板外 5～10 mm，以备焊成一体，保证柱底板与基础板平稳牢固结合,如图 6-12 所示。

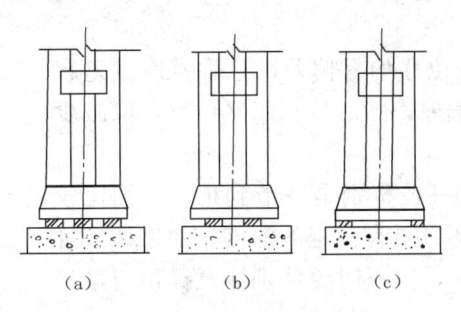

图 6-12 钢柱垫铁示意
(a),(b)正确;(c)不正确

校正钢柱垂直度时,应以纵横轴线为准,先找正并固定两端边柱作为样板柱,然后以样板柱为基准来校正其余各柱。调整垂直度时,垫放的垫铁厚度应合理,否则垫铁的厚度不均,也会造成钢柱垂直度产生偏差。可根据钢柱的实际倾斜数值及其结构尺寸,用式(6-12)计算所需增、减垫铁厚度来调整垂直度:

$$\delta = \frac{\Delta S \cdot B}{2L} \tag{6-12}$$

式中 δ——垫板厚度调整值(mm);
ΔS——柱顶倾斜的数值(mm);
B——柱底板的宽度(mm);
L——柱身高度(mm)。

垫板之间的距离要以柱底板的宽为基准,做到合理恰当,使柱体受力均匀,避免柱底板局部压力过大产生变形。

7. 多节钢柱校正

多节钢柱校正比普通钢柱校正更为复杂,实践中要对每根下节柱进行重复多次校正和观测垂直偏移值。其主要校正步骤如下:

(1)多节钢柱初校应在起重机脱钩后电焊前进行,电焊完毕后,应做第二次观测。

(2)电焊施焊应在柱间砂浆垫层凝固前进行,以免因砂浆垫层的压缩而减少钢筋的焊接应力。接头坡口间隙尺寸宜控制在规定的范围内。

(3)梁和楼板吊装后,柱子因增加了荷载,以及梁柱间的电焊,又会使柱产生偏移。在这种情况下,对荷载不对称的外侧柱更为明显,故需再次进行观测。

(4)对数层一节的长柱,每层梁板吊装前后,均需观测垂直偏移值,使柱最终垂直偏移值控制在允许值以内。如果超过允许值,则应采取有效措施。

(5)当下节柱经最后校正后,偏差在允许范围以内时,可以不进行调整。

在这种情况下,吊装上节柱时,如果根据标准中心线,在柱子接头处钢筋往往对不齐,若按照下节柱的中心线,则会产生积累误差。一般解决的方法是:

上节柱底部就位时,应对准上述两条中心线(下柱中心线和标准中心线)的中点,各借一半,如图 6-13 所示;校正上节柱顶部时,仍以标准中心线为准,依此类推。

(6)钢柱校正后,其垂直度允许偏差为 $h/1\ 000$(h 为柱高),但不大于 20 mm。中心线对定位轴线的位移不得超过 5 mm，上、下节柱接口中心线位移不得超过 3 mm。

(7)若柱垂直度和水平位移均有偏差，且垂直度偏差较大时，就应先校正垂直度偏差，然后校正水平位移，以减少柱倾覆的可能性。

(8)多层装配式结构的柱，特别是一节到顶、长细比较大、抗弯能力较小的柱，杯口要有一定的深度。如果杯口过浅或配筋不够，会使柱倾覆，校正时要特别注意撑顶与敲打钢楔的方向，切勿弄错。

另外，钢柱校正时，还应注意风力和日照温度、温差的影响，一般当风力超过 5 级时不宜进行校正工作，已校正的钢柱应进行侧向梁安装或采取加固措施。对受温差影响较大的钢柱，宜在无阳光影响时(如阴天、早晨、傍晚)进行校正。

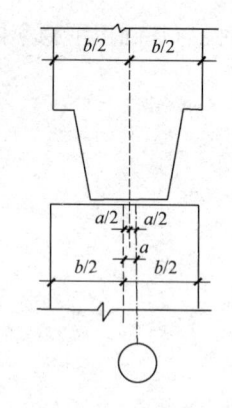

图 6-13 上、下节柱校正时中心线偏差调整简图
a—下节柱柱顶中线偏差值；
b—柱宽
——柱标准中心线
----上、下柱实际中心线

8. 钢柱的固定

(1)钢柱临时固定。柱子插入杯口就位，初步校正后，即用钢(或硬木)楔临时固定。方法是当柱插入杯口使柱身中心线对准杯口(或杯底)中心线后刹车，用撬杠拨正，在柱与杯口壁之间的四周空隙，每边塞入两个钢(或硬木)楔，再将柱子落到杯底并复查对线，接着将每两侧的楔子同时打紧，如图 6-14 所示，起重机即可松绳脱钩进行下一根柱吊装。

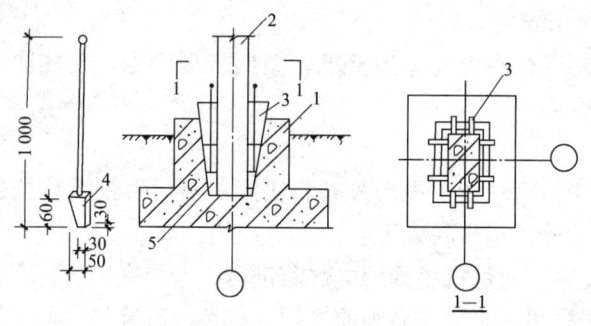

图 6-14 钢柱临时固定方法
1—杯形基础；2—柱；3—钢或木楔；4—钢塞；5—嵌小钢塞或卵石

重型或高 10 m 以上细长柱及杯口较浅的柱，若遇刮风天气，有时还在柱面两侧加缆风绳或支撑来临时固定。

(2)钢柱最后固定。钢柱校正后，应立即进行固定，同时还需满足以下规定：

1)钢柱校正后应立即灌浆固定。若当日校正的柱子未灌浆，次日应复核后再灌浆，以防因刮风受振动楔子松动变形和千斤顶回油等因素产生新的偏差。

2)灌浆(灌缝)时，应将杯口间隙内的木屑等建筑垃圾清除干净，并用水充分湿润，使之能良好结合。

3)当柱脚底面不平(凹凸或倾斜)或与杯底间有较大间隙时，应先灌一层同强度等级的稀砂浆，使其充满后，再灌细石混凝土。

4)无垫板钢柱固定时,应在钢柱与杯口的间隙内灌比柱混凝土强度等级高一级的细碎石混凝土。先清理并湿润杯口,分两次灌,第一次灌至楔子底面,待混凝土强度等级达到25%后,将楔子拔出,再二次灌到与杯口平。

5)第二次灌浆前须复查柱子垂直度,如超出允许误差,应采取措施重新校正并纠正。

6)有垫板安装柱(包括钢柱杯口插入式柱脚)的二次灌浆方法,通常采用赶浆法或压浆法。赶浆法是在杯口一侧灌强度等级高一级的无收缩砂浆(掺水泥用量0.03‰~0.05‰的铝粉)或细石混凝土,用细振捣棒振捣使砂浆从柱底另一侧挤出,待填满柱底周围约10 cm高,接着在杯口四周均匀地灌细石混凝土至与杯口平[图6-15(a)];压浆法是于杯口空隙内插入压浆管与排气管,先灌20 cm高的混凝土,并插捣密实,然后开始压浆,待混凝土被挤压上拱,停止顶压,再灌20 cm高的混凝土顶压一次,即可拔出压浆管和排气管,继续灌混凝土至杯口,如图6-15(b)所示。本法适用于截面很大、垫板高度较薄的杯底灌浆。

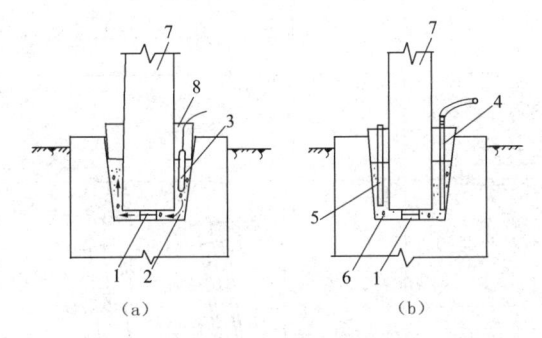

图6-15 有垫板安装柱的二次灌浆方法
(a)用赶浆法二次灌浆;(b)用压浆法二次灌浆
1—钢垫板;2—细石混凝土;3—插入式振动器;4—压浆管;
5—排气管;6—水泥砂浆;7—柱;8—钢楔

7)捣固混凝土时,应严防碰动楔子而造成柱子倾斜。

8)采用缆风绳校正的柱子,待二次所灌混凝土强度达到70%时,方可拆除缆风绳。

(三)钢柱安装验收

根据《钢结构工程施工质量验收标准》(GB 50205—2020)的规定,钢柱安装验收标准如下:

(1)钢柱的安装位置应正确,符合设计要求,如有偏差,必须校正。对于重型钢柱,可用螺旋千斤顶加链条套环托座,沿水平方向顶校钢柱。此法效果较理想,校正后的位移精度在1 mm以内。

(2)校正后,为防止钢柱位移,柱四边用10 mm厚的钢板定位,并用电焊固定。钢柱复校后,再紧固锚固螺栓,并将承重块上下点焊固定,防止走动。

(3)钢柱垂直度偏差可用经纬仪进行检验,如超过允许偏差,用螺旋千斤顶或油压千斤顶进行校正。在校正过程中,应随时观察柱底部和标高控制块之间是否脱空,以防校正过程中造成水平标高的误差。

(4)单层钢结构安装中,柱子安装的允许偏差应符合表 6-12 的规定。

表 6-12 单层钢结构中柱子安装的允许偏差

项目		允许偏差/mm	图例	检验方法
柱脚底座中心线对定位轴线的偏移 Δ		5.0		用吊线和钢尺等实测
柱基准点标高	有吊车梁的柱	+3.0 −5.0		用水准仪等实测
	无吊车梁的柱	+5.0 −8.0		
弯曲矢高		$H/1\,200$,且不大于 15.0	—	用经纬仪或拉线和钢尺等实测
柱轴线垂直度	单节柱	$H/1\,000$,且不大于 25.0		用经纬仪或吊线和钢尺等实测
	多层柱	单节柱 $H/1\,000$,且不大于 10.0		
		柱全高 35.0		

二、钢梁安装

(一)钢梁安装要求

(1)钢梁宜采用两点起吊。当单根钢梁长度大于 21 m,采用两点吊装不能满足构件强度和变形要求时,宜设置 3~4 个吊装点吊装或采用平衡梁吊装,吊点位置应通过计算确定。

(2)钢梁可采用一机一吊或一机串吊的方式吊装,就位后应立即临时固定连接。

(3)钢梁面的标高及两端高差可采用水准仪与标尺进行测量,校正完成后,应进行永久性连接。

钢柱安装施工常见问题与处理措施

(二)钢吊车梁安装施工

1. 搁置行车梁牛腿面的水平标高调整

先用水准仪(精度为±3 mm/km)测出每根钢柱上原先弹出的±0.000基准线在柱子校正后的实际变化值。一般实测钢柱横向近牛腿处的两侧,同时做好实测标记。根据各钢柱搁置行车梁牛腿面的实测标高值,定出全部钢柱搁置行车梁牛腿面的统一标高值,以统一标高值为基准,得出各搁置行车梁牛腿面的标高差值。根据各个标高差值和行车梁的实际高差来加工不同厚度的钢垫板。同一搁置行车梁牛腿面上的钢垫板一般应分成两块加工,以利于两根行车梁端头高度值不同的调整。在吊装行车梁前,应先将精加工过的垫板点焊在牛腿面上。

2. 行车梁纵横轴线的复测和调整

钢柱的校正应把有柱间支撑的作为标准排架认真对待,从而控制其他柱子纵向的垂直偏差和竖向构件吊装时的累计误差;在已吊装完的柱间支撑和竖向构件的钢柱上复测行车梁的纵横轴线,并应进行调整。

3. 行车梁吊装前应严格控制定位轴线

认真做好钢柱底部临时标高垫块的准备工作,密切注意钢柱吊装后的位移和垂直度偏差数值,实测行车梁搁置端部梁高的制作误差值。

4. 吊车梁绑扎

钢吊车梁一般绑扎两点。梁上设有预埋吊环的吊车梁,可用带钢钩的吊索直接钩住吊环起吊;自重较大的梁,应用卡环与吊环吊索相互连接在一起;梁上未设吊环的,可在梁端靠近支点,用轻便吊索配合卡环绕吊车梁(或梁下部)左右对称绑扎,或用工具式吊耳吊装,如图6-16所示,并注意以下几点:

(1)绑扎时吊索应等长,左右绑扎点应对称。
(2)梁棱角边缘应衬以麻袋片、汽车废轮胎块、半边钢管或短方木护角。
(3)在梁一端需拴好溜绳(拉绳),以防就位时左右摆动,碰撞柱子。

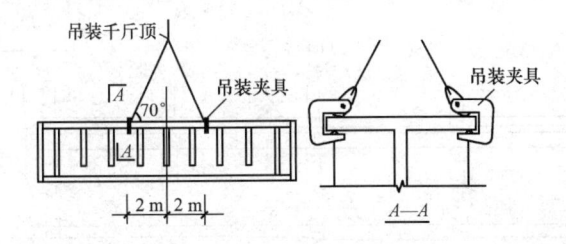

图6-16 利用工具式吊耳吊装

5. 钢吊车梁吊装

(1)起吊就位和临时固定。吊车梁吊装须在柱子最后固定,柱间支撑安装后进行。在屋盖吊装前安装吊车梁,可使用各种起重机进行。如屋盖已吊装完成,则应用短臂履带式起重机或独脚桅杆吊装,起重臂杆高度应比屋架下弦低0.5 m以上;如无起重机,也可在屋架端头、柱顶拴捯链安装。吊车梁应布置在接近安装位置处,使梁重心对准安装中心。安装可由一端向另一端,或从中间向两端顺序进行。当梁吊至设计位置离支座面20 cm时,用人力扶正,使梁中心线与支撑面中心线(或已安相邻梁中心线)对准,并使两端搁置长度相等，然后缓慢落下。如有偏差，稍吊起用撬杠引导正位，如支座不平，用斜铁片垫平。当梁高度与宽度之比大于 4 时，或遇五级以上大风时，脱钩前，应用 8 号钢丝将梁捆于柱上临时固定，以防止倾倒。

(2) 梁的定位校正。

1) 高低方向校正主要是对梁的端部标高进行校正。可用起重机吊空、特殊工具抬空、油压千斤顶顶空，然后在梁底填设垫块。

2) 水平方向移动校正常用撬棒、钢楔、法兰螺栓、链条葫芦和油压千斤顶进行。一般的重型行车梁，用油压千斤顶和链条葫芦解决水平方向移动较为方便。

3) 校正应在梁全部安完、屋面构件校正并最后固定后进行。质量较大的吊车梁，也可边安装边校正。校正内容包括中心线(位移)、轴线间距(即跨距)、标高垂直度等。纵向位移在就位时已校正，故校正主要为横向位移。

4) 校正吊车梁中心线与吊车跨距时，先在吊车轨道两端的地面上，根据柱轴线放出吊车轨道轴线，用钢尺校正两轴线的距离，再用经纬仪放线、钢丝挂线坠或在两端拉钢丝等方法校正，如图 6-17 所示。如有偏差，用撬杠拨正，或在梁端设螺栓、液压千斤顶侧向顶正，如图 6-18(a)所示；或在柱头挂捯链将吊车梁吊起或用杠杆将吊车梁抬起，如图 6-18(b)所示，再用撬杠配合移动拨正。

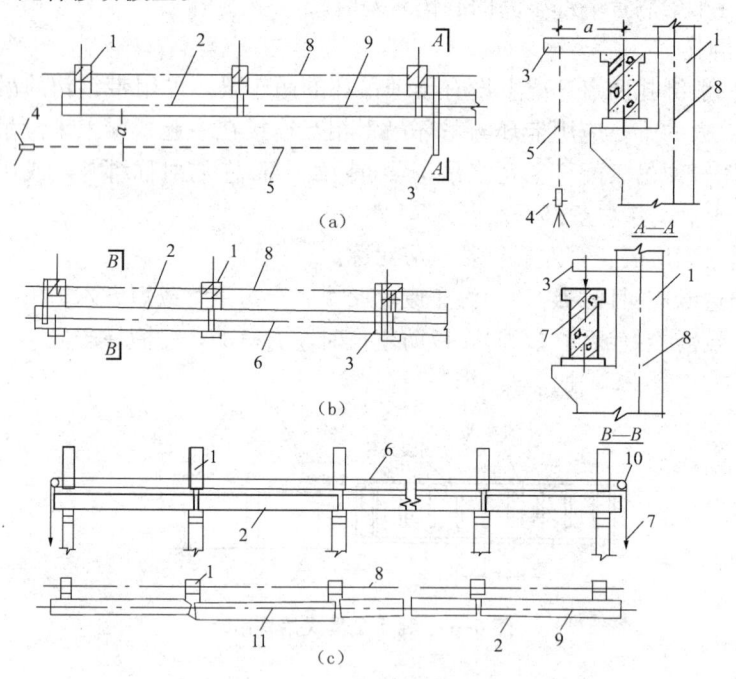

图 6-17 吊车梁轴线的校正

1—柱；2—吊车梁；3—短木尺；4—经纬仪；5—经纬仪与梁轴线平行视线；6—钢丝；
7—线坠；8—柱轴线；9—吊车梁轴线；10—钢管或圆钢；11—偏离中心线的吊车梁

5)吊车梁标高的校正,可将水平仪放置在厂房中部某一吊车梁上或地面上,在柱上测出一定高度的水准点,再用钢尺或样杆量出水准点至梁面铺轨需要的高度,观测每根梁两端及跨中三点,根据测定标高进行校正。校正时,用撬杠撬起或在柱头屋架上弦端头节点上挂捯链,将吊车梁需垫垫板的一端吊起。重型柱在梁一端下部用千斤顶顶起填塞铁片,如图6-18所示,在校正标高的同时,用靠尺或线坠在吊车梁的两端(鱼腹式吊车梁在跨中)测垂直度:当偏差超过规范允许偏差(一般为5 mm)时,用楔形钢板在一侧填塞纠正。

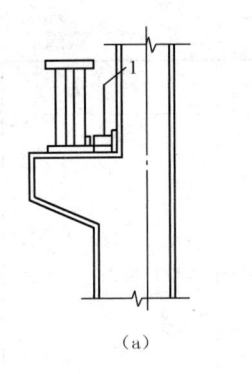

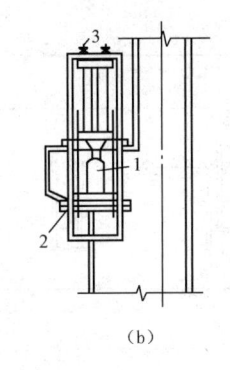

图 6-18 用千斤顶校正的吊车梁
(a)千斤顶校正侧向位移;(b)千斤顶校正垂直度
1—液压(或螺栓)千斤顶;2—钢托架;3—螺栓

(3)最后固定。吊车梁校正完毕后,应立即将吊车梁与柱牛腿上的埋设件焊接固定,在梁柱接头处支侧模,浇筑细石混凝土并养护。

6. 钢吊车梁安装验收

根据《钢结构工程施工质量验收标准》(GB 50205—2020)的规定,钢吊车梁安装的允许偏差见表6-13。

表 6-13 钢吊车梁安装允许偏差

项 目		允许偏差/mm	图 例	检验方法
梁的跨中垂直度 Δ		$h/500$		用吊线和钢尺检查
侧向弯曲矢高		$l/1\,500$,且不大于10.0	—	用拉线和钢尺检查
垂直上拱矢高		10.0		
两端支座中心位移 Δ	安装在钢柱上时,对牛腿中心的偏移	5.0		
	安装在混凝土柱上时,对定位轴线的偏移	5.0		
吊车梁支座加劲板中心与柱子承压加劲板中心的偏移 Δ_1		$t/2$		用吊线和钢尺检查

续表

项 目		允许偏差/mm	图 例	检验方法
同跨间内同一横截面吊车梁顶面高差 Δ	支座处	$l/1000$,且不大于 10.0		用经纬仪、水准仪和钢尺检查
	其他处	15.0		
同跨间内同一横截面下挂式吊车梁底面高差 Δ		10.0		
同列相邻两柱间吊车梁顶面高差 Δ		$l/1500$,且不大于 10.0		用水准仪和钢尺检查
相邻两吊车梁接头部位 Δ	中心错位	3.0		用钢尺检查
	上承式顶面高差	1.0		
	下承式底面高差	1.0		
同跨间任一截面的吊车梁中心跨距 Δ		±10.0		用经纬仪和光电测距仪检查;跨度小时,可用钢尺检查
轨道中心对吊车梁腹板轴线的偏移 Δ		$t/2$		用吊线和钢尺检查

(三)高层及超高层钢结构钢梁安装

(1)主梁采用专用卡具,为防止其在高空因风或碰撞物体落下,主要做法如图 6-19 所示,卡具放在钢梁端部 500 mm 的两侧。

(2)一节柱有 2 层、3 层、4 层梁,原则上竖向构件由下向上逐件安装,由于上部和周边都处于自由状态,易于安装测量并保证质量。习惯上同一列柱的钢梁从中间跨开始对称地向两端扩展,同一跨钢梁,先安上层梁,再安中、下层梁。

(3)在安装和校正柱与柱之间的主梁时,把柱子撑开。测量必须跟踪校正,预留偏差值,留出接头焊接收缩量,这时柱子产生的内力,在焊接完毕焊缝收缩后也就消失了。

(4)柱与柱接头和梁与柱接头的焊接,以互相协调为好,一般可以先焊一节柱的顶层梁,再从下向上焊各层梁与柱的接头,柱与柱的接头可以先焊,也可以最后焊。

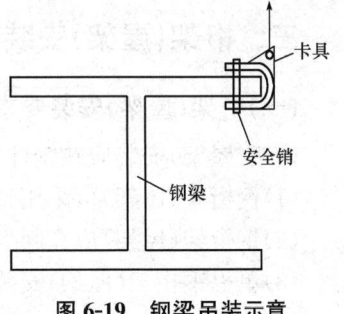

图 6-19 钢梁吊装示意

(5)次梁三层串吊。

(6)同一根梁两端的水平度,允许偏差为$(L/1\ 000)+3$,最大不超过 10 mm。如果钢梁水平度超标,主要原因是连接板位置或螺孔位置有误差,可采取换连接板或塞焊孔重新制孔处理。

(四)轻型钢结构斜梁安装

门式刚架斜梁的特点是跨度大(构件长,侧向刚度很小),为确保质量安全、提高生产效率、减小劳动强度,根据现场和起重设备能力,最大限度地扩大拼装工作,在地面组装好斜梁吊起就位,并与柱连接。可选用单机两点或三、四点起吊或用铁扁担以减小索具所产生的对斜梁的压力,或者双机抬吊,防止斜梁侧向失稳,如图 6-20 所示。

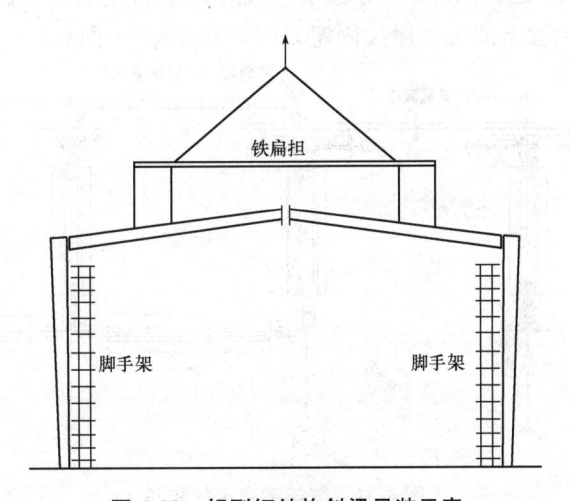

图 6-20 轻型钢结构斜梁吊装示意

大跨度斜梁吊点必须经计算确定。对于侧向刚度小、腹板宽厚比大的构件,为防止构件扭曲和损坏,主要从吊点多少及双机抬吊同步、动作协调考虑,必要时两机大钩之间拉一根钢丝绳,在起钩时两机距离固定,防止互拽。

对吊点部位,要防止构件局部变形和损坏,放加强肋板或用木方子填充好,进行绑扎。

门式刚架轻型房屋钢结构的安装允许偏差,可按国家标准《钢结构工程施工质量验收标准》(GB 50205—2020)的有关规定执行。

三、桁架(屋架)安装

(一)桁架(屋架)安装要求

桁架(屋架)安装应在钢柱校正合格后进行,并应符合下列规定:
(1)钢桁架(屋架)可采用整榀或分段安装。
(2)钢桁架(屋架)应在起扳和吊装过程中防止产生变形。
(3)单榀钢桁架(屋架)安装时,应采用缆绳或刚性支撑增加侧向临时约束。

(二)钢屋架安装施工

1. 钢屋架吊装

钢屋架吊装时,须对柱子横向进行复测和复校,并验算屋架平面外刚度。如刚度不足,采取增加吊点的位置或采用加铁扁担的施工方法。

屋架的吊点选择要保证屋架的平面刚度,还需注意以下两点:
(1)屋架的重心位于内吊点的连线之下,否则,应采取防止屋架倾倒的措施。
(2)对外吊点的选择应使屋架下弦处于受拉状态。

屋架起吊时,离地 50 cm 时检查无误后再继续起吊。安装第一榀屋架时,在松开吊钩前,做初步校正,对准屋架基座中心线与定位轴线就位,并调整屋架垂直度、检查屋架侧向弯曲。第二榀屋架同样吊装就位后,不要松钩,用绳索临时与第一榀屋架固定,如图 6-21 所示,接着安装支撑系统及部分檩条,最后校正固定的整体。从第三榀开始,在屋架脊点及上弦中点装上檩条即可将屋架固定,同时将屋架校正好。

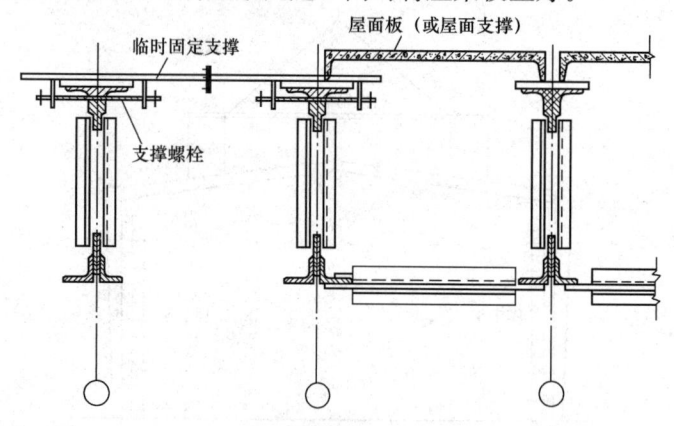

图 6-21 屋架垂直度的校正

屋架分片运至现场组装时,拼装平台应平整,组拼时保证屋架总长及起拱尺寸要求。焊接时一面检查合格后再翻身焊另一面。做好拼焊施工记录,全部验收后方准吊装。屋架及天窗架也可以在地面上组装好,进行综合吊装,但要临时加固,以保证有足够的刚度。

2. 钢屋架校正

钢屋架校正可采用经纬仪校正屋架上弦垂直度的方法。在屋架上弦两端和中央夹三把标尺,待三把标尺的定长刻度在同一直线上,则屋架垂直度校正完毕。

钢屋架校正完毕后，拧紧屋架临时固定支撑的两端螺杆和屋架两端搁置处的螺栓，随即安装屋架永久支撑系统。

(三)钢屋架安装验收

根据《钢结构工程施工质量验收标准》(GB 50205—2020)的规定，钢屋(托)架、桁架、梁及受压件垂直度和侧向弯曲矢高的允许偏差见表6-14。

表6-14　钢屋(托)架、桁架、梁及受压件垂直度和侧向弯曲矢高的允许偏差

项　目	允许偏差/mm	图　例
跨中的垂直度	$h/250$，且不大于15.0	
侧向弯曲矢高 f	$l \leqslant 30$ m：$l/1\,000$，且不大于10.0	
	30 m$< l \leqslant 60$ m：$l/1\,000$，且不大于30.0	
	$l > 60$ m：$l/1\,000$，且不大于50.0	

四、其他构件安装

钢结构其他构件包括支撑、钢板剪力墙、关节轴承节点及钢铸件或铸钢节点，安装要求见表6-15。

表6-15　钢结构其他构件安装要求

构件名称	安装要求
支撑	(1)交叉支撑宜按从下到上的顺序组合吊装； (2)无特殊规定时，支撑构件的校正宜在相邻结构校正固定后进行； (3)屈曲约束支撑应按设计文件和产品说明书的要求进行安装

续表

构件名称	安装要求
钢板剪力墙	(1)钢板剪力墙吊装时,应采取防止平面外的变形措施; (2)钢板剪力墙的安装时间和顺序应符合设计文件要求
关节轴承节点	(1)关节轴承节点应采用专门的工装进行吊装和安装; (2)轴承总成不宜解体安装,就位后应采取临时固定措施; (3)连接销轴与孔装配时应密贴接触,宜采用锥形孔、轴,应采用专用工具顶紧安装; (4)安装完毕后,应做好成品保护
钢铸件或铸钢节点	(1)出厂时,应标识清晰的安装基准标记; (2)现场焊接应严格按焊接工艺专项方案施焊和检验

第四节　单层厂房安装施工

一、单层厂房的构造

单层钢结构建筑可以分为民用住宅和工业用房两种。目前,我国单层钢结构多为工业用房,单层民用房屋采用钢结构的还比较少。单层钢结构多采用轻钢结构,构件轻且质量高,结构抗震性能好,可建造大跨度(9～40 m)、大柱距(4～15 m)的房屋,并且建筑美观、屋面排水流畅、防水性能好。单层钢结构所用构件多在工厂制造,成品精确度高,易于保证施工质量。单层钢结构的构件既可采用高强度螺栓连接,也可采用电焊连接,具有施工简单方便、安装迅速、占地面积小、不受季节限制等特点。

钢屋架安装施工
常见问题与处理措施

(一)轻钢单层厂房的构造

由于轻钢结构具有结构轻巧、自重轻的特点,与混凝土结构建筑相比,自重减少70%～80%,用钢量仅为20～30 kg/m²,节省投资,可用于建造各类轻型工业厂房、公共设施和娱乐场所等建筑。

轻钢单层厂房主要由钢柱,屋面钢梁或屋架,屋面檩条,墙梁(檩条)及屋面、柱间支撑系统,屋面、墙面彩钢板等组装而成。图6-22所示为某轻钢结构单层厂房的构造示意。

1. 钢柱

钢柱一般为"H"形断面,采用热轧H型钢或用薄钢板经机器自动裁板、自动焊接制成,其截面可制成直条型和变截面型两种,断面尺寸应由设计计算确定。

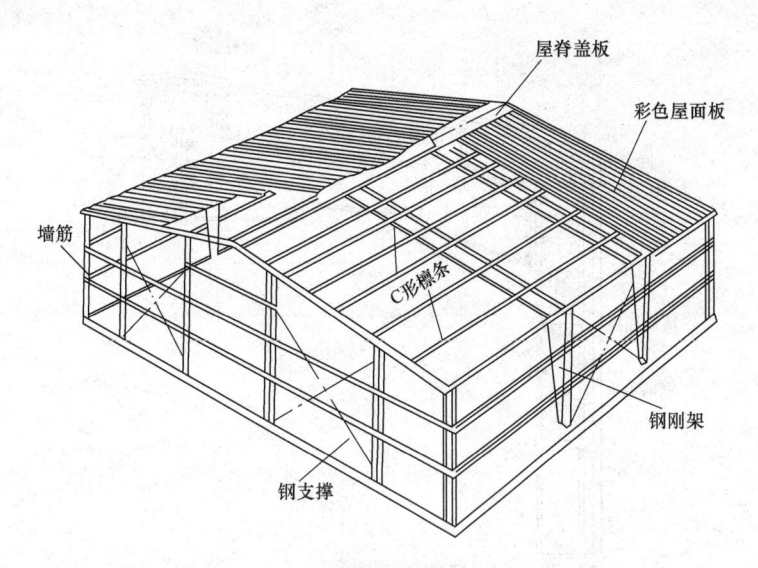

图 6-22 轻钢结构单层厂房构造示意

钢柱通过地脚螺栓与钢筋混凝土基础连接，通过高强度螺栓与屋面钢梁连接，其连接形式有斜面连接[图 6-23(a)]和直面连接[图 6-23(b)]两种。

2. 屋面梁

屋面梁一般为工字形截面，根据构件各截面的受力情况，可制成不同截面的若干段，运至施工现场后，在地面拼装并用高强度螺栓连接，如图 6-23(a)、(b)所示。

3. 檩条与墙梁

轻钢屋面檩条、墙梁采用高强度镀锌彩色钢板经辊压成形，其截面形状有 C 形（图 6-24）和"乙"形。其采用的规格尺寸应根据国家标准《冷弯薄壁型钢结构技术规范》(GB 50018—2002)而定。表 6-16 是 C 形檩条常用的几种断面尺寸。檩条可通过高强度螺栓直接连接在屋面梁翼缘上，也可连接固定在屋面梁上的檩条挡板上，如图 6-25 所示。

(a)

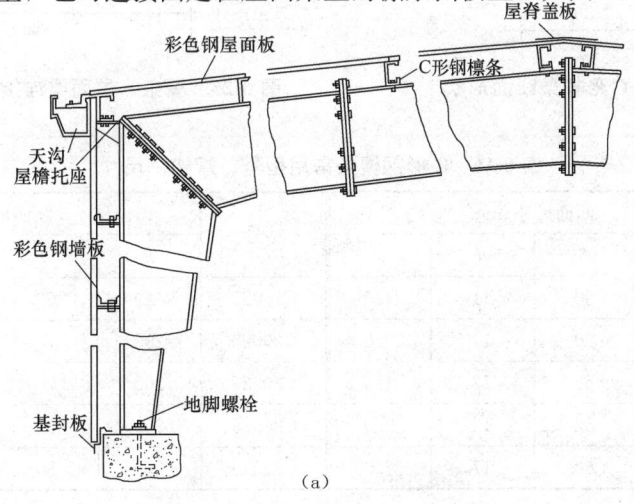

图 6-23 轻钢构件连接大样图
(a)钢柱、钢梁斜面连接示意

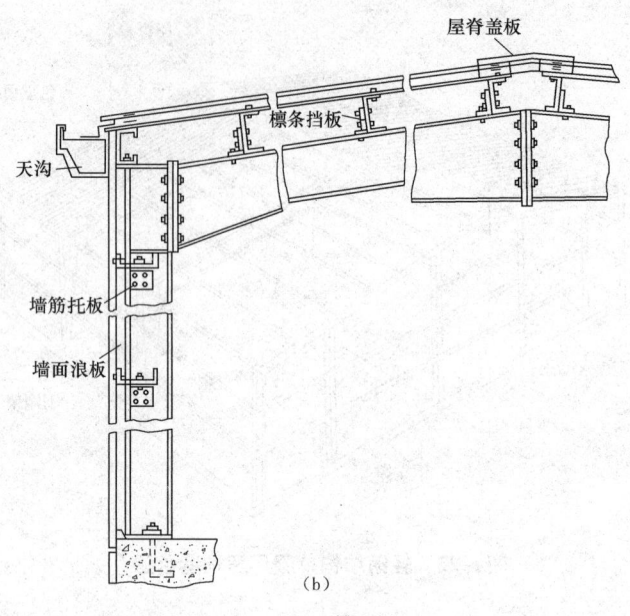

图 6-23 轻钢构件连接大样图(续)

(b)钢柱、钢梁直面连接示意

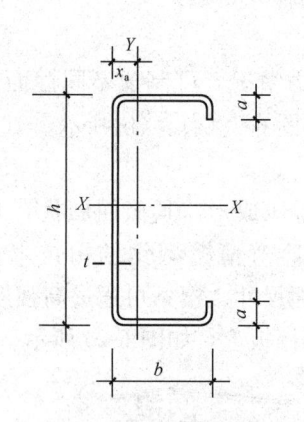

图 6-24 C 形檩条断面形状

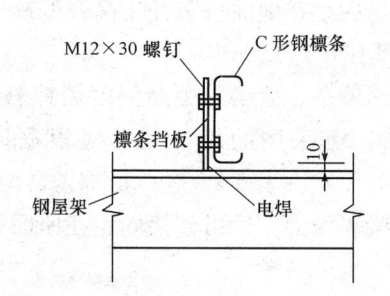

图 6-25 檩条、屋面梁连接节点图

表 6-16 C 形钢檩条常用型号、规格、尺寸

型号	断面尺寸/mm				型号	断面尺寸/mm			
	h	b	d	t		h	b	d	t
C10016	100	50	11	1.6	C15025	150	63	17	2.5
C10020	100	50	11	2.0	C20020	200	70	20	2.0
C12016	120	52	13	1.6	C20025	200	70	20	2.5
C12020	120	52	13	2.0	C25025	250	80	25	2.5
C15020	150	63	17	2.0	C25030	250	80	25	3.0

4. 屋面、墙面彩钢板

彩色钢板是用高强优质薄钢卷板(热镀锌钢板、镀铝锌钢板),经连续热浸合金化镀层

处理和特殊工艺的连续烘涂各彩色涂层处理，再经机器辊压而制成的。

彩钢板的长度可根据实际尺寸而定，常见的几种宽度及形状如图6-26所示。彩钢板厚度有0.5 mm、0.7 mm、0.8 mm、1.0 mm、1.2 mm几种，其表面涂层材料有普通双性聚酯、高分子聚酯、硅双性聚酯、金属PVDF、PVF贴膜、丙烯溶液等。

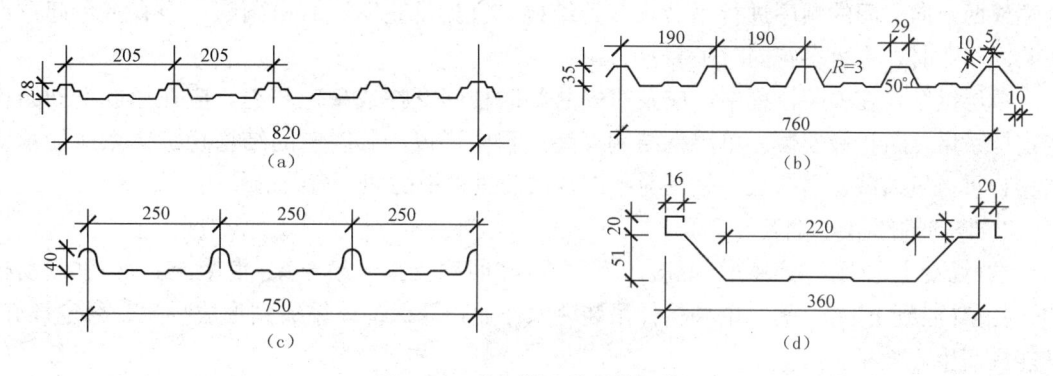

图6-26 彩钢板几种形状规格

(a)YX28-205-820(展开宽度1 000 mm)；(b)YX35-190-760(展开宽度1 000 mm)；
(c)YX40-250-750(展开宽度1 000 mm)；(d)YX51-360(展开宽度500 mm)

(二)冷轧轻型房屋的构造

对于冷轧轻型房屋，其立体结构柱子多采用工字形实腹柱或型钢组合柱，屋架采用三角形或菱形钢屋架或人字式钢梁组合屋架，屋面和围护墙采用槽钢或Z形钢檩条和墙梁，用钢筋拉结，外表挂镀锌压型板或铝合金压型板，如图6-27所示。钢构件之间用普通螺栓连接，屋面板用钩头螺栓连接，墙板用铝铆钉铆接。

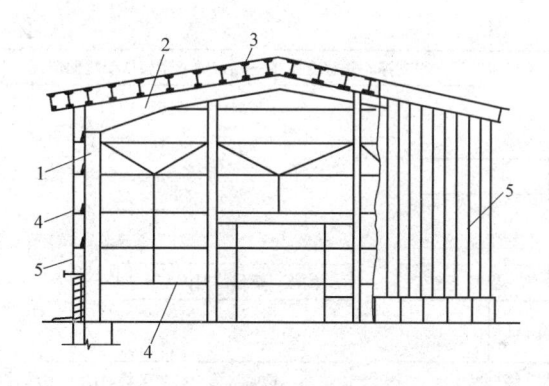

图6-27 轻型钢结构房屋构造

1—H形钢柱；2—H形钢梁；3—Z形薄壁型钢檩条；
4—Z形薄壁型钢横梁；5—镀锌或铝合金压型板

对于冷轧轻型钢结构住宅，其建筑布置要求楼层和屋顶隔间设计纵横比不得超过4∶1(隔间纵横比等于拉牢墙索之间的隔间长度除以隔间宽度)。拉牢墙索安装在所有外墙和有需要的内墙上。楼层和屋顶隔间设计偏移量不得超过1.22 m；当偏移量超出1.22 m时，任意一侧的墙都要考虑为各自分开的拉牢墙索。

二、单层厂房构件吊装

单层厂房构件吊装应先吊装竖向构件,后吊装平面构件,这样施工的目的是减小建筑物的纵向长度安装累积误差,保证工程质量。单跨结构宜按从跨端一侧向另一侧、中间向两端或两端向中间的顺序进行吊装。多跨结构,宜先吊主跨、后吊副跨;当有多台起重设备共同作业时,也可多跨同时吊装。

单层钢结构在安装过程中,应及时安装临时柱间支撑或稳定缆绳,应在形成空间结构稳定体系后,再扩展安装。单层钢结构安装过程中形成的临时空间结构稳定体系应能承受结构自重、风荷载、雪荷载、施工荷载以及吊装过程中的冲击荷载的作用。

1. 竖向构件吊装顺序

柱(混凝土、钢)—连系梁(混凝土、钢)—柱间钢支撑—吊车梁(混凝土、钢)—制动桁架—托架(混凝土、钢)等,单种构件吊装流水作业,既保证体系纵列形成排架、稳定性好,又能提高生产效率。

2. 平面构件吊装顺序

平面构件吊装顺序主要以形成空间结构稳定体系为原则,工艺流程如图 6-28 所示。

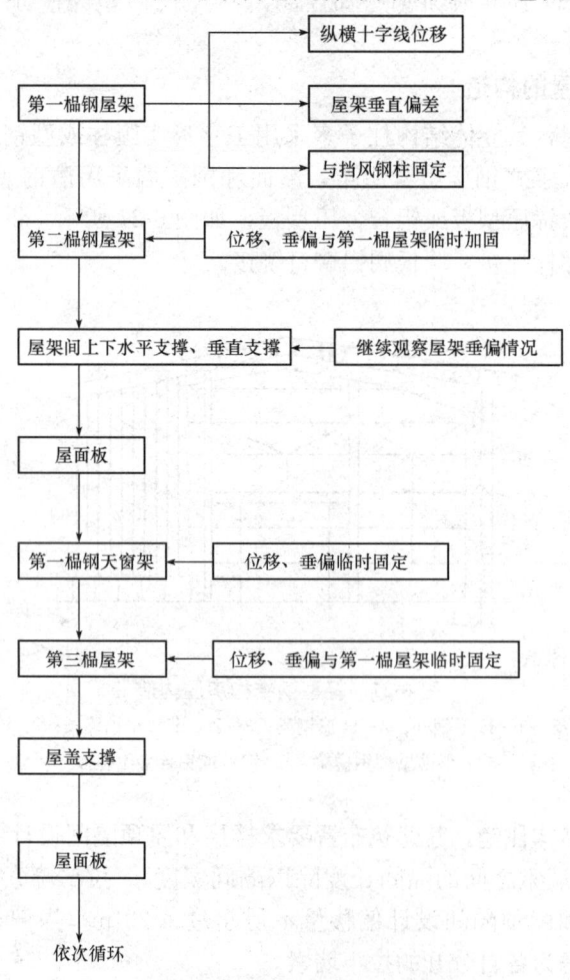

```
第一榀钢屋架 → 纵横十字线位移
              → 屋架垂直偏差
              → 与挡风钢柱固定
     ↓
第二榀钢屋架 ← 位移、垂偏与第一榀屋架临时加固
     ↓
屋架间上下水平支撑、垂直支撑 ← 继续观察屋架垂偏情况
     ↓
屋面板
     ↓
第一榀钢天窗架 ← 位移、垂偏临时固定
     ↓
第三榀屋架 ← 位移、垂偏与第一榀屋架临时固定
     ↓
屋盖支撑
     ↓
屋面板
     ↓
依次循环
```

图 6-28 平面构件吊装顺序工艺流程

三、标准样板间安装

选择有柱间支撑的钢柱，柱与柱形成排架，将屋盖系统安装完毕形成空间结构稳定体系，各项安装误差都在允许范围之内或更小，依次安装，要控制有关间距尺寸、相隔几间，只要复核屋架垂偏即可。只要制作孔位合适，安装效率是非常高的。

四、几种情况说明

(1) 并列高低跨吊装：考虑屋架下弦伸长后柱子向两侧偏移的问题，先吊高跨后吊低跨。

(2) 并列大跨度与小跨度：先吊装大跨度，后吊装小跨度。

(3) 并列间数多的与间数少的屋盖吊装：先吊间数多的，后吊间数少的。

(4) 并列有屋架跨与露天跨吊装：先吊有屋架跨，后吊露天跨。

以上几种情况也适合于门式刚架轻型钢结构屋盖施工。

第五节 多层及高层钢结构安装施工

一、多层及高层钢结构安装方法

钢结构质量的好坏，除材料合格、制作精度高外，还要依靠合理的安装方法。钢结构工程安装方法有分件安装法、节间安装法和综合安装法。

1. 分件安装法

分件安装法是指起重机在带间内每开行一次仅安装一种或两种构件。如起重机第一次开行中先吊装全部柱子，并进行校正和最后固定。然后依次吊装地梁、柱间支撑、墙梁、吊车梁、托架(托梁)、屋架、天窗架、屋面支撑和墙板等构件，直至整个建筑物吊装完成。有时屋面板的吊装也可在屋面上单独用桅杆或层面小吊车来进行。

分件吊装法的优点是起重机在每次开行中仅吊装一类构件，吊装内容单一，准备工作简单，校正方便，吊装效率高；有充分时间进行校正；构件可分类在现场顺序预制、排放，场外构件可按先后顺序组织供应；构件预制吊装、运输、排放条件好，易于布置；可选用起重量较小的起重机械，可利用改变起重臂杆长度的方法，分别满足各类构件吊装起重量和起升高度的要求。其缺点是起重机开行频繁，机械台班费用增加；起重机开行路线长；起重臂长度改变需要一定的时间；不能按节间吊装，不能为后续工程及早提供工作面，阻碍了工序的穿插；相对的吊装工期较长；屋面板吊装有时需要辅助机械设备。

分件吊装法适用于一般中、小型厂房的吊装。

2. 节间安装法

节间安装法是指起重机在厂房内一次开行中，分节间依次安装所有构件，即先吊装一个节间柱子，并立即加以校正和最后固定，然后吊装地梁、柱间支撑、墙梁（连续梁）、吊车梁、走道板、柱头系统、托架（托梁）、屋架、天窗架、屋面支撑系统、屋面板和墙板等构件。一个（或几个）节间的全部构件吊装完毕后，起重机行进至下一个（或几个）节间，再进行下一个（或几个）节间全部构件吊装，直至吊装完成。

这种安装法适用于采用回转式桅杆进行吊装，或特殊要求的结构（如门式框架）或某种原因局部特殊需要（如急需施工地下设施）时采用。

3. 综合安装法

综合安装法是将全部或一个区段的柱头以下部分的构件用分件吊装法吊装，即柱子吊装完毕并校正固定，再按顺序吊装地梁、柱间支撑、吊车梁、走道板、墙梁、托架（托梁），接着按节间综合吊装屋架、天窗架、屋面支撑系统和屋面板等屋面结构构件。整个吊装过程可按三次流水进行，根据结构特性，有时也可采用两次流水，即先吊装柱子，然后分节间吊装其他构件。

吊装时通常采用两台起重机，一台起重量大的起重机用来吊装柱子、吊车梁、托架和屋面结构系统等；另一台用来吊装柱间支撑、走道板、地梁、墙梁等构件并承担构件卸车和就位排放工作。

综合安装法结合了分件安装法和节间安装法的优点，能最大限度地发挥起重机的能力和效率，缩短工期，是广泛采用的一种安装方法。

根据本工程的特点，结构吊装采用"节间综合法"＋"分件流水法"交替进行，即在结构平面的中部位置先做样板间形成稳定结构，采用"节间综合法"，其吊装顺序为钢柱—（柱间支撑或剪力墙）—钢梁（主、次梁或隅撑）；由样板间向四周安装，采用"分件流水法"。

二、多层及高层钢结构安装流水施工段划分

多层及高层钢结构宜划分多个流水作业段进行安装，流水段宜以每节框架为单位。流水段划分应符合下列规定：

(1) 流水段内的最重构件应在起重设备的起重能力范围内；

(2) 起重设备的爬升高度应满足下节流水段内构件的起吊高度；

(3) 每节流水段内的柱长度应根据工厂加工、运输堆放、现场吊装等因素确定，长度宜取 2～3 个楼层高度，分节位置宜在梁顶标高以上 1.0～1.3 m 处；

(4) 流水段的划分应与混凝土结构施工相适应；

(5) 每节流水段可根据结构特点和现场条件在平面上划分流水区进行施工。

三、多层及高层钢结构安装工艺

多层及高层钢结构安装施工包括现场总平面布置、起重机选择、测量工艺及控制、钢框架吊装顺序、工艺流程、现场焊接工艺、高强度螺栓施工工艺、结构安装及校正等。

1. 现场总平面布置

总平面规划主要包括结构平面纵横轴线尺寸、主要塔式起重机的布置及工作范围、机

械开行路线、配电箱及电焊机布置、现场施工道路、消防道路、排水系统、构件堆放位置等。如果现场堆放构件场地不足，可选择中转场地。

2. 起重机选择

(1)起重机性能选择。根据吊装范围的最重构件、位置及高度，选择相应塔式起重机，其最大起重力矩(或双机起重力矩的80%)所具有的起重量、回转半径、起重高度应满足要求。另外，还应考虑塔式起重机高空使用的抗风性能、起重卷扬机滚筒对钢丝绳的容绳量、吊钩的升降速度。

(2)起重机数量选择。根据建筑物平面、施工现场条件、施工进度、塔式起重机性能等，布置1台、2台或多台。在满足起重机性能的情况下，尽量做到就地取材。

(3)起重机类型选择。在多层、高层钢结构施工中，其主要吊装机械一般都是选用自升式塔式起重机，自升式塔式起重机又分为内爬式和外附着式两种。

3. 测量工艺及控制

选择合理的测量监控工艺。多层及高层钢结构安装时，楼层标高可采用相对标高或设计标高进行控制，并应符合下列规定：

(1)当采用设计标高控制时，应以每节柱为单位进行柱标高调整，并应使每节柱的标高符合设计的要求；

(2)建筑物总高度的允许偏差和同一层内各节柱的柱顶高度差，应符合《钢结构工程施工质量验收标准》(GB 50205—2020)的有关规定。

4. **钢框架吊装顺序**

流水作业段内的构件吊装宜符合下列规定：

(1)吊装可采用整个流水段内先柱后梁或局部先柱后梁的顺序；单柱不得长时间处于悬臂状态；

(2)钢楼板及压型金属板安装应与构件吊装进度同步；

(3)特殊流水作业段内的吊装顺序应按安装工艺确定，并应符合设计文件的要求。

5. **多层、高层钢结构安装工艺流程**

在安装施工中应注意以下问题：

(1)合理划分流水作业区段。

(2)确定构件安装顺序。

(3)在起重机起重能力允许的情况下，为减少高空作业、确保安装质量、安全生产、减少吊次、提高生产率，能在地面组拼的，尽量在地面组拼好，如钢柱与钢支撑、层间柱与钢支撑、钢桁架组拼等，一次吊装就位。

(4)安装流水段，可按建筑物平面形状、结构形式、安装机械的数量、工期、现场施工条件等划分。

(5)构件安装顺序，平面上应从中间核心区及标准节框架向四周发展，竖向应由下向上逐件安装。

(6)确定流水区段，且构件安装、校正、固定(包括预留焊接收缩量)后，确定构件接头焊接顺序，平面上应从中部对称地向四周发展，竖向根据有利于工艺间协调、方便施工、保证焊接质量原则，确定焊接顺序。

(7)一节柱的一层梁安装完后，立即安装本层的楼梯及压型钢板。楼面堆放物不能超过钢梁和压型钢板的承载力。

(8)钢构件安装和楼层钢筋混凝土楼板的施工,两项作业不宜超过5层;当必须超过5层时,应通过主管设计者验算而定。

6. 现场焊接工艺

多层及高层钢结构的焊接顺序,应从建筑平面中心向四周扩展,采取结构对称、节点对称和全方位对称焊接,如图6-29所示。

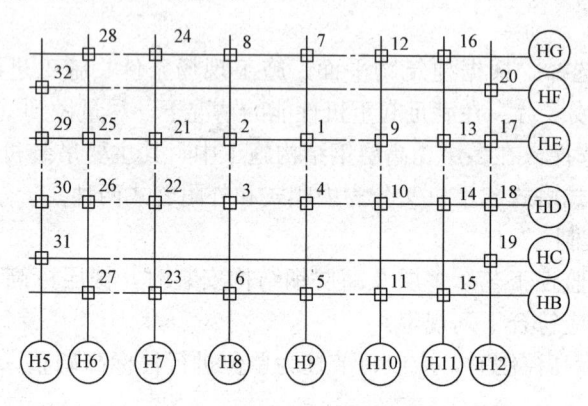

图6-29 多层及高层钢结构的焊接顺序

柱与柱的焊接应由两名焊工在两相对面等温、等速对称施焊;一节柱的竖向焊接顺序是先焊顶部梁柱节点,再焊底部梁柱节点,最后焊接中间部分梁柱节点;梁和柱接头的焊缝,一般先焊梁的下翼缘板,再焊上翼缘板;梁的两端先焊一端,待其冷却至常温后再焊另一端,不宜对一根梁的两端同时施焊。

7. 高强度螺栓施工工艺

(1)高强度螺栓在施工前必须有材质证明书(质量保证书),必须在使用前做复试。

(2)高强度螺栓设专人管理,妥善保管,不得乱扔乱放,在安装过程中,不得碰伤螺纹及污染脏物,以防扭矩系数发生变化。

(3)高强度螺栓的存放要防潮、防腐蚀。

(4)安装螺栓时,应用光头撬棍及冲钉对正上下(或前后)连接板的螺孔,使螺栓能自由插入。

(5)对于箱形截面部件的接合部,全部从内向外插入螺栓,在外侧进行紧固。如操作不便,可将螺栓从反方向插入。

(6)若连接板螺孔的误差较大,应检查分析并酌情处理,若属调整螺孔无效或剩下局部螺孔位置不正,可使用电动绞刀或手动绞刀进行打孔。

(7)在同一连接面上,高强度螺栓应按同一方向投入,高强度螺栓安装后,应当天终拧完毕。

8. 结构安装及校正

同一流水作业段、同一安装高度的一节柱,当各柱的全部构件安装、校正、连接完毕并验收合格后,应再从地面引放上一节柱的定位轴线。高层钢结构安装时,应分析竖向压缩变形对钢结构的影响,并应根据钢结构特点和影响程度采取预调安装标高、设置后连接构件等相应措施。

特殊框架结构的安装要求见表 6-17。

表 6-17 特殊框架结构的安装要求

结构名称	安装要求
顶部钢塔（桅杆）	顶部钢塔（桅杆）是特殊的高耸结构物，从制作到安装，难度相当大。其下部呈框架形式，拿一根变截面钢管通向空中，所有管与管之间都是相贯节点。由于塔式起重机的起重能力和爬升高度所限，一般采取倒装顶升法及其他方法施工，以确保满足质量、安全、进度要求
停机坪	在大城市，比较重要的超高层钢结构顶部，一般会设有停机坪。因此，顶层结构设计荷载会大于其他层结构设计荷载，柱、梁布置结构形式、节点形式也较为特殊，给安装增加了很大难度
水平加强层（或设备层）	由于增加了柱与柱之间的垂直支撑系统（或称桁架），构件安装的精度要求就更高
旋转餐厅层	在制作厂专用胎具上，将每段区梁都进行试拼组成环梁，全面检查其同心位置、圆弧和水平标高，并试运转，把问题消减在制作厂内，直至运转无误，再编号、拆开，按安装顺序运至现场进行安装
观光电梯框架	由于观光电梯框架垂直精度高，必须为安装电梯导轨打下基础。但由于单个构件长细比大，为防止变形，一般拼成框架，组成刚度较大的整体钢框架安装，安装后进行校正和水平固定

多层及高层钢结构安装校正应依据基准柱进行，并应符合下列规定：

(1)基准柱应能够控制建筑物的平面尺寸并便于其他柱的校正，宜选择角柱为基准柱；

(2)钢柱校正宜采用合适的测量仪器和校正工具；

(3)基准柱应校正完毕后，再对其他柱进行校正。

第六节 大跨度空间钢网架结构工程安装施工

一、钢网架结构的类型及其选择

钢网架是一种新型的结构形式，是现代钢结构中广泛应用的一种空间钢结构形式，不仅具有跨度大、覆盖面广、结构轻、省料经济等特点，还具有良好的稳定性和安全性，多用于体育馆、俱乐部、展览馆、影剧院、车站候车大厅等公共建筑，也可用于大型文化娱乐中心等。

1. 网架结构的类型

在钢结构工程中，网架结构主要有以下几种：

(1)由平面桁架组成的两向正交正放网架、两向反交斜放网架、两向斜交斜放网架和单向折线形网架。

(2)由四角锥体组成的正放四角锥网架、正放抽空四角锥网架、棋盘形四角锥网架、斜放四角锥网架、星形四角锥网架。

(3)由三角锥体组成的三角锥网架、抽空三角锥网架和蜂窝形三角形网架。

2. 网架结构的选择

选择网架结构形式时,应根据建筑物的平面形状和尺寸、支承情况、荷载大小、屋面构造、建筑要求、制造和安装方法,以及材料供应情况等因素综合考虑。当平面接近正方形时,以斜放四角锥网架最经济,其次是正放四角锥网架和两向正交网架(正放或斜放);当跨度及荷载均较大时,采用三向网架较经济合理,而且刚度也较大;当平面为矩形时,则以两向正交斜放网架和斜放四角锥网架最为经济。

二、钢网架结构的尺寸与节点构造

(一)钢网架结构的尺寸确定

1. 网架高度的确定

(1)在确定网架高度时,不仅要考虑上、下弦杆内力的大小,还需充分发挥腹杆的受力作用,一般应使腹杆与弦杆的夹角为30°~60°。

(2)根据国内工程实践的经验综合分析,网架的高度与跨度之比应符合表6-18的规定。

表 6-18　网架高度

网架短边跨度 L_2/m	网架高度
<30	$\left(\dfrac{1}{10} \sim \dfrac{1}{14}\right)L_2$
30~60	$\left(\dfrac{1}{12} \sim \dfrac{1}{16}\right)L_2$
>60	$\left(\dfrac{1}{14} \sim \dfrac{1}{20}\right)L_2$

(3)在不同的屋面体系中,对于周边支承的各类网架,其网格数及跨高比可按表6-19选用。表 6-19是按经济和刚度要求制定的。当符合表6-19的规定时,一般可不验算网架的挠度。

表 6-19　网架的上弦网格数和跨度比

网架形式	混凝土屋面体系 网格数	混凝土屋面体系 跨高比	钢檩条屋面体系 网格数	钢檩条屋面体系 跨高比
两向正交正放网架、正放四角锥网架、正放抽空四角锥网架	$(2\sim4)+0.2L_2$	10~14	$(6\sim8)+0.07L_2$	$(13\sim17)-0.03L_2$
两向正交斜放网架、棋盘形四角锥网架、斜放四角锥网架、星形四角锥网架	$(6\sim8)+0.08L_2$	10~14	$(6\sim8)+0.07L_2$	$(13\sim17)-0.03L_2$

注:1. L_2 为网架短向跨度,单位为 m。

2. 当跨度小于 18 m 时,网格数可适当减少。

(4)当屋面荷载较大时,为满足网架相对刚度的要求$\left(控制挠度\leqslant\dfrac{L_2}{250}\right)$,网架高度应适当提高一些;当屋面采用轻型材料时,网架高度可适当降低一些;当网架上设有悬挂的吊车或有吊重时,应满足悬挂吊车轨道对挠度的要求,在这种情况下,网架的高度就应适当地取高一些。

2. 网格的尺寸

(1)平板网架网格的大小与屋面板种类及材料有关,因此,网格的尺寸应符合下列规定:

1)当选用钢筋混凝土屋面板时,板的尺寸不宜过大,一般以不超过3 m见方为宜,否则会带来吊装的困难。

2)若采用轻型屋面板材,如压型钢板、太空网架板时,一般需加设檩条,此时檩距不宜小于1.5 m,网格尺寸应为檩距的倍数。

(2)不同材料的屋面体系,网架上弦网格数和跨高比应满足表6-20的规定。

(3)为减少或避免出现过多的构造杆件,网格的尺寸应尽可能大一些。网格尺寸 a 与网架短向跨度 L_2 之间的关系如下:

1)当网架短向跨度 $L_2<30$ m时,网格尺寸 $a=(1/6\sim1/12)L_2$;

2)当网架短向跨度 30 m$\leqslant L_2\leqslant$60 m时,$a=(1/10\sim1/16)L_2$;

3)当网架短向跨度 $L_2>60$ m时,$a=(1/12\sim1/20)L_2$。

(4)网格的大小与杆件材料有关:当网架杆件采用钢管时,由于钢管截面性能好,杆件可以长一些,即网格尺寸可以大一些;当网架杆件采用角钢时,杆件截面可能要由长细比控制,故杆件不宜太长,即网格尺寸不宜过大。

(二)钢网架节点构造

在网架结构中,节点起着连接会交杆件、传递内力的作用,同时,也是网架与屋面结构、天棚吊顶、管道设备、悬挂吊车等连接之处,起着传递荷载的作用。

1. 螺栓球节点

螺栓球节点一般适用于中、小跨度的网架。杆件最大拉力以不超过700 kN为宜,杆件长度以不超过3 m为宜。

套管的外形尺寸应符合扳手开口尺寸系列,端部要保持平整,内孔径一般比螺栓直径大1 mm。套筒端部到开槽端部距离应使该处有效截面抗剪力不低于销子(或螺钉)抗剪力,且不应小于1.5倍的开槽宽度。

杆件可采用封板或锥头连接。为避免会交于节点的杆件相互干扰并使其传力顺畅,当管径≥76 mm时,一般宜采用锥头的连接形式;当管径<76 mm时,可采用封板的形式。

2. 焊接空心球节点

焊接空心球节点分为加肋和不加肋两种,它是将两块圆钢板经热压或冷压成两个半球后对焊而成的。只要是将圆钢管垂直于本身轴线切割,杆件就会和空心球自然对中而不产生节点偏心。球体无方向性,可与任意方向的杆件连接,其构造简单、受力明确、连接方便,适用于钢管杆件的各种网架。

空心球壁厚一般为其外径的1/25～1/45(空心球壁厚一般不小于4 mm);空心球壁厚与相连钢管最大壁厚的比值宜为1.2～2.0。当空心球外径≥300 mm,且杆件内力较大需提高其承载力时，可在球内两半球对焊处增设肋板，使肋板与两半球焊成一体。加肋板后球体的承载力可提高 10%～40%。

为方便两半球的拼装，肋板可采用凸台，凸台的高度不得大于 1 mm。内力较大的杆件应位于肋板平面内。肋板的厚度不宜小于球体壁厚。

3. 支座节点

网架结构一般都支承在柱顶或圈梁等支承结构上，支座节点即指位于支承结构上的网架节点，根据受力状态，一般可分为压力支座节点和拉力支座节点两类。常用的压力支座节点有下列四种：

(1) 平板压力支座节点。这种节点构造简单，加工方便，节省用钢量，但支承底板与结构支承面之间的应力分布不均匀，支座不能完全转动。为使支座节点有微量移动，可以将支承底板上的螺孔直径放大或做成椭圆孔。该支座节点适用于支座无明显不均匀沉陷、温度应力影响不大的较小跨度的轻型网架。

为便于安装，在支承底板与结构支承面之间加设一块带有埋头螺栓的过渡钢板。安装定位后，将过渡钢板的两侧与支座底板面的顶部焊接，并将过渡钢板上的埋头螺栓与支承底板相连，如图 6-30 所示。

(2) 单面弧形压力支座节点。这种支座在压力作用下，支座弧形面可以转动，支承板下的反力比较均匀，但弧形支座的摩擦力仍很大，支座与支承板间须用锚栓连接。这种支座节点主要适用于周边支承的中、小跨度网架。

为了保证支座的转动，可将锚栓放在弧形支座的中心线位置上，并将支座底板的锚栓孔做成椭圆形，如图 6-31(a) 所示。当支座反力较大，需要 4 个锚栓时，为了使锚栓锚固后不影响支座的转动，可在锚栓上部加放弹簧，如图 6-31(b) 所示。

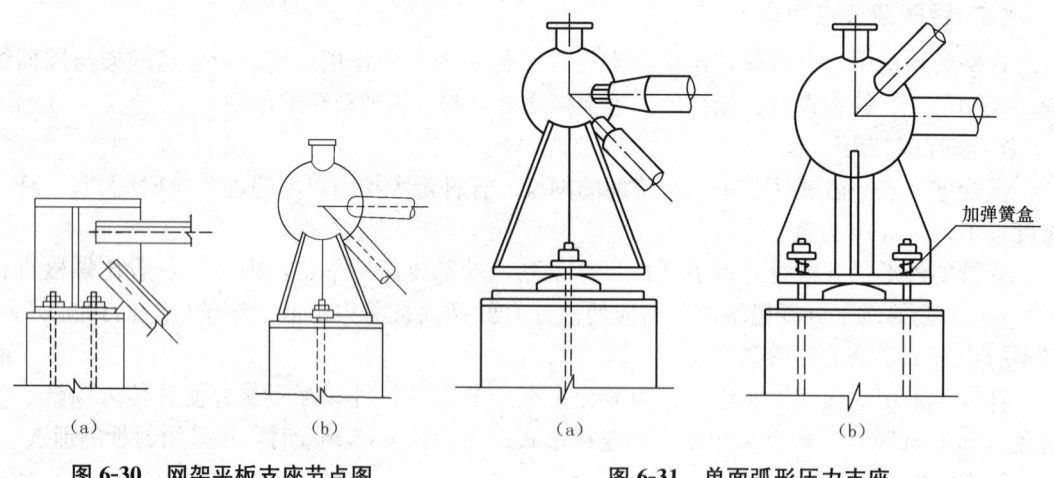

图 6-30　网架平板支座节点图
(a) 角钢杆件(拉)力支座；
(b) 钢管杆件平板压(拉)力支座

图 6-31　单面弧形压力支座
(a) 两个锚栓连接；
(b) 四个锚栓连接

(3) 双面弧形压力支座节点。在网架支座上部支承板和下部支承底板间，设置一个上下均为圆弧曲面的特制钢铸件，在钢铸件两侧分别从支座上部支承板和下部支承底板焊接带有椭圆孔的梯形连接板，并采用螺栓将三者连接成整体(图 6-32)。当网架端部受到挠度和温度应力影响时，支座可沿上下两个圆弧曲面做一定的转动和移动。适用于大跨度、支承约束较强、温度应力影响较显著的大型网架。

(4) 球铰压力支座节点。对于多跨或有悬臂的大跨度网架在柱上的支座节点，为了使它能适应各个方向的自由转动，需使支座与柱顶铰接而不产生弯矩，常做成球铰压力支座，如图 6-33 所示。

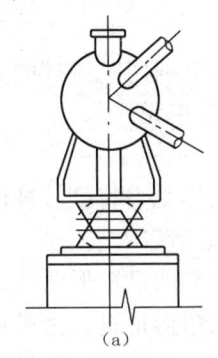

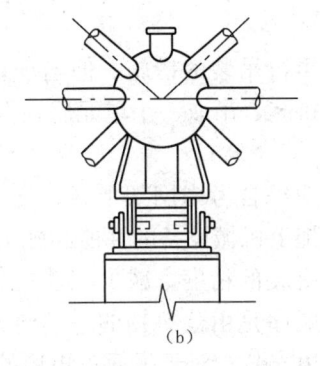

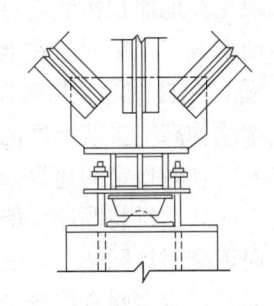

图 6-32　双面弧形压力支座

图 6-33　球铰压力支座

这种支座节点主要是以一个凸出的实心半球，嵌合在一个凹进的半球内，在任何方向都可以自由转动，而不会产生弯矩，并在 $x、y、z$ 三个方向都不会产生线位移。为承受地震作用和其他外力，防止凸面球从凹面球内脱出，四周应用锚栓固定。

三、钢网架结构的安装

大跨度空间钢网架结构可根据结构特点和现场施工条件，采用高空散装法、分条分块吊装法、滑移法、单元或整体提升（顶升）法、整体吊装法、折叠展开式整体提升法、高空悬拼安装法等安装方法。

(一) 高空散装法安装

将网架与网壳的杆件和节点（或小拼单元）直接在高空设计位置总拼成整体的方法称为高空散装法。这种安装方法只需要有一般的起重机械和扣件式钢管脚手架即可进行安装，对设计施工无特殊要求，是一种较为合理的网架与网壳安装方法。其缺点是现场及高空作业量大，需要大量的支架材料。高空散装法适用于非焊缝连接（螺栓球节点或高强度螺栓连接）的各种类型网架和各种类型网壳结构，特别是单层网壳基本上都采用此法。

高空散装法有全支架法（即搭设满堂脚手架）和悬挑法两种。全支架法可将一根杆件、一个节点的散件在支架上总拼或以一个网格为小拼单元在高空总拼。悬挑法是为了节省支架，将部分网架或网壳悬挑。当网架或网壳结构为三角形网格时，宜采用少支架的悬挑施工方法。为控制悬挑部分的标高，可相隔一定距离设一支点。

1. 小拼单元的划分与拼装

将网架根据实际情况合理地分割成各种单元体：直接由单根杆件、单个节点、一球一杆、两球一杆总拼成网架；由小拼单元——一球四杆（四角锥体）、一球三杆（三角锥体）总拼成网架；由小拼单元和中拼单元总拼成网架。

划分小拼单元时，应考虑网架结构的类型及施工方案等条件。小拼单元一般可分为平面桁架型和锥体型两种。斜放四角锥型网架小拼单元划分成平面桁架型小拼单元时，该桁架缺少上弦，需要加设临时上弦。如采取锥体型小拼单元，则在工厂中的电焊工作量占75％左右，因此，斜放四角锥网架以划分成锥体型小拼单元较有利。两向正交斜放网架小拼单元划分时，考虑到总拼时标高控制，每行小拼单元的两端均应在同一标高上。

2. 网架单元预拼装

采取先在地面预拼装后拆开，再行吊装的措施。但当场地不够时，也利用"套拼"的方法，即两个或三个单元，在地面预拼装，吊取一个单元后，再拼装下一个单元。

3. 确定合理的高空拼装顺序

网架结构高空拼装顺序的确定应综合考虑网架形式、支承类型、结构受力特征、杆件小拼单元、临时稳定的边界条件、施工机械设备的性能和施工场地情况等诸多因素。

选定的高空拼装顺序应能保证拼装的精度，减少积累的误差。对于平面呈矩形的周边支承两向正交斜放网架，总的安装顺序是由建筑物的一端向另一端呈三角形推进，为避免积累的误差，应由网脊线分别向两边安装；对于平面呈矩形的三边支承两向正交斜放网架，总的安装顺序是由建筑物的一端向另一端呈平行四边形推进，在横向由三边框架内侧逐渐向大门方向（外侧）逐条安装。

平面呈方形由两向正交正放桁架和两向正交斜放拱、索桁架组成的周边支承网架总的安装顺序，是应先安装拱桁架，再安装索桁架，在拱索桁架已固定且已形成能够承受自重的结构体系后，再对称安装周边四角形、三角形网架。

4. 严格控制基准轴线位置、标高及垂直偏差，并及时纠正

网架安装应对建筑物的定位轴线（即基准轴线）、支座轴线和支承的标高、预埋螺栓（锚栓）位置进行检查，做出检查记录，办理交接验收手续。

网架安装过程中，应对网架支座轴线、支承面标高（或网架下弦标高、网架屋脊线、檐口线位置和标高）进行跟踪控制，如发现误差积累，要及时纠正。采用网片和小拼单元进行拼装时，要严格控制网片和小拼单元的定位线和垂直度。各杆件与节点连接时，中心线应汇交于一点；螺栓球、焊接球应汇交于球心。

网架结构总拼完成后，纵横向长度偏差、支座中心偏移、相邻支座偏移、相邻支座高差、最低最高支座差等指标均应符合网架规程要求。

5. 拼装支架的设置

支架既是网架拼装成型的承力架，又是操作平台支架，因此，支架搭设位置必须对准网架下弦节点。

支架一般用扣件和钢管搭设。它应具有整体稳定性，在荷载作用下有足够的刚度。应将支架本身的弹性压缩、接头变形、地基沉降等引起的总沉降值控制在 5 mm 以下，因此，为了调整沉降值和卸荷方便，可在网架下弦节点与支架之间设置调整标高用的千斤顶。

拼装支架必须牢固，设计时应对单肢稳定、整体稳定进行验算，并估算沉降量。其中，单肢稳定验算可按一般钢结构设计方法进行。

6. 拼装操作

总的拼装顺序是从建筑物的一端开始向另一端以两个三角形同时推进，当两个三角形

相交后，则按人字形逐榀向前推进，最后在另一端的正中合拢。每榀块体的安装顺序，在开始两个三角形部分是由屋脊部分开始分别向两边拼装，两个三角形相交后，则由交点开始同时向两边拼装。

吊装分块用两台履带式或塔式起重机进行，钢制拼装支架可局部搭设成活动式，也可满堂搭设。分块拼装后，在支架上分别用方木和千斤顶顶住网架中央竖杆下方进行标高调整，其他分块则随拼装随拧紧高强度螺栓，与已拼好的分块连接即可。

7. 焊接

在钢管球节点的网架结构中，当钢管厚度大于 6 mm 时，必须开坡口。在要求钢管与球全焊透连接时，钢管与球壁之间必须留有 1~2 mm 的间隙并加衬管，来保证焊缝与钢管的等强连接。

若将坡口（不留根）钢管直接与环壁顶紧后焊接，则必须用单面焊接双面成型的焊接工艺。

8. 支顶点的拆除

为防止临时支座超载失稳或者网架结构局部甚至整体受损，拼装支承点（临时支座）的拆除应遵循"变形协调，卸载均衡"的原则。

临时支座拆除应将中央、中间和边缘三个区分阶段按比例下降。由中间向四周，中心对称进行。为防止个别支承点集中受力，应根据各支承点的结构自重挠度值，采用分区分阶段按 2∶1.5∶1 的比例下降或用每步不大于 10 mm 的等步下降法拆除临时支承点。

拆除临时支承点应注意检查千斤顶行程是否满足支承点下降高度，关键支承点要增设备用千斤顶。另外，在降落过程中，应统一指挥，责任到人，遇到问题时，由总指挥处理解决。

9. 螺栓球节点网架总拼

螺栓球节点网架的拼装一般是先拼下弦，将下弦的标高和轴线调整好后，全部拧紧螺栓，起定位作用。开始连接腹杆，螺栓不应拧紧，但必须使其与下弦连接端的螺栓吃上劲，若吃不上劲，在周围螺栓都拧紧后，这个螺栓就可能偏歪（因锥头或封板的孔较大），导致无法拧紧。连接上弦时，开始不能拧紧。当分条拼装时，安装好三行上弦球后，即可将前两行抄到中轴线，这时可通过调整下弦球的垫块高低进行，然后固定第一排锥体的两端支座，同时将第一排锥体的螺栓拧紧。下面的拼装按以上各条循环进行。

在整个网架拼装完成后，必须进行一次全面检查，检查螺栓是否拧紧。

高空拼装时，一般从一端开始，以一个网格为一排，逐排步进。拼装顺序为：下弦节点—下弦杆—腹杆及上弦节点—上弦杆—校正—全部拧紧螺栓。

校正前的各个工序螺栓均不拧紧。若经试拼确有把握时，也可以一次拧紧。

10. 空心球节点网架总拼

空心球节点网架高空拼装是将小单元或散件（单根杆件及单节点）直接在设计位置进行总拼。为保证网架在总拼过程中具有较少的焊接应力和利于调整尺寸，合理的总拼顺序应该是从中间向两边或从中间向四周发展。由于固定在封闭圈中焊接会产生很大的收缩应力，因此，焊接网架结构严禁形成封闭圈。为确保安装精度，在操作平台上选一个适当位置进行一组试拼，检查无误后，开始正式拼装。

网架焊接时一般先焊下弦，使下弦收缩而略向上拱，然后焊接腹杆及上弦。如果先焊上弦，则易导致不易消除的人为挠度。

为防止网架在拼装过程中（因网架自重和支架网度较差）出现挠度，可预先设施工起拱，起拱度一般为 10～15 mm。

11. 防腐处理

网架的防腐处理包括制作阶段对构件及节点的防腐处理和拼装后最终的防腐处理。焊接球与钢管连接时，钢管及球均不与大气相通。对于新轧制钢管，内壁可不除锈，直接刷防锈漆即可；对于旧钢管，内外均应认真除锈，并刷防锈漆。螺栓球与钢管的连接应属于与大气相通的状态，特别是拉杆，杆件在受拉力后变形，必然产生缝隙，南方地区较潮湿，水汽有可能进入高强度螺栓或钢管中。网架承受大部分荷载后，对各个接头用油腻子将所有空余螺孔及接缝处填嵌密实，并补刷防锈漆，以保证不留渗漏水汽的缝隙。

电焊后对已刷油漆被破坏掉及焊缝漏刷油漆的情况，按规定补刷好油漆。

（二）分条分块吊装法

分条分块吊装法是高空散装的组合扩大。为适应起重机械的起重能力和减少高空拼装的工作量，将屋盖划分为若干个单元，在地面拼装成条状或块状扩大组合单元体后，用起重机械或设在双肢柱顶的起重设备（钢带提升机、升板机等），垂直吊升或提升到设计位置上，拼装成整体网架结构。

本法高空作业较高空散装法减少，同时只需搭设局部拼装平台，拼装支架量大大减少，并可充分利用现有起重设备，比较经济。但施工应注意保证条（块）状单元制作精度和起拱，以免造成总拼困难。其适用于分割后刚度和受力状况改变较小的各种中、小型网架，尤其是起重场地狭小或跨越其他结构，起重机无法进入网架安装区域时尤为适用。其施工示意如图 6-34 所示。

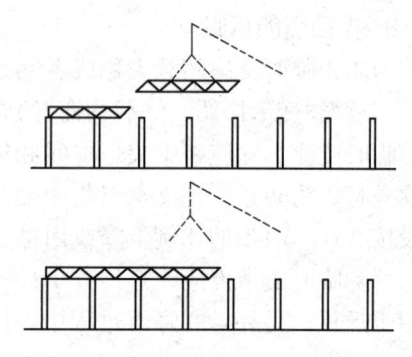

图 6-34 分条或分块安装示意

1. 单元组合体的划分

（1）条状单元组合体的划分。条状单元组合体是沿着屋盖长方向切割的。对桁架结构来说，是将一个节间或两个节间的两榀或三榀桁架组成条状单元体；对网架结构来说，则是将一个或两个网格组装成条状单元体。切割组装后的网架条状单元体往往是单向受力的两端支承结构。网架分割后的条状单元体刚度，要经过验算，必要时采取相应的临时加固措施。通常条状单元的划分有下列几种形式：

1）网架单元相互靠紧，把下弦双角钢分在两个单元上，此法适用于正放四角锥网架，如图 6-35 所示。

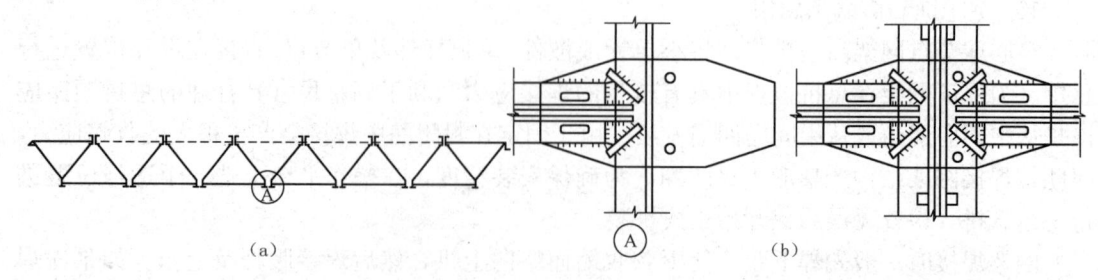

图 6-35 正放四角锥网架条状单元划分方法

2)网架单元相互靠紧,单元间上弦用剖分式安装节点连接。此法适用于斜放四角锥网架,如图 6-36 所示。

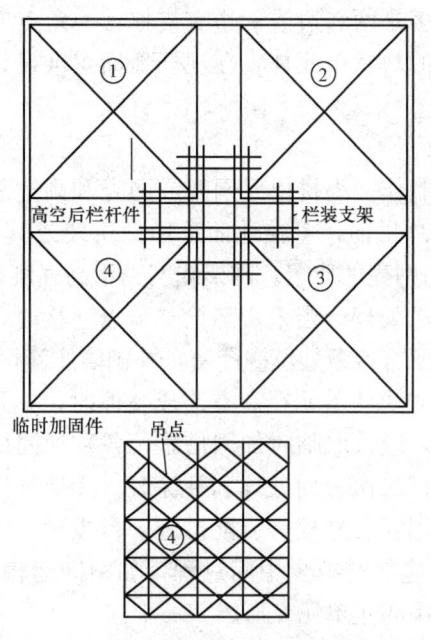

图 6-36　斜放四角锥网架条状单元划分方法

注：①～④为块状单元。

3)单元之间空一节间,该节间在网架单元吊装后再在高空拼装,此法适用于两向正交正放网架,如图 6-37 所示。

图 6-37　两向正交正放网架条状单元划分方法

注：实线部分为条状单元；虚线部分为在高空后拼的杆件。

对于正放类网架而言,在分割成条(块)状单元后,由于自身在自重作用下能形成几何不变体系,同时也有一定的刚度,一般不需要加固。但对于斜放类网架而言,在分割成条(块)状单元后,由于上弦为菱形结构可变体系,因而必须加固后方能吊装。图 6-38 所示为斜放四角锥网架上弦加固方法。

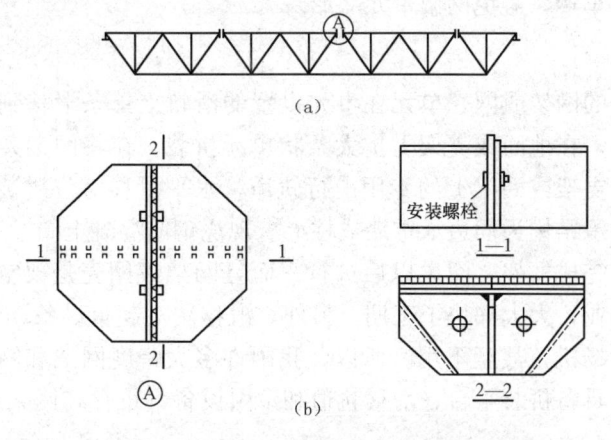

图 6-38　斜放四角锥网架块状单元划分方法

(a)网架条状单元；(b)剖分式安装节点

249

(2)块状单元组合体的划分。块状单元组合体的分块一般是在网架平面的两个方向均有切割,其大小由起重机的起重能力而定。

切割后的块状单元体大多是两邻边或一边有支撑,一角点或两角点要增设临时顶撑予以支承。也有将边网格切除的块状单元体,在现场地面对准设计轴线组装,边网格在垂直吊升后再拼装成整体网架。

2. 拼装方法和技术措施

分条或分块法涉及地面制作、小拼单元网架或网壳和高空总拼。为确保地面小拼单元质量和高空整体质量,高空总拼前,可在地面采用预拼装或其他保证措施(如测量复核措施),以确保总拼后的网架与网壳的质量。网架或网壳用高强度螺栓连接时,按有关规定拧紧螺栓后并按钢结构防腐要求处理。当采用螺栓球节点连接时,在拧紧螺栓后,应将多余的螺孔封口,并用油腻子将所有接缝处填嵌严密,补刷防腐漆两道或按设计要求进行涂装。将网架或网壳分成条状单元或块状单元在高空连成整体时,单元应具有足够刚度,并能保证自身的几何不变性,否则,应采取临时加固措施。各种加固杆件必须在结构形成整体后才能拆除,拆除部位必须进行二次表面处理和补涂装。为保证网架或网壳顺利拼装,在条与条或块与块合拢处,可采用安装螺栓等装配措施。合拢时,可用千斤顶将单元顶到设计标高,然后连接。小拼单元应尽量减少中间过程,如中间运输、翻身起吊、重复堆放等。如确需中间过程,应采取措施防止单元变形。

3. 网架挠度控制

网架条状单元在吊装就位过程中的受力状态属平面结构体系,而网架结构是按空间结构设计的,因而条状单元在总拼前的挠度要比网架形成整体后该处的挠度低,故在总拼前必须在合拢处用支撑顶起,调整挠度使其与整体网架挠度符合。块状单元在制作后,应模拟高空支承条件,拆除全部地面支承后观察施工挠度,必要时也应调整其挠度。

4. 网架尺寸控制

根据网架结构形式和起重设备能力决定分条或分块网架尺寸的大小,在地面胎具上拼装好。分条(块)网架单元尺寸必须准确,以保证高空总拼时节点吻合和减少偏差。如前所述,一般可采用预拼法或套拼的办法进行尺寸控制。另外,还应尽量减少中间转运,若需运输,应用特制专用车辆,避免网架单元变形。

(三)滑移法

滑移法是指分条的网架或网壳单元在事先设置的滑轨上单条滑移到设计位置拼接成整体的安装方法。通常,在地面或支架上扩大条状单元拼装,在将网架条状单元提升到预定高度后,利用安装在支架或圈梁上的专用滑行轨道,水平滑移对位拼装成整体网架。滑移法主要适用于网架支承结构为周边承重墙或柱上有现浇钢筋混凝土圈梁等情况。

高空滑移在土建完成框架、圈梁以后进行,而且网架或网壳是架空作业,可以与下部土建施工平行立体作业,大大加快了工期。另外,滑移法对起重设备、牵引设备要求不高,可用小型起重机或卷扬机,甚至不用。所以,我国许多大跨度网架和网壳结构都采用此法施工。但滑移法必须具备拼装平台、滑移轨道和牵引设备,也存在网架或网壳的落位问题,如图 6-39 所示。

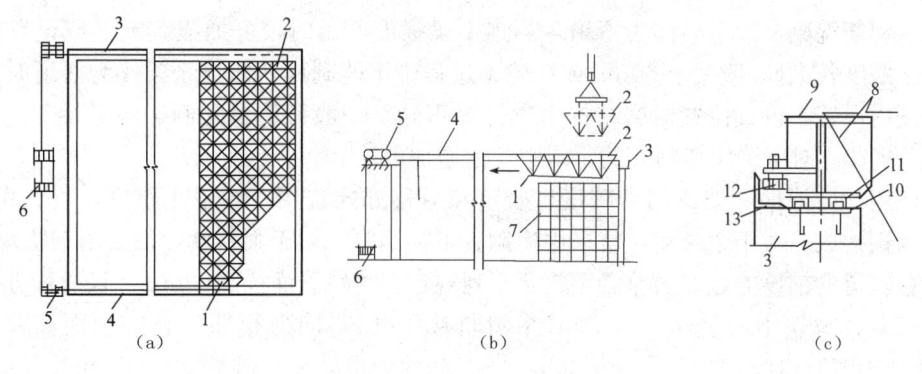

图 6-39 滑移法安装网架
(a)高空滑移平面布置；(b)网架滑移安装；(c)支座构造
1—网架；2—网架分块单元；3—天沟梁；4—牵引线；5—滑车组；6—卷扬机；7—拼装平台；
8—网架杆件中心线；9—网架支座；10—预埋铁件；11—型钢轨道；12—导轮；13—导轨

1. 滑移方式的选择

网架采用滑移法安装时，采用的滑移方式主要有单条滑移、逐条累计滑移、滚动式滑移、滑动式滑移、水平滑移、下坡滑移、上坡滑移、牵引滑移和顶推滑移等。

单条滑移法是将条状单元一条一条地分别从一端滑移到另一端就位安装，各条之间分别在高空再行连接，即逐条滑移，逐条连成整体。

逐条累计滑移法是先将条状单元滑移一段距离(能连接上第一单元的宽度即可)，连接好第二单元后，两条一起再滑移一段距离(宽度同上)，再连接第三条，三条又一起滑移一段距离，如此循环操作，直到接上最后一单元为止。

滚动式和滑动式滑移是按摩擦方式不同划分的滑移方式，前者是在网架装上滚轮，网架滑移以滚轮与滑轨的滚动摩擦方式进行；后者是将网架支座直接搁置在滑轨上，网架滑移以支座底板与滑轨的滑动摩擦方式进行。

水平滑移、下坡滑移和上坡滑移是按滑移坡度划分的滑移方式，当建筑平面为矩形时，可采用水平滑移或下坡滑移；当建筑平面为梯形时，短边高、长边低、上弦节点支承式网架，则可采用上坡滑移。

牵引法和顶推法滑移是按滑移时力的作用方向不同划分的，牵引法即将钢丝绳钩扎于网架前方，用卷扬机或手扳葫芦拉动钢丝绳，牵引网架前进，作用点受拉力；顶推法即用千斤顶顶推网架后方，使网架前进，作用点受压力。

2. 架设拼装平台

高空平台一般设在网架的端部、中部或侧部，应尽可能搭在已建结构物上，利用已建结构物的全部或局部作为高空平台。滑移平台由钢管脚手架或升降调平支撑组成，起始点尽量利用已建结构物，如门厅、观众厅，高度应比网架下弦低 40 cm，便于在网架下弦节点与平台之间设置千斤顶，用来调整标高。平台上面铺设安装模架，平台宽应略大于两个节间。

高空拼装平台的搭设宽度应由网架分割条(块)状尺寸确定，一般应大于两个网架节间的宽度。高空拼装平台标高应由滑轨顶面标高确定。

3. 滑移轨道设置

滑移轨道一般在网架或网壳结构两边支柱上或框架上，设在支承柱上的轨道，应尽量利用柱顶钢筋混凝土连系梁作为滑道,当连系梁强度不足时,可加强其断面或设置中间支撑。对于跨度较大(一般大于 60 m)或在施工过程中不能利用两侧连系梁作为滑道时,滑轨可在跨度内设置,设置位置根据结构力学计算得到,一般可使单元两边各悬挑 $L/6$,即滑轨间距为 $L/3$。对于跨度特别大的,跨中还需增加滑轨。

滑轨用材应根据网架或网壳跨度、质量和滑移方式选用。对于小跨度,可选用扁钢、圆钢和角钢构成;对于中跨度,常采用槽钢、工字钢等;对于大跨度,须采用钢轨构成。

滑移轨道的铺设的允许误差必须符合下列规定:滑轨顶面标高 1 mm,且滑移方向无阻挡的正偏差;滑轨中心线错位 3 mm(指滑轨接头处);同列相邻滑轨间顶面高差 $L/500$(L 为滑轨长度),且不大于 10 mm,同跨任一截面的滑轨中心线距离 +10 mm;同列轨道直线性偏差不大于 10 mm。

滑轨应焊于钢筋混凝土梁面的预埋件上,预埋件应经过计算确定,轨道面标高应高于或等于网架或网壳支座设计标高。设中间轨道时,其轨道面标高应低于两边轨道面标高 20~30 mm,滑轨接头处应垫实,若用电焊连接,应锉平高出轨道面的焊缝。当支座板直接在滑轨上滑移时,其两端应做成圆倒角,滑轨两侧应无障碍。滑轨的接头必须垫实、光滑。当采用滑动式滑移时,还应在滑轨上涂刷润滑油。滑橇前后都应做成圆弧导角,否则易产生"卡轨"。

滑轨两侧应设置宽度不小于 1.5 m 的安全通道,确保滑移操作人员高空安全作业。当围护栏杆高度影响滑移时,可随滑随拆,滑移过后立即补装栏杆。

常用的牵引设备有手拉葫芦、环链电动葫芦和电动卷扬机。

4. 网架滑移安装

先在地面将杆件拼装成两球一杆和四球五杆的小拼构件,然后用悬臂式桅杆、塔式或履带式起重机,按组合拼接顺序吊到拼接平台上进行扩大拼装。先就位点焊,焊接网架下弦方格,再点焊立起横向跨度方向角腹杆。每节间单元网架部件点焊拼接顺序,由跨中向两端对称进行,焊完后临时加固。滑移准备工作完毕,进行全面检查无误,开始试滑 50 cm,再检查无误,正式滑行。牵引可用慢速卷扬机或铰链进行,并设减速滑轮组。牵引点应分散设置,滑移速度不宜大于 1 m/min,并要求做到两边同步滑移。当网架跨度大于 50 m 时,应在跨中增设一条平稳滑道或辅助支顶平台。

5. 同步控制

当拼装精度要求不高时,为控制同步,可在网架两侧的梁面上标出尺寸,牵引时,同时报滑移距离。当同步要求较高时,可采用自整角机同步指示装置,以便集中于指挥台随时观察牵引点移动情况,读数精度为 1 mm。网架规程规定,当网架滑移时,两端不同步值不应大于 50 mm。

6. 支座降落

当网架滑移完毕,经检查,各部件尺寸、标高和支座位置等符合设计要求后,可用千斤顶或起落器抬起网架支承点,抽出滑轨,使网架平稳过渡到支座上。待网架下挠稳定,装配应力释放完后,方可进行支座固定。

7. 挠度控制

当网架单条滑移时,施工挠度情况与分条安装法相同。当逐条累计滑移时,滑移过程中仍然是两端自由搁置立体桁架。若网架设计时未考虑分条滑移的特点,网架高度设计得较小，这时网架滑移时的挠度将会超过形成整体后的挠度，处理办法是增加施工起拱度、开口部分增加三层网架、在中间增设滑轨等。

组合网架由于无上弦而是钢筋混凝土板，不得在施工中产生一定挠度后又再抬高等反复调整，因此，设计时应验算组合网架分条后的挠度值，一般应适当加高，施工中不应进行抬高调整。

8. 导向轮

导向轮是保险装置。在正常情况下，滑移时导向轮是脱开的，只有当同步差超过规定值或拼装偏差在某处较大时，才顶上导轨。但在实际工程中，由于制作拼装上的偏差，卷扬机不同时间的启动或停车也会导致导向轮顶上导轨。导向轮一般安装在导轨内侧，间隙为 10~20 mm。

9. 牵引力与牵引速度

(1)牵引力。网架水平滑移时的牵引力，可按下式计算：

1)当为滑动摩擦时：

$$F_\tau \geqslant \mu_1 \zeta G_{0k} \tag{6-13}$$

式中　F_τ——总启动牵引力(kN)；

　　　G_{0k}——网架总自重标准值(kN)；

　　　μ_1——滑动摩擦系数，在自然轧制表面经粗除锈充分润滑的钢与钢之间可取 0.12~0.15；

　　　ζ——阻力系数，当有其他因素影响牵引力时，可取 1.3~1.5。

2)当为滚动摩擦时：

$$F_\tau \geqslant \left(\frac{k}{r_1} + \mu_2 \frac{r}{r_1}\right) G_{0k} \tag{6-14}$$

式中　F_τ——总启动牵引力(kN)；

　　　G_{0k}——网架总自重标准值(kN)；

　　　k——钢制轮与钢之间滚动摩擦系数，取 5 mm；

　　　μ_2——摩擦系数，在滚轮与滚轮轴之间，或经机械加工后充分润滑的钢与钢之间可取 0.1；

　　　r_1——滚轮的外圆半径(mm)；

　　　r——轴的半径(mm)。

计算的结果是指总的牵引力。若选用两点牵引滑移，将上式结果除以 2 得每边卷扬机所需的牵引力。两台卷扬机牵引力在滑移过程中是不等的，当正常滑移时，两台卷扬机牵引力之比约为 1∶0.7，个别情况为 1∶0.5。

(2)牵引速度。为了保证网架滑移时的平稳性，牵引速度不宜太快，根据经验，牵引速度控制在 1 m/min 左右较好，因此，若采用卷扬机牵引，应通过滑轮组降速。为使网架滑移时受力均匀和滑移平稳，当滑移单元逐条积累较长时，宜增设钩扎点。

(四)整体提升法

整体提升法是指在结构柱上安装提升设备直接提升网架，或利用滑模浇筑柱子的同时进行网架提升。该方法能充分利用现有的结构和小型机具(如液压千斤顶、升板机等)进行施工，可节省安装设施的费用，适用于周边支承及多点支承的网架。

整体提升法与整体吊装法的区别在于：整体提升法只能做垂直起升，不能做水平移动或转动；而整体吊装法不仅能做垂直起升，还可在高空做水平移动或转动。因此，采用整体提升法安装网架时应注意：一是网架必须按高空安装位置在地面就位拼装，即高空安装位置和地面拼装位置必须在同一投影面上；二是周边与柱子（或连系梁）相碰的杆件必须预留，待网架提升到位后再进行补装。图 6-40 所示为整体提升法示意。

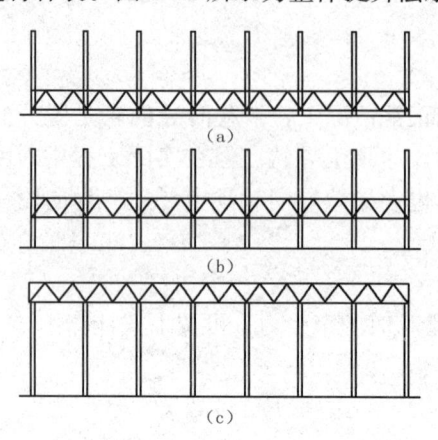

图 6-40 整体提升法示意
(a)原地总拼；(b)提升；(c)提升就位

当采用整体提升法施工时，应尽量将下部支承柱设计为稳定的框架体系，否则应进行稳定性验算，如稳定性不足，应采取措施加强。提升设备的使用负荷能力，为额定负荷能力乘以折减系数：穿心式液压千斤顶为 0.5~0.6；电动螺杆升板机为 0.7~0.9。网架提升时，应采取措施尽量做到同步，一般情况下应符合下列要求：相邻两个提升点，当用穿心式液压千斤顶时，为相邻点距离的 1/250，且不大于 25 mm，当用升板机时，为相邻点距离的 1/400，且不大于 15 mm；最高与最低点，当用穿心式液压千斤顶时为 50 mm，当用升板机时 30 mm。

（五）整体吊装法

整体吊装法是指网架或网壳在地面总拼后，采用单根或多根拔杆、一台或多台起重机进行吊装就位的方法。这种施工方法易于保证焊接质量和几何尺寸的准确性，但需要起重能力大的设备，吊装技术也复杂，适用于各种形式的网架和网壳。

1. 多机吊装作业

多机吊装作业适用于跨度 40 m 左右，高度 25 m 左右，质量不是很大的中、小型网架屋盖的吊装。安装前应先在地面上对网架进行错位拼装（即拼装位置与安装轴线错开一定距离，以避开柱子的位置）。然后用多台起重机（多为履带式起重机或汽车式起重机）将拼装好的网架整体提升到柱顶以上，在空中移位后落下就位固定。

多机抬吊施工中布置起重机时，需要考虑各台起重机的工作性能和网架在空中移位的要求。起吊前要测出每台起重机的起吊速度，以便于起吊时掌握，或将每两台起重机的吊索用滑轮连通。当起重机的起吊速度不一致时，可由连通滑轮的吊索自行调整。

多机抬吊一般用四台起重机联合作业。一般有两侧抬吊和四侧抬吊两种方法。

如网架质量较小，或四台起重机的起重量均能满足要求时，宜将四台起重机布置在网架的两侧，这样只要四台起重机将网架垂直吊升超过柱顶后，旋转一个小角度，即可完成网架空中移位要求。

四侧抬吊为防止起重机因升降速度不一致而产生不均匀荷载,在每台起重机设两个吊点,每两台起重机的吊索互相用滑轮串通,使各吊点受力均匀,网架平稳上升。

当网架提到比柱顶高 30 cm 时,进行空中移位,网架支座中心线对准柱子中心时,四台起重机同时落钩,并通过设在网架四角的拉索和捯链拉动网架进行对线,将网架落到柱顶就位。

2. 单根抱杆吊装作业

(1)施工布置。抱杆正确地竖立在事先设计的位置上,底座的球形方向接头(俗称"和尚头")支承在牢固基础上,其顶端应对准拼装网架中心的脊点;网架拼装时,个别杆件暂不组装,预留出抱杆位置。网架吊点的设置应根据计算确定。若个别吊点与柱相碰,可增加辅助吊点。为保证网架平衡起吊,应在网架四角分别用八台绞车进行围溜。在提升过程中,必须配合做到随吊随溜。网架起吊过程是否需要采取临时加固措施,应由设计计算确定。

(2)试吊。试吊的目的主要是检验起重设备的安全可靠性能、检查吊点对网架整体刚度的影响及协调指挥、起吊、缆风、溜绳和卷扬机等操作的统一配合。试吊过程是全面落实和检验整个吊装方案完善性的重要保证。

(3)整体起吊。利用数台电动卷扬机同时起吊网架,关键要做到起吊同步。

(4)网架横移就位。当网架提升越过柱顶安装标高 0.5 m(如支承柱有外包小柱时,应越过小柱顶 0.5 m)时,应停止提升。调整缆风和滑轮组、溜绳,将网架横移到柱顶或围柱内,再进行下降 0.5 m/次(指支承柱设有外包小柱时)或 0.1 m/次的降差调整,直至网架就位到设计位置。

(5)支座固定。网架就位后各支座总有偏差,可用千斤顶和填板来调整,进行支座固定。

(6)抱杆拆除及外装预留杆件。抱杆可用"依附式抱杆"逐节进行拆除。最后,补装因预留抱杆位置而未组装的杆件或檩条等构件。

3. 多根抱杆吊装作业

此法是采用抱杆集群悬挂多组复式滑轮组(目的是降低速度、减小牵引力)与网架各吊点吊索相连接,由多台卷扬机组合牵引各滑轮组,带动网架同步上升的方法。

(1)多根抱杆整体吊装网架法的关键是空中位移。当采用多根抱杆吊装方案时,利用每根抱杆两侧起重机滑轮组产生水平分力不等原理推动网架移动或转动进行就位。但存在缆风绳、地锚、抱杆受力较大的情况,容易导致起重设备、工具和索具超载,降低安全度。因此,可采用改进的移位方法,将原抱杆上几对起重机组的位置由平行移位改为垂直移位。起重滑轮及卸甲的安全系数 $k \geqslant 2.5$。吊装前必须对起重滑轮及卸甲进行探伤、试验鉴定。

(2)缆风绳与地锚。缆风绳是由平缆风绳和斜缆风绳构成的整体。斜缆风绳与地面夹角应不大于 30°。每根斜缆风绳都要用一个地锚固定。

(3)卷扬机的选择。应对卷扬机的工作性能进行调查分析,计算其工作参数。卷扬机的工作参数是指牵引力、钢丝绳速度和绳容量等。卷扬机尽量选用工作性能(工作参数)相同的慢速卷扬机。

(4)基础处理要求。确保抱杆基础以下的地基在抱杆自重、缆风绳对抱杆垂直度、抱杆的计算荷载和基础自重等荷载的最不利效应组合作用下,不能产生较大的沉陷。

(5)在网架整体吊装时,应保证各吊点在起升和下降过程中同步。

1)同步措施如下：
①在选用卷扬机时，应注意卷扬机的规格(卷筒直径和转速)是否一致；
②起重滑轮组钢丝绳的穿绕方法及滑轮门数、起重有效绳长应完全一致；
③起重钢丝绳的直径应选用同一规格(同一强度等级)；
④起吊卷扬机卷筒上钢丝绳的初始缠绕圈数和长度最好能一致；
⑤在正式起吊前，须进行同步操作训练，在集中统一指挥下同时操作。
2)同步观测装置。用自整角机监测网架在整体吊装中的平衡。
3)网架整体吊装的轴线必须严格控制，确保支座安装的正确性。

(6)抱杆的拆除。网架结构整体安装固定后，抱杆可采用倒拆法拆除。采用倒拆法时，应在网架上弦节点处挂两副起重滑轮组，吊住拔杆，然后由最下一节开始一节节拆除拔杆。必须验算网架结构承载能力，当网架结构本身承载能力许可时，方可采用在上设置滑轮组、抱杆逐段拆除的方法。

(六)网架顶升安装法

网架顶升安装是利用支承结构和千斤顶将网架整体顶升到设计位置，如图 6-41 所示。这种安装法主要适用于多支点支承的各种四角锥网架屋盖安装。

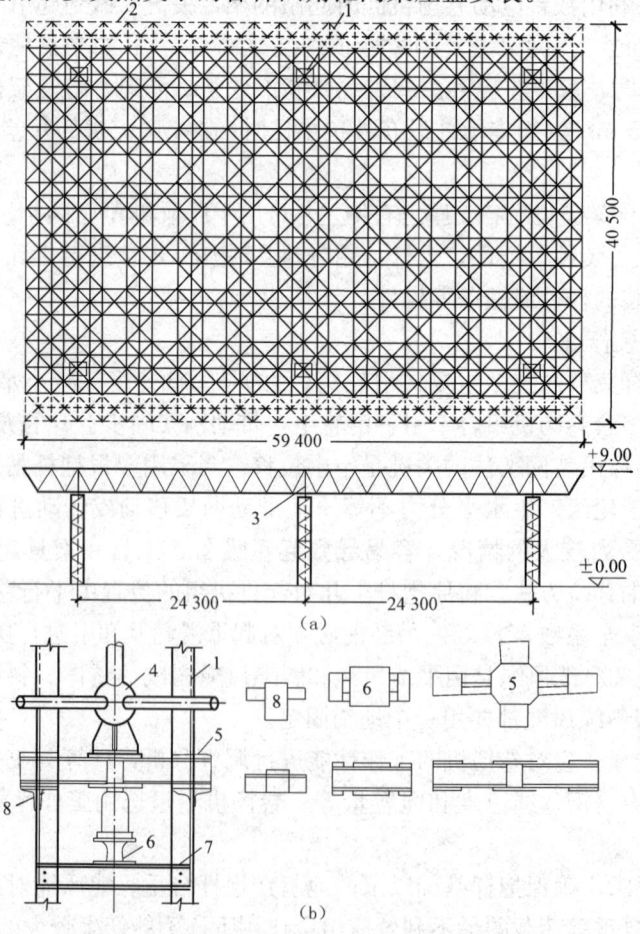

图 6-41 某网架顶升施工图
(a)结构平面及立面图；(b)顶升装置及安装图
1—柱；2—网架；3—柱帽；4—球支座；5—十字梁；6—横梁；7—下缀板；8—上缀板

本法设备简单，不用大型吊装设备，顶升支承结构可利用结构永久性支承柱，拼装网架不需搭设拼装支架，可节省大量机具和脚手架、支墩费用，降低施工成本；操作简便、安全，但顶升速度较慢，对结构顶升的误差控制要求严格，以防失稳。这种方法适用于多支点支承的各种四角锥网架屋盖安装。

1. **网架顶升准备**

(1)顶升用的支承结构一般多利用网架的永久性支承柱，在原支点处或其附近设备临时顶升支架。

(2)顶升千斤顶可采用普通液压千斤顶或螺栓千斤顶，要求各千斤顶的行程和起重速度一致。

(3)网架多采用伞形柱帽的方式，在地面按原位整体拼装。由四根角钢组成的支承柱(临时支架)从腹杆间隙中穿过，在柱上设置缀板作为搁置横梁、千斤顶和球支座用。

(4)上、下临时缀板的间距根据千斤顶的尺寸、冲程、横梁等尺寸确定，应恰为千斤顶使用行程的整数倍，其标高偏差不得大于 5 mm，如用 320 kN 普通液压千斤顶，缀板的间距为 420 mm，即顶一个循环的总高度为 420 mm，千斤顶分 3 次(150 mm＋150 mm＋120 mm)顶升到该标高。

2. **网架顶升施工**

网架顶升施工时，应加强同步控制，以减少网架的偏移，同时还应避免引起过大的附加杆力。网架顶升时，应以预防网架偏移为主，严格控制升差，并设置导轨。网架顶升施工的每一顶升循环工艺过程如图 6-42 所示。

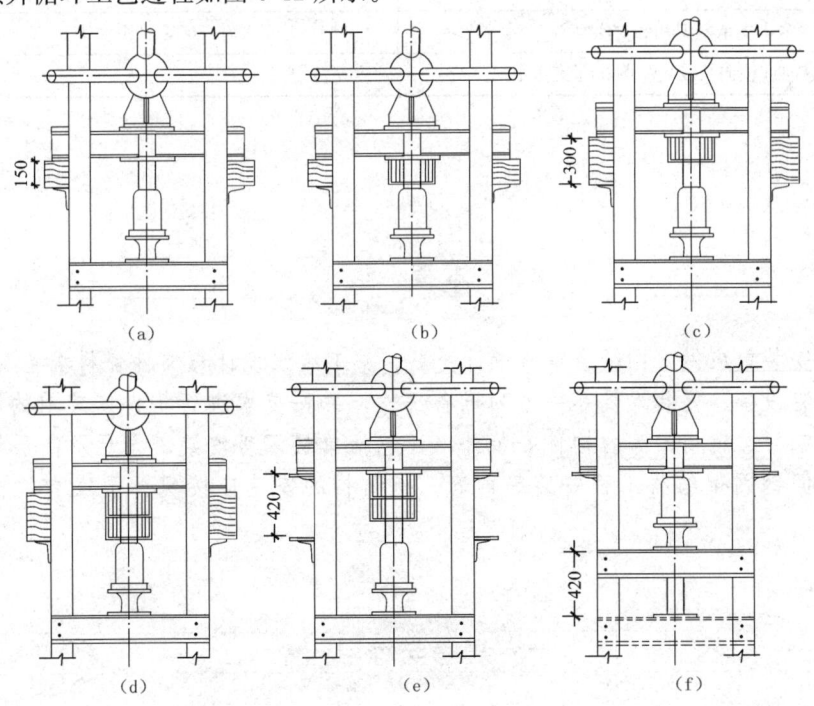

图 6-42 顶升过程图

(a)顶升 150 mm，两侧垫上方形垫块；(b)回油，垫圆垫块；(c)重复(a)过程；
(d)重复(b)过程；(e)顶升 130 mm，安装两侧上缀板；(f)回油，下缀板升一级

顶升应做到同步，各顶升点的升差不得大于相邻两个顶升用的支承结构间距的 1/1 000，且不大于 30 mm；在一个支承结构上设有两个或两个以上千斤顶时，不大于 10 mm。当发现网架偏移过大，可采用在千斤顶垫斜垫或有意造成反向升差逐步纠正。在顶升过程中，网架支座中心对柱基轴线的水平偏移值不得大于柱截面短边尺寸的 1/50 及柱高的 1/500，以免导致支承结构失稳。由于网架的偏移是一种随机过程，纠偏时柱的柔度、弹性变形又给纠偏以干扰，因而纠偏的方向及尺寸并不完全符合主观要求，不能精确地纠偏。

钢结构施工安全管理

四、网架安装质量检验

网架安装完成后，其节点及杆件表面应干净，不应有明显的疤痕、泥沙和污垢。螺栓球节点应将所有接缝用油腻子填嵌严密，并应将多余螺孔密封。钢网架结构安装完成后的允许偏差应符合表 6-20 的规定。

表 6-20 钢网架结构安装的允许偏差　　　　　　　　　　　　　　　mm

项目	允许偏差
纵向、横向长度	$\pm l/2\,000$，且不超过 ± 40.0
支座中心偏移	$l/3\,000$，且不大于 30.0
周边支承网架相邻支座高差	$l_1/400$，且不大于 15.0
支座最大高差	30.0
多点支承网架相邻支座高差	$l_1/800$，且不大于 30.0

注：l 为纵向或横向长度，l_1 为相邻支座距离。

本章小结

钢结构安装前应做好图纸会审与设计变更、施工组织设计与文件资料准备及中转场地、钢构件、安装设备、安装人员等一系列准备工作，并按要求进行构件安装前的测量，本内容除钢柱、钢梁、钢桁架等的构件安装外，还包括单层厂房安装、多层及高层钢结构安装及大跨度空间钢网架结构工程安装等内容。钢结构的安装应按现行国家有关标准的规定执行。

思考与练习

一、填空题

1. 钢结构吊装宜采用＿＿＿＿＿＿和＿＿＿＿＿＿。
2. 平面控制网可根据场区地形条件和建筑物的结构形式，布设＿＿＿＿＿＿或

_____控制网。

3. 建筑物标高的传递宜采用_____的测量方法。
4. 倾斜钢柱安装时，可采用_____和_____进行三维坐标校测。
5. 钢柱的校正工作一般包括_____、_____及_____这三个内容。
6. 单层钢结构建筑可以分为_____和_____两种。
7. 单层厂房构件吊装应先吊装竖向构件，后吊装平面构件，这样施工的目的是_____。

二、选择题

1. 吊索与所吊构件间的水平夹角宜大于（　　）。
   A. 15°　　　　　B. 25°　　　　　C. 35°　　　　　D. 45°
2. 高程测量的精度，不宜低于（　　）水准的精度要求。
   A. 一等　　　　B. 二等　　　　C. 三等　　　　D. 四等
3. 钢柱起吊前，应在柱底板向上（　　）处画一水平线，以便固定前后复查平面标高。
   A. 50～100 mm　　B. 500～1 000 mm　　C. 50～100 cm　　D. 500～1 000 cm
4. 为防止网架在拼装过程中（因网架自重和支架网度较差）出现挠度，可预先设施工起拱，起拱度一般为（　　）。
   A. 5～10 mm　　B. 10～15 mm　　C. 15～20 cm　　D. 20～25 cm

三、问答题

1. 钢结构安装前，图纸会审的步骤是什么？
2. 如何进行锚栓及预埋件的安装？
3. 捯链（手动葫芦）的使用应符合哪些规定？
4. 如何选择千斤顶？
5. 柱基地脚螺栓检查应符合哪些规定？
6. 如何进行多层及高层钢结构安装流水施工段划分？
7. 在钢结构工程中，网架结构主要有哪几种？

第七章 钢结构涂装工程

> **知识目标**
>
> 通过本章内容的学习，了解钢结构的腐蚀与防护及钢结构的耐火极限与防火防护；熟悉防腐、防火涂装设计要求；掌握钢结构防腐、防火涂装施工操作内容、要求及钢结构方法涂装前的表面处理要求。

> **技能目标**
>
> 通过本章内容的学习，能够进行钢结构防腐涂装前的表面处理，完成钢结构的防腐、防火涂装施工操作，并掌握钢结构防腐涂装、防火涂装的涂层厚度检测。

第一节 钢结构防腐涂装

一、钢结构的腐蚀与防护

1. 钢结构的腐蚀

钢结构在常温大气环境中使用，钢材受大气中水分、氧和其他污染物的作用而被腐蚀。大气中的水分吸附在钢材表面形成水膜，是造成钢材腐蚀的决定因素，而大气的相对湿度和污染物的含量，则是影响大气腐蚀程度的重要因素。大气的相对湿度保持在60%以下，钢材的大气腐蚀是很轻微的，但当相对湿度增加到某一数值时，钢材的腐蚀速度突然升高，这一数值称为临界湿度。在常温下，一般钢材的临界湿度为60%~70%。

钢结构腐蚀程度有两种表示方法。一种以腐蚀质量变化来表示，通常以 $g/(m^2 \cdot h)$ 为单位，按下式计算：

$$K = \frac{W}{S \times T} \tag{7-1}$$

式中 K——按质量表示的钢材腐蚀速度[$g/(m^2 \cdot h)$]；

W——钢材腐蚀后损失或增加的质量(g)；

S——钢材的面积(m^2);

T——钢材腐蚀的时间(h)。

另一种以腐蚀深度表示,通常以 mm/a 为单位。它可以利用上述失重的腐蚀速度 K 值进行换算,其计算公式为

$$K' = \frac{K \times 24 \times 365}{100 \times d} = \frac{8.76K}{d} \tag{7-2}$$

式中 K'——按深度表示的腐蚀速度(mm/a);

K——按失重表示的腐蚀速度[$g/(m^2 \cdot h)$];

d——密度(g/m^3)。

金属腐蚀等级标准,是以均匀腐蚀深度来表示的,通常分为三级,详见表 7-1。

表 7-1 均匀腐蚀三级标准

类别	等级	腐蚀深度/($mm \cdot a^{-1}$)
耐腐	1	<0.1
可用	2	0.1~1.0
不可用	3	>1.0

进行结构设计时,要考虑材料的均匀腐蚀深度,即结构件的厚度等于计算的厚度加上腐蚀裕量(材料的年腐蚀深度乘以设计使用年限)。

2. 钢结构腐蚀的防止

根据钢铁腐蚀的电化学原理,只要防止或破坏腐蚀电池的形成或强烈阻滞阴极、阳极过程的进行,就可以防止金属的腐蚀。防止电解质溶液在金属表面沉降或凝结、防止各种腐蚀性介质的污染等,均可达到防止金属腐蚀的目的。采用防护层方法防止钢结构腐蚀是目前通用的方法。

二、涂装前钢材的表面处理

钢结构涂装前,应对钢材表面进行处理。经处理的钢材表面不应有焊渣、焊疤、灰尘、油污、水和毛刺等;对于镀锌构件,酸洗除锈后,钢材表面应露出金属色泽,并应无污渍、锈迹和残留酸液。

构件表面的粗糙度可根据不同底涂层和除锈等级按表 7-2 进行选择,并应按现行国家标准《涂覆涂料前钢材表面处理 喷射清理后的钢材表面粗糙度特性 第 2 部分:磨料喷射清理后钢材表面粗糙度等级的测定方法 比较样块法》(GB/T 13288.2—2011)的有关规定执行。

表 7-2 构件表面粗糙度

钢材底涂层	除锈等级	表面粗糙度 $Ra/\mu m$
热喷锌/铝	Sa3 级	60~100
无机富锌	Sa2-1/2~Sa3 级	50~80
环氧富锌	Sa2-1/2 级	30~75
不便喷砂的部位	St3 级	

(一)表面油污的清除

清除钢材表面的油污,通常采用以下三种方法。

1. 碱液清除法

碱液除油主要是借助碱的化学作用来清除钢材表面上的油脂。该法使用简便,成本低。在清洗过程中要经常搅拌清洗液或晃动被清洗的物件。碱液除油的配方见表 7-3。

表 7-3　碱液除油配方

组成	钢及铸造铁件/(g·L^{-1}) 一般油脂	钢及铸造铁件/(g·L^{-1}) 大量油脂	铝及其合金/(g·L^{-1})
氢氧化钠	20~30	40~50	10~20
碳酸钠	—	80~100	—
磷酸三钠	30~50	—	50~60
水玻璃	3~5	5~15	20~30

2. 有机溶剂清除法

有机溶剂除油是借助有机溶剂对油脂的溶解作用来除去钢材表面上的油污。在有机溶剂中加入乳化剂,可提高清洗剂的清洗能力。有机溶剂清洗液可在常温条件下使用,加热在 50 ℃ 的条件下使用,会提高清洗效率。也可以采用浸渍法或喷射法清除油污,一般喷射法除油效果较好,但浸渍法简单。有机溶剂除油配方见表 7-4。

表 7-4　有机溶剂除油配方

组成	煤油	松节油	月桂酸	三乙醇胺	丁基溶纤剂
质量分数/%	67.0	22.5	5.4	3.6	1.5

3. 乳化碱液清除法

乳液除油是在碱液中加入了乳化剂,使清洗液除具有碱的皂化作用外,还有分散、乳化等作用,增强了除油能力,其除油效率比采用碱液更高。乳化碱液除油配方见表 7-5。

表 7-5　乳化碱液除油配方　　　　　　　　　　　　　　　%

组成	配方(质量分数) 浸渍法	配方(质量分数) 喷射法	配方(质量分数) 电解法
氢氧化钠	20	20	55
碳酸钠	18	15	8.5
三聚磷酸钠	20	20	10
无水偏硅酸钠	30	32	25
树脂酸钠	5	—	—
烷基芳基磺酸钠	5	—	1
烷基芳基聚醚醇	2	—	—
非离子型乙烯氧化物	—	1	0.5

(二)表面旧涂层的清除

在有些钢材表面常带有旧涂层,施工时必须将其清除,常用的方法有以下几种。

1. 碱液清除法

碱液清除法是借助碱对涂层的作用,使涂层松软、膨胀,从而容易除掉。该法与有机溶剂法相比,成本低、生产安全、没有溶剂污染。但需要一定的设备,如加热设备等。

碱液的组成和质量分数应符合表 7-6 的规定。使用时,将上述混合物 6%~15% 的比例加水配制成碱溶液,并加热到 90 ℃左右时,即可进行脱漆。

表 7-6 碱液的组成及质量分数　　　　　　　　　　　　　　　　　　%

组成	质量分数	组成	质量分数
氢氧化钠	77	山梨醇或甘露醇	5
碳酸钠	10	甲酚钠	5
OP-10	3	—	—

2. 有机溶剂清除法

有机溶剂脱漆法具有效率高、施工简单、不需加热等优点,但有一定的毒性、易燃且成本高。

脱漆前应将物件表面上的灰尘、油污等附着物除掉,然后放入脱漆槽中浸泡,或将脱漆剂涂抹在物件表面上,使脱漆剂渗到旧漆膜中,并保持"潮湿"状态,否则应再涂。浸泡 1~2 h 后或涂抹 10 min 左右后,用刮刀等工具轻刮,直至旧漆膜被除净为止。

有机溶剂脱漆剂有两种配方,见表 7-7。

表 7-7 有机溶剂脱漆剂配方

配方(一)		配方(二)			
甲苯	30 份	甲苯	30 份	苯酚	3 份
乙酸乙酯	15 份	乙酸乙酯	15 份	乙醇	6 份
丙酮	5 份	丙酮	5 份	氨水	4 份
石蜡	4 份	石蜡	4 份	—	—

(三)表面锈蚀的清除

钢材表面除锈前,应清除厚的锈层、油脂和污垢;除锈后,应清除钢材表面的浮灰和碎屑。

1. 手工和动力工具除锈

(1)手工和动力工具除锈,可以采用铲刀、手锤或动力钢丝刷、动力砂纸盘或砂轮等工具除锈。

(2)手工除锈施工方便,劳动强度大,除锈质量差,影响周围环境,一般只能除掉疏松的氧化皮、较厚的锈和鳞片状的旧涂层。在金属制造厂加工制造钢结构时不宜采用此法,一般在不能采用其他方法除锈时可采用此法。

(3)动力工具除锈是以压缩空气或电能为动力,使除锈工具产生圆周式或往复式的运动。当与钢材表面接触时,利用其摩擦力和冲击力来清除锈和氧化皮等物。动力工具除锈比手工工具除锈效率高、质量好，是目前一般涂装工程除锈常用的方法。

(4)雨、雪、雾或潮湿度大的天气，不宜在户外进行手工和动力工具除锈；钢材表面经手工和动力工具除锈后，应当满涂上底漆，以防返锈。如在涂底漆前已返锈，则需重新除锈和清理，并及时涂上底漆。

2. 抛射除锈

(1)抛射除锈是利用抛射机叶轮中心吸入磨料和叶尖抛射磨料的作用进行工作的。

(2)抛射除锈常使用的磨料为钢丸和铁丸。磨料的粒径以选用 0.5~2.0 mm 为宜，有的单位认为将 0.5 mm 和 1 mm 两种规格的磨料混合使用效果较好，可以得到适度的表面粗糙度，有利于漆膜的附着和不需增加外加的涂层厚度，并能减小钢材因抛丸而引起的变形。

(3)磨料在叶轮内由于自重的作用，经漏斗进入分料轮，并同叶轮一起高速旋转。磨料分散后，从定向套口飞出，射向物件表面，以高速的冲击和摩擦除去钢材表面的锈和氧化皮等污物。

3. 喷射除锈

喷射除锈是利用经过油、水分离处理过的压缩空气将磨料带入并通过喷嘴以高速喷向钢材表面，利用磨料的冲击和摩擦力将氧化皮、锈及污物等除掉，同时使表面获得一定的粗糙度，以利于漆膜的附着。

喷射除锈有干喷射、湿喷射和真空喷射三种，其除锈等级与抛射除锈相同。

(1)干喷射除锈。喷射压力应根据选用不同的磨料来确定，一般应控制在 4~6 个大气压的压缩空气即可，密度小的磨料采用压力可低些，密度大的磨料采用压力可高些；喷射距离一般以 100~300 mm 为宜；喷射角度以 35°~75°为宜。

喷射操作应按顺序逐段或逐块进行，以免漏喷和重复喷射。一般应遵循先下后上、先内后外以及先难后易的原则进行喷射。

(2)湿喷射除锈。湿喷射除锈一般是以砂子作为磨料的，其工作原理与干喷射法基本相同。它是把水和砂子分别放入喷嘴，在出口处汇合，然后通入压缩空气，使水和砂子高速喷出，形成一道严密的包围砂流的环形水屏，从而减少了大量灰尘飞扬，并达到了除锈目的。

湿喷射除锈用的磨料，可选用洁净和干燥的河砂，其粒径和含泥量应符合磨料要求的规定。喷射用的水，一般为了防止在除锈后涂底漆前返锈，可在水中加入 1.5%的防锈剂(磷酸三钠、亚硝酸钠、碳酸钠和乳化液)，在喷射除锈的同时，使钢材表面钝化，以延长返锈时间。

湿喷砂磨料罐的工作压力为 0.5 MPa，水罐的工作压力为 0.1~0.35 MPa。

如果以直径为 25.4 mm 的橡胶管连接磨料罐和水罐，可用于输送砂子和水。一般喷射除锈能力为 3.5~4 m^2/h，砂子耗用为 300~400 kg/h，水的用量为 100~150 kg/h。

(3)真空喷射除锈在工作效率和质量上与干法喷射基本相同，但它可以避免灰尘污染环境，而且设备可以移动，施工方便。

真空喷射除锈是利用压缩空气将磨料从一个特殊的喷嘴喷射到物件表面上，同时又利用真空原理吸回喷出的磨料和粉尘，再经分离器和滤网把灰尘和杂质除去，剩下清洁的磨料又回到贮料槽，再从喷嘴喷出。如此循环，整个过程都是在密闭条件下进行的，无粉尘污染。

4. 酸洗除锈

酸洗除锈也称化学除锈，其原理就是利用酸洗液中的酸与金属氧化物进行化学反应，使金属氧化物溶解，生成金属盐并溶于酸洗液中，从而除去钢材表面上的氧化物及锈。

酸洗除锈常用的方法有两种，即一般酸洗和综合酸洗。钢材经过酸洗后，很容易被空气所氧化，因此，还必须对其进行钝化处理，以提高其防锈能力。

(1)一般酸洗。酸洗液的性能是影响酸洗质量的主要因素，一般由酸、缓蚀剂和表面活性剂所组成。

1)酸洗除锈所用的酸有无机酸和有机酸两大类。无机酸主要有硫酸、盐酸、硝酸和磷酸等；有机酸主要有醋酸和柠檬酸等。目前国内对大型钢结构的酸洗除锈，主要用硫酸和盐酸，也有用磷酸进行除锈的。

2)缓蚀剂是酸洗液中不可缺少的重要组成部分，大部分是有机物。在酸洗液中加入适量的缓蚀剂，可以防止或减少在酸洗过程中产生"过蚀"或"氢脆"现象，同时也减少了酸雾。

3)由于酸洗除锈技术的发展，在现代的酸洗液配方中，一般都要加入表面活性剂。它是由亲油性基和亲水性基两个部分所组成的化合物，具有润湿、渗透、乳化、分散、增溶和去污等作用。

4)不同的缓蚀剂在不同的酸洗液中，缓蚀的效率也不一样。因此，在选用缓蚀剂时，应根据使用的酸进行选择。各种酸洗液中常用的缓蚀剂及其特性见表7-8。

表7-8　常用酸洗缓蚀剂的特性

名　称	组　成	状　态	使用量/(g·L^{-1})	缓蚀效率/% 在10%硫酸中	在10%盐酸中	在10%磷酸中	允许使用温度/℃
若丁	二邻甲苯基硫脲、氯化钠糊精等	黄色粉状物	4～5	96.3	—	98.3	80
Ⅱ®-5缓蚀剂	苯胺、六次甲基四胺缩合物等	棕黄色液体	4～5	—	96.8	—	50
六次甲基四胺	(乌洛托品)	白色粉状物	5～6	70.4	89.6	—	40
54牌缓蚀剂	二邻甲苯基硫脲	黄色粉状物	4～5	96.3	—	98.3	80
KC缓蚀剂	磺酸化蛋白质	黄色粉状物	4	60.0	—	—	60
沈1-D缓蚀剂	苯胺与甲醛的混合物	棕黄色半透明液体	5	—	96.2	—	50
硫脲	—	白色粉状物	4	74.0	—	93.4	60
硫脲+4502	—	白色粉状物	1+1	—	—	99	90
六次甲基四胺和三氧化二砷	—	白色粉状物	5+0.075	93.7	98.2	—	40
9号缓蚀剂	—	—	2	—	—	98.5	60

(2)综合酸洗。综合酸洗法是对钢材进行除油、除锈、钝化及磷化等几种处理方法的综合。根据处理种类的多少，综合酸洗法可分为以下三种：

1)"二合一"酸洗。"二合一"酸洗是同时进行除油和除锈的处理方法，减去了一般酸洗方法的除油工序，提高了酸洗效率。

2)"三合一"酸洗。"三合一"酸洗是同时进行除油、除锈和钝化的处理方法，与一般酸洗方法相比，减去了除油和钝化两道工序，较大程度地提高了酸洗效率。

3)"四合一"酸洗。"四合一"酸洗是同时进行除油、除锈、钝化和磷化的综合方法，减去了一般酸洗方法的除油、磷化和钝化三道工序，与使用磷酸一般酸洗方法相比，大大地提高了酸洗效率。但与使用硫酸或盐酸一般酸洗方法相比，由于磷酸对锈、氧化皮等的反应速度较慢，因此酸洗的总效率并没有提高，而费用却提高很多。

一般来说，"四合一"酸洗方法，不宜用于钢结构除锈，主要适用于机械加工件的酸洗——除油、除锈、磷化和钝化。

(3)钝化处理。钢材酸洗除锈后，为了延长其返锈时间，常采用钝化处理法对其进行处理，以便在钢材表面上形成一种保护膜，以提高其防锈能力。常用钝化液的配方及工艺条件见表7-9。

表7-9 钝化液配方及工艺条件

材料名称	配合比/(g·L^{-1})	工作温度/℃	处理时间/min
重铬酸钾	2~3	90~95	0.5~1
重铬酸钾 碳酸钠	0.5~1 1.5~2.5	60~80	3~5
亚硝酸钠 三乙醇胺	3 8~10	室温	5~10

根据具体施工条件，可采用不同的处理方法，一般是在钢材酸洗后，立即用热水冲洗至中性，然后进行钝化处理。也可在钢材酸洗后，立即用水冲洗，然后用浓度为5%的碳酸钠水溶液进行中和处理，再用水冲洗以洗净碱液，最后进行钝化处理。

酸洗除锈比手工和动力机械除锈的质量高，与喷射方法除锈质量等级 Sa2½ 基本相当，但酸洗后的表面不能像喷射除锈后那样形成适应于涂层附着的表面粗糙度。

5. 火焰除锈

钢材火焰除锈是指在火焰加热作业后，以动力钢丝刷清除加热后附着在钢材表面的产物。钢材表面除锈前，应先清除附着在钢材表面上较厚的锈层，然后在火焰上加热除锈。

钢结构镀锌处理

三、防腐涂装设计

钢结构防腐涂装的目的是防止钢结构锈蚀，延长其使用寿命。而防腐涂层作用如何取决于涂层的质量，涂层质量的好坏又取决于涂装设计、涂装施工和涂装管理。

钢结构涂装设计的内容包括除锈方法的选择和除锈质量等级的确定、涂料品种的选择、涂层结构和涂层厚度的设计等。涂装设计是涂装管理的依据和基础，是决定涂层质量的重要因素。

1. 表面除锈方法

钢材表面除锈方法主要有手工除锈、机械除锈、喷射或抛射除锈、酸洗(化学)除锈和火焰除锈等。各种除锈方法的特点见表7-10；不同除锈方法的防护效果见表7-11。

表 7-10　各种除锈方法的特点

除锈方法	设备工具	优点	缺点
手工、机械	砂布、钢丝刷、铲刀、尖锤、平面砂磨机、动力钢丝刷等	工具简单，操作方便，费用低	劳动强度大、效率低、质量差，只能满足一般涂装要求
喷射	空气压缩机、喷射机、油水分离器等	能控制质量，获得不同要求的表面粗糙度	设备复杂，需要一定的操作技术，劳动强度较高、费用高，污染环境
酸洗	酸洗槽、化学药品、厂房等	效率高，适用大批件，质量较高，费用较低	污染环境，废液不易处理，工艺要求较严

表 7-11　不同除锈方法的防护效果　　　　　　　　　　年

除锈方法	红丹、铁红各两道	两道铁红
手工	2.3	1.2
A级不处理	8.2	3.0
酸洗	>9.7	4.6
喷射	>10.3	6.3

选择除锈方法时，除要根据各种方法的特点和防护效果外，还要根据涂装的对象、目的、钢材表面的原始状态、要求的除锈等级、现有施工设备和条件以及施工费用等，进行综合比较确定。

对钢结构涂装来讲，由于工程量大、工期紧，钢材的原始表面状态复杂，又要求有较高的除锈质量。一般采用酸洗法可以满足工期和质量的要求，成本费用也不高。

2. 钢材表面除锈等级

(1)采用手工和动力工具除锈，可以字母"St"来表示，其文字叙述如下：

1)St2——彻底的手工和动力工具除锈。钢材表面应无可见的油脂和污垢，并且没有附着不牢(指氧化皮、铁锈和油漆涂层等能以金属腻子刀从钢材表面剥离掉)的氧化皮、铁锈和油漆涂层等附着物(指焊渣、焊接飞溅物和可溶性盐等)。

2)St3——非常彻底的手工和动力工具除锈。钢材表面应无可见的油脂和污垢，并且没有附着不牢的氧化皮、铁锈和油漆涂层等附着物。除锈应比 St2 更为彻底，底材显露部分的表面应具有金属光泽。

(2)抛射除锈可分为四个等级，以字母"Sa"表示，除文字叙述外，还有四张除锈等级标准照片，以共同确定除锈等级。其文字部分的叙述如下：

1)Sa1——轻度的喷射或抛射除锈。钢材表面应无可见的油脂或污垢，并且没有附着不牢的氧化皮、铁锈和油漆涂层等附着物。

2)Sa2——彻底的喷射或抛射除锈。钢材表面无可见的油脂和污垢，并且氧化皮、铁锈等附着物已基本清除，其残留物应是牢固附着的。

3)Sa2½——非常彻底的喷射或抛射除锈。钢材表面无可见的油脂、污垢、氧化皮、铁锈和油漆涂层等附着物，任何残留的痕迹应仅是点状或条纹状的轻微色斑。

4)Sa3——使钢材表面洁净的喷射或抛射除锈。钢材表面应无可见的油脂、污垢、氧化皮、铁锈和油漆涂层等附着物，该表面应显示均匀的金属光泽。

(3)钢材火焰除锈以字母"F1"表示。钢材火焰除锈等级的文字叙述如下：

F1——火焰除锈。钢材表面应无氧化皮、铁锈和油漆涂层等附着物，任何残留的痕迹应仅为表面变色(不同颜色的暗影)。

3. 涂料品种的选择

选择涂料时，除考虑涂料的优缺点外，还应重点考虑以下因素：

(1)使用场合和环境是否有化学腐蚀作用的气体，是否为潮湿环境。

(2)是打底用，还是罩面用。

(3)选择涂料时应考虑在施工过程中涂料的稳定性、毒性及所需的温度条件。

(4)按工程质量要求、技术条件、耐久性、经济效果、非临时性工程等因素，来选择适当的涂料品种。不应将优质品种降格使用，也不应勉强使用达不到性能指标的品种。

4. 涂层的结构

钢结构涂层的结构形式主要有以下三种：

(1)漆—中间漆—面漆。如红丹醇酸防锈漆—云铁醇酸中间漆—醇酸磁漆。

特点：底漆附着力强、防锈性能好；中间漆兼有底漆和面漆的性能，是理想的过渡漆，特别是厚浆型的中间漆，可增加涂层厚度；面漆防腐、耐候性好。底、中、面结构形式，既发挥了各层的作用，又增强了综合作用。这种形式为目前国内外采用较多的涂层结构形式。

(2)底漆—面漆。如铁红酚醛底漆—酚醛磁漆。

特点：只发挥了底漆和面漆的作用，明显不如上一种形式。这是我国以前常采用的形式。

(3)底漆和面漆是一种漆。如有机硅漆。

特点：有机硅漆多用于高温环境，因没有有机硅底漆，只好把面漆也作为底漆用。

5. 涂层厚度

钢结构防腐涂层一般由基本涂层、防护涂层和附加涂层三部分组成。基本涂层厚度是指涂料在钢材表面形成均匀、致密、连续漆膜所需的最薄厚度(包括填平粗糙度波峰所需的厚度)；防护涂层厚度是指涂层在使用环境中，在维护周期内受到腐蚀、粉化、磨损等所需的厚度；附加涂层厚度是指因以后涂装维修困难和留有安全系数所需的厚度。

钢结构涂装设计的重要内容之一，是确定涂层厚度。确定涂层厚度时，应考虑钢材表面原始状况、钢材除锈后的表面粗糙度、选用的涂料品种、钢结构使用环境对涂料的腐蚀程度及预想的维护周期和涂装维护的条件。

涂层厚度应根据需要来确定，过厚虽然可增强防腐力，但附着力和机械性能都要降低；过薄易产生肉眼看不到的针孔和其他缺陷，起不到隔离环境的作用。钢结构涂装涂层厚度可参考表7-12确定。

表7-12 钢结构涂装涂层厚度　　μm

涂料品种	基本涂层和防护涂层					附加涂层
	城镇大气	工业大气	化工大气	海洋大气	高温大气	
醇酸漆	100～150	125～175	—	—	—	25～50
沥青漆	—	—	150～210	180～240	—	30～60

续表

涂料品种	基本涂层和防护涂层					附加涂层
	城镇大气	工业大气	化工大气	海洋大气	高温大气	
环氧漆	—	—	150～200	175～225	150～200	25～50
过氯乙烯漆	—	—	160～200	—	—	20～40
丙烯酸漆	—	100～140	120～160	140～180	—	20～40
聚氨酯漆	—	100～140	120～160	140～180	—	20～40
氯化橡胶漆	—	120～160	140～180	160～200	—	20～40
氯磺化聚乙烯漆	—	120～160	140～180	160～200	120～160	20～40
有机硅漆	—	—	—	—	100～140	20～40

四、防腐涂装施工

钢结构防腐涂料施工应在喷射除锈或其他方式除锈后 8 h 内进行。严禁在表面无处理且有污染、脏物、浮锈的情况下进行涂装作业。

(一)作业条件

(1)施工环境应通风良好、清洁和干燥,室内施工环境温度应在 0 ℃以上,室外施工时环境温度为 5 ℃～38 ℃,相对湿度不大于 85%。

(2)钢结构制作或安装的完成、校正及交接验收合格。

(3)注意与土建工程配合,特别是与装饰、涂料工程要编制交叉计划及措施。

(4)涂装操作人员应穿工作服,戴乳胶手套、防尘口罩、防护眼镜、防毒口罩等防护用品。

(5)雨天或钢结构表面结露时,不宜作业。冬期施工应在采暖条件下进行,室温必须保持均衡。

(二)涂料预处理

涂装施工前,应对涂料型号、名称和颜色进行校对,同时检查制造日期。如超过贮存期,应重新取样检验,质量合格后才能使用,否则禁止使用。

涂料选定后,通常要进行以下处理操作程序,然后才能施涂。

1. 开桶

开桶前应将桶外的灰尘、杂物除尽,以免其混入油漆桶内。同时对涂料的名称、型号和颜色进行检查,看是否与设计规定或选用要求相符合;检查制造日期是否超过贮存期,凡不符合的,应另行研究处理。若发现有结皮现象,应将漆皮全部取出,以免影响涂装质量。

2. 搅拌

将桶内的油漆和沉淀物全部搅拌均匀后才可使用。

3. 混合

对于双组分的涂料,使用前必须严格按照说明书所规定的比例来混合。双组分涂料一旦配合比混合后,就必须在规定的时间内用完。

4. 熟化

两组分涂料混合搅拌均匀后,需要过一定熟化时间才能使用,对此应引起注意,以保证漆膜的性能。

5. 稀释

有的涂料因贮存条件、施工方法、作业环境、气温的高低等不同情况的影响,在使用时,有时需用稀释剂来调整黏度。

6. 过滤

过滤是将涂料中可能产生的或混入的固体颗粒、漆皮或其他杂物滤掉,以免这些杂物堵塞喷嘴及影响漆膜的性能和外观。通常可以使用80～120目的金属网或尼龙丝筛进行过滤,以达到质量控制的目的。

(三)涂刷防锈底漆

涂底漆一般应在金属结构表面清理完毕后就施工,否则金属表面又会重新氧化生锈。涂刷方法是用油刷上下铺油(开油),横竖交叉地将油刷匀,再把刷迹理平。

可用设计要求的防锈漆在金属结构上满刷一遍。如原来已刷过防锈漆,应检查其有无损坏及有无锈斑。凡有损坏及锈斑处,应将原防锈漆层铲除,用钢丝刷和砂布彻底打磨干净后,再补刷防锈漆一遍。

采用油基底漆或环氧底漆时,应均匀地涂或喷在金属表面上,施工时将底漆的黏度调到:喷涂为18～22 St,刷涂为30～50 St。

底漆以自然干燥居多,使用环氧底漆时也可进行烘烤,质量比自然干燥要好。

(四)局部刮腻子

1. 施工要求

待防锈底漆干透后,将金属面的砂眼、缺棱、凹坑等处用石膏腻子刮抹平整。石膏腻子配合比(质量比)为石膏粉:熟桐油:油性腻子(或醇酸腻子):底漆:水=20:5:10:7:45。

可采用油性腻子和快干腻子。用油性腻子一般在12～24 h才能全部干燥;而用快干腻子干燥较快,并能很好地黏附于所填嵌的表面,因此,在部分损坏或凹陷处使用快干腻子可以缩短施工周期。

另外,也可用铁红醇酸底漆50%加光油50%混合拌匀,并加适量石膏粉和水调成腻子打底。

一般第一道腻子较厚,因此,在拌和时应酌量减少油分,增加石膏粉用量,可一次刮成,不必求得光滑。第二道腻子需要平滑光洁,因而在拌和时可增加油分,腻子调得薄些。刮涂腻子时,可先用橡皮刮或钢刮刀将局部凹陷处填平。待腻子干燥后,应加以砂磨,并抹除表面灰尘,然后再涂刷一层底漆,接着再上一层腻子。刮腻子的层数应视金属结构的不同情况而定。金属结构表面一般可刮2～3道。每刮完一道腻子,待干后要进行砂磨,头道腻子比较粗糙,可用粗铁砂布垫木块砂磨;第二道腻子可用细铁砂或240号水砂纸砂磨;最后两道腻子可用400号水砂纸仔细地打磨光滑。

2. 施工方法

(1)涂刷操作。涂刷必须按设计和规定的层数进行,必须保证涂刷层次及厚度。涂第一遍油漆时,应分别选用带色铅油或带色调和漆、磁漆涂刷,但此遍漆应适当掺加配套的稀释剂或稀料,以实现盖底、不流淌、不显刷迹。涂刷时厚度应一致,不得漏刷。冬期施工宜适当加些催干剂(铅油用铅锰催干剂),掺量为2%~5%(质量比);磁漆等可用钴催干剂,掺量一般小于0.5%。如果设计要求需要复补腻子,需将前数遍腻子干缩裂缝或残缺不足处,再用带色腻子局部补一次,复补腻子要与第一遍漆色相同。如设计要求磨光(属中、高级油漆)时,宜用1号以下细砂布打磨,用力应轻而匀,注意不要磨穿漆膜。涂刷第二遍油漆时,如为普通油漆且为最后一层面漆,应用原装油漆(铅油或调和漆)涂刷,但不宜掺催干剂。如设计中要求磨光的,应予以磨光。

涂刷完成后,应用潮布擦净。将干净潮布反复在已磨光的油漆面上揩擦干净,注意不要粘上擦布上的细小纤维。

(2)喷漆操作。喷漆施工时,应先喷头道底漆,黏度控制在20~30 St,气压0.4~0.5 MPa,喷枪距物面20~30 cm,喷嘴直径以0.25~0.3 cm为宜。先喷次要面,后喷主要面。

喷漆施工时,应注意以下事项:

1)在喷漆施工时,应注意通风、防潮、防火。工作环境及喷漆工具应保持清洁,气泵压力应控制在0.6 MPa以内,并应检查安全阀是否失灵。

2)在喷大型工件时,可采用电动喷漆枪或用静电喷漆。

3)使用氨基醇酸烘漆时,要进行烘烤,物件在工作室内喷好后应先放在室温中流平15~30 min,然后再放入烘箱。先用低温60 ℃烘烤1/2 h后,再按烘漆预定的烘烤温度(一般在120 ℃左右)进行恒温烘烤1.5 h,最后降温至工件干燥温度,出箱。

凡用于喷漆的一切油漆,使用时必须掺加相应的稀释剂或相应的稀料,掺量以能顺利喷出呈雾状为准(一般为漆重的1倍左右),并通过0.125 mm孔径筛清除杂质。一个工作物面层或一项工程上所用的喷漆量宜一次配够。干后用快干腻子将缺陷及细眼找补填平;腻子干透后,用水砂纸将刮过腻子的部分和涂层全部打磨一遍。擦净灰迹待干后再喷面漆,黏度控制在18~22 St。喷涂底漆和面漆的层数要根据产品的要求而定,面漆一般可喷2~3道;要求高的物件(如轿车)可喷4~5道。

每次都用水砂打磨,越到面层,要求水砂越细,质量越高。如需增加面漆的亮度,可在漆料中加入硝基清漆(加入量不超过20%),调到适当黏度(15 St)后喷1~2遍。

(五)二次涂装

二次涂装一般是指由于作业分工在两地或分两次进行施工的涂装。但前道漆涂完后,超过1个月再涂下一道漆,也应算作二次涂装。进行二次涂装时,应按相关规定进行表面处理和修补。

(1)表面处理。对于海运产生的盐分、陆运或存放过程中产生的灰尘都要除干净,方可涂下道漆。如果涂漆间隔时间过长,前道漆膜可能因老化而粉化(特别是环氧树脂漆类),要求进行"打毛"处理,使表面干净和增加粗糙度,来提高附着力。

(2)修补。修补所用的涂料品种、涂层层次与厚度、涂层颜色应与原设要求一致。表面处理可采用手工机械除锈方法,但要注意油脂及灰尘的污染。在修补部位与不修补部位的边缘处,宜有过渡段,以保证搭接处的平整和附着牢固。对补涂部位的要求也应与上述相同。

五、防腐涂层厚度检测

防腐涂层的厚度检测应在涂层干燥后及外观检查合格后进行。检测时，构件的表面不应有结露。防腐涂层的检测设备为涂层厚度仪，其最大量程不应小于 1 200 μm，最小分辨率不应大于 2 μm，示值相对误差不应大于 3%。另外，应注意，使用涂层测厚仪检测时，应避免电磁干扰。测试构件的曲率半径应符合仪器的使用要求。在测量弯曲试件表面时，应考虑其对测试准确度的影响。

同一构件应检测 5 处，每处应检测 3 个相距 50 mm 的测点。测点部位的涂层应与钢材附着良好。检测步骤如下：

(1)确定检测位置。确定的检测位置应有代表性，在检测区域内分布宜均匀。

(2)测试前准备。检测前应清除测试点表面的防火涂层、灰尘、油污等。检测前还应对仪器进行校准。校准宜采用两点校准，经校准后方可测试。仪器的校准应使用与被测构件基体金属具有相同性质的标准片进行，也可用待涂覆构件进行校准。检测期间关机再开机后，应对仪器重新校准。

(3)测试。测试时，测点距构件边缘或内转角处的距离不宜小于 20 mm。探头与测点表面应垂直接触，接触时间宜保持 1~2 s，读取仪器显示的测量值，对测量值应进行打印或记录。

(4)检测结果的评价。每处 3 个测点的涂层厚度平均值不应小于设计厚度的 85%，同一构件上 15 个测点的涂层厚度平均值不应小于设计厚度。当设计对涂层厚度无要求时，涂层干漆膜总厚度：室外应为 150 μm，室内应为 125 μm，其允许偏差应为 -25 μm。

钢结构防腐施工常见问题与处理措施

第二节　钢结构防火涂装

一、钢结构的耐火极限与保护

钢结构虽然是不燃烧体，但易导热、怕火烧。普通建筑钢的热导率是 67.63 W/(m·K)。研究表明，未加防火保护的钢结构在火灾温度作用下，只需 10 多分钟，自身温度就可达 540 ℃以上，钢材的机械力学性能(包括屈服点、抗压强度、弹性模量及荷载能力等)迅速下降；达到 600 ℃时，强度则几乎为零。因此，在火灾作用下，钢结构不可避免地扭曲变形，最终垮塌毁坏。

根据《建筑设计防火规范(2018 年版)》(GB 50016—2014)的规定，钢结构的耐火极限应满足表 7-13 的规定。在钢结构防火设计时，只需满足钢构件的耐火极限大于规范要求的耐火极限即可。

表 7-13　钢结构耐火极限

构件名称	耐火极限/h
无保护层的钢柱	0.25
有保护层：用金属网抹灰或以混凝土作保护层，其厚度为：2.5 mm	0.70
5.0 cm	2.00
用普通黏土砖作保护层，其厚度为：6 cm	2.00
12 cm	5.00
用黏土空心砖作保护层，其厚度为：3 cm	1.20
6 cm	2.80
用陶粒混凝土板作保护层，其厚度为：4 cm	1.10
5 cm	1.50
7 cm	2.00
8 cm	2.50
10 cm	3.00
无保护钢梁、钢桁架	0.25
钢梁有混凝土或钢丝网抹灰粉刷保护层，其保护层厚度为：1 cm	0.75
2 cm	2.00
3 cm	3.00

钢构件虽是非燃烧体，但未保护的钢柱、钢梁、钢楼板和屋顶承重构件的耐火极限仅为 0.25 h，为满足规范规定的 1~3 h 的耐火极限的要求，必须施加防火保护。钢结构防火是建筑设计中必不可少的一个方面。钢结构防火保护的目的，就是在其表面提供一层绝热或吸热的材料，隔离火焰直接燃烧钢结构，阻止热量迅速传向钢基材，推迟钢结构温度升高的时间，使之达到规范规定的耐火极限要求，以有利于安全疏散和消防灭火，避免和减轻火灾损失。

二、防火涂装设计

我国现行建筑和企业设计规范中规定，为了保障人身和财产的安全，贯彻"预防为主，消防结合"的消防工作方针，防止和减少火灾危害，需积极采用行之有效的先进防火技术，做到促进生产、保障安全、方便使用、经济合理。

(一)防火涂层厚度的确定

确定防火涂层的厚度时，涂层质量应计算在结构荷载内，但不得超过允许范围。对于裸露及露天钢结构的防火涂层，应规定外观平整度和颜色装饰要求。

1. 涂层厚度计算

根据设计所确定的耐火极限来设计涂层的厚度，可直接选择有代表性的钢构件，喷涂防火涂料做耐火试验，由实测数据确定设计涂层的厚度；也可根据标准耐火试验数据，对不同规格的钢构件按下式计算定出涂层厚度：

$$T_1 = \frac{W_m/D_m}{W_1/D_1} \times T_m \times K \tag{7-3}$$

式中　　T_1——待确定的钢构件涂层厚度；

T_m——标准试验时的涂层厚度；

W_1——待喷涂的钢构件质量(kg/m)；

W_m——标准试验时的钢构件质量(kg/m)；

D_1——待喷涂的钢构件防火涂层接触面周长(m)；

D_m——标准试验时的钢构件防火涂层接触面周长(m)；

K——系数，对钢梁，$K=1$，对钢柱，$K=1.25$。

2. 涂层厚度测定

测定防火涂层的厚度应采用厚度测量仪。它是由针杆和可滑动的圆盘组成，圆盘始终保持与针杆垂直，并在其上装有固定装置。圆盘直径不大于 30 mm，以保持完全接触被测试件的表面。测试时，将测厚探针垂直插入防火涂层直至钢材表面上，记录标尺读数。当厚度测量仪不易插入被插试件中，也可使用其他适宜的方法测试。

测定楼板和防火墙防火涂层的厚度时，应先确定相邻两纵横轴线相交中的面积为一个单元，然后在其对角线上每米确定一点进行测试。

测定框架结构梁、柱防火涂层厚度时，在构件长度内每隔 3 m 取一截面，按图 7-1 所示位置测试。

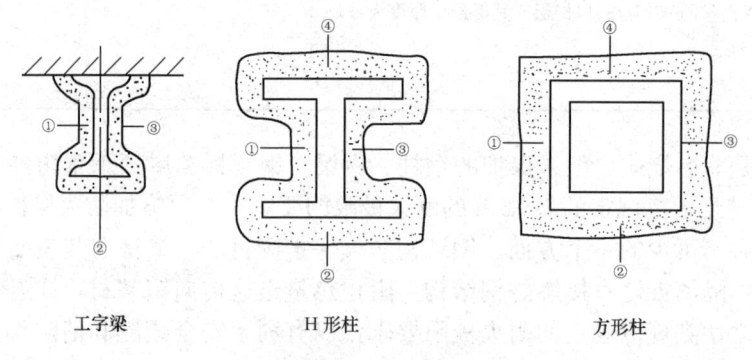

图 7-1　测点示意

在桁架结构中，测定上、下弦涂层厚度时，应每隔 3 m 取一截面检测，其他腹杆每一根取一截面检测。

对于楼板和墙面，在所选择的面积中，至少测出 5 个点；对于梁和柱，在所选择的位置中分别测出 6 个和 8 个点，分别计算出它们的平均值，精确至 0.5 mm。

(二)涂层外观及喷涂方式

(1)建筑物中的隐蔽钢结构，只需保证厚度，不要求涂层外观与颜色；保护裸露钢结构以及露天钢结构的防火涂层，特别是 4 mm 下的钢结构，可以规定出外观平整度和颜色装饰要求，以便订货和施工时加以保证，并以此要求进行验收。

(2)为确保钢结构的安全，防火涂层的质量要计算在结构荷载内。对于轻钢屋架，采用厚涂型防火涂料保护时，有可能超过允许的荷载规定，而采用薄涂型防火涂料时，增加的荷载一般都在允许范围内。

(3)建(构)筑的钢结构是全喷还是部分喷涂，需明确规定。为满足规范规定的耐火极限要求，建筑物中承重钢结构的各受火部位均应喷涂，且各个面的保护层应有相同的厚度。

(4)石化企业中的露天钢结构,当使用的钢结构防火涂料与防腐装饰涂料能配套,不会发生化学变化时,可以在涂完防锈底漆后就直接喷涂防火涂料,最后再涂防腐装饰涂料。这样有利于保证涂层外观颜色协调,且增强了涂层抵御化工环境大气腐蚀的能力,又由于代替了防火面涂料,可节约部分经费。

(5)目前,钢结构防锈漆采用普通铁红防锈。这种漆耐温性仅为 70 ℃～80 ℃,不利于防火涂层在火焰中与钢结构的黏结,应使用耐温性能达 500 ℃左右的高温防锈漆为好。

(三)建筑物耐火等级的划分

划分建筑物的耐火等级,是《建筑设计防火规范(2018 年版)》(GB 50016—2014)中规定的防火技术措施中最基本的措施之一,它要求建筑物在火灾高温的持续作用下,墙、柱、梁、楼板、屋盖、楼梯、吊顶等基本建筑物体,能在一定的时间内不破坏,不传播火灾,从而起到延缓或阻止火势蔓延的作用。根据我国的实际情况,民用建筑的耐火等级可划分为一、二、三、四级。除《建筑设计防火规范(2018 年版)》(GB 50016—2014)另有规定外,不同耐火等级建筑相应构件的燃烧性能和耐火极限不应低于表 7-14 的规定。

表 7-14 不同耐火等级建筑相应构件的燃烧性能和耐火极限　　　　h

构件名称		耐火等级			
		一级	二级	三级	四级
墙	防火墙	不燃性 3.00	不燃性 3.00	不燃性 3.00	不燃性 3.00
	承重墙	不燃性 3.00	不燃性 2.50	不燃性 2.00	难燃性 0.50
	非承重外墙	不燃性 1.00	不燃性 1.00	不燃性 0.50	可燃性
	楼梯间和前室的墙 电梯井的墙 住宅建筑单元之间的墙和分户墙	不燃性 2.00	不燃性 2.00	不燃性 1.50	难燃性 0.50
	疏散走道两侧的隔墙	不燃性 1.00	不燃性 1.00	不燃性 0.50	难燃性 0.25
	房间隔墙	不燃性 0.75	不燃性 0.50	难燃性 0.50	难燃性 0.25
柱		不燃性 3.00	不燃性 2.50	不燃性 2.50	难燃性 0.50
梁		不燃性 2.00	不燃性 1.50	不燃性 1.00	难燃性 0.50
楼板		不燃性 1.50	不燃性 1.00	不燃性 0.50	可燃性
屋顶承重构件		不燃性 1.50	不燃性 1.00	可燃性 0.50	可燃性
疏散楼梯		不燃性 1.50	不燃性 1.00	不燃性 0.50	可燃性
吊顶		不燃性 0.25	难燃性 0.25	难燃性 0.15	可燃性

注:1. 除《建筑防火设计规范(2018 年版)》(GB 50016-2014)另有规定外,以木柱承重且墙体采用不燃材料的建筑,其耐火等级应按四级确定。
2. 住宅建筑构件的耐火极限和燃烧性能可按现行国家标准《住宅建筑规范》(GB 50368-2005)的规定执行。

三、防火涂装施工

(一)厚涂型防火涂料施工

厚涂型防火涂料多采用喷涂方法。常用的施工机具为压送式喷涂机或挤压泵,并配有能自动调压的 0.6～0.9 m³/min 空压机,喷枪口径为 6～12 mm,空气压力为 0.4～0.6 MPa。局部修补可采用抹灰刀等工具手工抹涂。

1. 涂料的调配

配料时应严格按配合比加料或加稀释剂,并使稠度适宜,边配边用。由工厂制造好的单组分湿涂料,现场应采用便携式搅拌器搅拌均匀。由工厂提供的干粉料,现场加水或其他稀释剂调配,应按涂料说明书规定配合比混合搅拌,边配边用。由工厂提供的双组分涂料,按配制涂料说明书规定的配合比混合搅拌,边配边用。特别是化学固化干燥的涂料,配制的涂料必须在规定的时间内用完。

搅拌和调配涂料,使稠度适宜,能在输送管道中畅通流动,喷涂后不会流淌和下坠。

2. 涂料喷涂施工

喷涂施工应分遍完成,每遍喷涂厚度宜为 5~10 mm,必须在前一遍基本干燥或固化后,再喷涂后一遍。喷涂保护方式、喷涂次数与涂层厚度应根据防火设计要求确定。耐火极限为 1~3 h,涂层厚度为 10~40 mm,一般需喷 2~5 次。

喷涂时,持枪手紧握喷枪,注意移动速度,不能在同一位置久留,以免造成涂料堆积流淌;输送涂料的管道长而笨重,应配助手来帮助移动和托起管道;配料及往挤压泵加料均要连续进行,不得停顿。施工过程中,操作者应采用测厚针检测涂层厚度,直到符合设计规定的厚度,方可停止喷涂。

喷涂后的涂层要适当维修,对明显的乳突,应用抹灰刀等工具剔除,以确保涂层表面均匀。

当防火涂层出现下列情况之一时,应重喷:

(1)涂层干燥固化不好,黏结不牢或粉化、空鼓、脱落时。

(2)钢结构的接头、转角处的涂层有明显凹陷时。

(3)涂层表面有浮浆或裂缝宽度大于 1.0 mm 时。

(4)涂层厚度小于设计规定厚度的 85% 时,或涂层厚度虽大于设计规定厚度的 85%,但未达到规定厚度的涂层的连续面积长度超过 1 m 时。

(二)薄涂型防火涂料施工

喷涂底层(包括主涂层,以下相同)涂料,宜采用重力(或喷斗)式喷枪,配能够自动调压的 0.6~0.9 m^3/min 的空压机。喷嘴直径为 4~6 mm,空气压力为 0.4~0.6 MPa。

面层装饰涂料,可以刷涂、喷涂或滚涂,一般采用喷涂施工。喷底层涂料的喷枪,将喷嘴直径换为 1~2 mm,空气压力调为 0.4 MPa 左右,即可用于喷面层装饰涂料。

局部修补或小面积施工,或者机器设备已安装好的厂房,不具备喷涂条件时,可用抹灰刀等工具进行手工抹涂。

1. 涂料的调配

运送到施工现场的钢结构防火涂料,应采用便携式电动搅拌器予以适当搅拌,使其均匀一致,方可用于喷涂。双组分包装的涂料,应按说明书规定的配合比进行现场调配,边配边用。单组分包装的涂料,应充分搅拌。搅拌和调配好的涂料,应稠度适宜,喷涂后不发生流淌和下坠现象。

2. 底层喷涂施工

当钢基材表面除锈和防锈处理符合要求,尘土等杂物清除干净后方可施工。

底涂层一般应喷 2~3 遍,每遍 4~24 h,待前遍基本干燥后再喷后一遍。头遍喷涂盖住基底面 70% 即可,第二、三遍喷涂时,每遍厚度以不超过 2.5 mm 为宜。每喷 1 mm 厚的涂层,消耗湿涂料 1.2~1.5 kg/m^2。

喷涂时，手握喷枪要稳，喷嘴与钢基材面垂直或成 70°角，喷口到喷面距离为 40～60 cm。要求回旋转喷涂，注意搭接处颜色一致，厚薄均匀，要防止漏喷、流淌。确保涂层完全闭合，轮廓清晰。在喷涂过程中，操作人员要携带测厚计随时检测涂层厚度，确保各部位涂层达到设计规定的厚度要求。

喷涂形成的涂层是粒状表面，当设计要求涂层表面平整、光滑时，待喷完最后一遍，应采用抹灰刀或其他适用的工具做抹平处理，使外表面均匀、平整。

3. 面层喷涂施工

当底层厚度符合设计规定，并基本干燥后，方可在施工面层喷涂料。面层涂料一般涂饰 1～2 遍，如头遍是从左至右喷，第二遍则应从右至左喷，以确保全部覆盖住底涂层。涂面层用料为 0.5～1.0 kg/m^2。

对于露天钢结构的防火保护，喷好防火的底涂层后，也可选用适合建筑外墙用的面层涂料作为防水装饰层，用量为 1.0 kg/m^2 即可。

面层施工应确保各部分颜色均匀一致，接茬平整。

四、防火涂层厚度检测

防腐涂层厚度检测应在涂层干燥后及外观检查合格后进行。对防火涂层的厚度可采用探针和卡尺进行检测，用于检测的卡尺尾部应有可外伸的窄片。测量设备的量程应大于被测的防火涂层厚度。检测设备的分辨率不应低于 0.5 mm。

防腐涂层厚度检测步骤如下：

(1) 测试前准备。检测前应清除测试点表面的灰尘、附着物等，并应避开构件的连接部位。

(2) 测点布置。楼板和墙体的防火涂层厚度检测，可选两相邻纵、横轴线相交的面积为一个构件，在其对角线上，按每米长度选 1 个测点，每个构件不应少于 5 个测点。梁、柱构件的防火涂层厚度检测，在构件长度内每隔 3 m 取一个截面，且每个构件不应少于 2 个截面。对梁、柱构件的检测截面，宜按图 7-2 所示布置测点。

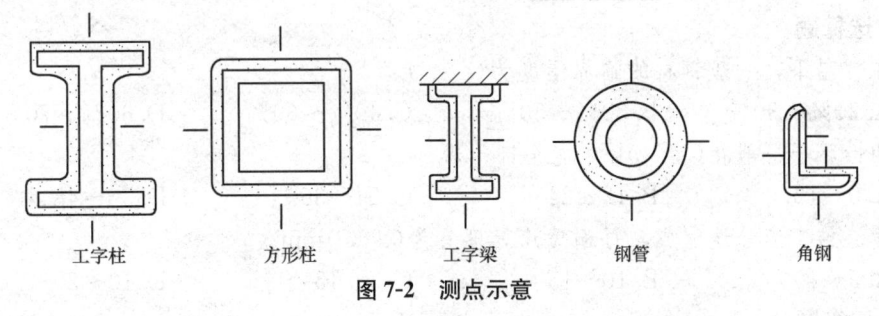

工字柱　　方形柱　　工字梁　　钢管　　角钢

图 7-2 测点示意

(3) 测试。在测点处，应将仪器的探针或窄片垂直插入防火涂层直至钢材防腐涂层表面，并记录标尺读数，测试值应精确到 0.5 mm。当探针不易插入防火涂层内部时，可采取防火涂层局部剥除的方法进行检测。剥除面积不宜大于 15 mm×15 mm。

(4) 检测结果评价。同一截面上各测点厚度的平均值不应小于设计厚度的 85%，构件上所有测点厚度的平均值不应小于设计厚度。

本章小结

钢结构涂装包括防腐涂装和防火涂装。钢结构防腐涂装的目的是防止钢结构锈蚀，延长其使用寿命。钢结构防腐涂装前，应对钢材表面进行处理，钢结构防腐涂料施工应在喷射除锈或其他方式除锈后 8 h 内进行。严禁在表面无处理且有污染、脏物、浮锈的情况下进行涂装作业。钢结构防火涂装，应由经过培训合格的专业施工队施工，或者由研制该防火涂料的工程技术人员指导施工，以确保工程质量。

思考与练习

一、填空题

1. 金属腐蚀等级标准，是以_____来表示的。
2. 清除钢材表面的油污，通常采用_____、_____和_____三种方法。
3. 钢材除锈后，应清除钢材表面的_____和_____。
4. 喷射除锈有_____、_____和_____三种。
5. 酸洗除锈所用的酸洗液一般由_____、_____和_____所组成。
6. 钢材酸洗除锈后，为了延长其返锈时间，常采用_____对其进行处理，以便在钢材表面上形成一种保护膜，以提高其防锈能力。
7. 钢材表面除锈方法主要有_____、_____、_____、_____和_____等。
8. 钢结构防腐涂层一般由_____、_____和_____三部分组成。
9. 钢结构涂装设计的重要内容之一，是确定_____。
10. 二次涂装一般是指_____。

二、选择题

1. 在常温下，一般钢材的临界湿度为（　　）。
   A. 20%～30%　　B. 30%～50%　　C. 40%～60%　　D. 60%～70%
2. 油性腻子一般在（　　）h 才能全部干燥。
   A. 0～12　　B. 12～24　　C. 24～36　　D. 36～48
3. 喷涂施工应分遍完成，每遍喷涂厚度宜为（　　）mm。
   A. 5～10　　B. 10～15　　C. 5～15　　D. 10～20

三、问答题

1. 综合酸洗法可分为哪几种？
2. 选择防腐涂料时，应考虑哪些因素？
3. 如何进行防火涂料的调配？
4. 防火涂层在哪些情况下需要重喷？

参考文献

[1] 乐嘉龙，王喆. 钢结构建筑施工图识读技法(修订版)[M]. 合肥：安徽科学技术出版社，2015.

[2] 韩古月，朱锋. 钢结构工程施工[M]. 北京：北京理工大学出版社，2015.

[3] 陈绍蕃，顾强. 钢结构基础.[M]. 3版. 北京：中国建筑工业出版社，2014.

[4] 刘声扬. 钢结构.[M]. 5版. 北京：中国建筑工业出版社，2011.

[5] 胡建琴，温鸿武. 钢结构施工技术[M]. 2版. 北京：化学工业出版社，2016.

[6] 武斌. 钢结构工程施工[M]. 武汉：武汉大学出版社，2017.

[7] 杜绍堂. 钢结构工程施工[M]. 4版. 北京：高等教育出版社，2018.

[8] 赵鑫. 钢结构施工[M]. 2版. 北京：北京理工大学出版社，2018.

[9] 戚豹，朱文革. 钢结构工程施工[M]. 北京：人民邮电出版社，2015.